JN232753

★★★★

Le Bottin Gourmand

フランスと世界の優良ワイン1000本

〔2001/2002年度版〕

翻訳
小幡谷友二
早川　文敏
北尾　信弘

協力
柳　　忠之
内藤　高雄
セヴァ・ミュリエル

駿河台出版社

Titre(s): LES 1000 MEILLEURS VINS DE FRANCE ET DU MONDE 2001/2002,
© 2001-Tous droits réservés. LES EDITIONS DU BOTTIN GOURMAND
This book is published in Japan by arrangement with BOTTIN GOURMAND
through le Bureau des Copyrights Français, Tokyo.

Le Bottin Gourmand

Le 1000 meilleurs vins de France et du monde

Edition 2001/2002

はじめに

読者のみなさんへ

　一昨年および昨年に引き続いて今年もわたしたちのワイン・ガイドブックをみなさんにお届けできるのはたいへん嬉しいことです〔日本語版は今年度が初出〕。しかも今年は前2年よりさらに精確かつ実用的で、パフォーマンスもさらに高まった新しい資料です。ボタン・グルマン出版のバック・アップを受けて、わたしたち≪文化と味覚≫[1] 協会がお届けするこの≪フランスと世界の優良ワイン1000本≫では、フランス国内の優れたワインを紹介するだけではなく、フランス以外の国で生産された素晴らしいワインについても詳しく扱っています。

　これまでの版と同じく、わたしたちはそれぞれの銘柄の品質について寸評を加え、〔LQCG〕(label qualité Culture et Goût：協会が推薦する良質ラベル)から最高評価の4つ星〔★★★★〕までの5段階評価を付けています。わたしたちは試飲会の結果に基づいて平均的な評価を下していますが、あるミレジムだけを見てワインを評価することは不公平といえるでしょう。もちろん、とりわけ有名ないくつかのワインについては過去20年間の成績が参考にされています。

　一昨年および昨年の版が成功したのは、プレステージ試飲会≪フランスと世界の銘醸ワイン≫という試飲データの掲載によるところが大きかったと考えております。この3冊目のガイドブックにも、以前よりさらに多くのワインを網羅した比較試飲データを掲載しています。フランスと世界の銘醸ワイン551銘柄についての19回にわたる試飲会の結果を、どうか読者のみなさんにご自分の舌で判断していただきたいものです(甘口 145銘柄、ボルドー型ブレンド 198銘柄、シャルドネ種 91銘柄、シラー種78銘柄[2])。なお、これは数多くのワインを対象に行った試飲の結果の一部を公表するものとなっております。

　わたしたちはエリック・ヴェルディエの研究もいくつか掲載しました。自分のライフワークの一部を当ガイドブックに載せることを快諾してくれたヴェルディエには感謝します。なお、その中の≪フランスのテロワール分類表(p.293−305)≫は最新版に改訂してあります。

　わたしが批評家としてひとつだけ気をつけていること、それは「より適切でより説得力のある情報をみなさんに提供する」ということです。この本はプロの方だけではなく初心者も含めた全てのワイン愛好家のための本なのです。どうかじっくりご覧ください。

マルク・ミアネー
Marc MIANNAY
≪文化と味覚≫協会会長
Président de Culture et Goût

〈訳注〉
1　L'Association ≪ Culture et Gôut ≫. la Culture には文化のほかに「栽培・耕作」の意も込められている。
2　銘柄数の合計が合わないのは、他の甘口ワインとの比較判断の基準にするため、異なるミレジムを複数回試飲したワインがあるため。

親愛なる読者のみなさんへ

　このガイドブックは、銘醸ワイン（grands vins）について正確で公正な情報を求めるワイン愛好家のみなさんの切実な要請にしっかり応えうるものと自負しております。セレクションの順位づけを確固たるものにし、≪フランスと世界の優良ワイン1000本≫として本書を世に送り出すには、3年間にわたる努力が必要でした。

　またそれ以前に、この極めて厳しい選別作業は≪文化と味覚≫協会の全メンバーが10年間にわたって積み重ねてきた経験、試飲、耕作地に関する研究に支えられていることも付け加えねばなりません。このガイドの信頼性と実用性は、当協会の実績と銘醸ワインの味の分析に私が捧げた18年の経験に裏付けられています。本書では、世界各地でつくられる極めて味わい深いワインのみを扱っています。才能溢れる生産者を紹介し、まだ知られていない≪奇跡の土地≫にスポットを当てることも大事なねらいです。複雑なミネラルバランスを持つテロワールから生まれる独特な味わいのワインもないがしろにしていません。優れた醸造家とはまさに「至福」という名の液体のクリエイターであり、彼らには最高の賛辞を捧げたいと思います。立派なモニュメントだけでなく、優れたテロワールも農業における真の「世界遺産」であり、それらを託された人々は実にしあわせです。

　ほぼ同じ品質の2種類のワインがあって優劣をつけがたいときは、適正な価格設定がなされているかどうかでランクを決めました。新しい才能の登場を世に知らせることも、実力の安定したベテランを評価することも共に我々の役目ですが、同時にたとえ有名なシャトーであっても、期待した品質が得られていないときには迷うことなく厳しい評価を下しました。

　1983、85、89、90年ならびに94年物などは出来が良いとされていますが、こういった当たり年につくられた極めて著名なワインに対してさえ、多くの愛好家が口を揃えて失望の声をもらすことがあります。何年かボトルを寝かせておいたら、そのワイン本来の持つ新鮮な活力やコクがなくなり、味が弱々しくなってしまったというのです。それらは、出荷された直後には専門家にずいぶん褒めそやされていたのです。

　私自身にもそういう経験はあります。必ずうまく熟成すると言われていたワインが、冷酷な時の流れによって色あせ、味気なくなってしまうのです。このようにボトルでの保存で悪くなってしまったワインに出会い失望するのは、珍しいことではありません。しかし、それは本当に嘆くべきことなのでしょうか？　実は、そうとばかりも言えないものなのです。

　これは近年栽培技術が発達したおかげで、名高いワインでも比較的早い時期に飲み頃の状態にすることができるようになったという事情が関係しています。それも、それぞれのテロワールがもつ個性を損なうことなく、です。年代物の方が必ずおいしいのだと信じている方でも、一度少し早めにお気に入りのワインを味わってみてください。20世紀の終わり頃に醸造されたワインは飲み頃が早く訪れる、この傾向自体が問題だとは思いません。それよりむしろ、特定の批評家が夢中になって褒め称える新手の≪えせ銘醸ワイン≫や≪ホンモノの超重量級ワイン≫こそを警戒しなくてはいけません。これらのワインは、濃く色出しすることで樽焦がし香をごまかしていたり、糖分添加で口当たりは良くてもタンニンが平凡なために後味は決して甘くならず、味気なく気品を欠いた代物なのです。偉大なワインとは味のニュアンス、繊細さ、深い香りと味わいの強烈さによってこそ見分けがつくものです。偉大なワインは待っていてもやって来るものではなく、自ら見つけ出さねばなりません。本書をご覧になれば、すばらしいワインの数々にきっと出会うことができるでしょう。

エリック・ヴェルディエ
Eric VERDIER
試飲委員会・委員長
Directeur du Comité de Dégustation
採点責任者
Responsable de la Notation

≪地域別の獲得星数表≫

	★★★★	★★★	★★	★	LQCG	TOTAL
ボルドー〔赤〕	8	7	26	39	14	94
ブルゴーニュ〔赤〕	19	22	57	55	1	154
ヴァレ・デュ・ローヌ〔赤〕	3	3	14	20	28	68
プロヴァンス〔赤〕	0	0	1	2	17	20
ラングドック〔赤〕	0	1	4	19	44	68
南西部〔赤〕	0	0	1	2	16	19
ロワール〔赤〕	0	0	1	1	6	8
アルゼンチン〔ボルドー品種〕	0	0	0	1	4	5
チリ〔ボルドー品種〕	0	0	5	5	7	17
オーストラリア〔赤〕	1	7	9	11	2	30
オーストリア〔赤〕	0	1	9	9	1	20
スペイン〔赤〕	3	1	8	6	8	26
アメリカ〔赤〕	4	3	11	14	5	37
イタリア〔赤〕	0	3	17	11	8	39
ニュージーランド〔赤〕	0	0	1	2	2	5
南アフリカ〔赤〕	0	0	0	2	5	7
赤ワイン合計	38	48	164	199	168	617

	★★★★	★★★	★★	★	LQCG	TOTAL
ボルドー〔白〕	2	0	5	5	0	12
ブルゴーニュ〔白〕	6	25	39	28	3	101
ヴァレ・デュ・ローヌ〔白〕	0	3	3	9	8	23
プロヴァンス〔白〕	0	0	0	0	1	1
ラングドック〔白〕	0	0	0	1	1	2
南西部〔白〕	0	0	0	0	4	4
ロワール〔白〕	0	0	6	11	7	24
アルザス〔辛口・白〕	0	6	6	16	6	34
ジュラ	0	0	1	0	2	3
ドイツ〔辛口・白〕	5	10	10	0	0	25
アルゼンチン〔シャルドネ種〕	0	0	0	1	0	1
オーストラリア〔白〕	0	2	1	2	1	6
オーストリア〔白〕	0	1	2	10	1	14
アメリカ〔白〕	3	4	6	14	5	32
イタリア〔白〕	0	0	0	2	0	2
ニュージーランド〔白〕	0	1	1	6	3	11
白ワイン合計	16	52	80	105	42	295

地域別の獲得星数表

地域別の獲得星数表

	★★★★	★★★	★★	★	LQCG	TOTAL
ボルドー〔甘口〕	1	0	1	5	2	9
南西部〔甘口〕	0	1	0	6	7	14
ロワール〔甘口〕	0	0	1	12	10	23
アルザス〔甘口〕	10	10	5	4	0	29
ドイツ〔甘口〕	5	1	0	0	0	6
オーストリア〔甘口〕	8	4	3	2	0	17
ハンガリー〔甘口〕	0	0	0	3	2	5
イタリア〔甘口〕	0	1	0	0	0	1
カナダ〔甘口〕	0	0	1	0	0	1
甘口ワイン合計	24	17	11	32	21	105

	★★★★	★★★	★★	★	LQCG	TOTAL
シャンパーニュ	0	0	13	12	12	37

	★★★★	★★★	★★	★	LQCG	TOTAL
全合計	78	117	268	348	243	1054

目次

	収録ページ
はじめに　マルク・ミアネー	2
親愛なる読者のみなさんへ　エリック・ヴェルディエ	3
地域別獲得星数表	4

ボルドー〔赤〕概説 … 10

- メドックの特級格付・1級 … 12
- メドック2級 … 13
- メドック3級 … 15
- メドック4級 … 16
- メドック5級 … 17
- メドックの「非格付」ワイン … 17
- ペサック=レオニャン・特1級 … 19
- ペサック=レオニャン特級 … 19
- ペサック=レオニャン／グラーヴ地区の優良「非格付」ワイン … 20
- サン=テミリオン特1級・A格付 … 21
- サン=テミリオン特1級・B格付 … 21
- サン=テミリオン特級格付 … 23
- サン=テミリオン銘醸ワイン … 24
- ポムロール … 25
- フロンサック … 29
- カノン=フロンサック … 30
- ラランド・ド・ポムロール … 30
- コート・ド・ブール … 31
- コート・ド・カスティヨン … 32

ブルゴーニュ〔赤〕 … 33

- シャンベルタン（グラン・クリュ） … 34
- シャンベルタン=クロ=ド=ベーズ（グラン・クリュ） … 35
- ラトリシエール=シャンベルタン（グラン・クリュ） … 35
- シャルム=シャンベルタン（グラン・クリュ） … 36
- シャペル=シャンベルタン（グラン・クリュ） … 36
- リュショット=シャンベルタン（グラン・クリュ） … 37
- ジュヴレ=シャンベルタン（プルミエ・クリュ） … 37
- モレ=サン=ドゥニ … 39
- クロ・ド・ラ・ロッシュ（グラン・クリュ） … 39
- クロ・サン=ドゥニ（グラン・クリュ） … 40
- クロ・ド・タール（グラン・クリュ） … 40
- ミュジニー（グラン・クリュ） … 41
- ボンヌ・マール（グラン・クリュ） … 41
- シャンボール=ミュジニー（プルミエ・クリュ） … 42
- クロ・ド・ヴージョ（グラン・クリュ） … 43
- グラン=エシュゾー（グラン・クリュ） … 45
- エシュゾー（グラン・クリュ） … 45
- ロマネ=コンティ（グラン・クリュ） … 46
- ラ・ロマネ（グラン・クリュ） … 47
- ロマネ・サン=ヴィヴァン（グラン・クリュ） … 47
- リシュブール（グラン・クリュ） … 48
- ラ・ターシュ（グラン・クリュ） … 48
- ラ・グランド=リュー（グラン・クリュ） … 48
- ヴォーヌ=ロマネ（プルミエ・クリュ） … 49
- ニュイ=サン=ジョルジュ（プルミエ・クリュ） … 51
- コルトン（グラン・クリュ） … 52
- ボーヌ（プルミエ・クリュ） … 54
- ポマール（プルミエ・クリュ） … 57
- ヴォルネー（プルミエ・クリュ） … 58
- サヴィニー=レ=ボーヌ（プルミエ・クリュ） … 60
- モンテリー（プルミエ・クリュ） … 61
- シャサーニュ=モンラッシェ（プルミエ・クリュ） … 61
- サントネー（プルミエ・クリュ） … 61
- ボージョレ … 62

ヴァレ・デュ・ローヌ〔赤〕 … 63

- コート=ロティ … 64
- エルミタージュ … 66
- クローズ=エルミタージュ … 67
- サン=ジョゼフ … 68
- コルナス … 69
- シャトーヌフ=デュ=パープ … 71
- ジゴンダス … 74
- ヴァケラス … 75
- ケランヌ … 75
- コトー・デュ・トリカスタン … 76

プロヴァンス〔赤〕 … 77

- コート・ド・プロヴァンス … 78
- コトー・デクス・アン・プロヴァンス … 79
- バンドル … 79
- ボー・ド・プロヴァンス … 81
- ヴァン・ド・ペイ・デ・アルプ=マリティーム（サン=トノラ島） … 81
- コート・デュ・リュベロン … 82
- コルシカ島 … 82

ラングドック=ルーション〔赤〕 … 83

- コルビエール … 84
- ミネルヴォワ … 86
- ミネルヴォワ・ラ・リヴィニエール … 88
- サン=シニヤン … 89

	収録ページ
フォージェール	92
ヴァン・ド・ペイ・カタラン	93
ヴァン・ド・ペイ・ド・レロー	93
コトー・デュ・ラングドック	93
コート・デュ・ルーション	96
ヴァン・ド・ペイ・ドック	97

南西部〔赤〕 …………99
マディラン	100
ベルジュラック	101
コート・ド・ベルジュラック	102
カオール	103
コート・デュ・フロントネ	104

ヴァレ・ド・ラ・ロワール〔赤〕 …………105
シノン	106
ブルグイユ	107
ソーミュール=シャンピニー	107

世界の赤ワイン …………108
アルゼンチン	108
チリ	108
オーストラリア	111
シラーズ（シラー）オーストラリア	113
オーストラリア／ローヌ品種ブレンド	115
オーストラリア／その他の赤ワイン	116
オーストリア	116
スペイン	119
アメリカ	122
アメリカ／ボルドー品種	122
アメリカ／ピノ・ノワール	127
アメリカ／シラー	127
アメリカ／その他の赤ワイン	128
イタリア	128
ニュージーランド	133
ニュージーランド／ボルドー品種	133
南アフリカ	134
南アフリカ／シラー	135

ボルドー〔辛口・白〕 …………136
ペサック=レオニャン／グラーヴ地区の銘醸ワイン	136

ブルゴーニュ〔辛口・白〕 …………139
モンラッシェ（グラン・クリュ）	139
シュヴァリエ=モンラッシェ（グラン・クリュ）	140
バタール=モンラッシェ（グラン・クリュ）	141
ビアンヴニュ=バタール=モンラッシェ（グラン・クリュ）	142
クリオ=バタール=モンラッシェ（グラン・クリュ）	143
シャサーニュ=モンラッシェ（プルミエ・クリュ）	143

	収録ページ
ピュリニー=モンラッシェ（プルミエ・クリュ）	145
ムルソー（プルミエ・クリュ）	148
コルトン=シャルルマーニュ（グラン・クリュ）	149
ボーヌ（プルミエ・クリュ）	151
シャブリ・グラン・クリュ	151
シャブリ・プルミエ・クリュ	154
プイイ=フュイッセ	154

ヴァレ・デュ・ローヌ〔辛口・白〕 …………156
コンドリュー	156
エルミタージュ	157
サン=ジョゼフ	158
シャトーヌフ=デュ=パープ	158
サン=ペレー	160

プロヴァンス〔辛口・白〕 …………161
プロヴァンス	161
カシス	161
コート・ド・プロヴァンス	161
ベレ	161

ラングドック=ルーション〔辛口・白〕 …………162
ミネルヴォワ	162
ヴァン・ド・ペイ・ド・レロー	162

南西部〔辛口・白〕 …………163
ベルジュラック	163
モンラヴェル	163

ロワール〔辛口・白〕 …………165
プイイ=フュメ	165
サンセール	166
クーレ・ド・セラン（AOCサヴェニエール）	169

アルザス〔辛口・白〕 …………171
ゲヴュルツトラミネール（グラン・クリュ）	172
リースリング	174
トカイ=ピノ・グリ	177

ジュラ …………178
シャトー=シャロン	179
その他のヴァン・ジョーヌ	179

世界の白ワイン〔辛口〕 …………180
ドイツ	180
アルゼンチン	182
オーストラリア	183
オーストラリア／シャルドネ	183
オーストラリア／その他の白ワイン	184
オーストリア	184
オーストリア／その他の白ワイン	184
オーストリア／シャルドネ	185
アメリカ	186

目次

	収録ページ
アメリカ／シャルドネ	186
アメリカ／その他の白ワイン	190
イタリア	190
ニュージーランド	191
ニュージーランド／シャルドネ	191
ニュージーランド／その他の白ワイン	191

ボルドー〔甘口〕 … 193
- ソーテルヌの銘醸ワイン … 193
- サント＝クロワ＝デュ＝モン … 194

南西部〔甘口〕 … 196
- ジュランソン … 196
- モンバジヤック … 197
- ソーシニャック … 197
- コート・ド・ベルジュラック・ムワルー … 198
- オー＝モンラヴェル … 199

ロワール〔甘口〕 … 200
- コトー・デュ・レイヨン … 200
- ボンヌゾー … 202
- カール・ド・ショーム … 203
- ヴーヴレー … 204

アルザス〔甘口〕 … 205
- ゲヴュルツトラミネール・VT … 205
- リースリング・VT … 206
- ミュスカ・VT … 206
- トカイ・ピノ＝グリ・VT … 206
- ゲヴュルツトラミネール・SGN … 207
- ミュスカ・SGN … 208
- リースリング・SGN … 208
- トカイ・ピノ＝グリ・SGN … 209

世界の甘口ワイン … 211
- ドイツ … 211
- オーストリア … 212
- ハンガリー … 215
- イタリア … 216
- カナダ … 216

シャンパーニュ … 217
- シャンパーニュ・ブリュット・ノン・ミレジメ（ノン・ヴィンテージ） … 218
- シャンパーニュ・ミレジメ（ヴィンテージ） … 219
- シャンパーニュ・キュヴェ・スペシアル … 222

≪文化と味覚≫プレステージ試飲会 … 225
- 採点について … 226
- 実施方法について … 226
- マルク・ミアネー略歴 … 227
- エリック・ヴェルディエ略歴 … 229
- ボルドーの主要品種　8セッション … 230

- シラー≪ラ・テュルク≫スペシャル … 234
- 世界のシラー　4セッション … 235
- 世界のシャルドネ　6セッション … 237
- 世界のソーヴィニヨン　2セッション … 240
- 世界の甘口ワイン　1995/1996年度 … 241
- 世界の甘口ワイン　1996/1997年度 … 244
- 世界の甘口ワイン　1997/1998年度 … 248
- 世界の甘口ワイン　1998/1999年度 … 250
- 世界の甘口ワイン　1999/2000年度 … 254
- 世界の甘口ワイン　2000/2001年度 … 258
- マルゴー　97年産 … 262
- マルゴー　98年産 … 262
- ボーヌ・プルミエ・クリュ〔赤〕98年産 … 263
- シャンパーニュ・ブリュット・ノン・ミレジメ … 264
- シャンパーニュ・キュヴェ・スペシアル＆ミレジメ … 264
- シャンパーニュ・ロゼ … 265
- コルビエール … 266
- ミネルヴォワ … 267
- サン＝シニヤン … 268

エリック・ヴェルディエによるボルドーワイン品質の推移（1990～98年産）
- 90年産 … 269
- 91年産 … 270
- 92年産 … 270
- 93年産 … 271
- 94年産 … 273
- 95年産 … 274
- 96年産 … 275
- 97年産 … 276
- 98年産 … 277

エリック・ヴェルディエ試飲資料 … 279
- ボトルでの試飲
- 2001年1月1日までの試飲歴 … 280
- ヴェルディエ・ノート（試飲データから導き出された3つの研究） … 283
- 優れたワインをつくるために … 283
- ワインの鑑定 … 289
- エリック・ヴェルディエによるテロワール分類表（フランス） … 293
- 特別試飲会 ≪世界の高級シャルドネワイン≫ … 306
  - 試飲セッション1 … 308
  - 試飲セッション2 … 308
  - 試飲セッション3 … 309

このガイドに掲載されている100フラン以下のワインリスト … 310

訳者あとがき … 313

Le Bottin Gourmand

Le 1000 meilleurs vins de France et du monde

Edition 2001/2002

≪ボルドー〔赤〕≫　Bordeaux Rouge

　ボルドーのワイン産地は程度の差こそあれどこも有名なところばかりで、その中からさらに優れたワインのみを精選しリストを作り上げるのは、簡単なことではありません。ボルドーワインというだけで、世界中の人にはフランスの名特産品の象徴と考えられているくらいです。しかし逆にこれだけ有名になったために値段が急騰し、真のワイン愛好家の多くには手の届かないほど高価なものになってしまっているのも事実です。この5年間で価格が3倍になってしまったワインさえあります。このようにあまりにも商業主義が進んだ現在の状況を見ると、ワイン業者が自らの首を絞めているようでもあります。このせいで、価格と品質のバランスが取れた他の地域のフランスワインを好むようになってしまった愛好家もたくさんいることでしょう。ボルドーの高級ワインが単なる投機の道具になってしまったのは本当に嘆かわしいことです。ボルドーワインとは本来なら投資家の懐を潤すのではなく飲む人の心を潤すもの、その人の心に香り高い繊細な味の記憶をいつまでも残すものでなければならず、そうしたかけがえのない経験を失ってしまうのは本当にもったいないことなのです。ボルドーの高級ワインはその一本一本が奇跡の産物であり、どんなにお金を積んでもその本当の価値と取り替えることはできないでしょう。わたしたちのセレクションに載っているのはその中でも完璧な出来を誇るもの、≪ボルドー≫という唯一絶対の呼称に恥じないと思われるものばかりです。

　まず何より注意しなければならないのは、法外な値段をふっかける小規模生産のワインが近年になって途方もなく増えていることです。そうしたワインも確かにおいしく、また中には目を見張るほどのワイン、行き届いた発酵と熟成に品質を裏付けられた豊かで贅沢な味わいを持ったワインもあります。しかしこうしたアルコールが豊富だがまろやかで、調和がとれた≪力技の≫ワインに目をくらまされる方は、やはり間違っていると言わねばなりません。こうした新興ワインは≪品評会受け≫を狙っているだけで、瓶詰めされてから最初の数ヶ月はおいしいと思えるかもしれませんが、何年かカーヴに保存すると取り返しのつかないほど味が痩せて、貧相なものになってしまうものです。ワインに通じた人は、味の微妙なニュアンスや気品の高さ、繊細さ、力強さや香りの深みにこそ優れたテロワールの証が表れることをよく知っています。例えばシャトー・ラフィット・ロートシルトの優れたワインは、その豊かさが開けっぴろげな感じを与えたりせず、もちろん粗野でもなく、しかしそれでもなお贅沢さを失うことはありません。奇跡的なほどにデリケートでなめらか、驚くほど香り高く、風味豊かにして深い余韻を残し、そして味の純粋さは随一と言えるものです。ボルドー産高級ワインは決して重く[1]なってはならないのです。

試飲委員会・委員長
採点責任者
エリック・ヴェルディエ

〈訳注〉

1　アルコール・タンニンは充分含んでいても、酸が足りないためバランスがとれてないワインが重い（lourd）と形容されます。

ボルドーではいくつかの異なる格付けシステムがあります。例えばポムロールでは格付けがされていないのに対し、メドックでは5つの級（1er〜5^{ème}GCC）に加え、その下にクリュ・ブルジョワ[2]と呼ばれるものもあります。消費者の皆さんも複雑で困ってしまうでしょう。クリュ・ブルジョワでも、オー=マルビュゼやソシアンド=マレといった毎年の出来がおよそ2級・3級に値する優れたシャトーもあるので、必ずしも品質が格付け通りとは言えません。また、このガイドで選んだのは価格と品質のバランスがとれたワインのみです。法外な値の付いたワインもありますが、他にも数多くあるすばらしいワイン（特にメドックの秀作）を優先させました。

〔ボルドーの簡易地図〕

1. メドック
2. サン=テステーフ
3. ポーイヤック
4. サン=ジュリアン
5. リストラック
6. ムーリ
7. マルゴー
8. ペサック=レオニャン
9. グラーヴ
10. セロン
11. バルサック
12. ソーテルヌ
13. サント=クロワ=デュ=モン
14. ルーピアック
15. プルミエール・コート・ド・ボルドー
16. アントル=ドゥー=メール
17. サント=フォア=ボルドー
18. サン=テミリオン
19. コート=ド=カスティヨン
20. サン=ジョルジュ=サン=テミリオン
21. コート=ド=フラン／コート=ド=カスティヨン
22. ピュイスガン=サン=テミリオン
23. リュサック=サン=テミリオン
24. モンターニュ=サン=テミリオン
25. ラランド=ド=ポムロール
26. ポムロール
27. フロンサック
28. カノン=フロンサック
29. コート=ド=ブール
30. コート=ド=ブライ

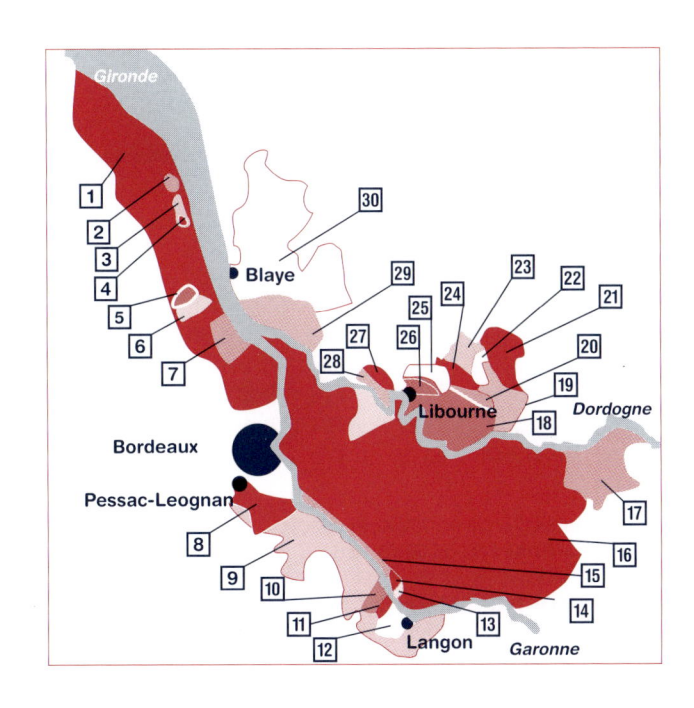

〈訳注〉

2 クリュ・ブルジョワ：格付1〜5級のすぐ下のランクとされる、ラベルにクリュ・ブルジョワ Cru Bourgeois と表記することが許されているワイン。クリュ・ブルジョワも3つに細分されますが、本文中ではひとまとめにされています。

メドックの特級格付・1級
Premiers Grands Crus Classés du Médoc

　メドックの特級銘柄は主に輸出向けの需要が増えていることから近年投機向けのワインとなっています。大方の試飲テストの結果を見ると、やはりテロワールの良し悪しはワインの味に反映するものだとわかります。メドックのワインの評判が非常に高いため、ボルドーのAOC銘柄全体の値段が引き上げられています。

★★★★　**シャトー・ラフィット・ロートシルト　Château Lafite Rothschild**

ラフィットは、その複雑さを理解するのに非常に鋭い味覚が要求されるワインだと思われます。一般的に、現在のワインはコクを大事にするために口に入れた際のインパクトを犠牲にする傾向がありますが、このワインはそうした流れに譲歩していません。このドメーヌは1855年に特級格付け1級に指定された後、1868年ジェームズ・ド・ロートシルト男爵に買い取られ、今もその一族が所有しています。畑は全体で100haで3つの区画に分かれています。シャトー周辺の斜面、カリュアードと呼ばれる優良な台地、そしてサン・テステーフ村のなかに入り込んでいる4.5haの土地です。この最後の区画は特例でアペラシオン・ポーイヤックに属します。品種はカベルネ・ソーヴィニヨン71％、メルロー20％、カベルネ・フラン7％、プティ・ヴェルド2％。文句なしの4つ星です。現時点でメドックの最高峰。

Les Domaines Baron de Rothschild (Lafite)
33, rue de la Baume, 75008, Paris
tel : 01 53 89 78 00　fax : 01 53 89 78 01
www.lafite.com

★★★★　**シャトー・マルゴー　Château Margaux**

260haの所有地のうち78haがぶどう栽培に充てられています。メンゼロプロス家 Mentzelopoulos がこの特級畑を所有し、畑そのものは優秀な栽培家ポール・ポンタリエ Paul Pontallier が管理しています。カベルネ・ソーヴィニヨンが75％と大きな割合を占め、メルローが20％です。ここ数回のミレジムの出来も納得の行くものでした（プレステージ試飲会を参照）。

SCA Château Margaux, 33460, Margaux
tel : 05 57 88 83 83　fax : 05 57 88 31 32
chateau-margaux@chateau-margaux.com - www.chateau-margaux.com

★★★　**シャトー・ラトゥール　Château Latour**

シャトー・ラトゥールは30年にわたる≪イギリス人支配≫の後、フランソワ・ピノー François Pinault の買い取りによって1993年フランス人の手に戻りました。砂利質のなだらかな斜面を持ち、メドック地区でもっともジロンド河に近いシャトーのひとつで、畑の中心である≪ランクロ l'Enclos〔囲まれた土地〕≫は最良のぶどうが栽培されている47haの土地です。好ましいことに、カベルネ・ソーヴィニヨンの割合が高いブレンド（78％）をいまだに堅持しています（その他は17％がメルロー）。
近年の出来が良く、不作が続いた時期を忘れさせてくれるでしょう。出来が悪かったのは92・93・94年物で、95・96・97年物はすばらしかったですが、98年物はよくありませんでした。

Monsieur Frédéric Engerer, 33250, Pauillac
tel : 05 56 73 19 80　fax : 05 56 73 19 81

★★★　**シャトー・ムートン・ロートシルト　Château Mouton Rothschild**

シャトー・ムートン・ロートシルトはフィリップ・ド・ロートシルト男爵の20年にわたる尽力の末、1973年に1級に認定されました。78haの畑ではメドック地方の伝統的な4品種が栽培され、その中でもカベルネ・ソーヴィニヨン（77％）が実に大きな割合を占めています。1988年以来、娘のフィリピーヌ・ド・ロートシルトがドメーヌを管理しています。1990年代では、豊かで贅沢な味わいの96年物が最良と思われます。他にもムートンのスタイルがよく表れているミレジムとしては94年物がたいへん美味で、97年物も飲み頃に近くなってきているでしょう。サンプルを試飲した99年物も、そのやわらかく

なめらかな味わいに期待できます。ただし、ボトルで試飲した最新の98年物が満足の行く出来ではなく、これでシャトー・ムートン・ロートシルトは星を一つ失いました。それでも近い将来必ず4つ星に返り咲くでしょう。

Baron Philippe de Rothschild SA
33250, Pauillac
tel : 05 56 73 21 29 fax : 05 56 73 21 28

メドックの特級格付・2級
Seconds Grands Crus Classés du Médoc

　1855年に2級に格付けされたシャトーの中でも、その評価に充分応えているところはあまり多くありません（濃縮度や強度〔インパクト〕が足りない、ぶどうの発育が平凡、等々）。サン＝ジュリアンのレオヴィル・ラス・カーズ、レオヴィル・ポワフェレ、サン＝テステーフのモンローズとコス・デストゥールネルは例年どおり選ばれ、マルゴーではシャトー・ローザン・セグラ、それから今年はブラーヌ＝カントナックなどがたいへん高いレベルまで品質を戻しています。

★★★　**シャトー・レオヴィル・ラス・カーズ　Château Léoville Las Cases**

シャトー・ラトゥールに隣接する65haのぶどう園。そのうち53haは18世紀に境界が定められた囲い地です。メドック2級の中でもコンスタントに上位をキープしているシャトー。

Monsieur Jean-Hubert Delon
Château Léoville Las Cases - 33250 - Saint-Julien Beychevelle
tel : 05 56 73 25 26 fax : 05 56 59 18 33

★★★　**シャトー・レオヴィル・ポワフェレ　Château Léoville Poyferré**

ここ15年、ディディエ・キュヴリエが管理するシャトー・レオヴィル・ポワフェレの発展ぶりはすばらしいものです。醸造家ミシェル・ロラン Michel Rollandがスタッフに加わったことで、ワインの味わいが微妙に変化し更なる飛躍が見られました。ワイン醸造所とぶどう畑への設備投資は定期的に続けられています。品種の大部分はカベルネ・ソーヴィニヨン（65％）とメルロー（25％）。見事なサン＝ジュリアン〔産〕で、他のメドックワインより多めにプティ・ヴェルド（8％）が配合されていることにも注目です。これによりミレジム次第ですが、ワインの構成に厚みが増します。

Monsieur Didier Cuvelier
33250, Saint-Julien Beychevelle
tel : 05 56 59 08 30 fax : 05 56 59 60 09

★★　**シャトー・コス・デストゥールネル　Château Cos d'Estournel**

シャトー・モンローズとともにサン・テステーフで最も評判の良い銘柄です。100haの畑のうち、現在もぶどうの栽培がなされているのは64haです。素晴らしい農地（テロワール）のおかげで、文句なしに2級となっています。

Monsieur Jean-Guillaume Prats
Château Cos d'Estournel, 33180, Saint-Estèphe
tel : 05 56 73 15 50 fax : 05 56 59 72 59

★★　**シャトー・レオヴィル・バルトン　Château Léoville Barton**

かつてはレオヴィル村の有名なぶどう畑の一部で、1826年にヒュー・バートンが買い取りました。それ以来バートン家がドメーヌの運営にあたり、現在では6代目のアントニー・バルトン〔バートン〕が代表となっています。およそ50haの畑では、カベルネ・ソーヴィニヨン（72％）、メルロー（20％）、カベルネ・フラン（8％）が栽培されています。

Monsieur Anthony Barton
Château Léoville Barton
33250, Saint Julien Beychevelle
tel : 05 56 59 06 05 fax : 05 56 59 14 29

★★ シャトー・モンローズ　Château Montrose

このシャトーは19世紀初頭に建造され、1896年にシャルモリュ家が買い取りました。現在ぶどうが栽培されている68ha一続きの耕作地は、非常に深い、粗い砂利でできた地層です。カベルネ・ソーヴィニョン(65%)、メルロー(25%)、カベルネ・フラン(10%)のブレンド。(コス・デストゥールネルと並んで)文句なしにサン・テステーフを代表するワインです。

Monsieur Jean-Louis Charmolüe
33180, Saint-Estèphe
tel : 05 56 59 30 12　fax : 05 56 59 38 48

★★ シャトー・ピション・バロン　Château Pichon Baron

1987年、アクサ・ミレジム社 Axa-Millésimesに買い取られたこの68haのぶどう園は、醸造タンクへの大規模な設備投資の恩恵をうけています。1987年からセカンドワイン、レ・トゥレル・ド・ロングヴィル Les Tourelles de Longueville(120,000本)の生産を始めたおかげで、さらに丹精をこめてこのファーストワインを作れるようになりました。年平均300,000本の生産。

Monsieur Seely Christian
Châteaux et Associés, BP 46, 33250, Pauillac
tel : 05 56 73 17 17　fax : 05 56 73 17 28
infochato@chateaux.associes.com - www.pichonlongueville.com

★★ シャトー・ピション=ロングヴィル - コンテッス・ド・ラランド　Château Pichon-Longueville - Comtesse de Lalande

このぶどう園は総面積75ha、年平均30,000ケースを出荷するファーストワインは、メルロー(35%)、カベルネ・ソーヴィニヨン(45%)、カベルネ・フラン(12%)、プティ・ヴェルド(8%)のブレンド。畑は城館の周辺に点在しています。

Comte Gildas d'Ollone
Château Pichon-Longueville, Comtesse de Lalande, 33250, Pauillac
tel : 05 56 59 19 40　fax : 05 56 59 29 78
pichon@pichon-lalande.com - www.pichon-lalande.com

★★ シャトー・ローザン=セグラ　Château Rauzan-Ségla

1994年4月、≪シャネル≫グループに買い取られてから排水施設の向上に大きな努力が傾けられました。鉄道と県道に挟まれた環境的に不利な土地ですが、この努力のおかげですぐにぶどうの品質がアップしました。濃厚な味への回帰を目指した時期もありましたが、1980~93年頃にはその傾向から抜け出し、上級マルゴー・ワインにふさわしい芳醇さや優雅さを競う段階に達しています。最近のミレジムではローザン・セグラが生まれ変わったことがはっきり分かります。実にデリケートかつなめらかな口当たり、甘美ながら力強さもそなえたワイン。

Monsieur Kolasa John
33460, Margaux
tel : 05 57 88 82 10　fax : 05 57 88 34 54

★ シャトー・ブラーヌ=カントナック　Château Brane-Cantenac

栽培区域を改良中、酒蔵も改装中です。現在、ファーストワインは総生産量の30%と今までになく厳選された量となっています。1992年、アンリ・リュルトンが引き継いだこの土地は作付け面積が86ヘクタールとマルゴー村でいちばん広く、その中の最良の区画でとれたカベルネ・ソーヴィニヨンを集中的にファーストワインに使用します。決められたぶどう栽培条件を守らないと畑の耕作権が得られない慣習がはるか昔から最近まで続いていたため、1970年代はじめまではカベルネ・ソーヴィニヨンが多く作付けされていましたが、新しく広げられた区画ではメルロが植えられるようになり、品種全体に占めるメルロの割合が20%から30%に増えました。醸造アドヴァイザーのジャック・ボワスノ Jacques Boissonotの右腕である、クリストフ・カプドヴィル Christophe Capdeville が区画ごと、ミレジムごとに醸造方法の調整をするなど適切な仕事ぶりを見せています。98年物はここ15年で間違いなく最高の出来です(プレステージ試飲会、マルゴー1997・98年を参照)。すばらしいテロワールには、まれにみる気品に溢れたワインを作り出す力があります。近い将来2つ星を獲得するでしょう。

Monsieur Henri Lurton
Château Brane-Cantenac - 33460 Margaux
tel : 05 57 88 83 33 fax : 05 57 88 72 51

メドックの特級格付・3級
Troisièmes Grands Crus Classés du Médoc

1855年の分類時に3級のシャトーは14ありました。今年わたしたちはその中から5つのみをリストアップしました。現時点ではどのシャトーも2級ワインにはおよびません。

★★ ### シャトー・パルメ　Château Palmer

52haのすばらしいぶどう園で、1814年に所有者となったイギリスのパルメ将軍からその名前をとっています。最近の2ミレジム、カベルネ・ソーヴィニヨンの量が多い97年物と、メルロが多い98年物を試飲しています。パルメはメルローの割合が大きいことで知られていますが、これは60年代のメドックワインでは他に例を見ないことでした。カベルネ・ソーヴィニヨンとメルローが同じ面積植えられていること(それぞれ耕地全体の47%)、プティ・ヴェルドの作付け面積が2倍になったことが最近の傾向です。十分に吟味された良質の樽を使った見事な熟成のおかげで、97・98年物のボトル試飲ではきめ細やかな口当たりが認められました。栽培区域の管理がきちんとされているためぶどうが無理なくゆっくり成熟していますが、これはワインの厚みや複雑なアロマを得るためには欠かせない条件です。適切な対策が講じられている畑での栽培努力と、醸造所での切磋琢磨がワインの味から伝わってきます。1996年からフィリップ・デルフォー Philippe Delfaut が参加していますが、彼の発案により栽培以前の段階で必要なこと、つまりぶどう園の本格的な地勢図作成が試みられています。これによりぶどう樹ごとに個別的な手入れが可能になります。彼はワイン生産者が変わっていかねばならないことを理解しています。「ぶどうからワインを作り出すことだけで満足していてはいけません。摘み取りの際、ぶどうの成熟は糖度と酸度から測定されていますが、わたしはこの従来の方法に代わる、果皮の色素とタンニン量による測定法を研究しています。」最近のミレジムはかなり出来が良く、1961・66・70・75・78年物のようにこのテロワールが繰り返し名作を生み出してきたことが思い出されます。

SCI Château Palmer Cantenac - 33460, Margaux
tel : 05 57 88 72 72 fax : 05 57 88 37 16

★ ### シャトー・デスミライユ　Château Desmirail

1981年以来リュシアン・リュルトンが辛抱強く建て直しを計ってきたドメーヌで、97年物が20点満点中の14.5点[以下14.5/20点のように表記][3]、98年物は15/20点をマークして見事にランク入りを果たしました。30haの素晴らしいぶどう園で、92年からその行く末がドゥニ・リュルトンに託されています。AOCマルゴー本来の香りがあふれる魅力的なワイン。

Monsieur Denis Lurton
Château Desmirail - 33460 Cantenac
tel : 05 57 88 34 33 fax : 05 57 88 72 51

★ ### シャトー・ディッサン　Château d'Issan

第2次大戦後に修復された美しいテロワールで30haのほとんどにカベルネ・ソーヴィニヨンが植えられています。14世紀にこのあたりを統治していたのはラ・モット=マルゴー La Mothe-Margaux とラ・モット=カントナック La Mothe-Cantenac という2人の領主で、彼らの領地がそれぞれ現在のシャトー・マルゴーとシャトー・ディッサンになっています。シャトー・ディッサンは1855年の格付けの時にはそれほど良い状態ではありませんでした。1945年、クリューズ家 Cruze〔ボルドーの有力ネゴシアン〕がこのシャトーを買収した時、17世紀の状態のまま残してあった歴史的なイッサンの囲い地

〈訳注〉
3　フランスでは20点を満点とする評価が一般的です。

32haのうち、ぶどうが植えられていたのは1.5haに過ぎませんでした。樹齢の若いぶどうが植えられている区画とあぜ道に大がかりな排水工事が行われましたが、戦後すぐに植樹された区画の工事がまだ残っています。畑の整備にこれだけ手間をかけたのですから、当然、熟成にも今まで以上に欲を出していいでしょう。マルゴーにあるテロワールの中でも特にわたしたちのお気に入りです。

Château d'Issan - 33460 Cantenac
tel : 05 57 88 35 91 fax : 05 57 88 74 24

★ シャトー・キルヴァン（キルワン）　Château Kirwan

面積35ha、1855年に3級とされた上質のテロワール。75年前からここを管理しているシレー家が、格付けに十分見合うコクのあるワインを生み出すぶどう園を復興しました。ナタリー・シレーが《ブレンドの腕前に優れた》ミシェル・ロラン Michel Rolland の手を借りながらぶどう園の整備に大いに力を入れました。また土壌とぶどう品種の適性についての研究も熱心に続けられていて、カベルネ・フランの区画を徐々に減らしていっています（現在20％）。研究の成果が上がれば、生産量をおよそ1ヘクタールあたり50ヘクトリットル（以下50hl/haと表記）まで抑えられるようになるでしょう。最も低い地域にうまく排水することによって、《ジャル jalles》と呼ばれる区画近くで育つぶどうもワイン造りに充分使えるレベルになりました。ぶどうの実の出来を見極める基準が厳しいことに加え（97年物のファーストワインには全体の30％のみ使用）、良質のエキス分を含むぶどうを入念に選果し、しっかりと熟成させた厚みのあるふくよかなワインには生産者のこだわりが強く感じられます。口当たりは豊かで、とろみさえ感じられ、それでいて力強さもあわせ持っています。

Monsieur Jean-Henri Schÿler
Château Kirwan - 33460 Cantenac
tel : 05 57 88 71 00 fax : 05 57 88 77 62
mail@chateau-kirwan.com - www.chateau-kirwan.com

★ シャトー・ラグランジュ　Château Lagrange

1983年日本のサントリーグループに買い取られるまでは、ぶどう栽培が順調に行かないことがワインの生産に大きく響いていました。また当時は56haだけだった栽培面積も現在では110ha以上となっているため、ぶどう自体のポテンシャルを最高に引き出せているとは言えません。それでも3級に名を連ねているのは、セカンドワインとして《レ・フィエフ・ド・ラグランジュ Les Fiefs de Lagrange》を生産しているおかげで、良いぶどうを集中してファーストワインに使えるからです。カベルネ・フランは栽培されておらず、カベルネ・ソーヴィニヨン66％、メルロー27％、プティ・ヴェルド7％となっています。

Monsieur Marcel Ducasse
Château Lagrange - 33250 - Saint-Julien Beychevelle
tel : 05 56 59 23 63 fax : 05 56 59 26 09

メドック4級
Quatrièmes Grands Crus Classés du Médoc

1855年にこのクラスに格付けされた11のシャトーの中から、今年は1銘柄のみをセレクトしました。

★ シャトー・プリューレ=リシーヌ　Château Prieuré-Lichine

シャトー・プリューレ=リシーヌは半世紀の間リシーヌ家の所有でしたが、1999年6月からはバランド・グループ Ballande のものとなりました。2人の著名な醸造家ミシェル・ロランとステファーヌ・ドゥルノンクール Stéphane Derenoncourt が運営に協力しています。

Madame Lise Bessou
34, Avenue de la République - 33460, Margaux-en-Médoc
tel : 05 56 88 36 28 fax : 05 57 88 78 93
prieure.lichine@wanadoo.fr - www.chateauprieurelichine.com

メドック５級
Cinquièmes Grands Crus Classés du Médoc

1855年にこのクラスに格付けされた17のシャトーの中から、今年は3つだけセレクトしました。

★★ **シャトー・ランシュ=バージュ　Château Lynch-Bages**

1974年以来ジャン=ミシェル・カーズが近代化と再開発を進めているこの90haのぶどう園は、ポーイヤック村の入口に近い、村でももっとも美しいグラーヴ（砂利層）の丘にあります。品種は多くがカベルネ・ソーヴィニヨン（75％）で、その他はボルドー種のメルロー（15％）、カベルネ・フラン（10％）、プティ・ヴェルド（2％）となっています。年間420,000本。

Monsieur Jean-Michel Cazes
Vignobles Cazes - BP46 - 33250 Pauillac
tel : 05 56 73 24 20 fax : 05 56 59 26 42
infochato@chateauxassocies.com - www.lynchbages.com

★ **シャトー・クレール・ミロン　Château Clerc Milon**

ミロンとムーセの村落のなだらかな丘の上にある30haのぶどう園。一番多い品種はカベルネ・ソーヴィニヨン、他にもメルローなどを栽培。どちらもメドックの伝統的な品種です。

Baron Philippe de Rothschild SA
33250 Pauillac
tel : 05 56 73 21 29 fax : 05 56 73 21 28

★ **シャトー・ポンテ=カネ　Château Pontet-Canet**

カベルネ・ソーヴィニヨンの割合が大きく62％（メルロー32％、カベルネ・フラン6％）。収穫の丁寧さに加え、セカンドラベルのレ・オー・ド・ポンテ Les Hauts de Pontetを作っているおかげで現在の地位を維持しています。

Monsieur Alfred Tesseron
SA du Château Pontet-Canet - 33250 Pauillac
tel : 05 56 59 04 04 fax : 05 56 59 26 63
pontet@pontet-canet.com - www.pontet-canet.com

メドックの「非格付け」ワイン
Grands Crus Non Classés du Médoc

ソシアンド=マレやオー=マルビュゼのような有名なワインがこのランクに位置づけされていることは、メドックのクリュ・ブルジョワ全体が誇りにしてもいいことでしょう。ただ同時に、クリュ・ブルジョワのどれもが等しい質を保っているというわけではなく、すばらしいものもあれば平凡なものもあります。海外からの発注が多いために価格が上昇していますが、品質がそれに見合わないこともあります。

★★ **シャトー・オー=マルビュゼ　Château Haut-Marbuzet**

このぶどう園が現在の姿になったのは1952年、エルヴェ・デュボスク Hervé Duboscq が終身年金でこのシャトーを買い上げてからのことです。その息子アンリが1962年に経営に参加し、親子はさらに隣地のぶどう園を買い取ることによってこの地を広げ、≪デュボスク≫オリジナルの味を作り上げました。現在の表面積50ha、メルロー40％、カベルネ・フラン10％、カベルネ・ソーヴィニヨン50％。このワインは多くの顧客を魅了してきました。

Monsieur Henri Duboscq
Château Haut-Marbuzet - 33180 Saint-Estèphe
tel : 05 56 59 30 54 fax : 05 56 59 70 87

★★ シャトー・ソシアンド=マレ　Château Sociando-Mallet

名前の由来は1633年にサン=スラン=ド=カドゥルヌにある≪高貴な地≫の所有者となったソシアンドと、1850年頃のこの地の所有者マレ未亡人によるものです。ジャン・コートローは1969年にこの地を引き継ぎ、メドックのクリュ・ブルジョワの中でも最高レベルにまで引き上げました。50haにわたる砂利質の丘には、カベルネ・ソーヴィニヨン(60%)、カベルネ・フラン(10%)、メルロー(25%)、プティ・ヴェルド(5%)が栽培されています。1990年代半ばまで、良質なワインを愛する人々はたいへん手頃な値段でこのワインを入手できていましたが、国際的に評価が高まったため格付2級ワイン並の価格に上がってしまいました。伝統的な本格派メドック、絶対に買って損はありません。

Monsieur Jean Gautreau
33180 Saint-Seurin-de-Cadourne
tel : 05 56 59 36 57　fax : 05 56 59 70 88

★ シャトー・フェラン=セギュール　Château Phélan-Ségur

66haの広さを持つこの農園は、19世紀初頭アイルランド系のフェラン氏が、≪ぶどう樹公≫セギュール伯爵の所有していた2つの領地、≪クロ・ド・ガラメ Clos de Garramey≫と≪シャトー・セギュール≫を統合させたことで生まれました。メドックの伝統的な品種を使っている点、ぶどうの樹齢がなかなか古い点などにより、クリュ・ブルジョワの中でも今後だんだんと地位を上げてゆくでしょう。

Monsieur Xavier Gardinier
33180 Saint-Estèphe
tel : 05 56 59 74 00　fax : 05 56 59 74 10

★ シャトー・プージョー　Château Poujeaux

マルゴーとサン=ジュリアンの間にあるアペラシオン・ムーリには、時に驚くべきワインが生まれることがありますが、シャトー・プージョーはその代表格です。栽培面積52ha一続きのぶどう園。メドックの伝統的な4品種、カベルネ・ソーヴィニヨン(50%)、メルロー(40%)、カベルネ・フラン(5%)、プティ・ヴェルド(5%)を育てています。16世紀以来、現シャトー・ラトゥールの属領、ラ・サル・ド・プージョーの名で知られていました。

Monsieur François Theil
Château Poujeaux - 33480 Moulis en Médoc
tel : 05 56 58 02 96　fax : 05 56 58 01 25

LQCG -100F シャトー・デスキュラック　Château d'Escurac

試飲会での嬉しい発見のひとつ。しなやかでかぐわしい秀作ワイン、本当にメドックらしい味わいです。

Monsieur Jean-Marc Landureau
33340 Civrac-en-Médoc
tel : 05 56 41 50 81　fax : 05 56 41 36 48

LQCG シャトー・ピブラン　Château Pibran

ポーイヤック村の北部にあり、ムートン・ロートシルト、ポンテ=カネ、ランシュ=バージュに隣接しています。1987年、アクサ・ミレジム社に買い取られたことにより、大規模な工事、特に土壌の排水工事が実現されました。毎年50,000本以上の生産。

Châteaux et Associés - BP46 - 33250 Pauillac
tel : 05 56 73 24 20　fax : 05 56 59 26 42
infochato@chateaux.associes.com

ペサック=レオニャン・特1級
Premier Grand Cru Classé de Pessac-Léognan

　1525年、ジャン・ド・ポンタック Jean de Pontac が開拓したオー=ブリオンはワイン作りのパイオニアであり続けています。16世紀には樽の目減り分を補う手法とオリ引きの手法をいち早く取り入れ、1961年には初めてステンレス槽を使用したシャトーとなります。72年には独自の苗床を作ることで同種のワインが市場に出回るのを防ぎ、74年には地下に大樽用の貯蔵所（セラー）を建設しました[4]。シャトー・オー=ブリオンは1855年の名誉あるリストで、メドックの格付けに例外で選ばれたペサック・レオニャン唯一の銘柄です。

★★★★　**シャトー・オー=ブリオン　Château Haut-Brion**

1525年、ジャン・ド・ポンタックがボルドーの街を囲む≪城壁の外に≫作ったぶどう園ですが、今日では市域に取り込まれた形となっています。この総面積43haの農園は幸いにもボルドーの都市圏拡大で被害を受けることはありませんでした。当該地区外でありながら1855年のメドック格付けを受け、1973年には再びメドックの1級に指定されました。この格付けはもともとグラーヴ地区を対象とするものではありませんでしたが、委員会は≪このワインの突出した品質の良さ≫を認め、メドックの優良ワインと同格の地位を与えました。品種はカベルネ・フランとメルローが比較的多めに栽培され（それぞれ18％、37％）、カベルネ・ソーヴィニヨンは45％となっています。特に89年物以降、出来のすばらしさは格別です。買って失敗することは絶対ありません。

Domaine Clarence Dillon S.A.
133, avenue Jean-Jaurès - 33608 Pessac CEDEX
tel : 05 56 00 29 30　fax : 05 56 98 75 14
info@haut-brion.com - www.haut-brion.com

ペサック・レオニャン特級
Grands Crus Classés de Pessac-Léognan

　≪グラーヴ≫の呼称を認められたシャトーがつくる組合の依頼を受け、1955年、INAO〔AOCを管理統制する国立の研究所〕が赤と白の特級ワインを同時に載せた特別な評価リストを作成しました。ただ残念なことにボルドー市街地の拡大によって、グラーヴ地区にある農園の多くが姿を消しています。

★★★　**シャトー・ラ・ミッション・オー=ブリオン　Château la Mission Haut-Brion**

1983年、すでにシャトー・オー=ブリオンを運営していたドメーヌ・クラランス・ディヨンは、タランス村とペサック村にわたるこのぶどう園21ha弱の所有者となりました。このミッションというシャトーの名前は17世紀に聖ヴァンサン・ド・ポールが設立した≪伝道修道会 Congrégation de la Mission（ラザロ派会 Lazaristes）≫にちなんでいます。1987年に行われた醸造所への投資は成功していると言えます。メルロー（45％）とカベルネ・ソーヴィニヨン（48％）が大体同じ割合で、7％のカベルネ・フランが香りのアクセントをつけています。

Domaine Clarence Dillon S.A.
135, avenue Jean-Jaurès - 33608 Pessac CEDEX
tel : 05 56 00 29 30　fax : 05 56 98 75 14
info@haut-brion.com - www.haut-brion.com

〈訳注〉

4　オー=メドック地区は砂利質地層でジロンド河が近いため、地下を掘ると水が出て、ブルゴーニュのようなカーヴ（地下蔵）を造れないケースが多いようです。

★★ **ドメーヌ・ド・シュヴァリエ　Domaine de Chevalier**

1948年から83年にかけての経営者だったクロード・リカール Claude Ricard の仕事を引き継ぐのは、現在の所有者オリヴィエ・ベルナールにとってたやすいものではなかったでしょう。師匠リカールの下で修行した後、神秘的とも言える白ワインだけでなく赤ワインにも彼独自のアプローチで取り組み、この試みが見事に成功しました。ドメーヌ・ド・シュヴァリエは特に≪収穫量が少ない年≫の評価が高い傾向がありました。レオニャン村にあり、比較的古いぶどう園です。甘美で香り高く、殊に近年のミレジムは非常に良い出来な上に、価格も手ごろなままです。

Monsieur Olivier Bernard - 33850 Léognan
tel : 05 56 64 16 16　fax : 05 56 64 18 18

★★ **シャトー・ラ・トゥール・オー＝ブリオン　Château la Tour Haut-Brion**

これもまたクラランス・ディヨン農園の所有です（オー＝ブリオンおよびラ・ミッション・オー＝ブリオン参照）。タランス村にあり、ドメーヌの広さ5ha、主にカベルネ・フラン（35％）とカベルネ・ソーヴィニヨン（42％）が栽培されています。1990年代から常に高品質で、燻したような香りや森のフルーツの香りが特徴的。このタイプのペサックをお好みの方には特に満足の行くワインでしょう。

Domaine Clarence Dillon S.A.
133, avenue Jean-Jaurès - 33608 Pessac CEDEX
tel : 05 56 00 29 30　fax : 05 56 98 75 14

★★ **シャトー・パープ・クレマン　Château Pape Clément**

シャトー・パープ・クレマンは歴代の所有者の中でも最も有名な、13世紀ジロンド〔ボルドー周辺〕に生まれた法皇クレメンス5世の名を今に伝えています。1309年にクレメンス5世からこのペサックのぶどう園を贈られたボルドー司教は、後のフランス革命期まで代々後継の司教に受け継がせることになります。36haの地所のうち34haでぶどうを栽培しており、いずれもボルドーの市街地拡大による被害を免れています。品種はカベルネ・ソーヴィニヨン（60％）とメルロー（40％）で占められ、平均樹齢25年。ボルドーワインの中でも一級品です。

Monsieur Éric Larramona
216, avenue du Dr N. Pénard - BP64 - 33607 Pessac CEDEX
tel : 05 57 26 38 38　fax : 05 57 26 38 39
chateau@pape-clement.com - www.pape-clement.com

★ **シャトー・スミス・オー＝ラフィット　Château Smith Haut-Lafitte**

試飲した最近のミレジムはどれも良い出来です。上品な味わいが身上です。

Madame Florence Cathiard
33650 Martillac
tel : 05 57 83 11 22　fax : 05 57 83 11 21
smith-haut-lafitte@smith-haut-lafitte.com - www.smith-haut-lafitte.com

ペサック＝レオニャン／グラーヴ地区の優良「非格付」ワイン
Grands Vins de Pessac-Léognan et Graves Non Classés

グラーヴ地区にある格付けを受けた銘醸ワインのレベルには届きませんが、この厳選リストに載る価値のあるドメーヌがいくつかあります。

★ **シャトー・ラリヴェ＝オー＝ブリオン　Château Larrivet-Haut-Brion**

全く生産されていなかった1930年代の停滞期を乗り越え、1940年に所有者が新しくなった後、70年代には再びその名声の一部を取り戻しました。そして、80年代半ばに得た新たな投資家によって、現在の名誉ある地位に返り咲きました。カベルネ・ソーヴィニヨン（55％）とメルロー（45％）の2品種を栽培しています。

Madame Christine Gervobon
Château Larrivet-Haut-Brion - 33850 Léognan
tel : 05 56 64 75 51　fax : 05 56 64 53 47

LQCG **シャトー・ミルボー**　Château Mirebeau

かつて、20世紀初頭にはアレクサンドル・デュマの令嬢がこのシャトーを所有していました。飛躍的に整備が進んだのは1950年代になってからです。主にメルロー（50%）を栽培し、後はカベルネ・フラン（25%）とカベルネ・ソーヴィニヨン（25%）です。ボルドーの取引業者を介さない、直接販売です。

Monsieur Cyril Dubrey
35, route de Mirebeau - 33650 Martillac
tel : 05 56 72 61 76　fax : 05 56 62 43 67

サン＝テミリオン特1級・A格付
Premiers Crus Classés (A) de Saint-Émilion

　古くから有名だったにも関わらず、サン＝テミリオンは1855年のリストにはランク付けされませんでした。格付けされたのはようやく1958年になってからです。この格付けは1969、86、96年の3回にわたり見直されました。2つのシャトーが、その格付の頂点にあります。

★★★★　**シャトー・オーゾンヌ**　Château Ausone

7haのぶどう園からはミレジムあたり約24,000本が生産されます。ローマ時代にガリア総督であり詩人だったアウソニウスのすばらしい別荘がこの地にあったとされることからこの名がつきました。アラン・ヴォーティエは実に熱心にそして巧みに手入れしています。ここ数年のミレジムは特に見事です。

Monsieur Alain Vauthier
Château Ausone - 33330 Saint-Émilion
tel : 05 57 24 68 88　fax : 05 57 74 47 39
www.chateau-ausone.com

★★★★　**シャトー・シュヴァル・ブラン**　Château Cheval Blanc

シュヴァル・ブランは他のサン＝テミリオンのぶどう園よりも地質がメドックに似ています。古くはフィジャックFigeac公の領地に属していた小作地で、19世紀を通していくつかの区画に大規模な排水工事を施していくうちにぶどう園として完成した形となりました。≪シュヴァル・ブラン≫という名で呼ばれるようになったのは1855年頃で、それまではフィジャックを名乗っていました。カベルネ・フランが3分の2、メルローが3分の1の割合で、大部分は1956年の大寒波の後で植えられたものです。96年物の出来は芳しいものではありませんでしたが（試飲会を参照）、他の90年代物は全て良い出来で、魅力的でした。特に90・94年物がすばらしく、95年物はさらに格別です。

Société Civile du Cheval Blanc - 33330, Saint-Émilion
tel : 05 57 55 55 55　fax : 05 57 55 55 50

サン＝テミリオン特1級・B格付
Premiers Crus Classés (B) de Saint-Émilion

　サン＝テミリオンでも2番目に位置づけられるものですが、その格付けの名に恥じないケースがほとんどです。今回は7つのシャトーをセレクトしました。

★★★　**シャトー・マグドレーヌ**　Château Magdelaine

12ha以上あるこのぶどう園はムエックス家の所有で、栽培品種の90%がメルロー、残り10%がカベルネ・フランです。最も繊細なサン＝テミリオン産ワインのひとつ。

Établissements Moueix J.P.
54, quai du Priourat, 33500, Libourne
tel : 05 57 55 05 80　fax : 05 57 25 13 30

★★ シャトー・アンジェリュス　Château Angélus

特1級Bにランク付けされるようになったのは最近のことですが、相応の実力を備えています。1987年に生産を始めたセカンドラベル≪ル・カリヨン・ド・ランジェリュス Le Carillon de l'Angélus≫のおかげで、最高の品質のぶどうをファーストラベルに使えるようになりました。

Monsieur Hubert De Boüard de Laforest
33330, Saint-Émilion
tel : 05 57 24 71 39　fax : 05 57 24 68 56
chateauAngelus@chateauAngelus.com

★★ シャトー・ボー＝セジュール＝ベコ　Château Beau-Séjour-Bécot

1986年には特1級の格付けから漏れましたが、96年に返り咲いています。16.52haのぶどう園はサン＝テミリオン西側の台地のてっぺんにあり、メルロー(70％)の割合が多く、カベルネ・フラン(24％)とカベルネ・ソーヴィニヨン(6％)がブレンドを完成させます。ボトルで試飲した98年物は16.5/20点というすばらしい成績を残しています。

Messieurs Gérard et Dominique Bécot
33330 Saint-Émilion
tel : 05 57 74 46 87　fax : 05 57 24 66 88

★★ シャトー・ボーセジュール・デュフォー＝ラガロス　Château Beauséjour Duffau-Lagarrosse

シャトー・ボーセジュールは8代にわたって同一の家系に管理されてきました。名前の由来はピエール＝ポーラン・デュカルプ Pierre-Paulin Ducarpe が娘をデュフォー＝ラガロス博士 Duffau-Lagarrosse に嫁がせる際に贈った土地であることから来ています。7ha一続きのぶどう園はメルローが多く(60％)、その他はカベルネ・フラン(25％)とカベルネ・ソーヴィニヨン(15％)となっています。いつも安定して良い買い物と言えるワインです。

Monsieur Jean-Michel Dubos
33330 Saint-Émilion
tel : 05 57 24 71 61　fax : 05 57 74 48 40

★★ シャトー・カノン　Château Canon

18haの農地(14.5haが実際の耕作地)で、1996年11月に潤沢な資金をもつ意欲的な投資家たちが買い取り、ぶどう園とその他施設に大規模な改修工事を行いました。まず貯蔵所に染みついた臭いを取り除くとともに、崩れそうだった地盤を補強してぶどう畑が被害をうけないようにしました。たいへん手際よく適切な工事でした。評判が上がったのは一時的なことではなく、すべての銘醸サン＝テミリオンの愛好家がうなるほどの出来栄えです。もともとは退役海軍中尉ジャック・カノン Jacques Kanon が1760年に買い上げた土地で、それが名前の由来になっています。また、現在の建物および石組みと壁に囲まれたぶどう園はそのとき作られたものです。ミレジムあたり約40,000本を出荷、セカンドラベルとしてクロ・カノン Clos Canon(30,000本)があります。品種はメルロー(65％)とカベルネ・フラン(35％)。芳醇なブーケが際だつワインです。

Monsieur John Kolasa
BP 22 - 33330 Saint-Émilion
tel : 05 57 55 23 45　fax : 05 57 24 68 00

★★ シャトー・パヴィ　Château Pavie

35haのぶどう園で平均70,000本を生産。メルローの割合が大きく(60％)、カベルネ・フラン30％、カベルネ・ソーヴィニヨン10％。1998年にシャンタルとジェラールのペルス夫妻が買い取り、醸造所を中心に改修工事を行いました。豊かな風合いをそなえた見事なサン＝テミリオン。

Monsieur et Madame Gérard Perse
Domaine de Château Pavie - 33330 Saint-Émilion
tel : 05 57 55 43 43　fax : 05 57 24 63 99

★ ### クロ・フルテ　Clos Fourtet

この20haの農地は1948年以来リュルトン家が所有しています。主な品種はメルローで、その他カベルネ・フラン、カベルネ・ソーヴィニヨンがそれぞれ10％を占めています。今のままでもおいしいワインですが、テロワール自体が実に優れているので、さらに品質向上が望める、いえ、ぜひとも向上させてほしい銘柄です。

Monsieur Tony Ballu
33330 Saint-Émilion
tel : 05 57 24 70 90　fax : 05 57 74 46 52

サン=テミリオン特級格付け
Grands Crus Classés de Saint-Émilion

　特1級に続く2番手のカテゴリー、このサン=テミリオン特級格付けは1996年に見直され、現在56のシャトーが登録されています。わたしたちのセレクションでは10のシャトーを厳選しています。

★ ### シャトー・ベルリケ　Château Berliquet

非常に力強いサン=テミリオン。通向けです。

Vicomte et Vicomtesse Patrick de Lesquen
33330 Saint-Émilion
tel : 05 57 24 70 48
fax : 05 57 24 70 24

★ ### シャトー・カノン・ラ・ガフリエール　Château Canon La Gaffelière

20haほどのぶどう園で主にメルローが栽培され（55％）、その他はカベルネ・フラン（40％）とカベルネ・ソーヴィニヨン（5％）です。1971年にフォン・ネペール伯爵が買い取り、その息子ステファンが引き継いだ頃から、特級格付けでは最高のワインが作られるようになりました。ミレジムあたり約70,000本。

Comte Stephan Von Neipperg
Château Canon La Gaffelière - 33330 Saint-Émilion
tel : 05 57 24 71 33　fax : 05 57 24 67 95
vignobles.von.neipperg@wanadoo.fr - www.neipperg.com

★ ### シャトー・ショーヴァン　Château Chauvin

5代にわたりこの13haの農地を管理しているオンデ家は、常に確かな仕事ぶりを見せてくれます。クラシックなスタイルのサン=テミリオン。

Mesdames Ondet
Château Chauvin - 33330 Saint-Émilion
tel : 05 57 24 76 25　fax : 05 57 74 41 34

★ ### シャトー・グラン・メーヌ　Château Grand Mayne

サン=テミリオンの西側の台地のふもとにあります。品種の多くはメルロー（76％）で、あとはカベルネ・フランとカベルネ・ソーヴィニヨンが同じ割合でブレンドされます。

Château Grand-Mayne - 33330 Saint-Émilion
tel : 05 57 74 42 50　fax : 05 57 24 68 34
grand-mayne@grand-mayne.com - www.grand-mayne.com

★ ### シャトー・ラ・クスポード　Château La Couspaude

四方を壁に囲まれた7haのぶどう園はトロットヴィエイユ Trottevieille とスタール Soutard に隣接しています。サン=テミリオン地区で最も古い農園のひとつです。品種はメルローが多く70％、その他はカベルネ・フラン20％とカベルネ・ソーヴィニヨン10％。

Monsieur Jean-Claude Aubert
Château La Couspaude - BP 40 - 33330 Saint-Émilion
tel : 05 57 40 15 76　fax : 05 57 40 10 14

ボルドー（赤）

★ **シャトー・ラ・ドミニク　Château La Dominique**

農地は25ha近くあり、品種の多くはメルローです（75%）。豊かで甘美な味わいのワイン。96年物は実に見事、98年物もなかなかです。このところあまり見られなくなった、熟成させると更に良くなるタイプの上質のボルドーです。2つ星も近いでしょう。

Monsieur Cyril Forget
Château La Dominique - 33330 Saint-Émilion
tel : 05 57 51 31 36　fax : 05 57 51 63 04
info@vignobles-fayat-group.com

★ **シャトー・ラルマンド　Château Larmande**

1585年から存在していたことが知られている、サン・テミリオン最古のぶどう園のひとつです。メルロー（65%）が大きな割合を占めています（カベルネ系35%）。

Madame Claire Chenard
Château Larmande, 33330, Saint-Émilion
tel : 05 57 24 71 41　fax : 05 57 74 42 80

★ **シャトー・スタール　Château Soutard**

22haのぶどう園のうち16haは粘土質石灰岩層の台地にあります。樹齢は比較的古く、主にメルローを栽培しています。すばらしいワイン。

Monsieur Des Ligneris François
Château Soutard, 33330, Saint-Émilion
tel : 05 57 24 72 23　fax : 05 57 24 66 94

★ **シャトー・トロロン=モンド　Château Troplong-Mondot**

サン=テミリオンで最大のシャトーのひとつ。モンドの丘にある30haのぶどう園では主にメルローを栽培しています（80%）。クリスティーヌ・ヴァレットが曾祖父から引き継いだ土地です。おいしいワイン、若い時期に飲むのがよいでしょう。

Madame Christine Valette
Château Troplong-Mondot, 33330, Saint-Émilion
tel : 05 57 55 32 05　fax : 05 57 55 32 07

LQCG　**シャトー・バルスタール=ラ=トネル　Château Balestard-la-Tonnelle**

栽培品種の割合や樹齢の古さでアペラシオン全体の模範となっている11haのぶどう園。美味なワインです。特にクラシックなスタイルのサン=テミリオンがお好きな方に。

Monsieur Jacques Capdemourlin
Château Roudier - 33570 Montagne
tel : 05 57 74 62 06　fax : 05 57 74 59 34

サン=テミリオン銘醸ワイン（グラン・クリュ）
Saint-Émilion Grand Cru

　名称に混乱される方も多いと思われますが、プルミエ・クリュ≪A≫あるいは≪B≫のように格付けされたワインとは違って、このサン=テミリオン・グラン・クリュというのは、ある決められた基準を守ったワインに、単なるサン=テミリオンより高い規格として与えられるACのことです。その基準とは、〔分析をより深くするため〕試飲を2回行った上で当地で瓶詰めされていることです（これはサン=テミリオン地区の約60%のシャトーがクリアしています）。今年は5つのシャトーのみを厳選しました。

★★ **シャトー・ペビ=フォジェール　Château Péby-Faugères**

近年品質が向上しています。

Madame Corinne Guisez
Château Faugères - 33330 Saint-Etienne-de-Lisse
tel : 05 57 40 34 99　fax : 05 57 40 36 14

★★ ### シャトー・ド・ヴァランドロー　Château de Valandraud

95年物と98年物は3つ星に値します。サン＝テミリオンの他のもっと優れたテロワールでも、ヴァランドロー並みに労力を注ぎ込んでくれたら、と思わせます。ここの経営者は完璧主義者で、テロワールがもっと良ければ驚異的なワインを作る力を持っています。

Monsieur Jean-Luc Thunevin
6, rue Guadet - 33330 Saint-Émilion
tel : 05 57 55 09 13 fax : 05 57 55 09 12

★ ### サン＝ドマング・デュ・シャトー・ラ・ドミニク　Saint-Domingue du Château La Dominique

この生産者はシャトー・ラ・ドミニクとキュヴェ・サン・ドマング という2種類のワインを作っていますが、それぞれ持ち味が違うのでどちらが優れているかを問うべきではないでしょう（プレステージ試飲会参照）。

Monsieur Cyril Forget
Château La Dominique - 33330 Saint-Émilion
tel : 05 57 51 31 36 fax : 05 57 51 63 04
info@vignobles-fayat-group.com

★ ### シャトー・フォジェール　Château Faugères

2つの村にまたがる46ha一続きのぶどう園で、そのうち20haを占める粘土質石灰岩層の部分のみがサン＝テミリオン・グラン・クリュを名乗ることができます。現在のスタッフの努力は立派なものと言えましょう。

Madame Corinne Guisez
Château Faugères - 33330 Saint-Etienne-de-Lisse
tel : 05 57 40 34 99 fax : 05 57 40 36 14

★ ### シャトー・ル・テルトル・ロトブフ　Château Le Tertre Roteboeuf

現在のこのシャトーの名声は、所有者であるミチャヴィル氏の人柄によるところが大きいでしょう。彼はシャトー・ロック・ド・カンブの所有者でもあります（コート・ド・ブールの項を参照）。醸造の特徴は非常に熟したぶどうを使用していることです。最も多い品種はメルロー（80％）、その他はカベルネ・フラン（20％）です。特定の型に収まらないこのドメーヌとミチャヴィル氏からは目が離せません。味が熟す頃を見極めて、早めに飲むのが良いと思います。

Monsieur François Mitjavile
33330 Saint-Laurent des Combes
fax : 05 57 74 42 11

ポムロール
Pomerol

ポムロールは長い間公式の格付けには載らない土地でしたが、市場の内部では、有名なペトリュスを中心としたランク付けが自然とできあがりました。わたしたちはそのペトリュスのみならず、投機の対象として有力なル・パン、常に見事な出来栄えを見せてくれるヴュー＝シャトー＝セルタンなどにも高い評価を与えたいと思います。

★★★★ ### シャトー・ル・パン　Château Le Pin

ジャック・ティヤンポン Jacques Thienpont が所有するこのシャトーが生み出すワインは、ブラインドテイスティングで行われるあらゆる試飲会で世界最高峰のワインと互角の成績を挙げ、ワイン界の神話的存在となっています。超希少生産のワインや≪倉庫で値上がりを待つワイン≫と同列にみなされることもよくありますが、実際には本当に優れたテロワールを誇っています。2ha強と面積は狭いものの毎年10,000本を世界に出荷しており、ペトリュス同様に高価、希少価値は更に高いワインとなっています。90・94・95・98年物などは驚異的です。

GFA du Château Le Pin - Les Grands Champs - 33500 Pomerol

tel : 05 57 51 33 99　fax : 00 32 55 31 09 66

★★★★　ペトリュス　Petrus

世界中で高い評価を得ている、ポムロールで最も有名なワインです。地理的条件が非常に良く、地表面を粘土質の層が完全に覆っている珍しい土壌を持ち、ぶどうの樹齢も比較的古く、収穫も綿密です。このように多くの長所を持っているため、メドックのみならず世界中の高級ワインに比肩できる、いやそれらを越える味が作り出されています。品種は95％がメルローで、11.42haのぶどう園からはミレジムあたり4～50,000本が出荷されます。88年物以来、安定して驚嘆すべき出来です。

Ets Jean-Pierre Moueix
54, quai du Priourat - BP129 - 33502 Libourne CEDEX
tel : 05 57 55 05 80　fax : 05 57 25 13 30

★★★★　ヴュー＝シャトー＝セルタン　Vieux-Château-Certan

才能豊かな経営者アレクサンドル・ティヤンポンが所有する14haのシャトーは、ペトリュスを含む花形ワインと常に互角の闘いをしてきました。平均樹齢35年、カベルネ・フラン（30％）に対してメルロー（60％）の割合が大きい品種構成、これらの条件は近隣のシャトーと大差はありません。ただ考えて見ると、すぐ隣はペトリュスという本当に見事なテロワールにこのシャトーがあるわけです。ますます厚みと力強さを求めるワイン界の流行に流されないその姿勢のため、メディアでは正当に評価されないこともありましたが、おそらくポムロールで最高のワインでしょう。

Monsieur Alexandre Thienpont
SC du Vieux-Château-Certan - 33500 Pomerol
tel : 05 57 51 17 33　fax : 05 57 25 35 08
vieux-chateau-certan@wanadoo.fr - www.vieux-chateau-certan.com

★★★　シャトー・トロタノワ　Château Trotanoy

1953年からメゾン・ムエックスが所有している約7haのぶどう園。品種はほとんどがメルロー（90％）で、その他はカベルネ・フラン（10％）です。樹齢は比較的古く、1956年の冷害を免れました。トロタノワの語源となった≪過度に沈降した trop ennoyé≫土地なので困難な作業を強いられますが、逆に栽培者が並外れた注意を払うため、安定して高い品質が得られています。ぶどうの手入れも確実です。近年のミレジムは贅沢な味わいで、今や語りぐさとなっている61・64・66・70・71年物と肩を並べるほどでしょう。

Ets Jean-Pierre Moueix - 54, quai du Priourat - 33500 Libourne
tel : 05 57 51 78 96　fax : 05 57 51 79 79

★★　シャトー・カントローズ　Château Cantelauze

他のぶどう園から切り離された0.9haという小さな2区画で、他の有力なポムロール・ワインに引けをとらないすばらしいワインを生産しています。2,400本と少ない出荷の割には価格が高騰することもなく、これは流行を追わないことが理由となっているのでしょう。メルロー90％、カベルネ・フラン10％。新しいオーク樽で寝かせています。

Monsieur Jean-Noël Boidron
Corbin-Michotte, 33330, Saint-Émilion
tel : 05 57 51 64 88
fax : 05 57 51 56 30

★★　シャトー・レグリズ・クリネ　Château l'Église Clinet

砂利の混ざった粘土層の土地で、面積は5.5haです。サン・ジャン Saint-Jean の看護修道士たちが建設し19世紀末に取り壊されたサン・ジャン教会が、銘柄の一部「レグリズ 教会」の由来です。デュラントゥー家の所有で、最近は近代化が進められています。

Monsieur Denis Durantou - 33500, Pomerol
tel : 05 57 25 96 59　fax : 05 57 25 21 96

★★ **シャトー・レヴァンジル　Château l'Evangile**

村の高い台地にある14haのぶどう園。このアペラシオン（ポムロール）の代表的なシャトーのひとつで、品種はメルロー（65％）とカベルネ・フラン（35％）です。

Monsieur Dominique Befve - 33500 Pomerol
tel : 05 57 55 45 55　fax : 05 57 55 45 56

★★ **シャトー・ラ・コンセイヤント　Château La Conseillante**

シャトーの名前は1754年来のもので、かつての所有者カトリーヌ・コンセイヤン Catherine Conseillan にちなんでいます。1871年にルイ・ニコラ Louis Nicolas が購入した土地で、その後継者たちが現在も管理しています。13haのぶどう園では主にメルロー（65％）、他にカベルネ・フラン（30％）とマルベック（5％）を栽培しています。安定しておいしいワイン。

Messieurs Bernard et Francis Nicolas
La Conseillante - 33500 Pomerol
tel : 05 57 51 15 32　fax : 05 57 51 42 39

★★ **シャトー・ラ・フルール＝ペトリュス　Château La Fleur-Pétrus**

ペトリュスの農地に隣接する13haのぶどう園。文句なしに上級ポムロールのひとつです。メルローが多く90％。1952年以来メゾン・ムエックスの所有で、1956年の冷害の際に大規模な植え替えを余儀なくされました。90年物以降、現在の高いレベルのワインが生産されるようになりました。

Ets Jean-Pierre Moueix - 54, quai du Priourat - 33500, Libourne
tel : 05 57 51 78 96　fax : 05 57 51 79 79

★★ **ラ・フルール・ド・ゲイ　La Fleur de Gay**

2haの農園内には、プレステージワイン《ラ・フルール La Fleur》 のために一区画が確保されています（《ラ・フルール》はこの区画の名前です）。

Monsieur Noël Raynaud
33500 Pomerol
tel : 05 57 51 19 05　fax : 05 57 74 15 62

★ **シャトー・クリネ　Château Clinet**

品種の80％はメルローで、その他はカベルネ・ソーヴィニヨンとカベルネ・フランが半々です。

Monsieur Jean-Louis Laborde
VGA Château Clinet - 3, rue Fénelon - 33000 Bordeaux
tel : 05 56 79 12 12　fax : 05 56 79 01 11
contact@wines-uponatime.com - www.wines-uponatime.com

★ **シャトー・ガザン　Château Gazin**

24ha一続きのぶどう園では、かつてエルサレム・サン＝ジャン救護修道会がワインを作っていました。品種はメルローが90％を占め、年平均100,000本を出荷。

Monsieur Nicolas de Bailliencourt
33500 Pomerol
tel : 05 57 51 07 05　fax : 05 57 51 69 96
Chateau.Gazin@wanadoo.fr - www.Chateau-Gazin.com

★ **シャトー・ゴンボード＝ギヨ　Château Gombaude-Guillot**

7haの土地のうち4haがポムロールの中心にあります。現在有機栽培に切り替えている最中で、高いレベルのワインがコンスタントに作られています。品種は68％がメルロー、カベルネ・フラン30％、マルベック2％で、平均樹齢は35年です。家族経営で、大部分はシャトーの直売所で売られます。間違いなく、今後5年の間にポムロールでもっとも伸びるシャトーです。

Madame Claire Laval
Lieu-dit Les Grandes Vignes - 33500 Pomerol
tel : 05 57 51 17 40　fax : 05 57 51 16 89

★ シャトー・ラ・クロワ=トゥリフォー　Château La Croix-Toulifaut

メルローのみが栽培されているこのシャトーの所有者はポムロールの大御所メゾン・ジャヌエです。1.8haと栽培面積が小さいため、比較的希少なワインになっています。名前の由来は、かつてスペインのサン=ヤコ・デ・コンポステラへ向かう巡礼者たちがその前で瞑想したという十字架（ラ・クロワ）と、ロマンス語のtot li falt（tout y faille）という言葉とを組み合わせたものです。97年物が14/20点という良い成績を残し、翌98年物も16/20点とさらにすばらしい成績を獲得しました。市場に出回ることはありませんので、購入ご希望の場合は所有者に直接連絡をお取り下さい。

Monsieur Jean-François Janoueix
BP192 - 37 rue Pline Parmentier - 33506 Libourne CEDEX
tel : 05 57 51 41 86　fax : 05 57 51 53 16
info@j-janoueix-bordeaux.com － www.j-janoueix-bordeaux.com

★ シャトー・ル・ボン・パストゥール　Château Le Bon Pasteur

2つの名産地、ポムロールとサン=テミリオンの境界にあります。1978年以来、ボルドーの有名な醸造家ミシェル・ロラン Michel Rolland が管理しています。

SCEA Fermière des Domaines Rolland
Catusseau - 33500 Pomerol
tel : 05 57 51 23 05　fax : 05 57 51 66 08

★ シャトー・ラ・グラーヴ・ア・ポムロール（トリガン・ド・ボワセ）　Château La Grave à Pomerol (Trigant de Boisset)

Monsieur Christian Moueix
54, quai du Priourat - 33500, Libourne

★ シャトー・デ・リタニー　Château des Litanies

テロワールが素晴らしいので、もっと厳密な基準で収穫を行い、醸造に十分手間をかければ、高級ポムロールに仲間入りできるでしょう。

Maison Janoueix Joseph
37, rue Pline Parmentier - BP192 - 33506 Libourne Cedex
tel : 05 57 51 41 86　fax : 05 57 51 76 83

★ シャトー・マゼール　Château Mazeyres

ぶどう畑と貯蔵所で大規模な工事を行いました。1988年には9.5haでしたが、現在では19.7haで栽培が行われています。ぶどう園の半分は砂が多いグラーヴ層、残り半分は鉱滓を多く含んだ石灰質の砂岩からなっています。品種は80％がメルローで、20％がカベルネ・フランです。最近のミレジムの出来がすばらしい上に、今のところまだ投機の対象にならずに済んでいます。当地のワイン祭りに出荷されることもあります。

Monsieur Alain Moueix
56, avenue Georges Pompidou - 33500 Libourne
tel : 05 57 51 00 48　fax : 05 57 25 22 56

★ シャトー・プティ=ヴィラージュ　Château Petit-Village

グラーヴ層の台地の最高地にある、11ha一続きのぶどう園です。1956年の冷害の後に、ぶどうを全て植え変えました。メルロー（70％）を重視し、その他はカベルネ・ソーヴィニヨン（15％）とカベルネ・フラン（10％）などです。毎年50,000本を出荷、常に均整のとれたポムロール。

Monsieur Jean-Michel Cazes
Châteaux et Associés - 33500 Pomerol
tel : 05 57 73 24 20　fax : 05 57 59 26 42
infochato@chateaux.associes.com － www.petit-village.com

フロンサック
Fronsac

サン=テミリオンやポムロールと同様、フロンサックでもメルローの割合が大きく全体の70％を占めています。産地全体はカノン=フロンサック（300ha）よりも広く、800haを誇っています。活気溢れるアペラシオン。5つのシャトーを選びました。

★ **シャトー・カロリュス　Château Carolus**

Château Lague - 33126 Fronsac
tel : 05 57 51 24 68

LQCG **シャトー・ダレム　Château Dalem**

粘土性石灰質の低い台地と丘陵にある14.5haのぶどう園です。ミシェル・リュリエが自らに課す厳しい収穫条件（手摘みによる収穫、選別用テーブルを使った選果）が特徴で、扱っている品種（メルロー85％、カベルネ・フラン10％、カベルネ・ソーヴィニヨン5％）から最高の味を引き出すことに成功しています。毎年7,000ケースが出荷され、一部は専門の取引業者に渡ります。常にフロンサックのトップグループに数えられます。

Monsieur Michel Rullier
33141 Saillans
tel : 05 57 84 34 18　fax : 05 57 74 39 85
chateau-dalem@wanadoo.fr

LQCG **シャトー・ド・カルル・キュヴェ・オー・ド・カルル**
Château de Carles - Cuvée Haut de Carles

現在の所有者はこのシャトー・ド・カルルの畑に特に意気込みをかけており、精選されたこの区画は最高の価値をもっています。95年物以来、価格がかなり上昇しています。手抜きのない仕事ぶりは他の模範となるでしょう。

Monsieur Stéphane Droulers
5, rue Dufrenoy - 75116 Paris
tel : 01 44 13 01 11　fax : 01 45 03 31 17

LQCG **シャトー・ムーラン・オー=ラロック　Château Moulin Haut-Laroque**

19世紀末のフィロキセラ禍の後に作られたぶどう園で、1977年からはジャン=ノエル・エルヴェが運営しています。面積15ha、サヤン村にあります。メルローの比率が高く（65％）、カベルネ・フラン（20％）、マルベック、カベルネ・ソーヴィニヨンが少しずつ混ぜられ、フロンサックの伝統的なブレンドと言えます。手摘みによる収穫、選別用テーブルの使用、樽でのマロラクティック発酵[5]（毎年樽の30％を新調）、セカンドラベルのシャトー・エルヴェ・ラロック Château Hervé Laroque の生産など、品質向上の工夫には事欠きません。60,000本。

Monsieur Jean-Noël Hervé
Le Moulin - 33141 Saillans
tel : 05 57 84 32 07　fax : 05 57 84 31 84
hervejnoel@aol.com

LQCG
-100F **シャトー・ラ・ルーセル　Château La Rousselle**

1971年にこの3.5haの土地を購入して以来、ジャックとヴィヴィアーヌのダヴォ夫妻は品質向上にはげんできました。品種は多くがメルローで65％、その他はカベルネ・フラン20％とカベルネ・ソーヴィニヨンが10％です。ぶどう園の手入れだけでなく、毎年3分の1を新調するオーク樽での発酵・熟成にも手を抜かないその姿勢は、この地に10人ほどしかいない優秀な生産者の仕事ぶりにも決して劣ることはありません。現地での直接販売（20,000本）。

〈訳注〉

[5]　リンゴ酢を乳酸菌の働きで乳酸と炭酸ガスに分解し、味を落ちつかせること。

Jacques et Viviane Davau
La Rivière - 33126 Fronsac
tel : 05 57 24 96 73 fax : 05 57 24 91 05

カノン=フロンサック
Canon-Fronsac

カノン=フロンサックのワインはフロンサックとよく似た味わいで、やや力強い印象です。

★ シャトー・カノン=ド=ブラム・ムエックス
Château Canon-de-Brem - Moueix

この30ha以上ある土地はメゾン・ムエックスの所有で、間違いなくカノン=フロンサックで代表的なぶどう園のひとつです。

Ets Jean-Pierre Moueix - 54, quai du Priourat - BP129
33502 Libourne CEDEX
tel : 05 57 51 78 96 fax : 05 57 51 79 79

★ シャトー・カノン・ムエックス　Château Canon - Moueix

メゾン・ムエックス所有、面積30ha以上のぶどう園ではカベルネ・フラン（10%）に比べメルロー（90%）を重視しています。

Ets Jean-Pierre Moueix - 54, quai du Priourat, BP129
33502 Libourne CEDEX
tel : 05 57 51 78 96 fax : 05 57 51 79 79

LQCG　プリモ・パラトゥム　Primo Palatum

97・98年物の出来はすばらしいものでしたが、グザヴィエ・コッペルは99年物を作らないようです。これは彼が自分のワインを選ぶ基準の厳しさを物語っています。

Monsieur Xavier Coppel
1, Cirette - 33190 Morizès
tel : 05 56 71 39 39 fax : 05 56 71 39 40

ラランド・ド・ポムロール
Lalande de Pomerol

ポムロールの周辺にあるアペラシオンで、面積はポムロールよりずっと広く、現在よりもっと高いレベルのワインを期待できる土地です。3つのシャトーのみをセレクトしました。

★ シャトー・ド・シャンブラン　Château de Chambrun

1993年に現在の所有者が購入した1.42haのぶどう園で、主にメルローを栽培しています。ぶどう園にも貯蔵施設にも惜しむことなく手間をかけ、ラランド・ド・ポムロールで最もおいしいワインを作り出すことに成功しています。1株あたり6～8房分に相当する45hl/haを目指すためにあらゆる手段が講じられています。貯蔵所では定期的に温度が高まるように自動調整ができる貯蔵桶を使っているおかげで上質の果汁を抽出することができます。アルコール発酵後、新樽でマロラクティック発酵を施すという手のかけようで、アペラシオンで突出したワインが作られることにも納得がゆきます。ラランド・ド・ポムロールの最高峰。

Monsieur Jean-Philippe Janoueix
83, cours des Girondins - 33500 Libourne
tel : 05 57 25 91 19   fax : 05 57 48 00 04

**LQCG
-100F**

シャトー・ベル=グラーヴ　Château Belles-Graves

99年はメルロー種の割合を多くするドメーヌ(シャトー)にとって厳しい年と言われますが、試飲したこの最新ミレジムでベル=グラーヴは13.5/20点を獲得し、シャトーの質の高さを強く印象づけました。ラランド・ド・ポムロールで他の規範となるワインのひとつ。

Monsieur Xavier Piton
Château Belles-Graves - 33500 Néac
tel : 05 57 51 09 61 fax : 05 57 51 01 41
x.piton@belles-graves.com - www.belles-graves.com

LQCG

≪キュヴェ・マドレーヌ≫・シャトー・グラン・オルモー
« Cuvée Madeleine » - Château Grand Ormeau

キュヴェ・マドレーヌは11.6haのぶどう園の中でも比較的樹齢の古いメルロー(60%)とカベルネ・フラン(40%)のブレンドです。生産量5,000本のみ。

Monsieur Jean-Claude Beton
2, Grandes Nauves - 33500 Lalande-de-Pomerol
tel : 05 57 25 30 20 fax : 05 57 25 22 80
grand.ormeau@wanadoo.fr

コート・ド・ブール
Côtes de Bourg

優れたワインを生産するアペラシオン。

★

ロック・ド・カンブ　Roc de Cambes

ル・テルトル・ロトブフと同様[p.25]、フランソワ・ミチャヴィルが所有するこのぶどう園では、彼の人となりや独自の醸造法を反映した特色あるワインが作られています。カベルネ・フラン、メルロー、マルベックというボルドーワインに典型的な品種構成で、平均樹齢37年。ブール城塞の東側にあります。

Monsieur François Mitjavile
33710 Bourg-sur-Gironde
fax : 05 57 74 42 11

LQCG

キュヴェ・マルドロール・シャトー・フーガ
Cuvée Maldoror - Château Fougas

Monsieur Jean-Yves Béchet
Fougas - 33710 Lansac
tel : 05 57 68 42 15 fax : 05 57 68 28 59
Jean-Yves.Bech@wanadoo.fr

**LQCG
-100F**

≪キュヴェ・オリジナル≫・シャトー・マケイ
« Cuvée Original » - Château Macay

アペラシオンの中央部、サモナック村にある27ha一続きのぶどう園。主にメルロー(65%)、他に3つの伝統的品種、カベルネ・フラン、カベルネ・ソーヴィニヨン、マルベックを栽培しています。ただ、この銘柄のブレンド比は栽培種の比率とは大きく違い、カベルネ・フランが80%、メルロー20%となっています。手摘みによる収穫、選別用テーブルの使用、新しいバリックを使った18ヶ月間の熟成。シャトー全体の生産量170,000本に対し、この銘柄は12,000本と厳選されています。この地方を愛したスコットランド人将校≪マス・ケイ Mas Kay≫からシャトーの名を取っています。

Messieurs Eric et Bernard Latouche
Château Macay - 33710 Samonac
tel : 05 57 68 41 50 fax : 05 57 68 35 23

コート・ド・カスティヨン
Côtes de Castillon

　総面積が2,941haにおよぶ広いアペラシオンで、1989年以来驚くべき成果をいくつもあげています。おいしいワインを作るための環境を意欲的に整備しているぶどう園もあります。下記のワインは、このアペラシオンの中でも買って損はしない値打ち物としてセレクトしました。カスティヨンは100年戦争の決戦の地（1453年）として知られていますが、それとは別の戦い、つまり品質向上のための戦いを始めています。お手頃価格のボルドーをお求めなら、常にチェックしておく価値があるAOC。

LQCG　シャトー・ル・パン・ド・ベルシエ　**Château Le Pin de Belcier**

力強く厚みのある、現代風の素晴らしいワインです。できるだけ若い状態で飲んでください。

Monsieur Gilbert Dubois
33350 Les Salles-de-Castillon
tel : 05 57 40 67 58 fax : 05 57 40 67 58

≪ブルゴーニュ〔赤〕≫　Bourgogne Rouge

　AOCブルゴーニュ〔赤〕は次のような順序で御紹介していきます。コート・ド・ニュイ地区についてはディジョン方面からボーヌ方面へ、それぞれの村を明記した後でその村が含むグラン・クリュの項を設けました。

〔ブルゴーニュ地方簡易地図〕

1. <u>コトー・デュ・シャティヨネ</u>
2. <u>シャブリ</u>
    トネロワ・シャブリ・オーセロワ
3. <u>コート=ド=ニュイ</u>
    マルサネー
    ジュヴレー=シャンベルタン
    フィサン
    モレ=サン=ドゥニ
    ヴォーヌ=ロマネ
    ヴージョ
    ニュイ=サン=ジョルジュ
4. <u>コート=ド=ボーヌ</u>
    ペルナン=ヴェルジュレス
    アロース=コルトン
    ラドワ
    サヴィニー=レ=ボーヌ
    ショレ=レ=ボーヌ
    ポマール
    ヴォルネー
    モンテリー

    ムルソー
    サン=ロマン
    オーセイ=デュレス
    サン=トーバン
    ピュリニー=モンラッシェ
    シャサーニュ=モンラッシェ
    サントネー
5. <u>コート・シャロネーズ</u>
    リュリー
    メルキュレー
    ジヴリー
    モンタニー
6. <u>マコネ</u>
    マコン=ヴィラージュ
    マコン
    プイイ・フュイッセ
    プイイ=ロシェ
    プイイ=ヴァンゼル
    サン=ヴェラン

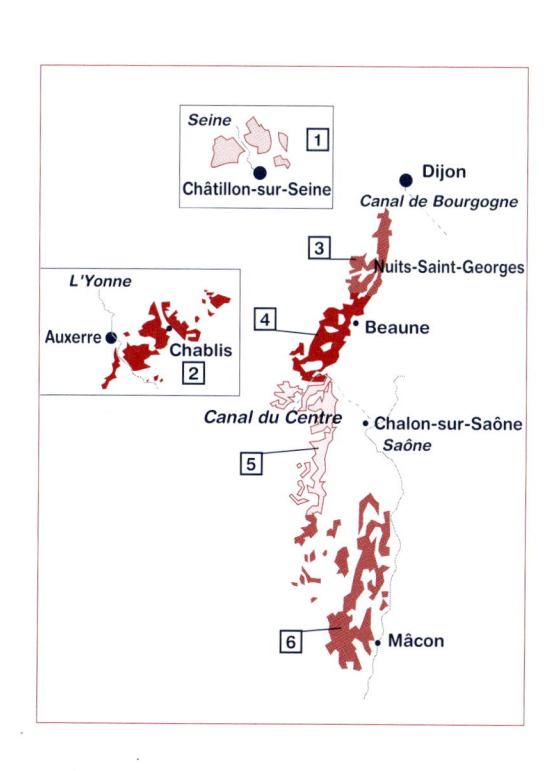

シャンベルタン（グラン・クリュ）
Chambertin (Grand Cru)

シャンベルタンは隣のシャンベルタン＝クロ＝ド＝ベーズと肩を並べる名産地とされています。1936年からシャンベルタン全体がAOCに格付けされています。10人ほどの所有者が13ha近くの土地を分かち合っています。

★★★★　ベルナール・デュガ＝ピイ　Bernard Dugat-Py

密度の濃い、驚嘆すべきワインです。このドメーヌのワインは数が少なく注文に応じきれないのが残念です。ボトルで試飲した99年物が18/20点を獲得しています。

Monsieur Bernard Dugat
Rue Plantegilone - 21220 Gevrey-Chambertin
tel : 03 80 51 82 46　fax : 03 80 51 86 41
dugat-py@wanadoo.fr - www.dugat-py.com

★★★　ドメーヌ・ドゥニ・モルテ　Domaine Denis Mortet

小売りはしていません。ご希望により出荷先小売店リスト(liste des cavistes)をお渡ししています。

Monsieur Denis Mortet
22, rue de l'Eglise - 21220 Gevrey-Chambertin
tel : 03 80 34 10 05　fax : 03 80 58 51 32

★★★　ドメーヌ・ロシニョール＝トラペ　Domaine Rossignol-Trapet

ドメーヌの努力を評価したいと思います。丁寧な熟成のおかげで、ベースとなる果汁の質の良さが十二分に引き出されています。

Rue de la Petite-Issue - 21220 Gevrey-Chambertin
tel : 03 80 51 87 26　fax : 03 80 34 31 63
info@rossignol-trapet.com - www.rossignol-trapet.com

★★★　ドメーヌ・トラペ・ペール＆フィス　Domaine Trapet Père et Fils

1.90ha、生産量5,000本。

Domaine Trapet et Fils
53, route de Beaune - 21220 Gevrey-Chambertin
tel : 03 80 34 30 40　fax : 03 80 51 86 34
www.domaine-trapet.com

★★　ドメーヌ・アルマン・ルソー　Domaine Armand Rousseau

2.15ha。

Monsieur Charles Rousseau
Le Chapitre - 1, rue de l'Aumônerie - 21220 Gevrey-Chambertin
tel : 03 80 34 30 55　fax : 03 80 58 50 25
domaine-rousseau.com

★　ドメーヌ・ピエール・ダモワ　Domaine Pierre Damoy

1995年以来伸び続けているドメーヌで、応援する必要があると考えセレクトしました。おいしいワインですが、まだ少し固くて華やかさに欠けます。シャンベルタンらしさを守って、タンニンの渋みが強いワインを作ろうという意気込みは確かに立派ですが、優れたテロワールの特徴である芳醇さや格調の高さを大事にしてほしいです。

Monsieur Pierre Damoy
11, rue du Maréchal-de-Lattre-de-Tassigny
21220 Gevrey-Chambertin
tel : 03 80 34 30 47　fax : 03 80 58 54 79

シャンベルタン=クロ=ド=ベーズ（グラン・クリュ）
Chambertin-Clos-de-Bèze (Grand Cru)

総面積15.3887haとAOCシャンベルタンよりも広く、シャンベルタン同様いくつかの地区に分散しています。

★★★★ **メゾン・ルイ・ジャド　Maison Louis Jadot**

40アールの土地から2,000本を生産。わたしたちが試飲したクロ=ド=ベーズの中で最良のワインです。

Maison Louis Jadot
21, rue Spuller - B.P.117 - 21203 Beaune CEDEX
tel : 03 80 22 10 57　fax : 03 80 22 56 03
contact@louisjadot.com - www.louisjadot.com

★★★ **ドメーヌ・ブリュノ・クレール　Domaine Bruno Clair**

このグラン・クリュにおけるドメーヌの所有面積は、約1haに達します（98.02アール）。

Monsieur Bruno Clair
5, rue du Vieux-Collège - 21160 Marsannay-la-Côte
tel : 03 80 52 28 95　fax : 03 80 52 18 14

★★★ **ドメーヌ・ブシャール・ペール＆フィス　Domaine Bouchard Père et Fils**

ボディがしっかりしたクラシックな味わいのシャンベルタン=クロ=ド=ベーズ。

Bouchard Père et Fils - Au Château, BP70 - 21200 Beaune
tel : 03 80 24 80 24　fax : 03 80 22 55 88
france@bouchard-pereetfils.com - www.bouchard-pereetfils.com

★★ **ドメーヌ・ピエール・ダモワ　Domaine Pierre Damoy**

AOCシャンベルタンの項〔p.34〕参照。

Monsieur Pierre Damoy
11, rue du Maréchal-de-Lattre-de-Tassigny
21220 Gevrey-Chambertin
tel : 03 80 34 30 47　fax : 03 80 58 54 79

★★ **ドメーヌ・アルマン・ルソー　Domaine Armand Rousseau**

シャンベルタン=クロ=ド=ベーズに1.42ha所有。

Monsieur Charles Rousseau
Le Chapitre - 1, rue de l'Aumônerie - 21220 Gevrey-Chambertin
tel : 03 80 34 30 55　fax : 03 80 58 50 25
domaine-rousseau.com

ラトリシエール=シャンベルタン（グラン・クリュ）
Latricières-Chambertin (Grand Cru)

総面積7.3ha、良質のワインが少なくありません。

★★ **メゾン・ルイ・ジャド　Maison Louis Jadot**

面積12アールと非常に小さく、生産量も平均600本以下です。

Maison Louis Jadot
21, rue Spuller - BP117 - 21203 Beaune CEDEX
tel : 03 80 22 10 57　fax : 03 80 22 56 03
contact@louisjadot.com - www.louisjadot.com

★ **ドメーヌ・トラペ・ペール＆フィス　Domaine Trapet Père et Fils**

0.75ha、生産量2,000本。

Domaine Trapet et Fils
53, route de Beaune - 21220 Gevrey-Chambertin
tel : 03 80 34 30 40 fax : 03 80 51 86 34
www.domaine-trapet.com

シャルム＝シャンベルタン（グラン・クリュ）
Charmes-Chambertin (Grand Cru)

実に素晴らしい銘柄がいくつか見られます。

★★★ **ベルナール・デュガ＝ピイ　Bernard Dugat-Py**

デュガ＝ピイのシャルム＝シャンベルタンはすばらしく、銘醸ワインの例に漏れず品薄です。98年物は16/20点、99年物は17/20点を獲得しました。生産量が抑えられた樹齢の高いぶどう、そして醸造にも人為的な手を決して加えないことから、このドメーヌのワインに共通して言えることですが非常に濃縮度が高くなっています。シャルム＝シャンベルタンの模範と言えるでしょう。

Monsieur Bernard Dugat
Rue Plantegilone - 21220 Gevrey-Chambertin
tel : 03 80 51 82 46 fax : 03 80 51 86 41
dugat-py@wanadoo.fr - www.dugat-py.com

★★★ **ドメーヌ・ジャンテ＝パンシオ　Domaine Geantet-Pansiot**

45アールの区画で、1968年に作付けされました。完璧なワイン。

Monsieur Vincent Geantet
3, route de Beaune - 21220 Gevrey-Chambertin
tel : 03 80 34 32 37 fax : 03 80 34 16 23

★★ **ドメーヌ・ジョゼフ・ロティ　Domaine Joseph Roty**

16.40アールの区画です。

24, rue du Maréchal De Latte de Tassigny
21220 Gevrey-Chambertin
tel : 03 80 34 38 97 fax : 03 80 34 13 59

★★ **メゾン・ローラン・ヴィエイユ・ヴィーニュ　Maison Laurent Vieilles Vignes**

力強く繊細、たいへん美味です。見事の一言。

Monsieur Dominique Laurent
2, rue Jacques-Duret - 21700 Nuits-Saint-Georges
tel : 03 80 61 49 94 fax : 03 80 61 49 95

シャペル＝シャンベルタン（グラン・クリュ）
Chapelle-Chambertin (Grand Cru)

やや細分化された5.48haのクリマ[6]。全部で4つの大きなドメーヌの所有地に分けられます。

★ **ドメーヌ・ピエール・ダモワ　Domaine Pierre Damoy**

AOCシャンベルタンの項〔p.34〕参照。

Monsieur Pierre Damoy

〈訳注〉

6　クリマ climat：ブルゴーニュ地方独特の呼び方で、個々のぶどう畑のこと。小規模であるうえ、複数のドメーヌ、ネゴシアンが区画を細分して地主になっていることが多いです。

11, rue du Maréchal-de-Lattre-de-Tassigny
21220 Gevrey-Chambertin
tel : 03 80 34 30 47 fax : 03 80 58 54 79

★ **ドメーヌ・ロシニョール=トラペ　Dmaine Rossignol-Trapet**

0.5haで、ミレジムあたり約1,700本の生産です。

Rue de la Petite-Issue - 21220 Gevrey-Chambertin
tel : 03 80 51 87 26 fax : 03 80 34 31 63
info@rossignol-trapet.com - www.rossignol-trapet.com

リュショット=シャンベルタン（グラン・クリュ）
Ruchottes-Chambertin (Grand Cru)

リュショット=シャンベルタン（3.3ha）はシャンベルタン近郊のクリマの中では中堅どころと言ったところでしょうか。

★ **ドメーヌ・クリストフ・ルミエ　Domaine Christophe Roumier**

Monsieur Christophe Roumier
Rue de Vergy - 21220 Chambolle-Musigny
tel : 03 80 62 86 37 fax : 03 80 62 83 55

ジュヴレ=シャンベルタン（プルミエ・クリュ）
Gevrey-Chambertin 1er Cru

コート・ド・ニュイ地域でも大きめの村落で、広大なぶどう栽培面積を誇っています。ピノ・ノワールを使った赤ワインのみが生産されています。ぶどう畑は丘の斜面に広がり、ジュヴレ=シャンベルタンAOCは標高240〜280mの地域で、プルミエ・クリュおよびグラン・クリュは260〜320mの地域で生産されます。粘土質の泥灰岩を多く含んだ石灰質の土壌です。

★★ **ドメーヌ・ブシャール・ペール＆フィス・レ・カズティエ**
Domaine Bouchard Père et Fils - Les Cazetiers

メゾン・ブシャールの区画は0.25haで、これは当アペラシオンの2.5%に相当します。

Bouchard Père et Fils - Au Château BP70 - 21200 Beaune
tel : 03 80 24 80 24 fax : 03 80 22 55 88
france@bouchard-pereetfils.com - www.bouchard-pereetfils.com

★★ **ドメーヌ・ブリュノ・クレール・クロ・サン=ジャック**
Domaine Bruno Clair - Clos Saint-Jacques

1haのぶどう畑です。このワインはいまだに Domaine G. Bartet〔バルテ〕のラベルで売られています。バルテはブリュノ・クレールの母親の名前。1997年の収穫まで安定して良い成績です。

Monsieur Bruno Clair
5, rue du Vieux-Collège - 21160 Marsannay-la-Côte
tel : 03 80 52 28 95 fax : 03 80 52 18 14

★★ **ベルナール・デュガ=ピイ・ラヴォー=サン=ジャック**
Bernard Dugat-Py - Lavaux-Saint-Jacques

この素晴らしい栽培者が作る他のワインと同じように、このラヴォー=サン=ジャックもまた非の打ち所がありません。最新ミレジム98年物の試飲では15/20点を獲得しました。樹齢の古いぶどうから採られた、自然に濃縮された果汁のワインは、初心者も親しみやすい素直な味わいをそなえています。

Monsieur Bernard Dugat
Rue Plantegilone - 21220 Gevrey-Chambertin

tel : 03 80 51 82 46 fax : 03 80 51 86 41
dugat-py@wanadoo.fr - www.dugat-py.com

★★ ドメーヌ・ミシェル＆シルヴィ・エスモナン　ル・クロ・サン-ジャック
Domaine Michel et Sylvie Esmonin - Le Clos Saint-Jacques

力強さと繊細さがバランス良く結び付いたワイン。

Michel et Sylvie Esmonin
1, rue Neuve - 21220 Gevrey-Chambertin
tel : 03 80 34 36 44 fax : 03 80 34 17 31

★★ メゾン・ルイ・ジャド - レ・カズティエ　Maison Louis Jadot - Les Cazetiers

10アールの小さな区画で、平均600本以下です。

Maison Louis Jadot
21, rue Spuller - BP117 - 21203 Beaune CEDEX
tel : 03 80 22 10 57 fax : 03 80 22 56 03
contact@louisjadot.com - www.louisjadot.com

★★ メゾン・ルイ・ジャド - ル・クロ・サン=ジャック
Maison Louis Jadot - Le Clos Saint-Jacques

1haで5,000本を生産。注目すべきワインです。

Maison Louis Jadot
21, rue Spuller - BP117 - 21203 Beaune CEDEX
tel : 03 80 22 10 57 fax : 03 80 22 56 03
contact@louisjadot.com - www.louisjadot.com

★★ メゾン・ローラン - ル・クロ・サン=ジャック
Maison Laurent - Le Clos Saint-Jacques

ジュヴレ=シャンベルタンでも評判の高いクリマにあります。この醸造家はこのクリマのぶどうの買い付けに当然立ち会っているでしょう。

Monsieur Dominique Laurent
2, rue Jacques-Duret - 21700 Nuits-Saint-Georges
tel : 03 80 61 49 94 fax : 03 80 61 49 95

★ ドメーヌ・ブリュノ・クレール - レ・カズティエ
Domaine Bruno Clair - Les Cazetiers

近年は特に丹念な仕事をしています。

Monsieur Bruno Clair
5, rue du Vieux-Collège - 21160 Marsannay-la-Côte
tel : 03 80 52 28 95 fax : 03 80 52 18 14

★ メゾン・ルイ・ジャド - ラ・コンブ・オー・モワーヌ
Maison Louis Jadot - La Combe aux Moines

21, rue Spuller - BP117 - 21203 Beaune CEDEX
tel : 03 80 22 10 57 fax : 03 80 22 56 03
contact@louisjadot.com - www.louisjadot.com

★ ルクレール・フィリップ・レ・カズティエ　Philippe Leclerc - Les Cazetiers

ジュヴレ=シャンベルタンのクリマ《レ・カズティエ》にある0.5haの区画。97年物の出来が秀逸でしたが、98年物はちょっと辛すぎます。99年物が待ち遠しいです。

Monsieur Philippe Leclerc
13, rue des Halles - 21220 Gevrey-Chambertin
tel : 03 80 34 30 72 fax : 03 80 34 17 39

★ ドメーヌ・ドゥニ・モルテ - レ・シャンポー
Domaine Denis Mortet - Les Champeaux

小売りはしていません。ご希望により出荷先小売店リスト(liste des cavistes)をお渡しししています。

Monsieur Denis Mortet
22, rue de l'Eglise - 21220 Gevrey-Chambertin
tel : 03 80 34 10 05 fax : 03 80 58 51 32

★ **ドメーヌ・ロシニョール=トラペ・プティット=シャペル**
Domaine Rossignol-Trapet - Petite-Chapelle

0.5haの区画からミレジムあたり約2,500本を生産。心地よく、非常に風味の良いワインです。

Rue de la Petite-Issue - 21220 Gevrey-Chambertin
tel : 03 80 51 87 26 fax : 03 80 34 31 63
info@rossignol-trapet.com - www.rossignol-trapet.com

★ **ドメーヌ・アルマン・ルソー・ル・クロ・サン=ジャック**
Domaine Armand Rousseau - Le Clos Saint-Jacques

2.22ha一続きの土地です。近年物は1970〜80年代物がもっていた風格がありません。

Monsieur Charles Rousseau
Le Chapitre - 1, rue de l'Aumônerie - 21220 Gevrey-Chambertin
tel : 03 80 34 30 55 fax : 03 80 58 50 25
www.domaine-rousseau.com

モレ=サン=ドゥニ
Morey-Saint-Denis

　国道74号線から少し外れたところにあるモレ=サン=ドゥニ村は、近隣の村に比べればあまり目立たない生産地です。ぶどう栽培に適した地域にあり、5つのグラン・クリュ（ボンヌ・マール、クロ・ド・タール、クロ・デ・ランブレー、クロ・サン=ドゥニ、クロ・ド・ラ・ロッシュ7）と数多くのプルミエ・クリュが存在します。

　ほんのわずかに白ワインも生産していますが（シャルドネ2ha）、ほとんどはピノ・ノワールを用いた赤ワインです。

　小規模なぶどう畑が村を取り巻く形で広がり、標高は250〜360mの間。段々に連なる畑の中でどの高度に位置するかが格付けを決める大きな要素になっています。5つのグラン・クリュは標高270〜300mの斜面に集中しており、プルミエ・クリュのうち17がそれより低い場所で、3つがそれより高い場所で作られます。モレ=サン=ドゥニAOCワインはプルミエ・クリュより更に高いあるいは低い地区で生産されます。

クロ・ド・ラ・ロッシュ（グラン・クリュ）
Clos de la Roche (Grand Cru)

　モレ=サン=ドゥニ北部の丘陵地で標高200〜300m、16.9haの広さです。30ほどの所有者が区画を分け合っていますが、その中から4つを厳選しました。

★★★ **ドメーヌ・デュジャック Domaine Dujac**

風格のあるブルゴーニュワインです。

Monsieur Seysses Jacques
7, rue de la Bussière - 21220 Morey-Saint-Denis
tel : 03 80 34 01 00 fax : 03 80 34 01 09
egarde@dujac.com - www.dujac.com

〈訳注〉

7　Bonnes Mares, Clos de Tart, Clos des Lambrays, Clos Saint-Denis, Clos de la Roche

★★★ **メゾン・ルイ・ジャド** Maison Louis Jadot
21, rue Spuller - BP117 - 21203 Beaune CEDEX
tel : 03 80 22 10 57 fax : 03 80 22 56 03
contact@louisjadot.com - www.louisjadot.com

★★ **ドメーヌ・ピエール・アミオ** Domaine Pierre Amiot
Messieurs Jean-Louis et Didier Amiot
33, Grande Rue - 21220 Morey-Saint-Denis
tel : 03 80 34 34 28 fax : 03 80 58 51 17

★★ **ドメーヌ・リニエ・ユベール＆フランソワーズ**
Domaine Lignier Hubert et Françoise
ボトルで試飲した97年物は16.5/20点と見事な成績を残しました。

Monsieur Romain Lignier
45, Grande Rue - 21220 Morey-Saint-Denis
tel : 03 80 34 31 79 fax : 03 80 51 80 97

クロ・サン＝ドゥニ（グラン・クリュ）
Clos Saint-Denis (Grand Cru)

モレ村にあり、クロ・ド・ラ・ロッシュとクロ・デ・ランブレーに挟まれた6.62haの土地です。標高280〜320m、15人ほどの所有者が40の区画を分け合っています。

★★ **ドメーヌ・ピエール・アミオ** Domaine Pierre Amiot
Monsieur Jean-Louis et Didier Amiot
33, Grande Rue - 21220 Morey-Saint-Denis
tel : 03 80 34 34 28 fax : 03 80 58 51 17

★★ **ドメーヌ・デュジャック** Domaine Dujac
クロ・サン＝ドゥニの特級の中でも偉大な≪クラシック≫のひとつ。

Messieurs Jacques Seysses
7, rue de la Bussière - 21220 Morey-Saint-Denis
tel : 03 80 34 01 00 fax : 03 80 34 01 09
egarde@dujac.com - www.dujac.com

クロ・ド・タール（グラン・クリュ）
Clos de Tart (Grand Cru)

モレ＝サン＝ドゥニ村の中では珍しく1社が専有しているクリマです。7.53haの土地でブレンドされるのは1銘柄のみで、ミレジムによって変動しますが25,000〜30,000本が生産されます。

★★★ **ドメーヌ・デュ・クロ・ド・タール** Domaine du Clos de Tart
クロ・ド・タールの名で発売する唯一の生産者。確かな品質です。

Famille Mommessin
Route des Grands crus - 21220 Morey-Saint-Denis
tel : 03 80 34 30 91 fax : 03 80 24 60 01

ミュジニー（グラン・クリュ）
Musigny (Grand cru)

　コート・ド・ニュイ地区の中央部にあるシャンボール＝ミュジニー村では、標高250〜350m、東南東向きの斜面にぶどう畑が広がっています。10.85haの土地には15人ほどのオーナーがいて、その中の2人が4つ星を獲得しています。≪ミュジニー≫はこの村で生産される唯一のグラン・クリュです。

★★★★　**ドメーヌ・ジョルジュ・ルミエ　Domaine Georges Roumier**

クリストフ・ルミエは才能豊かな経営者で、彼の作るミュジニーがそれをよく物語っています。実にすぐれた技能の持ち主です。

Monsieur Christophe Roumier
Rue de Vergy - 21220 Chambolle-Musigny
tel : 03 80 62 86 37　fax : 03 80 62 83 55
www.roumier.com

★★★★　**コント・ジョルジュ・ド・ヴォギュエ　Comte Georges de Vogüé**

1450年代以来の歴史を持つ由緒あるぶどう畑で、現在の所有者ヴォギュエ家が1766年に買い取りました。〔貴族の領地としては珍しく〕フランス革命の際にも没収を免れ、一族の所有地として残ります。後のジョルジュ・ド・ヴォギュエ伯爵（1898-1987）の代には大きな発展を遂げました。グラン・クリュ畑を7.2421ha所有していますが、中でもプティ＝ミュジニーと呼ばれる区域はこのドメーヌの占有。95年物からずっとすばらしい出来で、堂々の4つ星獲得です。生産者の方々に拍手を送りたいと思います。

Monsieur Jean-Luc Pépin
Rue Sainte-Barbe - 21220 Chambolle-Musigny
tel : 03 80 62 86 25　fax : 03 80 62 82 38

ボンヌ・マール（グラン・クリュ）
Bonne Mares (Grand Cru)

　ボンヌ・マールは遠い昔から続く古い畑で、シャンボール＝ミュジニー村とモレ＝サン＝ドゥニ村にまたがっています（13.5haと1.5ha）。隣りのクロ・ド・タールはこれまでずっと1社が独占生産を行ってきましたが、ボンヌ・マールには数多くの持ち主が存在します。ぶどう畑の細分化が延々と続いている様子で、およそ100区画がひしめきあっています。ここ1世紀の間に経営者の数が2倍になりました。
　ここでは6つのワインを厳選しました。

★★★★　**ドメーヌ・ブシャール・ペール＆フィス　Domaine Bouchard Père et Fils**

0.24ha（ボンヌ・マールの2％に相当）の農地から1,100本のワインが生産されます。97・98年物は出色の出来でした。

Bouchard Père et Fils
Au Château - BP70 - 21200 Beaune
tel : 03 80 24 80 24　fax : 03 80 22 55 88
france@bouchard-pereetfils.com - www.bouchard-pereetfils.com

★★★★　**メゾン・ルイ・ジャド　Maison Louis Jadot**

30アールの農地から1,500本を生産します。すばらしいワインです。

Maison Louis Jadot
21, rue Spuller - BP117 - 21203 Beaune CEDEX
tel : 03 80 22 10 57　fax : 03 80 22 56 03
contact@louisjadot.com - www.louisjadot.com

ブルゴーニュ（赤）

★★★★ | **コント・ジョルジュ・ド・ヴォギュエ　Comte Georges de Vogüé**

このドメーヌはボンヌ・マールに2.7haを所有しています。力強く、かつ繊細。味わい深いワイン。

Monsieur Jean-Luc Pépin
Rue Sainte-Barbe - 21220 Chambolle-Musigny
tel : 03 80 62 86 25 fax : 03 80 62 82 38

★★★★ | **ドメーヌ・フージュレ・ド・ボークレール　Domaine Fougeray de Beauclair**

モレ＝サン＝ドゥニ村の区画で生産されるこのボンヌ＝マールは、まちがいなくこのドメーヌの花形ワインです。非常に丁寧な熟成、適度に抑えられた生産量などは他の模範となるでしょう。98年物が納得の行く出来ではなかったために星を一つ減らすところでした。99年物は秀逸なので一時的な不調だったのでしょう。

Monsieur Patrice Ollivier
BP36, 44, rue de Mazy, 21160, Marsannay-la-Côte
tel : 03 80 52 21 12 fax : 03 80 58 73 83
fougeraydebeauclair@wanadoo.fr - www.caves-particulieres.com/fougeray

★★★ | **メゾン・ローラン　Maison Laurent**

Monsieur Dominique Laurent
2, rue Jacques-Duret - 21700 Nuits-Saint-Georges
tel : 03 80 61 49 94 fax : 03 80 61 49 95

★★★ | **ドメーヌ・ジョルジュ・ルミエ　Domaine Georges Roumier**

1.49haの農地には1949〜69年の間にぶどうが植樹されました。アペラシオンの代表的なドメーヌのひとつ。

Monsieur Christophe Roumier
Rue de Vergy - 21220 Chambolle-Musigny
tel : 03 80 62 86 37 fax : 03 80 62 83 55
www.roumier.com

シャンボール＝ミュジニー（プルミエ・クリュ）
Chambolle-Musigny 1er Cru

当地区で最も評判が高いクリマ≪レ・ザムルーズ≫は、他のクリマに比べても卓越した品質のワインを生産しています。ここでも≪レ・ザムルーズ≫の所有者が5人選ばれています。

★★ | **メゾン・ルイ・ジャド・レ・フュエ　Maison Louis Jadot - Les Fuées**

40アールの土地から2,000本を生産。

Maison Louis Jadot
21, rue Spuller - BP117 - 21203 Beaune CEDEX
tel : 03 80 22 10 57 fax : 03 80 22 56 03
contact@louisjadot.com - www.louisjadot.com

★★ | **メゾン・ルイ・ジャド・レ・ザムルーズ**
Maison Louis Jadot - Les Amoureuses

20アールの区画で1,000本を生産。

Maison Louis Jadot
21, rue Spuller - BP117 - 21203 Beaune CEDEX
tel : 03 80 22 10 57 fax : 03 80 22 56 03
contact@louisjadot.com - www.louisjadot.com

★★ | **ドメーヌ・ジョルジュ・ルミエ・レ・ザムルーズ**
Domaine Georges Roumier - Les Amoureuses

Monsieur Christophe Roumier
Rue de Vergy - 21220 Chambolle-Musigny
tel : 03 80 62 86 37 fax : 03 80 62 83 55

www.roumier.com

★★
ドメーヌ・ジョルジュ・ルミエ・レ・クラ
Domaine Georges Roumier - Les Cras

いまだに過小評価されていますが、このテロワールは実に優れています。その潜在力が見事に発揮された素晴らしいワイン。

Monsieur Christophe Roumier
Rue de Vergy - 21220 Chambolle-Musigny
tel : 03 80 62 86 37 fax : 03 80 62 83 55
www.roumier.com

★★
コント・ジョルジュ・ド・ヴォギュエ・レ・ザムルーズ
Comte Georges de Vogüé - Les Amoureuses

シャンボール=ミュジニーでも高い評価を得る60アールのクリマ。このドメーヌはグラン・クリュを計10ha所有して数々の希少なワインを作っていますが、このシャンボール=ミュジニー(プルミエ・クリュ)もそれらに劣らぬ優れたワインです。

Monsieur Jean-Luc Pépin
Rue Sainte-Barbe - 21220 Chambolle-Musigny
tel : 03 80 62 86 25 fax : 03 80 62 82 38

★
ドメーヌ・アミオ=セルヴェル・レ・ザムルーズ
Domaine Amiot-Servelle - Les Amoureuses

Monsieur et Madame Elizabeth et Christian Amiot
34, rue Basse - 21220 Chambolle-Musigny
tel : 03 80 62 80 39 fax : 03 80 62 84 16

★
メゾン・ルイ・ジャド・レ・シャルム   Maison Louis Jadot - Les Charmes

60アールの土地から3,000本を生産。

Maison Louis Jadot
21, rue Spuller - BP117 - 21203 Beaune CEDEX
tel : 03 80 22 10 57 fax : 03 80 22 56 03
contact@louisjadot.com - www.louisjadot.com

★
エルヴェ・ルミエ・レ・ザムルーズ   Hervé Roumier - Les Amoureuses

Monsieur Hervé Roumier
Rue de Vergy - 21220 Chambolle-Musigny
tel : 03 80 62 80 38 fax : 03 80 62 86 71

クロ・ド・ヴージョ (グラン・クリュ)
Clos de Vougeot (Grand Cru)

　ブルゴーニュのグラン・クリュの中で面積が最も広く、≪ル・ミュジニー≫と≪グラン=エシュゾー≫の畑の下から国道までの緩やかな斜面にある標高が最も低い区域です。

　ブルゴーニュ・ワインの推移を知る上でクロ・ド・ヴージョの歴史をふりかえって見てみるのは大変意義深いことです。かつてはシトー会修道士がワイン作りを一手に引き受けていましたが、当時のレベルはいまだに超えられていないとされるほど優れたワインが作られていたようです。単なる伝説なのか本当なのかはっきりしませんが、修道士たちは実に多種多様な区画で3種類のワインを作っていたと言われています。現在ではクロ・ド・ヴージョという名称に統合されていますが、当時は様々な名称のクリマがあったようです (Clos : Musigni, de la Garenne, des Quartiers de Maret-Haut et Bas, des Bandes, des Montiottes, des Grand et Petit Maupertuis, des Chioures, des la Plante-L'Abbé, etc...)。

★★★★ **ドメーヌ・ブシャール・ペール＆フィス　Domaine Bouchard Père et Fils**

このブシャールのぶどう畑はクロ・ド・ヴージョでも高い場所にあり、最良の区画のひとつです。0.23haという慎ましい広さの区画（クロ・ド・ヴージョ全体の0.5％）から年平均1,070本を生産します。

Bouchard Père et Fils - Au Château - BP70 - 21200 Beaune
tel : 03 80 24 80 24　fax : 03 80 22 55 88
france@bouchard-pereetfils.com - www.bouchard-pereetfils.com

★★★ **ドメーヌ・ジャン＝ジャック・コンフュロン　Domaine Jean-Jacques Confuron**

このドメーヌはクロ・ド・ヴージョでも高い場所に、0.52haの有名な畑を所有しています。2つの区画から成り、それぞれ1920年と1986年に買い取ったものです。

Madame Sophie Meunier
Les Vignottes - 21700 Premeaux
tel : 03 80 62 31 08　fax : 03 80 61 34 21

★★★ **メゾン・ルイ・ジャド　Maison Louis Jadot**

このグラン・クリュでは2番目に広い2.5haを所有しているメゾン・ルイ・ジャドが、毎年平均11,000本を生産しています。

21, rue Spuller - BP117 - 21203 Beaune CEDEX
tel : 03 80 22 10 57　fax : 03 80 22 56 03
contact@louisjadot.com - www.louisjadot.com

★★★ **ドメーヌ・メオ＝カミュゼ　Domaine Méo-Camuzet**

ヴージョ城に近い標高の高い地区にあり、広さは3.3haです。

Monsieur Jean-Nicolas Méo
11, rue des Grands-Crus - 21700 Vosne-Romanée
tel : 03 80 61 11 05　fax : 03 80 61 11 05
meo-camuzet@wanadoo.fr - www.meo-camuzet.com

★★ **ドメーヌ・ドゥニ・モルテ　Domaine Denis Mortet**

ボディのしっかりしたすばらしいクロ・ド・ヴージョです。小売りはしません。ご希望により出荷先小売店リスト（liste des cavistes）をお渡ししています。

Monsieur Denis Mortet
22, rue de l'Eglise - 21220 Gevrey-Chambertin
tel : 03 80 34 10 05　fax : 03 80 58 51 32

★ **ドメーヌ・ロベール・アルヌー　Domaine Robert Arnoux**

優れたぶどう栽培者で、クロ・ド・ヴージョの中でも高い位置に42.8アールを所有しています。

Domaine Robert Arnoux
3, route Nationale - 21700 Vosne-Romanée
tel : 03 80 61 09 85　fax : 03 80 61 36 02

★ **ドメーヌ・ルネ・アンジェル　Domaine René Engel**

1920年に購入した1.36haから作られる伝統的なクロ・ド・ヴージョのひとつ。

Domaine René Engel
3, place de la Mairie - 21700 Vosne-Romanée
tel : 03 80 61 10 54　fax : 03 80 62 39 73

★ **ドメーヌ・フランソワ・ラマルシュ　Domaine François Lamarche**

総面積1.35ha、3箇所に分かれています。2箇所はバンド・バス地区 Bandes Bassesにあり（この忘れられたクリマ内の国道付近と高所にそれぞれ1箇所ずつ）、3つ目はモントート・オート Montotes hautes（ミュジニ Musigniの下方）にあります。

Monsieur François Lamarche
9, rue des Communes - 21700 Vosne-Romanée
tel : 03 80 61 07 94　fax : 03 80 61 24 31

グラン=エシュゾー（グラン・クリュ）
Grands-Échezeaux (Grand cru)

グラン=エシュゾーは総面積9.13haで、GCエシュゾーほど広くありません。

★★★★ **ドメーヌ・ド・ラ・ロマネ=コンティ　Domaine de la Romanée-Conti**

同じ生産者のロマネ=コンティ（GC）とアンリ・ジャイエのエシュゾー（GC）と並んで、現在ブルゴーニュの最高峰。試飲も見学もおこなっていません。

Monsieur Cuvelier
1, rue Derrière-le-Four - 21700 Vosne-Romanée
tel : 03 80 62 48 80 fax : 03 80 61 05 72

エシュゾー（グラン・クリュ）
Échezeaux (Grand Cru)

エシュゾーは生産者、生産高、醸造法によって味わいが大きく違ってきます。また、テロワール自体のポテンシャルもそれぞれの畑で大きな開きがあります。18世紀初頭、シトー村の土地台帳には2.63haの土地がエシュゾー・デュ・ドゥスュの名で記載されています。1937年7月31日の政令によって、30ha以上の領域に広がりました。ただこれも、実際は1925年の非公式な決定（隣接地レ・ロアショース、レ・プライエール、レ・ルージュ・デュ・バや近隣のレ・トゥルー、クロ=サンドゥニ、レ・クリュオ[ヴィーニュ・ブランシュ]、レ・シャン=トラヴェルサン、アン・オルヴォー、レ・カルティエ・ド・ニュイ[8]を統合するというもの）を法的に後から承認しただけのことでした。言うならば歴史的な区画分けが、≪きわめて正当で、局地的かつ実質的な≫慣習によって補われた形となりました。

★★★★ **アンリ・ジャイエ　Henri Jayer**

おそらくブルゴーニュで最高のワインです！

Monsieur Henri Jayer
21700, Vosne-Romanée

★★★ **ドメーヌ・ジャイエ=ジル　Domaine Jayer-Gilles**

際だって優れたエシュゾーです。

Monsieur Gilles Jayer - 21700 Magny-les-Villers
tel : 03 80 62 91 79 fax : 03 80 62 99 77

★★ **ドメーヌ・ロベール・アルヌー　Domaine Robert Arnoux**

このドメーヌはエシュゾー・デュ・ドゥスューとルージュ・デュ・バという2つの地区に区画を持っています。ロマネ・サン=ヴィヴァン[p.47]と同じくパスカル・ラショーが Pascal Lachaux 手がけるワインで、毎年エシュゾー地区で最良の出来を誇ります。

Domaine Robert Arnoux
3, route Nationale - 21700 Vosne-Romanée
tel : 03 80 61 09 85 fax : 03 80 61 36 02

〈訳注〉

8　Les Loachausses, Les Poulaillères, Les Rouges du Bas／Les Treux, Clos Saint-Denis, Les Cruots ou Vignes Blanches, Les Champs-Traversins, En Orveaux, Les Quartiers de Nuits

★★ ### メゾン・ルイ・ジャド・ドメーヌ・ガジェ
Maison Louis Jadot - Domaine Gagey

0.4haの土地で、2,000本を生産。

Maison Louis Jadot
21, rue Spuller - BP117 - 21203 Beaune CEDEX
tel : 03 80 22 10 57   fax : 03 80 22 56 03
contact@luoisjadot.com - www.louisjadot.com

★★ ### ドメーヌ・ジャック・プリユール　Domaine Jacques Prieur

広さは35アール、〔クリマ〕レ・シャン＝トラヴェルサンにあります。近くのオルヴォー谷 La Combe d'Orveauの影響で寒冷な土地となっています。

Monsieur Martin Prieur
6, rue des Santenots - 21190 Meursault
tel : 03 80 21 23 85   fax : 03 80 21 29 19

★★ ### ドメーヌ・ド・ラ・ロマネ＝コンティ　Domaine de la Romanée-Conti

試飲も見学もおこなっていません。

Monsieur Cuvelier
1, rue Derrière-le-Four - 21700 Vosne-Romanée
tel : 03 80 62 48 80   fax : 03 80 61 05 72

★★ ### ドメーヌ・エマニュエル・ルージェ　Domaine Emmanuel Rouget

広さは1.4276haで、レ・トゥルー地区にあります（ジャイエ3兄弟のエシュゾー）。3つ星も狙えるほどです。1997年という厳しい年に、当ドメーヌは15/20点という優れた成績を残しました。

Monsieur Emmanuel Rouget
18, route de Gilly - 21640 Flagey-Échezeaux
Tel NC   Fax : 03 80 62 86 61

★ ### ドメーヌ・フォレ＆フィス　Domaine Forey et Fils

レジス・フォレは、エシュゾーのレ・トゥルー地区とクロ・サン＝ドゥニ地区に合わせて30.05アールを所有しています。およそバリック6つ分を生産していますが、それをはるかに上回る注文をさばききれません。

Monsieur Régis Forey
2, rue Derrière-le-Four - 21700 Vosne-Romanée
tel : 03 80 61 09 68   fax : 03 80 61 12 63

★ ### ドメーヌ・フランソワ・ラマルシュ　Domaine François Lamarche

3つの地区、レ・シャン＝トラヴェルサン、レ・クリュオ、クロ・サン＝ドゥニにある1.1047ha。年平均14ピエス⁹を生産しています。

Monsieur François Lamarche
9, rue des Communes - 21700 Vosne-Romanée
tel : 03 80 61 07 94   fax : 03 80 61 24 31

ロマネ＝コンティ（グラン・クリュ）
Romanée-Conti (Grand Cru)

ドメーヌ・ド・ラ・ロマネ＝コンティ〔DRC〕が専有する1.805haと非常に小さなアペラシオン。世界で最も貴重かつ高価な赤ワインが作られることで有名です。1512年以来耕作面積が変わっていません。

〈訳注〉
9　ブルゴーニュにおける大樽の名称。p.288参照。

★★★★ **ドメーヌ・ド・ラ・ロマネ=コンティ　Domaine de la Romanée-Conti**

1584年に旧ヴォーヌ村のサン=ヴィヴァン修道会 Saint-Vivant の修道士によって売られたぶどう畑の一部とされています。1760年、コンティ公・ルイ=フランソワ・ド・ブルボン Louis-François de Bourbon が買い取り、瞬く間にブルゴーニュ最高の赤ワイン産地となりました。ミレジムあたり平均6,000本しか生産されません。感嘆すべきワインですがその価格には手が届きそうにありません（もちろん、財布によほど余裕があるなら話は別ですが）。試飲も見学もおこなっていません。エレガンスを知る近道に。

Monsieur Cuvelier
1, Rue Derrière-le-Four - 21700 Vosne-Romanée
tel : 03 80 62 48 80　fax : 03 80 61 05 72

ラ・ロマネ（グラン・クリュ）
La Romanée (Grand Cru)

　面積が1haにも満たないフランスで最も小さなアペラシオンです（84.52アール）。1827年以来同じ名称で登記されています。シャトー・ド・ヴォーヌ=ロマネ Château de Vosne-Romanée （リジエ=ベレール家 Ligier-Belair）の所有ですが、1950年代よりフォレ家に分益小作地として貸与されています。メゾン・ブシャールが4,000本を独占販売。

★★★★ **ドメーヌ・ブシャール・ペール＆フィス　Domaine Bouchard Père et Fils**

メゾン・ブシャールが独占販売するワインのうちで、おそらく最も名高いものでしょう（所有者はシャトー・ド・ヴォーヌ=ロマネ）。年平均3,900本を生産。力強さと芳醇さのバランスが完璧です。96・97年物が秀作。

Bouchard Père et Fils - Au Château - BP70 - 21200 Beaune
tel : 03 80 24 80 24　fax : 03 80 22 55 88
france@bouchard-pereetfils.com - www.bouchard-pereetfils.com

ロマネ・サン=ヴィヴァン（グラン・クリュ）
Romanée Saint-Vivant (Grand Cru)

　ヴォーヌ=ロマネ村の外れ、海抜250〜260mの場所にある9.43haのアペラシオンで、10人ほどの所有者の土地に分かれています。選ばれた銘柄は3つですが、ドメーヌ・ド・ラ・ロマネ=コンティがこの有名なアペラシオンの半分以上、5.28haを所有しています。

★★★★ **ドメーヌ・ジャン=ジャック・コンフュロン**
Domaine Jean-Jacques Confuron

ドメーヌ・ド・ラ・ロマネ=コンティとともに、この特筆すべきテロワールを代表する見事なワインです。

Madame Sophie Meunier
Les Vignottes - 21700 Premeuax
tel : 03 80 62 31 08　fax : 03 80 61 34 21

★★★★ **ドメーヌ・ド・ラ・ロマネ=コンティ　Domaine de la Romanée-Conti**

試飲も見学もおこなっていません。

Monsieur Cuvelier
1, Rue Derrière-le-Four - 21700 Vosne-Romanée
tel : 03 80 62 48 80　fax : 03 80 61 05 72

★★ **ドメーヌ・ロベール・アルヌー　Domaine Robert Arnoux**

アルヌー家がこの34.50アールの小区画を購入したのは1984年になってからですが、同家は1928年以来、分益耕作者[10]として当地を運営していました。かつてのクロ・デ・キャトル・ジュルノー Clos des Quatre Journaux に囲まれていた土地で、1930年

代にグラン・クリュの格付けを受けました。見事なワインです。

Domaine Robert Arnoux
3, route Nationale - 21700 Vosne-Romanée
tél : 03 80 61 09 85 tax : 03 80 61 36 02

リシュブール（グラン・クリュ）
Richebourg (Grand Cru)

コート＝ド＝ニュイの至宝とされるアペラシオンのひとつ。

★★★★ **ドメーヌ・ド・ラ・ロマネ＝コンティ　Domaine de la Romanée-Conti**

豊かで絹のような味わいの見事なワインです。試飲も見学もおこなっていません。

Monsieur Cuvelier
1, Rue Derrière-le-Four - 21700 Vosne-Romanée
tel : 03 80 62 48 80 fax : 03 80 61 05 72

★★★★ **ドメーヌ・メオ＝カミュゼ　Domaine Méo-Camuzet**

ジャン＝ニコラ・メオは、ブルゴーニュでもっとも尊敬されている醸造家にして分益耕作者、アンリ・ジャイエに師事しました。他の所有地と同様、当地にある35.25アールの区画でもジャイエ派の信条を忠実に守っています。

Monsieur Jean-Nicolas Méo
11, rue des Grands-Crus - 21700 Vosne-Romanée
tel : 03 80 61 11 05 fax : 03 80 61 11 05
meo-camuzet@wanadoo.fr - www.meo-camuzet.com

ラ・ターシュ（グラン・クリュ）
La Tâche (Grand Cru)

6.06haの広さでドメーヌ・ド・ラ・ロマネ＝コンティの専有地です。

★★★ **ドメーヌ・ド・ラ・ロマネ＝コンティ　Domaine de la Romanée-Conti**

複雑で深い味わいをもつすばらしいワインで、繊細さにも事欠きません。試飲も見学もおこなっていません。

Monsieur Cuvelier
1, Rue Derrière-le-Four - 21700 Vosne-Romanée
tel : 03 80 62 48 80 fax : 03 80 61 05 72

ラ・グランド＝リュー（グラン・クリュ）
La Grande-Rue (Grand Cru)

ラ・ターシュ、ラ・ロマネ、ラ・ロマネ＝コンティに囲まれたこの極小グラン・クリュ畑はドメーヌ・ラマルシュの専有地です。周囲の有名アペラシオンほど品質が高いわけでも、生産が安定しているわけでもありませんが、近年の出来には驚かされるものがあります。

★★ **ドメーヌ・フランソワ・ラマルシュ　Domaine François Lamarche**

もう少し丁寧に熟成させた方がいいと思いますが、フランスのぶどう栽培における優れた成果のひとつでしょう。

Monsieur François Lamarche
9, rue des Communes - 21700 Vosne-Romanée
tel : 03 80 61 07 94 fax : 03 80 61 24 31

〈訳注〉

10　分益耕作者：地主から畑を借りてぶどうを栽培し、収穫の決められた分量（50％が一般的）を地主に返す。

ヴォーヌ=ロマネ（プルミエ・クリュ）
Vosne-Romanée 1er Cru

　ヴォーヌ=ロマネは小さな村ですが、ロマネ=コンティ、ラ・ロマネ、リシュブールなど数多くのグラン・クリュをその懐に抱えています。しかしヴォーヌ=ロマネ村とフラジェ=エシュゾー村 Flagey-Échezeaux のプルミエ・クリュもなかなか無視できるものではありません。今回は計12銘柄を選びました。中でも、アンリ・ジャイエのぜいたくなクロ・パラントゥーはわたしたちの試飲会でもつねにトップクラスに名を連ねています。

★★★★ **アンリ・ジャイエ・レ・クロ・パラントゥー　Henri Jayer - Les Cros Parantoux**

ブルゴーニュのワイン王ジャイエが持つこのぶどう畑は、すでにグラン・クリュと同じレベルにあります。最近のミレジムは完売してしまいました。ジャイエはワイン作りの現場から既に身を引いています。

Monsieur Henri Jayer - 21700 Vosne-Romanée

★★★ **ドメーヌ・フォレ＆フィス・レ・ゴーディショ**
Domaine Forey et Fils - Les Gaudichots

レ・ゴーディショは最も人気のあるクリマのひとつで、大部分はラ・ターシュ地区に含まれてグラン・クリュの格付けを受けています。この9.53アールの区画で、レジス・フォレが例年傑出したワインを生産しています（およそバリック2樽分）。稀少すぎて一般の愛好家には入手が困難です。

Monsieur Régis Forey - 2, rue Derrière-le-Four - 21700 Vosne-Romanée
tel : 03 80 61 09 68 fax : 03 80 61 12 63

★★★ **ドメーヌ・メオ=カミュゼ・レ・ブリュレ**
Domaine Méo-Camuzet - Les Brûlées

エリック・ヴェルディエはレ・スュショやル・クロ・パラントゥーと同じレベルにこのクリマ、レ・ブリュレを分類しています（1級A）。メオ=カミュゼ所有の72アールの区画は、文句なしに3つ星の価値があります。

Monsieur Jean-Nicolas Méo
11, rue des Grands-Crus - 21700 Vosne-Romanée
tel : 03 80 61 11 05 fax : 03 80 61 11 05
meo-camuzet@wanadoo.fr - www.meo-camuzet.com

★★ **ドメーヌ・メオ=カミュゼ・オー・クロ・パラントゥー**
Domaine Méo-Camuzet - Au Cros Parantoux

リシュブールの丘の頂きにあるクリマ、ル・クロ・パラントゥーはアンリ・ジャイエによってその真価が発揮されました。このクリマにジャン=ニコラ・メオは計1.0127haの区画を所有しています。エティエンヌ・カミュゼ、次いでジャン・メオの分益小作人だったジャイエは、今でもメオの息子ジャン=ニコラに助言や影響を与え続けています。

Monsieur Jean-Nicolas Méo
11, rue des Grands-Crus - 21700 Vosne-Romanée
tel : 03 80 61 11 05 fax : 03 80 61 11 05
meo-camuzet@wanadoo.fr - www.meo-camuzet.com

★★ **ドメーヌ・エマニュエル・ルージェ・レ・クロ・パラントゥー**
Domaine Emmanuel Rouget - Les Cros Parantoux

エマニュエル・ルージェが他の所有地と同様にこのテロワールでも、先代アンリ・ジャイエの評判を落とさず堅実な仕事をしていることは事情通にはよく知られています。1996年以降では、97年物の出来が特によいです。ルージェのワインは他にも2つがセレクトされています。

Monsieur Emmanuel Rouget
18, route de Gilly - 21640 Flagey-Échezeaux
tel NC Fax : 03 80 62 86 61

ブルゴーニュ（赤）

★ **ドメーヌ・ロベール・アルヌー・レ・スュショ**
Domaine Robert Arnoux - Les Suchots

Domaine Robert Arnoux
3, route Nationale 21700 Vosne-Romanée
tel : 03 80 61 09 85 fax : 03 80 61 36 02

★ **ドメーヌ・ブシャール・ペール＆フィス・オー・レニヨ**
Domaine Bouchard Père et Fils - Aux Reignots

クリマ〔オー・レニヨ〕の42％に相当するこの区画は、ラ・ロマネ〔GC〕の畑と同様、シャトー・ド・ヴォーヌ=ロマネSCIが所有しています。メゾン・ブシャールが独占販売。

Bouchard Père et Fils - Au Château BP70 - 21200 Beaune
tel : 03 80 24 80 24   fax : 03 80 22 55 88
france@bouchard-pereetfils.com - www.bouchard-pereetfils.com

★ **ドメーヌ・ルネ・アンジェル・レ・ブリュレ**
Domaine René Engel - Les Brûlées

非常によく整ったクリマに1haを所有。

Domaine René Engel
3, place de la Mairie - 21700 Vosne-Romanée
tel : 03 80 61 10 54   fax : 03 80 62 39 73

★ **ドメーヌ・フォレ＆フィス－レ・プティ・モン**
Domaine Forey et Fils - Les Petits Monts

美しいクリマ≪レ・プティ・モン≫に、レジス・フォレは18.49アールを所有しています。この畑で作られるバリック4樽はエレガントで快適なワインのお手本。フォレの別銘柄レ・ゴーディショよりもソフトな味わいです。幸運にもこのボトルを入手できた場合、必ず≪若いうちに≫お飲みになってください。この土地でここ3年の間に最も成長したワインです。今後も期待できます。

Monsieur Régis Forey
2, rue Derrière le Four - 21700 Vosne-Romanée
tel : 03 80 61 09 68 fax : 03 80 61 12 63

★ **ドメーヌ・フランソワ・ラマルシュ－レ・スュショ**
Domaine François Lamarche - Les Suchots

フランソワ・ラマルシュが発売している3つのプルミエ・クリュ銘柄（ヴォーヌ=ロマネ）の中でもっとも品質が高いと言えます。

Monsieur François Lamarche
9, rue des Communes - 21700 Vosne-Romanée
tel : 03 80 61 07 94 fax : 03 80 61 24 31

★ **メゾン・ローラン・レ・スュショ   Maison Laurent - Les Suchots**

ヴォーヌ=ロマネでも名高いこのテロワールで、ドミニク・ローランは上質のぶどうを買い付けることに成功しています。

Monsieur Dominique Laurent
2, rue Jacques-Duret - 21700 Nuits-Saint-Georges
tel : 03 80 61 49 94 fax : 03 80 61 49 95

★ **ドメーヌ・エマニュエル・ルージェ・レ・ボーモン**
Domaine Emmanuel Rouget - Les Beaumonts

叔父のアンリ・ジャイエからこのクリマの畑を受け継いだエマニュエル・ルージェは、畑では厳格に、醸造所では丁寧に、という堅実な仕事ぶりです。

Monsieur Emmanuel Rouget
18, route de Gilly - 21640 Flagey-Échezeaux
tel NC Fax : 03 80 62 86 61

ニュイ=サン=ジョルジュ（プルミエ・クリュ）
Nuits-Saint-Georges 1er Cru

　ニュイ=サン=ジョルジュ村とプレモー=プリセ村 Prémeaux-Prissey にまたがる地域で、この地域のいくらか粘土の混じった石灰質の茶色い土壌はジュラ紀の地層が劣化したものです。ほとんど全てが赤ワイン生産であるのは、この地質の特徴によるものです。この村にグラン・クリュはありませんが、そう名乗ってもおかしくない優れたクリマがいくつかあります。1860年に9銘柄がテット・ド・キュヴェと分類されましたが、9つともニュイ=サン=ジョルジュ村の方にあります。レ・サン=ジョルジュとレ・ディディエ Les Didiers が最も評価の高いクリマです。8銘柄をセレクトしました。

★★★ **ドメーヌ・フォレ＆フィス・レ・サン=ジョルジュ**
Domaine Forey et Fils - Les Saint-Georges

レジス・フォレは、このすばらしいプルミエ・クリュ畑〔レ・サン=ジョルジュ〕にわずか9.63アールしか所有していません（量にしておよそバリック2樽）。コート・ド・ニュイの公式な分類ではプルミエ・クリュですが、ワインの優れた品質から、このクリマがグラン・クリュに値するという評判が嘘ではないことがわかります。ニュイ=サン=ジョルジュの最高峰。

Monsieur Régis Forey
2, rue Derrière le Four, 21700, Vosne-Romanée
tel : 03 80 61 09 68　fax : 03 80 61 12 63

★★ **ドメーヌ・ブシャール・ペール＆フィス・レ・カイユ**
Domaine Bouchard Père et Fils - Les Cailles

メゾン・ブシャールはこのクリマに、その28％に相当する1.07haを所有しています。平均生産量は5700本で、97・98年物は見事な出来でした。

Bouchard Père et Fils - Au Château BP70 - 21200 Beaune
tel : 03 80 24 80 24　fax : 03 80 22 55 88
france@bouchard-pereetfils.com - www.bouchard-pereetfils.com

★★ **ドメーヌ・グージュ・アンリ・レ・サン=ジョルジュ**
Domaine Gouges Henri - Les Saint-Georges

1haの区画で、平均樹齢は35年です。

Famille Gouges
7, rue du Moulin - 21700 Nuits-Saint-Georges
tel : 03 80 61 04 40　fax : 03 80 61 32 84
domaine@gouges.com - www.gouges.com

★★ **ドメーヌ・メオ=カミュゼ・レ・ブード**
Domaine Méo-Camuzet - Les Boudots

よく整備された1haの区画を持っています。

Monsieur Jean-Nicolas Méo
11, rue des Grands-Crus - 21700 Vosne-Romanée
tel : 03 80 61 11 05　fax : 03 80 61 11 05
meo-camuzet@wanadoo.fr - www.meo-camuzet.com

★★ **メゾン・ローラン・レ・サン=ジョルジュ**
Maison Laurent - Les Saint-Georges

買い付けに最新の注意を払う醸造家ローランがレ・サン=ジョルジュのぶどうを自信をもって選び、ニュイ=サン=ジョルジュで名高いこのクリマを自分の持ち札に加えています。彼の手札は十分過ぎるほど揃っていますが。

Monsieur Dominique Laurent
2, rue Jacques-Duret - 21700 Nuits-Saint-Georges
tel : 03 80 61 49 94　fax : 03 80 61 49 95

★ **メゾン・フェヴレ - レ・サン＝ジョルジュ**
Maison Faiveley - Les Saint-Georges

多彩なクリマを誇るニュイ＝サン＝ジョルジュ・プルミエ・クリュの中でもフェヴレ家は無視できない存在ですが、最も名誉のあるクリマ、レ・サン＝ジョルジュには0.29haしか所有していません。

Monsieur François Faiveley
8, rue du Tribourg - BP9 - 21701 Nuits-Saint-Georges CEDEX
tel : 03 80 61 04 55 fax : 03 80 62 33 37
bourgognes.Faiveley@wanadoo.fr

★ **ドメーヌ・ダニエル・リオン - クロ・デ・ザルジリエール**
Domaine Daniel Rion - Clos des Argillières

Argile, Argileux, Argillièresはいずれも粘土にまつわる言葉ですが、クリマ名の由来はこの土壌の性質から来ています。ここはプレモー村にあるクリマで、樹齢が古いのが特徴です(45年)。このドメーヌは0.72haを所有し、ワインはオリを取り除かないまま熟成され、樽の半分は毎年新調されます。

Monsieur Patrice Rion
21700 Prémeaux-Prissey
tel : 03 80 62 31 28 fax : 03 80 61 13 41
patrice.rion@wanadoo.fr - www.perso.wanadoo.fr/domaine-daniel-rion/index.htm

★ **ドメーヌ・グージュ・アンリ - レ・ヴォークラン**
Domaine Gouges Henri - Les Vaucrains

1haの区画、平均樹齢45年。

Famille Gouges
7, rue du Moulin - 21700 Nuits-Saint-Georges
tel : 03 80 61 04 40 fax : 03 80 61 32 84
domaine@gouges.com - www.gouges.com

コルトン（グラン・クリュ）
Corton (Grand Cru)

　ブルゴーニュの特級赤ワインでは最も広い作付面積を誇り(160.19ha)、同時にコート・ド・ボーヌ地区唯一のグラン・クリュです。ラドワ＝セリニー、アロース＝コルトン、ペルナン＝ヴェルジュレスの3つの村にまたがっています。

★★★★ **ドメーヌ・トロ＝ボー＆フィス・ブレッサンド**
Domaine Tollot-Beaut & Fils - Bressandes

面積91.21アール、ぶどうは50年代初頭に植えられたものです。50％が新樽で熟成されます。99年物の出来が良かったので4つ星に昇格しました。

Madame Nathalie Tollot
Rue Alexandre Tollot - 21200 Chorey-lès-Beaune
tel : 03 80 22 16 54 fax : 03 80 22 12 61
tollot-beaut@wanadoo.fr

★★★ **ドメーヌ・トロ＝ボー＆フィス**　**Domaine Tollot-Beaut & Fils**

面積60.26アールで、1930年と1985年の2度にわたって作付けされました。50％が新樽で熟成されます。99年物の出来(17.5/20点)が、昨年受けた3つ星の実力を十分に証明しています。

Madame Nathalie Tollot
Rue Alexandre Tollot - 21200 Chorey-lès-Beaune
tel : 03 80 22 16 54 fax : 03 80 22 12 61
tollot-beaut@wanadoo.fr

★★ **ドメーヌ・ボノー・デュ・マルトレ　Domaine Bonneau du Martray**

ボノー・デュ・マルトレはブルゴーニュでは例外的ないくつかの特徴をもつ畑です。ここは〔他のいくつかのドメーヌと違って〕一続きの土地ですが、その理由はまず間違いなく歴史を通じて所有者が3人しかいなかったことにあるでしょう。フランス革命以降はボノー・デュ・マルトレ家のもとで細分化されないまま残りました。ラヴァル博士によると(1855年)、もともとシャルルマーニュ皇帝の所有だった当ぶどう畑は775年にソーリュー参事会 Saulieu に授与されました。参事会は1000年ほどぶどう畑を管理し続け、やがてブルゴーニュの旧家、ボノー・デュ・マルトレ家の手に渡ったのです。19世紀を通してマルトレ家は、クリマ≪シャルルマーニュ≫のペルナン村にある区域全体を含む、計24haを所有するにいたります。現在もなおこのクリマのうち11.09haと最大の広さを所有し、そのうち6.57haはアロース=コルトン村、4.52haはペルナン=ヴェルジュレス村にあります。私たちは近年のワインをたいへん高く評価しました。

Monsieur Le Bault de la Morinière
21420 Pernand-Vergelesses
tel : 03 80 21 50 64　fax : 03 80 21 57 19

★★ **ドメーヌ・ブシャール・ペール＆フィス　Domaine Bouchard Père et Fils**

3.67haの広さですが、コルトン全体で見ればこれでも2％にしか過ぎません。毎年17,100本生産されます。非常に見事だった97年物に比べ、98年物は風味や気品の点でやや劣りました。99年物はパーフェクト。

Bouchard Père et Fils - Au Château BP70 - 21200 Beaune
tel : 03 80 24 80 24　fax : 03 80 22 55 88
france@bouchard-pereetfils.com - www.bouchard-pereetfils.com

★★ **メゾン・ドゥデ=ノーダン・マレショード≪ヴィエイユ・ヴィーニュ≫**
Maison Doudet-Naudin - Maréchaudes « Vieilles Vignes »

樹齢の古いぶどうを栽培する60アールの区画で、ネゴシアン[11]、ドゥデ=ノーダンの所有地です。80年代の終わりに除梗や手摘み、選別用テーブルの導入などの方針変換がなされました。赤ワインでは、コクを持たせるために発酵槽の中を棒で軽くかきまぜています。最近の3ミレジムは完璧です。

Monsieur Yves Doudet
5, rue Henri Cyrot - 21420 Savigny-lès-Beaune
tel : 03 80 21 51 74　fax : 03 80 21 50 69
www.doudet-naudin.com

★★ **メゾン・ルイ・ジャド・プジェ・ドメーヌ・デ・ゼリティエ・ルイ・ジャド**
Maison Louis Jadot - Pougets - Domaine des Héritiers Louis Jadot

ルイ・ジャドはこのクリマに1.5haというかなり広い土地を所有しています。平均7,500本生産します。

Maison Louis Jadot
21, rue Spuller - BP117 - 21203 Beaune CEDEX
tel : 03 80 22 10 57　fax : 03 80 22 56 03
contact@louisjadot.com - www.louisjadot.com

〈訳注〉

11　Négociant ネゴシアン(ぶどう仲買人)：ブルゴーニュでは栽培されたぶどう、ぶどう液を買い取り、醸造して販売するネゴシアン・エルヴール Négociant-Éleveur が多いです。地主として耕作の専門家に栽培を委託しているケースも少なくありません。

★★
メゾン・フェヴレ-クロ・デ・コルトン・フェヴレ
Maison Faiveley - Clos des Corton Faiveley

メゾン・フェヴレが専有する表面積2.9761haのクリマです。10,000本を生産。ぶどうの平均樹齢が高く、発酵や熟成に手間を惜しまないため、テロワールの潜在能力が十分に引き出されています。あまりの地質の良さに分割されると混乱が起こるとして、1930年「メゾン・フェヴレに一括委譲する」という判決が下されたとても珍しい≪クリマ≫のひとつです。

Monsieur François Faiveley
8, rue du Tribourg - BP9 -21701 Nuits-Saint-Georges CEDEX
tel : 03 80 61 04 55 fax : 03 80 62 33 37
Bourgognes.Faiveley@wanadoo.fr

★★
ドメーヌ・ミシェル・ゴヌー・レ・ルナルド
Domaine Michel Gaunoux - Les Renardes

現在まで4世代にわたって続くこの家族経営ドメーヌは、評判の良い畑(プルミエ・クリュ、グラン・クリュ)を含む計7haを所有しています。当区画は69.25アール一続きの土地です。

Domaine Michel Gaunoux - Rue Notre-Dame - 21630 Pommard
tel : 03 80 22 18 52 fax : 03 80 22 74 30

★★
ドメーヌ・メオ=カミュゼ　Domaine Méo-Camuzet

コルトンは比較的当たり外れのあるアペラシオンですが、メオ=カミュゼなら間違いのない良い買い物と言えるでしょう。

Monsieur Jean-Nicolas Méo
11, rue des Grands-Crus - 21700 Vosne-Romanée
tel : 03 80 61 11 05 fax : 03 80 61 11 05
meo-camuzet@wanadoo.fr - www.meo-camuzet.com

★★
ドメーヌ・ジャック・プリュール・ブレッサンド
Domaine Jacques Prieur - Bressandes

コルトンの中でもよく整ったクリマ、ブレッサンドのうちの73アール。1855年にラヴァル博士がこのクリマをプルミエール・キュヴェに分類しています。畑はブレッサンドの中央部にあります。

Monsieur Martin Prieur
6, rue des Santenots - 21190 Meursault
tel : 03 80 21 23 85 fax : 03 80 21 29 19

★
ドメーヌ・ロベール&レイモン・ジャコブ・レ・カリエール
Domaine Robert et Raymond Jacob - Les Carrières

1983年、ジャコブ兄弟は父親のレイモンからこの10haの土地を譲り受けました。ラドワ村とアロース=コルトン村にまたがっています。

Hameau Buisson - 21550 Ladoix-Serrigny
tel : 03 80 26 44 62 fax : 03 80 26 49 34

ボーヌ（プルミエ・クリュ・〔赤〕）
Beaune 1er Cru Rouge

　1936年には、グラン・クリュに指定されたボーヌのクリマはひとつもありませんでした。しかし1860年には8つのクリマが≪テット・ド・キュヴェ（最高級ワイン）≫とみなされていました。今日これらの≪クリマ≫は、34あるプルミエ・クリュの陰に隠れてしまっているように見えますが、いくつかの優れたネゴシアン（ジャド、ブシャール、ビショ、ドルーアン）が作るワインには際だって良いものがあります。ボーヌで扱われる品種は90%以上がピノ・ノワールです。総面積450haのうち、322haがプルミエ・クリュに指定されています。

ブルゴーニュ（赤）

★★★ **ドメーヌ・トロ=ボー＆フィス - レ・グレーヴ**
Domaine Tollot-Beaut & Fils - Les Grèves

ボーヌ・プルミエ・クリュというこのすばらしいクリマ(31.33ha)に、この家族経営ドメーヌが所有している面積は59.42アールにすぎません。品質に比べて値段が安いのはうれしいことです。ぶどうが植えられたのが1969〜87年にかけてなのでとても古いとは言えませんが、このドメーヌは丹精込めてぶどうの世話をし、醸造過程でもまるで母親が子を愛おしむかのように注意を払っています。すばらしいです。

Madame Nathalie Tollot
Rue Alexandre Tollot - 21200 Chorey-lès-Beaune
tel : 03 80 22 16 54 fax : 03 80 22 12 61
tollot-beaut@wanadoo.fr

★★ **ドメーヌ・ブシャール・ペール＆フィス - グレーヴ、《ヴィーニュ・ド・ランファン・ジェズュ》**
Domaine Bouchard Père et Fils - Grèves "Vignes de l'Enfant Jésus"

メゾン・ブシャールが専有する4haのクリマ。1789年以前はボーヌのカルメル会修道女 Carmel たちが所有していた区画で、現在のラベル《幼いイエスの葡萄畑》はそれに由来します。優れたワイン。

Bouchard Père et Fils - Au Château - BP70 - 21200 Beaune
tel : 03 80 24 80 24 fax : 03 80 22 55 88
france@bouchard-pereetfils.com - www.bouchard-pereetfils.com

★★ **ドメーヌ・ジェルマン・ペール＆フィス - レ・テューロン**
Domaine Germain Père et Fils - Les Teurons

レ・テューロンはボーヌで最も大きなクリマのひとつで、総面積27.35haです。市街地に近く、優れた生産者の手にかかれば繊細で素直な味のすばらしいワインを作り出せる土地です。ジェルマン親子はこのクリマに2haの区画を所有し、ぶどうは1948〜95年の間に植えられたものです。

Messieurs François et Benoît Germain
Château de Chorey - 21200 Chorey-lès-Beaune
tel : 03 80 24 06 39 fax : 03 80 24 03 93
domaine-germain@wanadoo.fr

★★ **ドメーヌ・ジェルマン・ペール＆フィス - レ・クラ**
Domaine Germain Père et Fils - Les Cras

この家族経営ドメーヌはボーヌにプルミエ・クリュ区画を数多く持っています。中でもこのレ・クラ(クリマ5haのうち1.5haを所有)は、19世紀のラヴァル博士のレポートで《テット・ド・キュヴェ(最高級ワイン)》と記され、エリック・ヴェルディエの分類でも3つある《1級B》テロワールのひとつ。レ・クラという名前は《岩や石でできた丘》という意味です。優秀な栽培者の腕も相まって、ワイン好きの方なら是非一度試してみる価値のある出来となっています。1948〜52年の間に植えられたぶどうで、クリマ《レ・テューロン》に隣接しています。

Messieurs François et Benoît Germain
Château de Chorey - 21200 Chorey-lès-Beaune
tel : 03 80 24 06 39 fax : 03 80 24 03 93
domaine-germain@wanadoo.fr

★★ **ドメーヌ・ジェルマン・ペール・エ・フィス - レ・サン・ヴィーニュ**
Domaine Germain Père et Fils - Les Cent Vignes

23.50haのクリマに、このドメーヌは0.5haを持っています。1979年、低い土地から台地のふもとの砂地にぶどうを植え替えました。19世紀のラヴァル博士のレポートでもすでに「おそらくこの畑の標高の高い部分の方がより優良な土地である」と記されています。ジェルマン父子が作り、このガイドに選ばれているプルミエ・クリュ3銘柄の中では品質と価格のバランスが最高です。

Messieurs François et Benoît Germain
Château de Chorey - 21200 Chorey-lès-Beaune
tel : 03 80 24 06 39 fax : 03 80 24 03 93
domaine-germain@wanadoo.fr

ブルゴーニュ（赤）

★★ メゾン・ルイ・ジャド・グレーヴ　Maison Louis Jadot - Grèves

広々としたクリマの中にルイ・ジャドが所有する1haの区画です。平均5,000本生産します。

Maison Louis Jadot
21, rue Spuller - BP117 - 21203 Beaune CEDEX
tel : 03 80 22 10 57　fax : 03 80 22 56 03
contact@louisjadot.com - www.louisjadot.com

★★ メゾン・ルイ・ジャド・ブレッサンド・ドメーヌ・デ・ゼリティエ・ルイ・ジャド
Maison Louis Jadot - Bressandes - Domaine des Héritiers Louis Jadot

ボーヌのワイン生産者の多くがこのブレッサンドに区画を所有しています。ルイ・ジャドの区画は1haで、5,000本の生産です。

Maison Louis Jadot
21, rue Spuller - BP117 - 21203 Beaune CEDEX
tel : 03 80 22 10 57　fax : 03 80 22 56 03
contact@louisjadot.com - www.louisjadot.com

★★ メゾン・ローラン・クロ・デ・ムーシュ
Maison Laurent - Clos des Mouches

Monsieur Dominique Laurent
2, rue Jacques-Duret - 21700 Nuits-Saint-Georges
tel : 03 80 61 49 94　fax : 03 80 61 49 95

★★ メゾン・ローラン・レ・グレーヴ　Maison Laurent - Les Grèves

生産量は少なかったのですが、≪ボーヌ・プルミエ・クリュの1998年物≫を対象にした試飲会での成績がすばらしかったため、ポイントを稼ぎました。古いぶどう樹の底力でしょうか？

Monsieur Dominique Laurent
2, rue Jacques-Duret - 21700 Nuits-Saint-Georges
tel : 03 80 61 49 94　fax : 03 80 61 49 95

★★ ドメーヌ・トロ＝ボー＆フィス・クロ・デュ・ロワ
Domaine Tollot-Beaut & Fils - Clos du Roi

風光明媚なクリマ、クロ・デュ・ロワにこのドメーヌが所有する1.0979ha。もともとはブルゴーニュ公国の大公が代々受け継いだ土地でしたが、シャルル豪胆王〔最後のブルゴーニュ公〔1467-77〕〕の死後、ルイ11世のものとなっていました。1978・82・87年にぶどうの植え替えが行われました。

Madame Nathalie Tollot
Rue Alexandre Tollot - 21200 Chorey-lès-Beaune
tel : 03 80 22 16 54　fax : 03 80 22 12 61
tollot-beaut@wanadoo.fr

★ ドメーヌ/メゾン・ジャン＝マルク・ボワヨ・レ・モントルヴノ
Domaine/Maison Jean-Marc Boillot - Les Montrevenots

クロ・デ・ムーシュの上方、ポマールのプルミエ・クリュ畑の隣にあるクリマ、レ・モントルヴノ。ドメーヌがここに所有しているのは、赤ワイン用41アール、白ワイン用26アールの区画です（今回、白ワインは試飲していません）。98年物などについてはアメリカの業界誌が酷評したこともありますが、この生産者が単に気候や自然条件に恵まれているだけではない、他を寄せつけない実力を持っていることは確かです。品質と価格のバランスがたいへん良くとれています（1本およそ100フラン）。

Monsieur Jean-Marc Boillot
Rue Mareau - 21630 Pommard
tel : 03 80 22 71 29 & 03 80 24 97 57　fax : 03 80 24 98 07

★ ドメーヌ・ブシャール・ペール＆フィス・クロ・ド・ラ・ムース
Domaine Bouchard Père et Fils - Clos de la Mousse

この3.36haのクリマはメゾン・ブシャールが専有しています。1220年に司教区参事会員エドゥム・ド・ソードン Edme de Saudon が、ボーヌのノートルダム教会参事会に遺

贈した最高級ワイン畑です。エリック・ヴェルディエが≪2級A≫に分類した15のクリマのひとつです。

Bouchard Père et Fils - Au Château - BP70 - 21200 Beaune
tel : 03 80 24 80 24 fax : 03 80 22 55 88
france@bouchard-pereetfils.com - www.bouchard-pereetfils.com

★ メゾン・ドゥデ=ノーダン - サン・ヴィーニュ
Maison Doudet-Naudin - Cent Vignes

コルトン銘柄でもセレクトされているメゾン・ドゥデ=ノーダンは、≪小さな≫ネゴシアンですが、ボーヌ近郊にある他の多くのメゾンと同じように幾つかのプルミエ・クリュ指定地を所有しています。

Monsieur Yves Doudet
5, rue Henri Cyrot - 21420 Savigny-lès-Beaune
tel : 03 80 21 51 74 fax : 03 80 21 50 69
www.doudet-naudin.com

★ メゾン・ルイ・ジャド・クロ・デ・クシュロー、ドメーヌ・デ・ゼリティエ・ルイ・ジャド
Maison Louis Jadot - Clos des Couchereaux - Domaine des Héritier Louis Jadot

2haの区画から10,000本を生産します。

Maison Louis Jadot
21, rue Spuller - BP117 - 21203 Beaune CEDEX
tel : 03 80 22 10 57 fax : 03 80 22 56 03
contact@louisjadot.com - www.louisjadot.com

★ メゾン・ルイ・ジャド・アヴォー   **Maison Louis Jadot - Avaux**

ブーズ Bouze の谷に沿ってのびるこのクリマは粘土性石灰質の地層であるため、柔和でたいへん繊細な味のワインが作られます。

Maison Louis Jadot
21, rue Spuller - BP117 - 21203 Beaune CEDEX
tel : 03 80 22 10 57 fax : 03 80 22 56 03
contact@louisjadot.com - www.louisjadot.com

★ ドメーヌ・ジャック・プリュール・シャン・ピモン
Domaine Jacques Prieur - Champs Pimont

Monsieur Martin Prieur
6, rue des Santenots - 21190 Meursault
tel : 03 80 21 23 85 fax : 03 80 21 29 19

ポマール（プルミエ・クリュ）
Pommard 1er Cru

赤ワイン専門のアペラシオンです。グラン・クリュ指定地はありませんが、総面積600haのうちの125haがプルミエ・クリュに指定されています。3つのクリマに属する4銘柄をセレクトしました。

★ ドメーヌ/メゾン・ジャン=マルク・ボワヨ・レ・ジャロリエール
Domaine/Maison Jean-Marc Boillot - Les Jarollières

1.31haの優良な区画で、樹齢60年以上のぶどうを栽培しています(ドメーヌの紹介はピュリニー・モンラッシェ≪ラ・トリュフィエール≫〔p.146〕をご覧下さい)。

Monsieur Jean-Marc Boillot
Rue Mareau - 21630 Pommard
tel : 03 80 22 71 29 & 03 80 24 97 57 fax : 03 80 24 98 07

★ ドメーヌ・ミシェル・ゴヌー・グラン・ゼプノ
Domaine Michel Gaunoux- Grands Epenots

このドメーヌについてはコルトン（グラン・クリュ）の項〔p.54〕を参照して下さい。当地は1.75ha一続きの区画です。

Domaine Michel Gaunoux
Rue Notre-Dame - 21630 Pommard
tel : 03 80 22 18 52 fax : 03 80 22 74 30

★ **メゾン・フェリ＆ムニエ・レ・ゼプノ　Maison Féry-Meunier - Les Epenots**

アラン・ムニエ Alain Meunier〔栽培家〕が、ロマネ・サン＝ヴィヴァンを生産するドメーヌ、ジャン＝ジャック・コンフュロンを使用して、エシュヴロンヌ Echevronne のジャン＝ルイ・フェリ Jean-Louis Féry〔地主〕と協力して生産しているワインです。ぶどうの供給契約に関しては、両者の間で長期にわたる取り決めがなされています。

Madame Sophie Meunier-Confuron
21700 Prémeaux-Prissey
tel : 03 80 62 31 08 fax : 03 80 61 34 21
jj.confuron@wanadoo.fr

★ **ドメーヌ・ピエール・モレー・グラン・ゼプノ**
Domaine Pierre Morey - Grands Epenots

Domaine Pierre Morey
13, rue Pierre-Mouchoux - 21190 Meursault
tel : 03 80 21 21 03 fax : 03 80 21 66 38

ヴォルネー（プルミエ・クリュ）
Volnay 1er Cru

この村では115haがプルミエ・クリュ指定地で（ヴォルネー＝ヴィラージュ Volnay-Villages では98ha）、ほとんど全てが赤ワインです。村の最良のクリマにある12銘柄をセレクトしました。テロワールのレベルには比較的ばらつきがあります。

★★ **ドメーヌ・ブシャール・ペール＆フィス・カイユレ、≪アンシエンヌ・キュヴェ・カルノ≫**
Domaine Bouchard Père et Fils - Caillerets "Ancienne Cuvée Carnot"

ヴォルネーではクリマのレベルがまちまちですが、この≪カイユレ≫はその中でも間違いなく最高レベルです（ヴェルディエの分類では1級B）。その土壌は、細かい裂け目がたくさん入った岩盤に乗った石灰粘土質の薄い層です。メゾン・ブシャール所有のこの区画は4haで（クリマ全体の30％）、平均21,300本を生産します。

Bouchard Père et Fils - Au Château - BP70 - 21200 Beaune
tel : 03 80 24 80 24 fax : 03 80 22 55 88
france@bouchard-pereetfils.com - www.bouchard-pereetfils.com

★★ **ドメーヌ・ブシャール・ペール＆フィス・クロ・デ・シェーヌ**
Domaine Bouchard Père et Fils - Clos des Chênes

Bouchard Père et Fils - Au Château - BP70 - 21200 Beaune
tel : 03 80 24 80 24 fax : 03 80 22 55 88
france@bouchard-pereetfils.com - www.bouchard-pereetfils.com

★★ **ドメーヌ・デュ・マルキ・ダンジェルヴィル - カイユレ**
Domaine du Marquis D'Angerville - Caillerets

クリマ≪カイユレ≫にある0.45haの区画です。

Monsieur Jacques D'Angerville
Volnay - 21190 Meursault
tel : 03 80 21 61 75 fax : 03 80 21 65 07

★★ **ドメーヌ・デュ・マルキ・ダンジェルヴィル・クロ・デ・デュック**
Domaine du Marquis D'Angerville - Clos des Ducs

ドメーヌが所有する中で最高級、石垣に囲まれた2.5ha弱の畑です。ドメーヌが専有するクロ・デ・デュック、この名前はフランス革命以前代々のブルゴーニュ公がヴォルネーに多くのぶどう畑を持っていたことに由来します。比較的最近の話では、第一次世界大戦後ダンジェルヴィル侯爵がヴォルネー・ワイン業組合の会長に選ばれて

います。彼はドメーヌ元詰や海外への輸出などの草分けで、1952年に亡くなるまでブルゴーニュのワイン業界を代表する人物でした。当地はヴォルネー・ワインを語る際には外せないぶどう畑のひとつです。現在の所有者ジャック・ダンジェルヴィルの持つプルミエ・クリュはヴォルネー全体で11ha以上、どれも名高い耕作地ばかりです。

Monsieur Jacques D'Angerville
Volnay - 21190 Meursault
tel : 03 80 21 61 75 fax : 03 80 21 65 07

★ ### ドメーヌ・ブシャール・ペール＆フィス・タイユピエ
Domaine Bouchard Père et Fils - Taillepieds

メゾン・ブシャールのぶどう畑（1.10haの区画、クリマの15％に相当）でつくられる5,800本。

Bouchard Père et Fils - Au Château - BP70 - 21200 Beaune
tel : 03 80 24 80 24 fax : 03 80 22 55 88
france@bouchard-pereetfils.com - www.bouchard-pereetfils.com

★ ### ドメーヌ・ブシャール・ペール＆フィス・フルミエ《クロ・ド・ラ・ルージョット》
Domaine Bouchard Père et Fils - Fremiers « Clos de la Rougeotte »

メゾン・ブシャールが100％所有する1.52haのクリマでつくられる8,100本。

Bouchard Père et Fils - Au Château - BP70 - 21200 Beaune
tel : 03 80 24 80 24 fax : 03 80 22 55 88
france@bouchard-pereetfils.com - www.bouchard-pereetfils.com

★ ### ドメーヌ・デ・コント・ラフォン・シャンパン
Domaine des Comtes Lafon - Champans

0.50haの区画（この生産者についての簡単な紹介は、モンラッシェを参照〔p.139〕）。

Monsieur Dominique Lafon
Clos de la Barre - 21190 Meursault
tel : 03 80 21 22 17 fax : 03 80 21 61 64

★ ### ドメーヌ・デ・コント・ラフォン・サントゥノ・デュ・ミリュー
Domaine des Comtes Lafon - Santenots du Milieu

3.80haの区画（この生産者についての簡単な紹介はモンラッシェの項を参照〔p.139〕）。

Monsieur Dominique Lafon
Clos de la Barre - 21190 Meursault
tel : 03 80 21 22 17 fax : 03 80 21 61 64

★ ### ドメーヌ・ラファルジュ・クロ・デ・シェーヌ
Domaine Lafarge - Clos des Chênes

出来にむらがあるとはいえ、信頼してよいでしょう。

Michel et Frédéric Lafarge - 21190 Volnay
tel : 03 80 21 61 61 fax : 03 80 21 67 83

★ ### ヴァンサン＆マリー＝クリスティーヌ・ペラン・タイユピエ
Vincent et Marie-Christine Perrin - Taillepieds

Vincent et Marie-Christine Perrin
Rue Saint-Étienne - 21190 Volnay
tel : 03 80 21 62 18 fax : 03 80 21 68 09

★ ### ドメーヌ・デュ・マルキ・ダンジェルヴィル・タイユピエ
Domaine du Marquis D'Angerville - Taillepieds

このドメーヌは1ha以上（1.07ha）の区画をこのクリマに所有しています。

Monsieur Jacques D'Angerville
Volnay - 21190 Meursault
tel : 03 80 21 61 75 fax : 03 80 21 65 07

★ **ドメーヌ・ジャック・プリユール - クロ・デ・サントゥノ**
Domaine Jacques Prieur - Clos des Santenots

ドメーヌが専有する1.19ha。

Monsieur Martin Prieur
6, rue des Santenots - 21190 Meursault
tel : 03 80 21 23 85 fax : 03 80 21 29 19

サヴィニー＝レ＝ボーヌ（プルミエ・クリュ）
Savigny-Lès-Beaune 1er Cru

セレクトは少ないですが、これらのワインを飲めばサヴィニーのプルミエ・クリュにも上質のブルゴーニュを生み出せる区画があることがよくわかります。

★ **ドメーヌ・ブリュノ・クレール - ラ・ドミノード**
Domaine Bruno Clair - La Dominode

文句なしにサヴィニー＝レ＝ボーヌの代表作。全区画を合わせると1.71haに達します。

Monsieur Bruno Clair
5, rue du Vieux-Collège - 21160 Marsannay-la-Côte
tel : 03 80 52 28 95 fax : 03 80 52 18 14

★ **メゾン・ルイ・ジャド - レ・ヴェルジュレス**
Maison Louis Jadot - Les Vergelesses

この53アールの区画は、南向きで立地の良いボワ＝ノエル Bois-Noël 丘陵にあり、1995年に取得されました。4,000本。

Maison Louis Jadot
21, rue Spuller - BP117 - 21203 Beaune CEDEX
tel : 03 80 22 10 57 fax : 03 80 22 56 03
contact@louisjadot.com - www.louisjadot.com

★ **メゾン・ルイ・ジャド - レ・ナルバントン**
Maison Louis Jadot - Les Narbantons

40アール、2,000本。

Maison Louis Jadot
21, rue Spuller - BP117 - 21203 Beaune CEDEX
tel : 03 80 22 10 57 fax : 03 80 22 56 03
contact@louisjadot.com - www.louisjadot.com

★ -100F **ドメーヌ・パヴロ・ジャン＝マルク - オー・グラヴァン**
Domaine Pavelot Jean-Marc - Aux Gravains

ジャン＝マルク・パヴロはサヴィニー・プルミエ・クリュに異なる5つのクリマを所有し、その中でもレ・グラヴァン Les Gravains は最もむらのない土地のひとつ。丘陵のふもとにあり、土地が砂利（gravier）の堆積層であることからこの名前がつきました。お手頃価格の上質ブルゴーニュをお探しの方に。

Monsieur Pavelot Jean-Marc
1, Chemin des Guettottes - 21420 Savigny-lès-Beaune
tel : 03 80 21 55 21 fax : 03 80 21 59 73

★ **ドメーヌ・パヴロ・ジャン＝マルク - ラ・ドミノード**
Domaine Pavelot Jean-Marc - La Dominode

ジャン＝マルク・パヴロがぶどう樹に施す厳格な手入れのおかげで、ぶどうを傷めずに摘み取ることができます。ラ・ドミノードはレ・ジャロン Les Jarrons の中にあるクリマで、この銘柄は当地の別の有名ブランド、ブリュノ・クレール銘柄に匹敵します。ラ・ドミノードという名前は旧所有者ドミノ氏 Domino から来ています。1本100フラン前後の上質のブルゴーニュをお求めの方に。

Monsieur Pavelot Jean-Marc

1, Chemin des Guettottes - 21420 Savigny-lès-Beaune
tel : 03 80 21 55 21 fax : 03 80 21 59 73

モンテリー（プルミエ・クリュ）
Monthélie 1er Cru

　この村はムルソー、ヴォルネー、オーセイ＝デュレスに挟まれています。1937年に耕作地が分類されるまで、モンテリーワインはヴォルネーあるいはポマールの名で販売されていました。90％が赤ワインで、140haのうち31haがプルミエ・クリュに格付けされています。
　《レ・デュレス》（オーセイ＝デュレス側）、《レ・シャン・フュリオ》（《ル・クロ・デ・シェーヌ》近くのヴォルネー側）、《スュール・ラ・ヴェル Sur la Velle》、《シャトー・ガイヤール Château Gaillard》、これらのクリマの優れた生産者のところへ行けば、100フランを切るお手頃価格のボトルが見つかるでしょう。

★ **ドメーヌ・ブシャール・ペール＆フィス・クロ・レ・シャン＝フュリオ**
Domaine Bouchard Père et Fils - Clos les Champs-Fulliot

粘土性石灰質のクリマ（粘土の割合が比較的多い）に、メゾン・ブシャールは0.88ha（クリマ全体の約10％）を所有しています。

Bouchard Père et Fils - Au Château - BP70 - 21200 Beaune
tel : 03 80 24 80 24 fax : 03 80 22 55 88
france@bouchard-pereetfils.com - www.bouchard-pereetfils.com

シャサーニュ＝モンラッシェ（プルミエ・クリュ〔赤〕）
Chassagne-Montrachet 1er Cru Rouge

★ **ドメーヌ・ミシェル・コラン＝ドゥレジェ＆フィス・モルジョ**
Domaine Michel Colin-Deléger et Fils - Morgeot

99年物の生産量と質の良さにコート・ド・ボーヌの栽培家たちの多くが驚きました。堂々のセレクション入りです。

Domaine Colin-Deléger
3, impasse des Crêts - 21190 Chassagne-Montrachet
tel : 03 80 21 32 72 fax : 03 80 21 32 94

サントネー（プルミエ・クリュ〔赤〕）
Santenay 1er Cru Rouge

　AOCの評定基準が作られたとき、この村にはグラン・クリュ指定のクリマはありませんでした。しかし、総面積267haにわたるぶどう畑のうち140haがプルミエ・クリュに指定されています。赤ワインの比率が非常に大きく、およそ90％です。今回セレクトされた区画はこの地区で最高レベルのクリマにあります。99年物の出来がセレクション入りに大いに貢献し、真面目で妥協のない生産者が作るワインにしてはお値打ちです。

LQCG -100F **ドメーヌ・ミシェル・コラン＝ドゥレジェ＆フィス・レ・グラヴィエール**
Domaine Michel Colin-Deléger et Fils - Les Gravières

このドメーヌはたいへん見事な出来栄えの赤白両銘柄を生産していますが、この比較的認知度が低いサントネー・プルミエ・クリュ地区で作っている赤もそのひとつ。自然のサイクルに任せぶどうをじっくりと成熟させています。また、発酵が丁寧で熟成も綿密に行っているので、99年物が今回新しくセレクション入りしました。

Domaine Colin-Deléger
3, impasse des Crêts - 21190 Chassagne-Montrachet
tel : 03 80 21 32 72 fax : 03 80 21 32 94

≪ボージョレ≫　Beaujolais

　ガメ種から作られるボージョレはぶどうのフルーティさが生きた溌剌としたワインです。快適なボージョレのクオリティはフランスだけでなく世界的によく知られています。〔2年前の〕最初のガイドでは次のように書きました。「優れた生産者たちの努力や今後予想される進歩などを考えると、数年後のエディションには必ずボージョレ銘柄が載ることになるでしょう。」

　現在この地でおいしいワインを生産している栽培者の努力は賞賛に値します。時にはコート・ド・ボーヌの秀作ワインに肩を並べるほどですが、世界の優良ワイン1000本にはセレクトされませんでした。それでもなお、優れたボージョレワインの再生に力を合わせて頑張っている皆さんをあつく称え、激励したいと思います。特にメゾン・ジャドは、とりわけおいしい銘柄を数多く送り出しています。

≪ヴァレ・デュ・ローヌ赤]≫
Vallée du Rhône Rouge

ラ・ヴァレ・デュ・ローヌ〔ローヌの谷[1]〕は、慣習的に南北2つの地域に分けられます。北部にあるエルミタージュやコート=ロティなどいくつかのアペラシオンは、最良のフランスワインに数えられています。

〔ヴァレ・デュ・ローヌの簡略地図〕

1. コート=ロティ
2. コンドリュー
3. サン=ジョゼフ
4. クローズ=エルミタージュ
5. エルミタージュ
6. コルナス
7. サン=ペレー
8. クレレット・ド・ディー
9. コトー・デュ・トリカスタン
10. コート・デュ・ローヌ
11. ジゴンダス
12. ヴァケラス
13. ボーム=ド=ヴニーズ
14. シャトーヌフ=デュ=パープ
15. リラック
16. タヴェル
17. コート・デュ・ヴァントゥー
18. コート・デュ・リュベロン
19. コスティエール・ド・ニーム

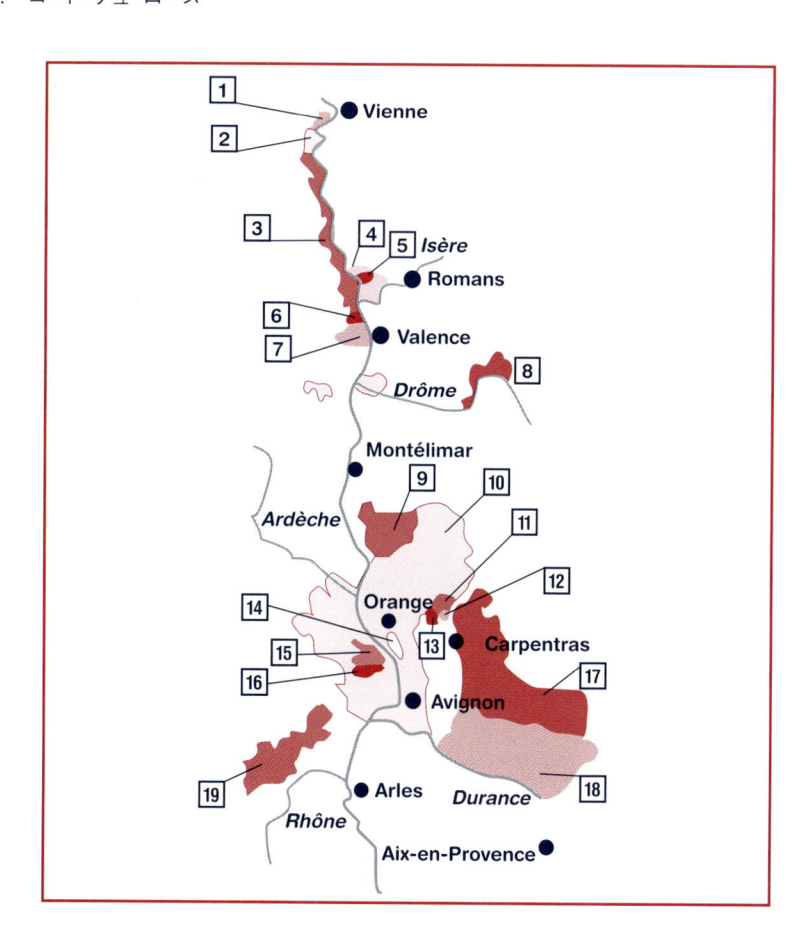

〈訳注〉

1　フランスではローヌやロワールなど大河の流域に小高い丘・斜面がゆったりと連なっている様子を「谷 vallée」と表現します。

ヴァレ・デュ・ローヌ（赤）

コート=ロティ
Côte-Rôtie

80年代初頭に遡るコート=ロティ復興の一番の功労者はエティエンヌ・ギガルです。彼は、優れた生産者の手にかかれば、ボルドーやブルゴーニュのグラン・クリュに十分に太刀打ちできるテロワールの潜在力に気づいていました。その後コート=ロティのAOC区域が大きく広がったため、愛好家は各銘柄の品質について十分用心しなければならなくなりました。コート・ブロンドとコート・ブリュヌという2つの地域に60を下らない生産地区が散らばっているので、優良ワイン選びはさらに難しくなります。

★★★★ **メゾン・ギガル - ラ・テュルク　Maison Guigal - La Turque**

複雑なブーケ（熟成香）、うっとりする味わい、この上ない力強さ。面積は1ha未満。≪ラ・ランドンヌ≫同様、ほんのわずかにヴィオニエ種が混ぜられています。生産高は4,000本のみ。わたしたちの試飲会でも、近年に仕込まれたワインはつねにトップクラスです。フランス最高級ワインの十指に数えられます。

Monsieur Marcel Guigal
Château d'Ampuis - 69420 Ampuis
tel : 04 74 56 10 22　fax : 04 74 56 18 76
contact@guigal.com - www.guigal.com

★★★★ **メゾン・ギガル - ラ・ムーリーヌ　Maison Guigal - La Mouline**

品格、芳醇さ、力強さを調和させた極上ワイン。ぶどうの平均樹齢は75年です。このワインの特徴としては、少ない割合ですがヴィオニエ種を混ぜていることです（11％）。約5,000本。近年仕込みのワインが特に素晴らしいです。

Monsieur Marcel Guigal
Château d'Ampuis - 69420 Ampuis
tel : 04 74 56 10 22　fax : 04 74 56 18 76
contact@guigal.com - www.guigal.com

★★★★ **メゾン・ギガル - ラ・ランドンヌ　Maison Guigal - La Landonne**

コート・ロティでメゾン・ギガルが作る特に優れた3銘柄のひとつ。ラ・ランドンヌは芳醇さと硬さにおいてはラ・テュルクやラ・ムーリーヌに匹敵しますが、安定性でやや劣ります。約10,000本。ボディのしっかりした香しいラ・ランドンヌですが、やはりこの著名な生産者の手による≪ラ・テュルク≫や、うっとりするような味の≪ムーリーヌ≫がもつ気品には及びません。97・98・99年物の出来が良かったので4つ星を獲得しています（98・99年物は樽での試飲）。

Monsieur Marcel Guigal
Château d'Ampuis - 69420 Ampuis
tel : 04 74 56 10 22　fax : 04 74 56 18 76
contact@guigal.com - www.guigal@com

★★★ **ドメーヌ・ガイヤール・ピエール - レ・ヴィアイエール**
Domaine Gaillard Pierre - Les Viaillères

Monsieur Pierre Gaillard
Chez Favier - 42520 Malleval
tel : 04 74 87 13 10　fax : 04 74 87 17 66
vinsp.gaillard@wanadoo.fr

★★★ **ゲラン・ジャン=ミシェル - ラ・ランドンヌ　Gérin Jean-Michel - La Landonne**

素晴らしいワイン。文句なしの3つ星です。

Monsieur et Madame Jean-Michel et Monique Gérin
19, rue de Montmain, Vérenay - 69420 Ampuis
tel : 04 74 56 16 56　fax : 04 74 56 11 37

★★★ **ゲラン・ジャン=ミシェル・レ・グランド・プラス**
Gérin Jean-Michel - Les Grandes Places

ジャン=ミシェル・ゲランはレ・グランド・プラスと呼ばれる地区に1.3ha所有しています。ぶどうの木は比較的古く4分の3が樹齢30年以上です。新しいバリックでの熟成が24ヶ月続きます。コート・ロティの変わらぬ代表作のひとつ。

Monsieur et Madame Jean-Michel et Monique Gérin
19, rue de Montmain, Vérenay - 69420 Ampuis
tel : 04 74 56 16 56 fax : 04 74 56 11 37

★★ **ビュルゴー・ベルナール　Burgaud Bernard**

この農園はコート・ロティの6つの地域に計4haを所有しています。樽での15ヶ月熟成。

Monsieur Bernard Burgaud
Le Champin - 69420 Ampuis
tel : 04 74 56 11 86 fax : 04 74 56 13 03

★★ **ドメーヌ・クリュセル=ロッシュ・レ・グランド=プラス**
Domaine Clusel-Roch - Les Grandes-Places

ぶどうは1935〜60年の間に植えられ、その大半は≪ヴィエイユ・セリーヌ≫種です（アンピュイAmpuis村で栽培されている伝統的なシラー種）。生産高はかなり低く30hl/ha¹程度。半分が新樽で熟成されます。約2,400本。

Monsieur et Madame Gilbert et Roch Brigitte Clusel
15, route de Lacat - Vérenay - 69420 Ampuis
tel : 04 74 56 15 95 fax : 04 74 56 19 74

★★ **ドメーヌ・ガイヤール・ピエール・ル・クレ　Domaine Gaillard Pierre - Le Crêt**

輸出専用に作られるこの銘柄ですが、99年物の質が高かったのでセレクトしました。

Monsieur Pierre Gaillard
Chez Favier - 45520 Malleval
tel : 04 74 87 13 10 fax : 04 74 87 17 66
vinsp.gaillard@wanadoo.fr

★★ **ドメーヌ・ガイヤール・ピエール・ラ・ローズ・プープル**
Domaine Gaillard Pierre - La Rose Pourpre

Monsieur Pierre Gaillard
Chez Favier - 45520 Malleval
tel : 04 74 87 13 10 fax : 04 74 87 17 66
vinsp.gaillard@wanadoo.fr

★★ **メゾン・ギガル・シャトー・ダンピュイ**
Maison Guigal - Château d'Ampuis

6つのテロワールからのブレンドワインです。25,000本が生産されるこの銘柄は、ヴィオニエ種をわずかな割合（7％）でシラー種にブレンドしています。基本的に36ヶ月の熟成ですが、高級銘柄は42ヶ月寝かせます。シャトー・ダンピュイはこのドメーヌの他の3銘柄がもつ複雑な香りには達していませんが、コート・ロティらしい特徴があらわれた優れた作品です。

Monsieur Marcel Guigal
Château d'Ampuis - 69420 Ampuis
tel : 04 74 56 10 22 fax : 04 74 56 18 76
contact@guigal.com - www.guigal.com

★★ **ドメーヌ・ルネ・ロスタン・ラ・ランドンヌ**
Domaine René Rostaing - La Landonne

Monsieur René Rostaing
Le Port - 69420 Ampuis
tel : 04 74 56 12 00 fax : 04 74 56 62 56

〈訳注〉
1　1ha（ヘクタール）あたりの生産量hectolitre（ヘクトリットル＝100リットル）。

ヴァレ・デュ・ローヌ（赤）

ヴァレ・デュ・ローヌ（赤）

★ **ゲラン・ジャン＝ミシェル・シャンパン・ル・セニュール**[1]
Gérin Jean-Michel - Champin Le Seigneur

この生産者はすばらしいワインを3銘柄つくっています。他の2つが備える力強さや気品には達していませんが、いくつかの区画からノレントしたこの≪シャンパン・ル・セニュール≫もぶどう園の誇りであることにちがいはありません。

Monsieur et Madame Jean-Michel et Monique Gérin
19, rue de Montmain, Vérenay - 69420 Ampuis
tel : 04 74 56 16 56   fax : 04 74 56 11 37

★ **ドメーヌ・ジャメ　Domaine Jamet**

ランスマン Lancement、シャヴァロッシュ Chavaroche、フォンジャン Fongeant、そしてランドンス、ムートンヌなどの地区からのブレンドで、23,000本を産出。醸造の腕前が確かなので、期待を裏切られることは決してありません。

Messieurs Jean-Paul et Jean-Luc Jamet
« Le Vallin » - 69420 Ampuis
tel : 04 74 56 12 57   fax : 04 74 56 02 15

★ **ヴェルネー・ジョルジュ・メゾン・ルージュ　Vernay Georges - Maison Rouge**

メゾン・ルージュと呼ばれる地区で年間3,500本だけ作られる100％シラー種のワイン。熟成はバリックで22ヶ月間、20％が新樽です。大きな進歩を見せた銘柄。

Monsieur Georges Vernay
1, route Nationale 86 - 69420 Condrieu
tel : 04 74 56 81 81   fax : 04 74 56 60 98
PA@georges-vernay.fr - www.georges-vernay.fr

エルミタージュ
Hermitage

　エルミタージュはフランスのぶどう園の中でも最良のテロワールに数えられます。多彩な特徴やスタイルをもつエルミタージュ・ワインは、最良のメドック2級ワインあるいはブルゴーニュのグラン・クリュなどに肩を並べると言っても過言ではありません。わずかな生産量に対し大量の注文があるので価格が跳ね上がっています。エルミタージュのぶどう園はコート＝ロティと同じく、シラーを好んで栽培しているテロワールのひとつです。

★★ **ドメーヌ・デュ・コロンビエ　Domaine du Colombier**

若き栽培家フロラン・ヴィアルの手による、このしっかりした味わいのエルミタージュがセレクションに戻ってきました。将来のミレジムでもこのレベルをキープすることでしょう。とてもおいしい99年物。

Monsieur Florent Viale - Les Chenêts - 26600 Mercurol
tel : 04 75 07 44 07   fax : 04 75 07 41 43

★★ **シャーヴ・ジャン＝ルイ　Chave Jean-Louis**

おいしく熟成する実に上品な極上ワインです。

Monsieur Jean-Louis Chave
37, avenue du Saint-Joseph - 07300 Mauves
tel : 04 75 08 24 63   fax : 04 75 07 14 21

〈訳注〉

1　いわゆる発泡酒のシャンペンではありません。シャンパン、シャンパーニュ（またはそれに近い響き・綴りをもつ語）は、もともと「大地」「農地」「畑」などに由来していて、どの地方にも似た言葉があります。

ヴァレ・デュ・ローヌ〔赤〕

★★ メゾン・ドゥラス・フレール・レ・ベサール　Maison Delas Frères - Les Bessards

《ベサール》の丘は分解した花崗岩でできていて、ローヌ川によって分断される以前はトゥルノン Tournon に属していました。生産高は年4〜6,000本、丘の中央部にある最も古いぶどうから作られます。数年来、アペラシオンの優良銘柄として定位置をキープ。96年物が特にすばらしいです。97年物には少々がっかりさせられましたが、新しいスタッフを信頼してこのすばらしいエルミタージュに2つ星を付けました。

Monsieur Jacques Grange
2, allée de l'Olivet - 07300 Saint-Jean-de-Muzols
tel : 04 75 08 60 30 fax : 04 75 08 53 67
detail@delas.com

★★ ポール・ジャブレ・エネ・ラ・シャペル　Paul Jaboulet Aîné - La Chapelle

ドメーヌ《ジャブレ》の至宝、生産高80,000本(21ha)、どちらかといえば通好みの銘柄で、100%シラー種、平均樹齢40年の古いぶどうから生み出されます。区画の名前は丘の頂きにあるサン・クリストフ小教会 Saint Christophe から来ています。この生産者のエルミタージュ〔白〕にこの教会の名前がついています。

Paul Jaboulet Aîné - Les Jalets
RN 7 - BP46 - 26600 La Roche-de-Glun
tel : 04 75 84 68 93 fax : 04 75 84 56 14
info@jaboulet.com - www.jaboulet.com

★★ マルク・ソレル・ル・グレアル　Marc Sorrel - Le Gréal

《ル・メアル Le Méal》と呼ばれる区域の最良のぶどうと、《グレフュー Greffieux》の若いぶどうから作られるソレルのプレステージワイン。品質と価格のバランスがつねにすばらしく、このお値打ちワインを入手できた数少ない人は幸運です。

Monsieur Marc Sorrel
128bis, avenue Jean Jaurès - BP69 - 26600 Tain-l'Hermitage
tel : 04 75 07 10 07 fax : 04 75 08 75 88
wine-in-France.com/France/sorrel.html

★★ メゾン・タルデュー=ローラン　Maison Tardieu-Laurent

豊かでまろやかなエルミタージュ。若いうちにお召し上がりください。

Monsieur Michel Tardieu
Chemin de la Marquette - 84360 Lauris
tel : 04 90 08 32 07 fax : 04 90 08 41 11

クローズ=エルミタージュ〔赤〕
Crozes-Hermitage Rouge

AOCクローズ=エルミタージュはエルミタージュよりもずっと広い地域にわたり（エルミタージュ132haに対して1,200ha）、90%が赤ワインです。エルミタージュよりもテロワールが不均質なので、理屈の上では潜在力がより小さいと言えます。ただ特に優れた銘柄もいくつかあり、上質のエルミタージュに匹敵することさえあります。

★ -100F　ドメーヌ・アラン・グライヨ・キュヴェ・ラ・ギロード　Domaine Alain Graillot - Cuvée La Guiraude

ここ数年来、アペラシオンのベスト3に必ず入っています。

Monsieur Alain Graillot
Les Chênes Verts - 26600 Pont de l'Isère
tel : 04 75 84 67 52 fax : 04 75 84 79 33
graillot.alain@wanadoo.fr

ヴァレ・デュ・ローヌ〔赤〕

サン=ジョゼフ〔赤〕
Saint-Joseph Rouge

シラーが好んで使われているもうひとつのテロワール、AOCサン=ジョゼフ〔赤〕では思いがけない秀作に出会うことがあります。ぶどう畑は丘の斜面にあり、生産高も少なく、優れた栽培者と醸造者を選べば見事なワインを入手できるでしょう。ここに選ばれた≪プレステージ≫ワインを見ていくと、サン=ジョゼフのいくつかの区画がどれほど潜在力を秘めているかがよく分かります。残念ながら大成功作といえるワインはいまだに稀なのですが…。ただ注目していきたいのは、AOCサン=ジョゼフの生産者組合が、テロワール全体のレベルを維持するために、AOC認定エリアの見直しを要請していることです。この見直しは2022年から適用され、約200haがAOCから外されることになります。一方、丘にある区画のいくつかはぶどうを植樹する権利を新たに与えられて再びAOCとして復権しました。愛好家にとっては目が離せないアペラシオン。

★★
ドメーヌ・イヴ・キュイユロン・レ・スリーヌ
Domaine Yves Cuilleron - Les Serines

この銘柄の生産量は8,000本。樹齢40〜60年のシラーで、限られた生産高です (25hl/ha)。手摘みで収穫後に精選し、バリックでマロラクティック発酵、新樽で20ヶ月熟成させます。すばらしいです。

Monsieur Yves Cuilleron
Verlieu, Route Nationale 86 - 42410 Chavanay
tel : 04 74 87 02 37   fax : 04 74 87 05 62

LQCG - 100F
ドメーヌ・デュ・シェーヌ・キュヴェ・アナイス
Domaine du Chêne - Cuvée Anaïs

ルヴィエール夫妻が作る銘柄の中でもトップレベル。柔らかく、十分な余韻を残してくれます。

Marc et Dominique Rouvière
Le Pêcher - 42410 Chavanay
tel : 04 74 87 27 34   fax : 04 74 87 02 70

LQCG - 100F
ドメーヌ・クルビ・レ・ロワイエ　Domaine Courbis - Les Royes

レ・ロワエはコルナスの外れにあり、真南向きで円形状、5haのぶどう園です。収穫時に厳しい選別を実践しているドメーヌ・クルビが醸造する15,000本。

Monsieur Laurent Courbis
07130 Châteaubourg
tel : 04 75 81 81 60   fax : 04 75 40 25 39

LQCG - 100F
ドメーヌ・ベルナール・グリパ・ル・ベルソー
Domaine Bernard Gripa - Le Berceau

ボディがしっかりした実にかぐわしいワイン、すばらしいワイン。

Domaine Bernard Gripa
5, avenue Ozier - 07300 Mauves
tel : 04 75 08 14 96   fax : 04 75 07 06 81

LQCG - 100F
ドメーヌ・クルソドン・キュヴェ・ロリヴェ
Domaine Coursodon - Cuvée L'Olivaie

≪ロリヴェ≫と呼ばれる地区(2ha)で収穫。樹齢の高い良質のぶどうから作られるこの銘柄は、樽で寝かされます。

Messieurs Pierre et Jérôme Coursodon
3, place du Marché - 07300 Mauves
tel : 04 75 08 18 29   fax : 04 75 08 75 72
pierre.coursodon@wanadoo.fr

LQCG
- 100F

ドメーヌ・ガイヤール・ピエール・レ・ピエール
Domaine Gaillard Pierre - Les Pierres

1987年以来ピエール・ガイヤールは、コート=ロティ、コンドリュー、サン=ジョゼフにぶどう畑を開拓してきました。銘柄≪レ・ピエール≫は二重の精選から生まれます。まずぶどう園で最高の区画とぶどうを選び、新しいバリックで熟成します。次に18～20ヶ月間寝かせた後で、もっとも出来が良かったワイン、バリック10～15樽分をブレンドしたものがこの銘柄です。

Monsieur Pierre Gaillard
Chez Favier - 42520 Malleval
tel : 04 74 87 13 10 fax : 04 74 87 17 66
vinsp.gaillard@wanadoo.fr

LQCG

ガエック・デュ・ロータレ・レ・コトー　Gaec du Lautaret - Les Coteaux

純粋でたいへんまろやかな極上ワイン。

N. et J. Durand
Impasse de la Fontaine - 07130 Châteaubourg
tel : 04 75 40 46 78 fax : 04 75 40 29 77

LQCG

ヴィニョーブル・ジャン=リュック・コロンボ・レ・ローヴ
Vignobles Jean-Luc Colombo - Les Lauves

Monsieur Colombo Jean-Luc
Zone Artisanale La Croix des Marais - 26600 - La Roche de Glum
tel : 04 75 84 17 10 fax : 04 75 84 17 19
vins.jean-luc.colombo@gofornet.com

コルナス
Cornas

　AOCコルナスは、コルナス村に栽培区域が限定され、赤ワインのみ、品種もシラーだけに限られています。33の生産者が6つのドメーヌで、さまざまなスタイルをもつ良質ワインを作っています。上質のコルナスは少なくともエルミタージュに匹敵する強さをもち、より熟したアロマを放ちますが、おそらくそれは盆地にあるぶどう畑という特殊な地勢によって夏の猛暑が増幅されるからでしょう。でもご安心を。ここにセレクトした銘柄の数々が暑さに強いシラー種の適応力を証明しています。

★

ドメーヌ・クルビ・レ・ゼイガ　Domaine Courbis - Les Eygats

このドメーヌがもつ23haのうち、4haがアペラシオン・コルナスにあります。≪レ・ゼイガ≫のぶどうはそれほど古くありませんが(9年)、すでにこのドメーヌの別銘柄≪サバロット≫並みのたいへん純粋な果汁を出しています。標高250mで東南東向き、花崗岩が混じった段斜面(ゴール Gore)にあり、5,000本を産出(1.1ha)。比較的新しい樽で18ヶ月間念入りに熟成され、すでにコルナスの代表作といえるでしょう。

Monsieur Laurent Courbis
07130 Châteaubourg
tel : 04 75 81 81 60 fax : 04 75 40 25 39

★

ドメーヌ・クルビ・ラ・サバロット　Domaine Courbis - La Sabarotte

ラ・サバロットにぶどうが植えられたのは1947年、水はけがよく痩せた土壌、花崗岩質砂層の土地です。1haの広さで、年3～4,000本を産出(生産高25hl/ha)。オーク樽でのマロラクティック発酵後、新しいバリック(50％)とワンシーズン使用したバリックで18ヶ月熟成。

〈訳注〉

1　GAEC：農業共同経営集団(Groupement Agricole d'Exploitation en Commun)の略称。

ヴァレ・デュ・ローヌ (赤)

Monsieur Laurent Courbis
07130 Châteaubourg
tel : 04 75 81 81 60 fax : 04 75 40 25 39

★ **ドメーヌ・クラープ・SCEA　Domaine Clape SCEA[2]**

文句なしにAOCコルナスの代表的なドメーヌ。入手が難しいので評判の酒屋に在庫がないか聞いてみてください。

Messieurs Auguste et Pierre Clape
146, Route Nationale - 07130 Cornas
tel : 04 75 40 33 64 fax : 04 75 81 01 98

★
-100 F **ドメーヌ・ジュージュ・マルセル　Domaine Juge Marcel**

コルナスの中でもっともむらが少ない生産者のひとつ。

Monsieur Marcel Juge
Place Publique - 1, place de la salle des Fêtes - 07130 Cornas
tel : 04 75 40 36 68 fax : 04 75 40 30 05

★ **ガエック・デュ・ロータレ　Gaec du Lautaret**

伝統的なすばらしいコルナス。

N. et J. Durand
Impasse de la Fontaine - 07130 Châteaubourg
tel : 04 75 40 46 78 fax : 04 75 40 29 77

★ **メゾン・タルデュー=ローラン・ヴィエイユ・ヴィーニュ
Maison Tardieu-Laurent - Vieilles Vignes**

このメゾンは《ネゴシアン=エルヴール Négociant-Éleveur[1]》で、おそらくコルナスでも指折りの区画から各銘柄を作っています。

Monsieur Michel Tardieu
Chemin de la Marquette - 84360 Lauris
tel : 04 90 08 32 07 fax : 04 90 08 41 11

★ **ドメーヌ・ヴォージュ・キュヴェ・ヴィエイユ・ヴィーニュ
Domaine Voge - Cuvée Vieilles Vignes**

伝統的なコルナス愛好者向き。

Monsieur Alain Voge
4, impasse de l'Equerre - 07130 Cornas
tel : 04 75 40 32 04 fax : 04 75 81 06 02

★ **ヴィニョーブル・ジャン=リュック・コロンボ - レ・メジャン
Vignobles Jean-Luc Colombo - Les Méjeans**

Monsieur Colombo Jean-Luc
Zone Artisanale La Croix des Marais - 26600 - La Roche de Glum
tel : 04 75 84 17 10 fax : 04 75 84 17 19
vins.jean-luc.colombo@gofornet.com

★ **ヴィニョーブル・ジャン=リュック・コロンボ - レ・リュシェ
Vignobles Jean-Luc Colombo - Les Ruchets**

Monsieur Colombo Jean-Luc
Zone Artisanale La Croix des Marais - 26600 - La Roche de Glum
tel : 04 75 84 17 10 fax : 04 75 84 17 19
vins.jean-luc.colombo@gofornet.com

〈訳注〉
1　醸造もする仲買業者で、畑の所有者であることも少なくありません。p.53の注を参照。
2　SCEA（la Société Civile d'Exploitation Agricole）：民間の農業経営会社。

シャトーヌフ=デュ=パープ
Châteauneuf-du-Pape

今年は16のシャトーヌフ=デュ=パープを選びましたが、大部分（93％）を赤ワインに充てているアペラシオン総面積（3,230ha）にふさわしい数でしょう。ワインのスタイルは、使用が認められている品種と栽培者が行う精選のレベルによります。収穫年度によって変わりますが、お好みに応じて諸品種の持ち味を楽しむことができるでしょう。シラーが勢力を広げているからといって、優れた栽培者が今なお使っている古いグルナッシュやムールヴェードルから作られるワイン群を忘れることはできません。これらの古い品種こそが、シャトーヌフ=デュ=パープらしさを生み出しているのです。たしかにシラーは土地への適応力が強く、愛好家も多いわけですが、伝統的な品種に向いているこれらのテロワールをやはり今後も守っていく義務があります。

★★ **シャトー・ド・ボーカステル・オマージュ・ア・ジャック・ペラン**
Château de Beaucastel - Hommage à Jacques Perrin

ムールヴェードルを植えている唯一の区画から作られるこの銘柄は、1989・90・95・98年などの出来の良い年だけに醸造されます。

Monsieur François Perrin
La Ferrière - Route de Jonquières - 84100 Orange
tel : 04 90 11 12 00 fax : 04 90 11 12 19
Perrin@Beaucastel.com - www.Beaucastel.com

★ **シャトー・ド・ボーカステル　Château de Beaucastel**

赤ワイン用、栽培面積70haのぶどう畑では伝統的な品種が使われ続けています。主要な品種としてグルナッシュとムールヴェードルがそれぞれ30％ずつ、あとはシラー（10％）、クルノワーズ、サンソーなどです。コンスタントに品質が優良なシャトーヌフのひとつ。

Monsieur François Perrin
La Ferrière - Route de Jonquières - 84100 Orange
tel : 04 90 11 12 00 fax : 04 90 11 12 19
Perrin@Beaucastel.com - www.Beaucastel.com

★ **ドメーヌ・ボワ・ド・ブルサン・キュヴェ・デ・フェリックス**
Domaine Bois de Boursan - Cuvée des Félix

このドメーヌは、実にわずかな量の銘柄(98年には3500本)を独自に販売するために、最良のぶどう樹(ヴィエイユ・ヴィーニュ)をキープしています。この生産者の伝統的な銘柄≪トラディション≫とは熟成方法が違い、大樽(フードル[1])の代わりにバリックを使います。ブレンドに関してもシラーとムールヴェードルを多少重視しています。≪トラディション≫に比べ色調が強く、いくらか素朴な印象を受けます。

Jean et Jean-Paul Versino
Quartier Saint-Pierre - 84230 Châteauneuf-du-Pape
tel : 04 90 83 73 60 fax : 04 90 83 73 60
versinoj@aol.com

〈訳注〉
1　30hl以上入る特大の大樽。

ヴァレ・デュ・ローヌ（赤）

★
-100F

ドメーヌ・ボワ・ド・ブルサン・キュヴェ・トラディション
Domaine Bois de Boursan - Cuvée Tradition

育てやすいという理由からシャトーヌフ＝デュ＝パープの地に本当はなじみにくいシラーを選ぶ生産者が多い中、このドメーヌはそうした流行になびいていません。生産量の少ない古くて良質のグルナッシュ（樹齢40～100年）がブレンドの80％を占め、それを補う形でムールヴェードルとシラーを加えています。シャトーヌフの特徴が色濃い伝統的銘柄を愛する方のための一本。99年物を試飲したところ、これまでになく繊細な印象とさえ言える出来栄えでした。

Jean et Jean-Paul Versino
Quartier Saint-Pierre - 84230 Châteauneuf-du-Pape
tel : 04 90 83 73 60 fax : 04 90 83 73 60
versinoj@aol.com

★

ドメーヌ・ド・ラ・シャルボニエール・キュヴェ・ヴィエイユ・ヴィーニュ
Domaine de la Charbonnière - Cuvée Vieilles Vignes

この土地ではミシェル・マレが1912年に取得したドメーヌを家族で開拓し続けてきました。ぶどう畑には2種類のテロワールがあり、土地の特性や、あるいはこの銘柄のケースのようにぶどうの樹齢に応じて醸造方法が調整されます。この銘柄は丸砂利の段々畑にある樹齢80年以上のグルナッシュ100％から作られ、一部が大樽（フードル）、残りは新しいバリックで熟成されます。

Monsieur Michel Maret
Route de Courthézon - BP83 - 84232 Châteauneuf-du-Pape
tel : 04 90 83 74 59 fax : 04 90 83 53 46

★

ドメーヌ・ド・ラ・ジャナッス・キュヴェ・ヴィエイユ・ヴィーニュ
Domaine de la Janasse - Cuvée Vieilles Vignes

アペラシオンの見出しで述べたようにわたしたちはこのテロワールで育つグルナッシュが大変気に入っています。もちろんこの〔伝統的な〕品種の持ち味が十分に引き出され、ぶどうがうまく管理されているという条件付きですが。バリック（30％）とフードル（70％）による念入りな熟成。代表的なシャトーヌフ＝デュ＝パープ。

Monsieur Christophe Sabon
27, Chemin du Moulin - 84350 Courthézon
tel : 04 90 70 86 29 fax : 04 90 70 75 93

★

シャトー・ラヤス　Château Rayas

すばらしいシャトーヌフ＝デュ＝パープですが、近年仕込みのものは60・70年代のふくよかさや品格を欠いています。

Monsieur Emmanuel Reynaud
84230 Châteauneuf-du-Pape
tel : 04 90 83 73 09 fax : 04 90 83 51 17

★

ドメーヌ・ブリュニエ・フレール・ドメーヌ・デュ・ヴュー・テレグラフ《ラ・クロー》
Domaine Brunier Frères - Domaine du Vieux Télégraphe « La Crau »

97年物だけで判断したらこのワインは選ばれなかったでしょうが、さいわい98年物が濃密さ、厳格な熟成、その果実風味の強さで魅力的な出来栄えでした。ラ・クローの石ころだらけの台地にある65haのぶどう園には、潜在力を秘めた平均樹齢50年の古いぶどうが栽培されています。伝統的なスタイルのシャトーヌフで、たっぷりのグルナッシュ（65％）とムールヴェードル（15％）などから作られています。実に繊細なスタイルをもつ一方で十分に濃縮されています。

Monsieur Daniel Brunier
3, route de Châteauneuf-du-Pape - BP5 - 84370 Bédarridès
tel : 04 90 33 00 31 fax : 04 90 33 18 47

LQCG

ドメーヌ・ド・ボールナール・ボワルナール
Domaine de Beaurenard - Boisrenard

Messieurs Paul et Fils Coulon
10, route d'Avignon - BP20 - 84231 Châteauneuf-du-Pape

tel : 04 90 83 71 79 fax : 04 90 83 78 06
paul.coulon@beaurenard.fr - www.beaurenard.fr

LQCG

ドメーヌ・ボスケ・デ・パープ・キュヴェ・シャントメルル
Domaine Bosquet des Papes - Cuvée Chantemerle

Monsienr Maurice Boiron
18, Route d'Orange - BP50 - 84232 Châteauneuf-du-Pape CEDEX
tel : 04 90 83 72 33 fax : 04 90 83 50 52

LQCG -100F

ドメーヌ・ディフォンティ・フェリシアン＆フィス・キュヴェ・デュ・ヴァティカン
Domaine Diffonty Félicien et fils - Cuvée du Vatican

このドメーヌのぶどうは比較的古く、75％以上が樹齢30年以上で、最も古いものは1902年に植えられています。グルナッシュがブレンドの大半を占めています（70％）。

Monsieur Jean-Marc Diffonty
B.P.33 - Route de Courthézon - 84231 Châteauneuf-du-Pape CEDEX
tel : 04 90 83 70 51 fax : 04 90 83 50 36
cuveeduvatican@wanadoo.fr

LQCG

ドメーヌ・フォン・ド・ミシェル・キュヴェ・エティエンヌ・ゴネ
Domaine Font de Michelle - Cuvée Etienne Gonnet

代表的なシャトーヌフ＝デュ＝パープ。70％とグルナッシュを重視し、シラーとムールヴェードルがブレンドされます。新樽と、ワンシーズン使われた樽で入念に熟成されます。

Messieurs Jean et Michel Gonnet
14, impasse des Vignerons - 84370 Bédarridès
tel : 04 90 33 00 22 fax : 04 90 33 20 27
egonnet@terre-net.fr - www.terre-net.fr/egonnet

LQCG

シャトー・ド・ラ・ガルディーヌ・キュヴェ・デ・ジェネラシオン≪ガストン・フィリップ≫
Château de la Gardine - Cuvée des Générations « Gaston Philippe »

この地方に特徴的な諸区画からの精選で、グルナッシュ（45％）、シラー（35％）、ムールヴェードル（20％）。生産量は少なく20hl/ha以下。古くて良質なぶどうの中には1925年に植えられたものもあります。新しいバリックでの熟成。世界に通用するスタイルを備えたシャトーヌフ＝デュ＝パープの代表作。

Famille Brunel
BP35 - 84231 Châteauneuf-du-Pape
tel : 04 90 83 73 20 fax : 04 90 83 77 24
brunel@chateau-de-la-gardine.fr - www.gardine.com

LQCG

ドメーヌ・グラン・ヴヌール・レ・ゾリジーヌ
Domaine Grand Veneur - Les Origines

シャトーヌフ＝デュ＝パープの古株ドメーヌがつくる≪高級≫ワイン。グルナッシュ（50％）、ムールヴェードル（30％）、シラー（20％）3品種のブレンドです。

Monsieur Alain Jaume
Route de Châteauneuf-du-Pape - 84100 Orange
tel : 04 90 34 68 70 fax : 04 90 34 43 71

LQCG

ドメーヌ・ド・ラ・ジャナッス・キュヴェ・ショーパン
Domaine de la Janasse - Cuvée Chaupin

100％グルナッシュのこの銘柄は、30hl/haと区画あたりの生産高が少ないぶどうから作られ、フードル（全体の70％）とバリックで醸造されます。最新ミレジムで質の低下が見られたので、星を落としてしまいました。

Monsieur Christophe Sabon
27, Chemin du Moulin - 84350 Courthézon
tel : 04 90 70 86 29 fax : 04 90 70 75 93

LQCG

シャトー・ラ・ネルト・キュヴェ・デ・カデット
Château La Nerthe - Cuvée des Cadettes

豊かで気品のあるワイン。伝統的な他のシャトーヌフに比べればやや深みに欠ける

73

かもしれません。
Monsieur Alain Dugas
Route de Sorgues - 84230 Châteauneuf-du-Pape
tel . 04 90 00 70 11 fax . 04 90 00 70 00

ジゴンダス
Gigondas

以前はAOCコード・デュ・ローヌだったこの地区は、1971年にAOCジゴンダスとして認定されました。AOCと認められた1,230haのほとんどがグルナッシュ・ノワール種を栽培し、97％が赤ワインです。力強くアルコール度の高い最良のジゴンダスは、ジビエ（狩猟肉）料理に合わせると良いでしょう。200の生産者の中から6つのワインを選びました。

LQCG

ドメーヌ・デ・ゼスピエ・キュヴェ・デ・ブラシュ
Domaine des Espiers - Cuvée des Blaches

Monsieur Philippe Cartoux - 84190 Vacqueyras
tel : 04 90 65 81 16 fax : 04 90 65 81 16

LQCG

モンティリウス・SARL　Montirius SARL

Monsieur et Madame Christine et Eric Saurel
Le Devès - 84260 Sarrians
tel : 04 90 65 38 28 fax : 04 90 65 38 28
montirius@wanadoo.fr - www.montirius.com

LQCG -100F

シャトー・ラスパイユ　Château Raspail

丘陵で作られるこのジゴンダスは生産高20,000本、グルナッシュ（60％）、シラー（30％）、ムールヴェードルとサンソー（両方で10％）という見事なブレンド。1866年、高名な科学者・政治家だったラスパイユの甥、ユジェーヌが開いた42haのドメーヌです。

Monsieur Christian Meffre
84190 Gigondas
tel : 04 90 65 88 93 fax : 04 90 65 88 96
chateau-raspail@wanadoo.fr

LQCG -100F

ドメーヌ・ラスパイユ＝アイ　Domaine Raspail-Ay

このドメーヌはダンテル・ド・モンミライユ Dentelles de Montmirail の山麓、ゆるい斜面の段々畑にあります。主要品種はグルナッシュで70％を占め、他にはムールヴェードル、シラー、クレレットの3品種が使われています。手摘み、ぶどう苗の精選、醸造室までの搬送が手早くできる一続きの畑、より長い発酵期間を可能にする完全な除梗。オーク材の大樽（フードル）での熟成はミレジムによって違いますが18～24ヶ月です。このように手間がかけられていることから、ジゴンダスの代表的な銘柄となっています。

Monsieur Dominique Ay - 84190 Gigondas
tel : 04 90 65 83 01 fax : 04 90 65 89 55

LQCG

ドメーヌ・サン＝ゲイヤン・フォンマリア　Domaine Saint-Gayan - Fontmaria

極上ジゴンダスのひとつ。

Famille JP et M Meffre
84190 Gigondas
tel : 04 90 65 86 33 fax : 04 90 65 85 10
jpmeffre@saintgayan.com - www.saintgayan.com

LQCG

ドメーヌ・サンタ・デュック・プレスティージュ・デ・オート＝ガリーグ
Domaine Santa Duc - Prestige des Hautes-Garrigues

イヴ・グラが4世代目にあたるこのドメーヌは複数のAOC認定畑を持ち、そのうちジゴンダスの畑はおよそ12haです。この銘柄はオート・ガリーグと呼ばれるテロワールに

育つ古いグルナッシュとムールヴェードルからの精選です。厳密に選果される遅摘みです。

EARL Gras Edomond et Fils - Les Hautes Garrigues - 84190 Gigondas
tel : 04 90 65 84 49 fax : 04 90 65 81 63

ヴァケラス
Vacqueyras

ジゴンダス同様、以前はコート・デュ・ローヌのアペラシオンだったヴァケラスは1990年よりAOCに認定されています。ヴァケラス村とサリアン村 Sarrians では95％が赤ワインです。AOC認定ワインについてはグルナッシュ・ノワールが今なお大きな割合を占めています。

LQCG -100F

ドメーヌ・デ・ザムリエ・キュヴェ・レ・ジュネスト
Domaine des Amouriers - Cuvée les Genestes

このワインに使われているのは大半が良質のグルナッシュ（ヴィエイユ・ヴィーニュ）ですが、シラーも少なからず用いられています。生産高は25～30hl/haの間で変動します。収穫は手摘みで、それぞれの区画の成熟度に従うのである一定期間続きます。品種ごとに別々に醸造され、試飲チェックをしてからブレンドします。ヴァケラスの代表作。

Monsieur Patrick Gras
Les Garrigues de l'Étang - 84260 Sarrians
tel : 04 90 65 83 22 fax : 04 90 65 84 13

ケランヌ
Cairanne

赤いフルーツの味がするワイン。

LQCG -100F

ドメーヌ・ドゥリュバック・レ・ブリュノー　Domaine Delubac - Les Bruneau

グルナッシュ（55％）、シラー（30％）、ムールヴェードル（15％）3品種が別々に醸造されます。ぶどうの平均樹齢（35年）がカイランヌらしい複雑な味を募らせています。

Messieurs Bruno et Vincent Delubac
Les Charoussans - Route de Carpentras - 84290 Cairanne
tel : 04 90 30 82 40 fax : 04 90 30 71 18
vincent.delubac@libertysurf.fr

LQCG -100F

ドメーヌ・ド・ロラトワール・サン=マルタン・キュヴェ・オー=クスティアス
Domaine de l'Oratoire Saint-Martin - Cuvée Haut-Coustias

Messieurs Frédéric et François Alary
Route de Saint-Roman - 84290 Cairanne
tel : 04 90 30 82 07 fax : 04 90 30 74 27

LQCG -100F

ドメーヌ・リショー・キュヴェ・レブレスカード
Domaine Richaud - Cuvée l'Ébrescade

ケランヌ最高の栽培者といってよいでしょう。隣村ラストー Rasteau との境界にある丘の高台、4haの段々畑でつくられるこの銘柄は、古いグルナッシュにシラーとムールヴェードルをブレンドしています。

Monsieur Marcel Richaud
Route de Rasteau - 84290 Cairanne
tel : 04 90 30 85 25 fax : 04 90 30 71 12

LQCG -100F

ドメーヌ・ロシェ・キュヴェ・ド・ムッシュー・ポール
Domaine Rocher - Cuvée de Monsieur Paul

Monsieur Dominique Rocher
Route de Saint Roman - 84290 Cairanne

tel : 04 90 30 87 44 fax : 04 90 30 80 62
rochervin@pacwan.fr - www.rochervin.com

コトー・デュ・トリカスタン
Coteaux du Tricastin

20世紀を通じてワインよりもトリュフのほうが有名だったコトー・デュ・トリカスタン、そのAOCはコート・デュ・ローヌには含まれていませんでした。ドローム県の22の市町村、2400haがAOCを名乗ることができます。ここでは赤の割合が大きく、シラーとグルナッシュが特徴的です。

LQCG -100F ドメーヌ・ド・グランジュヌーヴ・キュヴェ・ド・ラ・トリュフィエール
Domaine de Grangeneuve - Cuvée de la Truffière

この≪プレステージ≫ワインは生産高20,000本、自然の生育サイクルにまかせシラーの持ち味を十分に生かしてます。

Odette et Henri Bour - 26230 Roussas
tel : 04 75 98 50 22 fax : 04 75 98 51 09
grangeneuve@caves-particulieres.com

LQCG -100F ドメーヌ・ド・グランジュヌーヴ・グランド・キュヴェ・エルヴェ・アン・フュ・ド・シェーヌ
Domaine de Grangeneuve - Grande Cuvée Élevée en Fûts de Chêne

グランジュヌーヴのもうひとつの良質ワイン、シラーとグルナッシュが同じ割合でブレンドされています。10,000本生産されるこの銘柄は、まだ知名度の低いこのアペラシオンを代表する存在です。ブール家はぶどう栽培を生業とする家系で、64haのぶどう園を開拓しました。この地方のお手本。

Odette et Henri Bour - 26230 Roussas
tel : 04 75 98 50 22 fax : 04 75 98 51 09
grangeneuve@caves-particulieres.com

≪プロヴァンス〔赤〕≫　Provence Rouge

　いくつかのロゼに比べればそれほど有名ではありませんが、プロヴァンスの赤ワインも優秀な栽培者の手にかかれば十分良いレベルに達するでしょう。飛び抜けて良くなるものもあるかもしれません。

〔プロヴァンスの簡易地図〕

1. コート・ド・プロヴァンス
2. ベレ
3. コトー・ド・ピエールヴェール
4. コトー・ヴァロア／バンドル
5. パレット
6. コトー・デクス・アン・プロヴァンス
7. レ・ボー・ド・プロヴァンス
8. カシス
9. ミュスカ・デュ・カップ・コルス／コトー・デュ・カップ・コルス
10. ヴァン・ド・コルス
11. ヴァン・ド・コルス・ポルト=ヴェッキオ
12. ヴァン・ド・コルス・フィガリ
13. ヴァン・ド・コルス・サルテーヌ
14. アジャクシオ
15. ヴァン・ド・コルス・カルヴィ
16. パトリモニーオ

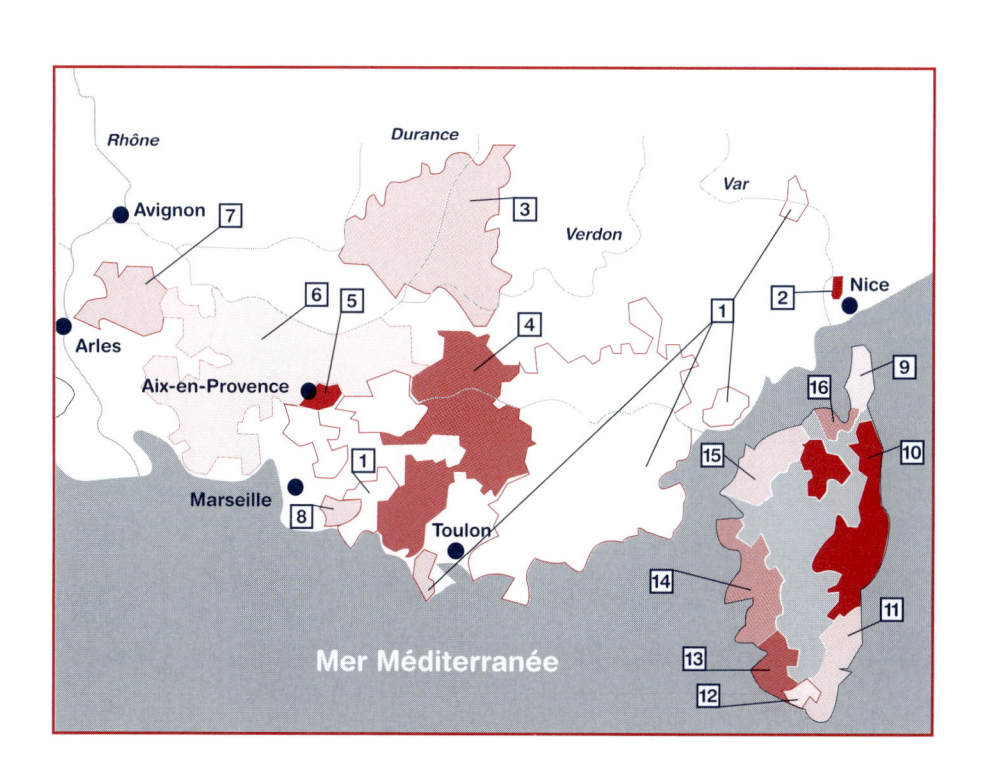

コート・ド・プロヴァンス〔赤〕
Côtes de Provence Rouge

ロゼが大勢を占めているこのアペラシオンの中で赤ワインは少数派ですが、その品質の良さに驚くことがあります。1977年のAOC認定に先立つ1955年に、23の地主が≪クリュ・クラッセ Cru Classé≫の格付けを受けています。

★ **シャトー・ミニュティ・キュヴェ・プレスティージュ**
Château Minuty - Cuvée Prestige

サン・トロペの半島にある60haのすばらしいドメーヌで、非常に限定された区域≪クリュ・クラッセ≫に属しています。所有主一家は3世代続いています。この銘柄ではここ数年、シラー・グルナッシュ・ムールヴェードルを同じ割合でブレンドしています。秀作99年物は15/20点。

J.E. et F. Matton - 83580 Gassin
tel : 04 94 56 12 09 fax : 04 94 56 18 38

LQCG -100F **シャトー・デュ・ガルペ≪クリュ・クラッセ≫** **Château du Galoupet « Cru Classé »**

ヤシの木で有名なイエール Hyères 近郊にある海に面したシャトー。丘からブレガンソン城塞、ポルクロール島、ポール=クロ島、ル・ルヴァン島[1]などが見渡せるというすばらしいロケーション。このシャトーが頁岩質の丘に所有している畑もたいへん有名です。広さ12.5ha、樹齢35年以上のぶどうはグルナッシュ40％、シラー25％、サンソー10％、ムールヴェードル25％の4品種。手摘みで収穫され、50hl入りの大樽（フードル）での熟成。

S.A. Château du Galoupet - 83250 La Londe des Maures
tel : 04 94 66 40 07 fax : 04 94 66 42 40
galoupet@club-internet.fr

LQCG **V & S ドメーヌ・ラビガ・クロ・ディエール・キュヴェ I**
V & S Domaine Rabiega - Clos d'Ière - Cuvée I

Clos d'Ière Méridional - 83300 Draguignan
tel : 04 94 68 44 22 fax : 04 94 47 17 72

LQCG **V & S ドメーヌ・ラビガ・クロ・ディエール・キュヴェ II**
V & S Domaine Rabiega - Clos d'Ière - Cuvée II

Clos d'Ière Méridional - 83300 Draguignan
tel : 04 94 68 44 22 fax : 04 94 47 17 72

LQCG **ドメーヌ・リショーム・キュヴェ・コリュメル**
Domaine Richeaume - Cuvée Columelle

ブラインド・テイスティングでの試飲会で、≪キュヴェ・コリュメル≫はシラーワインよりも高い評価がつけられました。すばらしい熟成がもたらすシラーワインよりも複雑な味わいで、口の中で広がり後味も長いこの銘柄に魅了されました。ぶどうは比較的古く平均樹齢35年、3品種がブレンドに使われます。この銘柄では、ベースとなるカベルネ・ソーヴィニヨン（50％）にシラー（35％）とグルナッシュ（15％）というブレンド比。名前の由来は、ぶどうの品種について多くの著作を残したローマの農学者コルメラ[2]から来ています。

Messieurs Henning et Sylvain Hoesch
13114 Puyloubier
tel : 04 42 66 31 27 fax : 04 42 66 30 59

〈訳注〉

1　Fort de Brégançon : île de Porquerolles, de Port-Cros, du Levant
2　Columelia：コルメラ（1世紀）。古代ローマの作家。自分の所領での体験を踏まえて『農業論』を著す。

LQCG ドメーヌ・リショーム・シラー　Domaine Richeaume - Syrah

プレステージ試飲会の結果が示しているように（巻末の≪世界のシラー種≫参照）、100％シラーのこのコート・ド・プロヴァンスは実にお値打ちです。

Messieurs Henning et Sylvain Hoesch
13114 Puyloubier
tel : 04 42 66 31 27　fax : 04 42 66 30 59

LQCG シャトー・リモレスク　Château Rimaurescq

Wemyss Devlopment Company - 83790 Pignans
tel : 04 94 48 80 45　fax : 04 94 33 22 31

LQCG シャトー・サント・マルグリット・サンフォニー・プープル
Château Sainte Marguerite - Symphonie Pourpre

ミレジム98年に新しく登場したこの銘柄は、ぶどうを精選し、この生産者の作る別の優良銘柄≪M≫の一部を混ぜてバリックで熟成されます。わずかな生産量のシラー60％とカベルネ・ソーヴィニヨン40％からすばらしいブレンドができあがります。2,000本のみ。

J.P. Fayard
BP1 - 83250 La Londe des Maures
tel : 04 94 00 44 44　fax : 04 94 00 44 45
christine.fayard@wanadoo.fr

コトー・デクス・アン・プロヴァンス
Coteau d'Aix en Provence

AOCコトー・デクス・アン・プロヴァンスはロゼに力を入れていて、赤は25％しか醸造されていません。AOCを獲得したのも1985年になってからで、大半のぶどう園は都市化の影響を受け続けています。フィロキセラ（1850年）とうどん粉病[3]（1853年）の被害から部分的に立ち直りましたが、19世紀中頃の栽培面積を取り戻すまでには至っていません。

LQCG シャトー・ルヴェレット・ル・グラン・ルージュ・ド・ルヴェレット
Château Revelette - Le Grand Rouge de Revelette

1998年は13,300本のみの生産高でした。シラー（55％）を中心にカベルネ・ソーヴィニヨン（45％）をブレンドしています。このアペラシオンの代表的な銘柄のひとつ。所有者であるドイツ系フランス人、ペーター・フィッシャーの経歴は型破りです。

Monsieur Peter Fischer - 13490 Jouques
tel : 04 42 63 75 43　fax : 04 42 67 62 04
vinrevelette@Shoppinginfrance.com - www.shoppinginfrance.com/revelette.htm

バンドル〔赤〕
Bandol Rouge

ロゼの出荷に重点が置かれているバンドルでは、赤ワインの生産者は少数派ですが、大半がムールヴェードルから作られるので誠実な栽培者の手で醸造されれば十分に興味深いワインができます。バンドルでは、熟成が遅い黒ぶどう品種、ムールヴェードルがその持ち味を発揮しています。大樽（フードル）で18ヶ月寝かされてから市場に出るバンドルは気品と力強さを兼ね備えています。

〈訳注〉

[3]　オイディウム oïdium という白カビに侵される病気。

プロヴァンス〔赤〕

★★ ドメーヌ・タンピエ - EARL・ペイロー・ラ・カバスー
Domaine Tempier - EARL Payraud - La Cabassaou

ペイロー家は1934年以来この地を所有しています。それぞれの銘柄が1区画に対応し、ラ・カバスーはトゥルティーヌ Tourtine のテロワールにある1.21haの区画の名前で、ムールヴェードルが植えられています。

Messieurs Jean-Marie et François Peyraud
83330 Le Plan du Castellet
tel : 04 94 98 70 21 fax : 04 94 90 21 65

LQCG ドメーヌ・ラ・バスティード・ブランシュ・ロング・ギャルド
Domaine la Bastide Blanche - Longue Garde

1970年代初頭のブロンゾ家によるこのドメーヌの再開発は、バンドルの伝統的なぶどう品種への回帰という形をとりました。ムールヴェードルの割合が大きく（66％）、グルナッシュ（22％）と他の3品種によってブレンドが完成します（シラー2％、サンソー5％、カリニャン5％）。加えて、手摘みの収穫や長期間の熟成のおかげで各品種の持ち味が十分に引き出されています。品質と価格のバランスもとれています。

EARL Bronzo
367, route des Oratoires - 83330 Sainte Anne du Castellet
tel : 04 94 32 63 20 fax : 04 94 32 74 34

LQCG
-100F
シャトー・ジャン=ピエール・ゴーセン（元シャトー・ド・ラ・ノブレッス）・ロング・ギャルド
Château Jean-Pierre Gaussen (ex Château de la Noblesse) - Longue Garde

1999年からシャトー・ジャン=ピエール・ゴーセンという名前に変わったこのワインは（1962～98年まではラ・ノブレッス La Noblesse という名前でした）、年間100,000本が生産されています。

Julia et Jean-Pierre Gaussen
1585, Chemin de l'Argile
BP23 - La Noblesse - 83740 La Cadière d'Azur
tel : 04 94 98 75 54 fax : 04 94 98 65 34

LQCG
-100F
ドメーヌ・ラフラン=ヴェイロル・ロング・ギャルド
Domaine Lafran-Veyrolles - Longue Garde

1993年以来この生産者は、10haのぶどう園で2つの銘柄を醸造してきました。≪ロング・ギャルド≫はムールヴェードル95％のブレンドで（グルナッシュとサンソーが残りの5％）、もうひとつの銘柄よりも長いアルコール発酵を受けます。オーク材のフードルで20ヶ月熟成。秀作は98年物（14/20点）。

Madame Claude Jouve-Férec
Route de l'Argile - 83740 La Cadière d'Azur
tel : 04 94 90 13 37 fax : 04 94 90 11 18

LQCG シャトー・ド・ピバルノン　**Château de Pibarnon**

バンドルの伝統的な上級ワインのひとつ。ぶどうの世話や摘み取りに常に真剣に取り組んでいます。オーク材のフードルで19ヶ月熟成。1銘柄のみの生産で、プレステージワインは作っていません。決して期待を裏切らないバンドル。

Comte de Saint-Victor
83740 La Cadière d'Azur
tel : 04 94 90 12 73 fax : 04 94 90 12 98

LQCG ドメーヌ・タンピエ - EARL・ペイロー・ラ・ミグア
Domaine Tempier - EARL Payraud - La Migoua

Messieurs Jean-Marie et François Peyraud
83330 Le Plan du Castellet
tel : 04 94 98 70 21 fax : 04 94 90 21 65

LQCG ドメーヌ・タンピエ - EARL・ペイロー・ラ・トゥルティーヌ
Domaine Tempier - EARL Payraud - La Tourtine

ル・カステレ村の丘陵地、6.5ha真南向きの区画です。樹齢33年のぶどうから最大

30hl/haが生産されます。

Messieurs Jean-Marie et François Peyraud
83330 Le Plan du Castellet
tel : 04 94 98 70 21 fax : 04 94 90 21 65

ボー・ド・プロヴァンス〔赤〕
Baux de Provence Rouge

LQCG

シャトー・ロマナン・グラン・ヴァン《プリミュス》、《スゴンデュス》
Château Romanin - Grand Vin « Primus », « Secondus » ...

比類なき景観を掲げるレ・ボーの地と熱いハートのジャン=アンドレ・シャリアル、この2つの条件だけで気品をもつ独特なワインを創り出すのに十分でしょう。99年物と2000年物がずば抜けています。

13210 Saint-Rémy-de-Provence
tel : 04 90 92 45 87

ヴァン・ド・ペイ・デ・アルプ=マリティーム〔赤〕（サン=トノラ島）
Vin de Pays des Alpes-Maritimes Rouge (Ile de Saint - Honorat)

★ **アベイ・ノートル=ダム・ド・ルラン　Abbaye Notre-Dame de Lerins**

平和と清澄の地、サン=トノラ島が、厳律シトー会の壮麗な修道院と僧侶たちの小さな共同体を守っています。この島はカンヌ湾内にあり、カンヌの海岸沿い、クロワゼット大通りとその喧騒から数百m離れています。祈りと聖務が修道院生活に規則正しいリズムを与えます。7.5haのぶどう園の手入れがこの聖なる地における主な農業活動です。観光客はサボテン、ユーカリ、香りの強い野生植物、たくさんのオリーヴ並木などに囲まれての散歩でエネルギーを充電したり、小ぢんまりした洒脱な礼拝堂のそばで瞑想にふけったりできます。この場所に人知を超えた何らかの力が宿っていることをそうした《一日巡礼者》が感じ取るのにさほど時間は要りません。この地のぶどう樹は幸運なるかな。土地や気候条件、地中海の匂いを運ぶ周りの雰囲気、修道士たちの信仰、これらのおかげでフランスの新しい銘醸ワインが生まれました。《サン=ソヴール Saint-Sauveur》と呼ばれる区画には、樹齢が実に高い、コート・ド・プロヴァンスで伝統的なぶどうが数品種植えられています。この区画は20hl/ha以下というごくわずかな生産高で、味わい深いワインを生み出し、銘柄《サン=ソヴール》の成分の50%はこの区画からのものです。あとの50%は主に2つの小区画で栽培している若いシラーからですが、その若さにもかかわらず産出されるワインにはすでに気品が備わっています。これにはギガルの有名な《テュルク》が登場した時（1985年）を想起せずにはいられません。銘醸ワインに目がない方なら、このビロードのようにやわらかい、おいしいワインを味見して《有頂天になるaux anges》ことでしょう。本物の創作物、見事な作品というものは皆そうですが、まず欠かせないのがたっぷりの愛情、そして優秀な創作者にそなわった途切れることのない強い意志です。ここには優秀な醸造技術者がいます。それは熱心な酒蔵頭、この地で《ワインの面倒を見ている》修道士マリーです。知性と厳格さ、そして修道院長から寄せられる絶大な信頼。これらに事欠かない彼ですが、ここに至るためには聖ベネディクトゥスがそうであったように、善良な心や揺るぎない信仰、たぐいまれな英知を併せもつ、修道士の確固たる意志が必要でした。

彼の能力はここでは評しつくせないほど高いものです。ただ、意欲には事欠かないにしても、特別な銘酒を新たに創り出すために欠かせない一種の《触媒》、あえて言い換えるなら《神の使者》が足りませんでした。そこでマリーはジャン・ルノワール（香りのサンプルセットで有名）に助力を頼み、経験に裏付けられた惜しみない手助けを受けました。マリー・パックは修道士として、優秀なスタッフそれぞれの意欲や要望を大事にしながら醸造チームを見事に統率してきました。その結果、この真のアンブロシア[1]ともいえる銘酒のおかげで、このスタッフ・良き信条に生きる職人たちの評価が高まるでしょうし、もっと確実なのは、神の栄光と祈りに捧げられているこの礼拝堂の名声がさらに高まるということです。

プロヴァンス（赤）

Frère Marie Pâques
S.A.R.L. Lerina - BP157 - 06406 Cannes
tel : 04 92 99 54 10 fax : 04 92 99 54 11
mariepaques@abbayedelerins.com - www.abbayedelerins.com

コート・デュ・リュベロン
Côtes du Lubéron

　AOCの称号を受けてから10年以上経ち（1988年）、コート・デュ・リュベロンでも数少ない銘醸ワインは、たとえその出来が良くても値段が高すぎるケースが多いです。3,000haを抱えるこのアペラシオンの課題は良質のワインを40フラン以下でつくれるかどうかにあります。

LQCG -100F

ドメーヌ・ド・ラ・シタデル - キュヴェ・デュ・グルヴェルヌール
Domaine de la Citadelle - Cuvée du Gourverneur

特に95年物などは十分に1つ星に値する出来です。少ない生産量、手入れの行き届いたぶどう、新しいバリックでの18ヶ月かけての醸造。これらの点によってアペラシオンの代表銘柄と言えます。この地域でも、シラーがワインの品質改善に寄与しています。

Monsieur Alexis Rousset-Rouard
84560 Ménerbes
tel : 04 90 72 41 58 fax : 04 90 72 41 59
citadelle@pacwan.fr

LQCG -100F

ドメーヌ・ド・メイヨル　Domaine de Mayol

ドメーヌ全体がヴァントゥーとリュベロンの間、平均標高250mの丘にあります。この地主はシャトーヌフ＝デュ＝パープのテロワールと当地を好んで比較しますが、古いグルナッシュ（60％）とシラー（40％）というこの銘柄のブレンドを見れば、彼の探究の方向性がよく分かります。

Monsieur Bernard Viguier
Route Bonnieux - 84400 Apt
tel : 04 90 74 12 80 fax : 04 90 04 85 64
domaine.mayol@wozzdonline.fr

≪コルシカ島≫
Corse

　たいへん歴史の古いぶどう栽培地域のひとつで、区画は細分化され、伝統的な品種もありふれた品種も作られています。コルシカの栽培者は目に見えた進歩をみせていて、トップレベルの職人なら近い将来、このガイドに載るようなエリートワインを作り出せるかもしれません。実際、この地の優れた生産者は誉れ高いすばらしい銘柄を作っていますが、残念なことに高い値段が付けられ、品質と価格のバランスが取れていません。

〈訳注〉
1　Ambroisie オリュンポスの神々の食物。永遠の生命を与えるとされる。

≪ラングドック=ルーシヨン〔赤〕≫ Languedoc-Roussillon Rouge

　かつてはワインの大量生産地であったラングドック=ルーシヨン地方も、優秀な栽培者たちの努力に促されて、ヴァン・ド・ターブルの生産地というあまり芳しくない評判から徐々に抜け出そうとしています。21世紀、この地方産ワインのAOC認定への道は十分に開かれています。というのもブルゴーニュやボルドーのワインに実際の品質に釣り合わない高い値段がつけられることが多過ぎるからです。そのためこの地方は、新たに獲得可能な市場があることを自覚しています。あとは発展していくためにどのような戦略を選ぶかです。

　ここ20年間でぶどう園は、グルナッシュもしくはムールヴェードルのような地中海種の植え付けによって大きな変化を遂げました。もうひとつの流行品種シラーもぶどう畑のスターと言えるほど勢力を広げています。ただこのシラーがいまだにブレンドワインに混ぜられているケースが多過ぎるのが残念です。

　フランス最大の表面積と生産量を誇るラングドック=ルーシヨン地方、どのような挑戦者にも立ち向かえる潜在力をもっています。

〔ラングドック=ルーシヨン地方の簡易地図〕

1. コトー・デュ・ラングドック
2. リュネル
3. ミルヴァル
4. フロンティニャン
5. クレレット・デュ・ラングドック
6. フォージェール
7. サン=シニヤン
8. ミュスカ・ド・サン=ジャン=ド・ミネルヴァワ
9. ミネルヴォワ
10. カバルデス
11. コート・ド・ラ・マルペール
12. ブランケット・ド・リムー
13. コート・デュ・ルーシヨン／リヴサルト
14. モーリー
15. コート・デュ・ルーシヨン・ヴィラージュ／リヴサルト
16. バニュルス／コリウール
17. フィトゥー
18. コルビエール

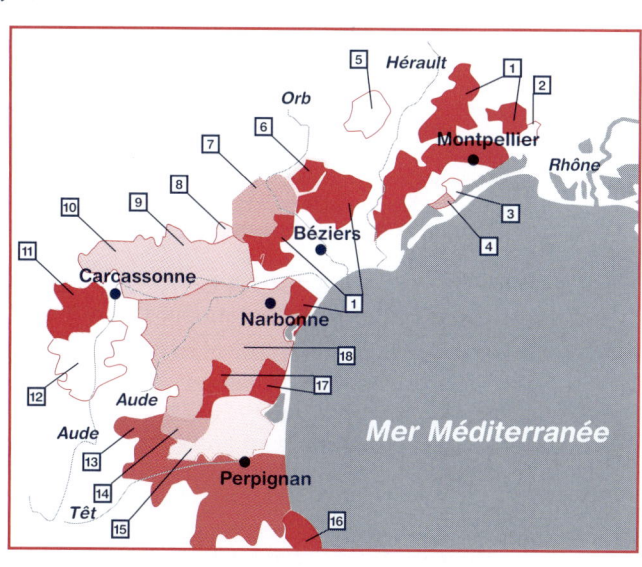

コルビエール
Corbières

　1985年からAOCに認定されているコルビエールは異なる11のテロワールを再編成しています。銘柄とテロワールの階層化を進める政策によって、ミネルヴォワ・ラ・リヴィニエールのように、それぞれのテロワールが≪特別AOC≫として承認されることになるでしょう。いずれブトナック、シジャン、ラグラッス、フォンフロワド、それからレジニャン、セルヴィエス、モンターニュ・ダラリック[1]などが、次第に間口を広げつつあるAOCに仲間入りしていくことでしょう。

　開拓された15,000haで550,000hlのワインが生産され、赤ワイン中心です（94%）。上記の理由からコルビエールは≪個別テロワール≫という更に細かな地区に分けられていますが、このワイン紹介のページでは触れていません。巻末にあるヴェルディエの分類表ではこの概念が念頭に置かれています。

★
-100F
シャトー・ラ・ヴルト=ガスパレ・キュヴェ・ロマン・ポーク
Château La Voulte-Gasparets - Cuvée Romain Pauc

ブートナック村にあるシャトー・ラ・ヴルト=ガスパレは地質や日当たりにたいへん恵まれ、ラングドック全体で進められている銘柄政策の枠内でAOC認定の途上にあるテロワールです。この地で≪キュヴェ・ロマン・ポーク≫がコンスタントに作り出されています。ぶどうの樹齢は45～90年の間でばらつきがあり、1905年に植えられたものもあります。1998年の生産高は、およそ20hl/haでした。カリニャンが主で、グルナッシュ・シラー・ムールヴェードルがブレンドされます。手摘み、バリック（20%を新調）で12ヶ月熟成、30,000本。丁寧な醸造法をもち、諸品種を上手にブレンドする割合を熟知しているという点で他の模範となるドメーヌ。このワインはカリニャンとグルナッシュの味が引き立っています。この2品種は育てるのに骨が折れるため作るのを嫌がる栽培家もいますが、その独特の味わいこそが最新ミレジム98年物の大きな特徴といえます。個人的な好みを除外した上で、このタイプから未来のAOCが生まれることがわかる愛好家向きの1本。

Monsieur Patrick Reverdy
11200 Boutenac
tel : 04 68 27 07 86　fax : 04 68 27 41 33

LQCG
-100F
ドメーヌ・バイヤ・キュヴェ・エミリアン・バイヤ
Domaine Baillat - Cuvée Emilien Baillat

ドメーヌが提供する生産高5,300本のこの銘柄は、比較的若いぶどう（1986年に植え付け）から作られる100%シラーワイン。アルコール発酵に続いて、二重のやり方で熟成が行われます。まず、マロラクティック発酵を含み新しいバリックを用いて24ヶ月熟成される部分。それとは別に桶で熟成される部分です。このドメーヌは精選の努力をする一方で、品質向上につながる諸条件をつねに研究しているので、近いうちに進歩を遂げることは間違いないでしょう。

Monsieur Christian Baillat
6, rue des Monts Lauriers - 11220 Montlaur
tel : 04 68 24 80 05　fax : 04 68 24 00 37

LQCG
カーヴ・ダンブル＆カステルモール・ル・トロワ・ド・カステルモール
Cave d'Embres et Castelmaure - Le 3 de Castelmaure

10年ぐらい前から協同醸造所で行われている760区画についての独自の調査のおかげで、現在では土地や品種に適した醸造法や野心的な熟成法に投資することができています。特に、他のワイン産地で評判の高い専門家たち（ドミニク・ローラン Dominique Laurent やミシェル・タルデュー Michel Tardieu）の協力のもとに、いくつかの試みが実行されました。このアプローチを経た最初のミレジム98年物は各方

〈訳注〉

1　Boutenac, Sigean, Lagrasse, Fontfroide, Lézignan, Serviès, Montagne d'Alaric

面ですばらしい評判を呼び、2000年5月に実施した試飲会でも14.5/20点を獲得しています。

Monsieur Bernard Pueyo
4, route des Canelles - 11360 Embres et Castelmaure
tel : 04 68 45 91 83 fax : 04 68 45 83 56
castelmaure@wanadoo.fr

LQCG -100F

ドメーヌ・ド・フォンサント　Domaine de Fontsainte

芳醇さと上品さが、この実に美しいテロワールから生まれるワインの持ち味です。

Monsieur Yves Laboucarié
Route de Ferrals - 11200 Boutenac
tel : 04 68 27 07 63 fax : 04 68 27 62 01

LQCG -100F

シャトー・グラン・ムーラン・≪グラン・ミレジム≫
Château Grand Moulin - « Grand Millésime »

このドメーヌは60haを所有し、そのうち45haがAOCコルビエールに認定されています。ドメーヌの中で明らかに最も完成度の高いこの銘柄は4品種のブレンド、シラー（50%）・カリニャン（15%）・グルナッシュ（20%）・ムールヴェードル（15%）となっています。収穫されたぶどうを酒蔵に着いてから選り分けています。オーク材の新樽とワンシーズン使用した樽を50%ずつ用いた14ヶ月熟成。良質のワイン作りへの意欲がよくあらわれています。ぶどうの当たり年には上記の « Grand Millésime »、その他の年にはテロワール≪テール・ルージュ Terres Rouges≫ （Lézignan-Corbières）の名前で出荷されます。

Monsieur Jean-Noël Bousquet
11200 Luc-sur-Orbieu
tel : 04 68 27 40 80 fax : 04 68 27 47 61

LQCG -100F

シャトー・エレーヌ・キュヴェ・エレーヌ・ド・トロワ
Château Hélène - Cuvée Hélène de Troie

マリー=エレーヌ・ゴー Marie-Hélène Gau が再整備を施したこのドメーヌは、新しい所有者の手に渡ったばかりです。ドメーヌの宝であるこの銘柄は新しいオーク樽で熟成をうけ、コルビエール最良のワインのひとつに数えられます。ブレンドは大きな割合を占めるシラー（80%）とグルナッシュ（20%）、別の銘柄≪ユリシーズ Ulysse≫ほど伝統的ではありませんが堂々のセレクション入りです。ミレジムあたり約20,000本。

SARL Hélène Monsieur Baudoin Robert
11800 Barbaira
tel : 04 68 79 00 69 fax : 04 68 79 06 97

LQCG -100F

シャトー・レ・ゾリュー・≪フュ・ド・シェーヌ≫
Château Les Ollieux - « Fût de Chêne »

すばらしいボトルを生み出す力をもっている美しいテロワール。比較的クラシックなブレンドで、グルナッシュ（20%）とカリニャン（50%）という伝統品種がシラー（30%）を圧倒しています。この47haのぶどう園はコルビエールの中でおそらく最も優れたテロワール、ブートナック Boutenac にあります。

Monsieur François-Xavier Surbézy
Départementale 613 - 11200 Montséret
tel : 04 68 43 32 61 fax : 04 68 43 30 78
ollieux@free.fr

LQCG -100F

ロック・セスティエール・カルト・ブランシュ≪エルヴェ・アン・フュ・ド・シェーヌ≫
Roque Sestière - Carte Blanche « Élevé en Fût de Chêne »

白ワインに力を入れているこのぶどう園では、赤の量は比較的少な目です。ブートナック、フォンフロワド、レズィニャンなどに地所をもつロラン・ラギャルドは、生産高6,000本の高級銘柄を作っています（フォンフロワドのテロワール）。伝統的な品種カリニャン50%がシラーにブレンドされます。オーク樽での12ヶ月熟成。

Monsieur Roland Lagarde
Rue des Étangs - 11200 Luc-sur-Orbieu

LQCG
-100F

シャトー・サン=オリオル＆シャトー・サルヴァニャック・ラ・フォリー・デュ・シャトー・サン=オリオル
Château Saint-Auriol et Château Salvagnac - La Folie du Château Saint-Auriol

tel : 04 68 27 18 00 fax : 04 68 27 18 00

サン=ローラン・ド・ラ・カブリッス村 Saint-Laurent de la Caberisse にあるぶどう園は90年代初頭に大々的に刷新されました。この銘柄6,000本が、手摘みの収穫からオーク樽での醸造に至るまで、品質を最大限に高めようとする生産者たちの努力をよく物語っています。

Messieurs Valade Christian et Salvagnac Jean-Paul
Château Saint-Auriol - 11220 Lagrasse
tel : 04 68 43 29 50 fax : 04 68 43 29 59
info@meschateaux.com - www.meschateaux.com

ミネルヴォワ
Minervois

　ミネルヴォワのテロワールでは、数多くの品種がそれぞれの持ち味を発揮しています。たとえばムールヴェードル、カリニャン、グルナッシュなどの伝統的品種、そしてシラーのような栽培しやすい品種などです。シラーの香りは太陽が熱く照りつける夏に十分持ちこたえます。この地の栽培者はここ数年来、シラーの割合がかなり大きいワインへと思い切った品種転換を図っています。ミネルヴォワにおけるシラーの香りはオーストラリアのシラーズと間違えるほど酷似しています。新しいバリックを使った試験的ワインの出来がそれを証言しています。

　1998年9月、AOC区域の上下の地区に新AOCを与えるかどうかの論議の末、AOC《ミネルヴォワ・ラ・リヴィニエール》が創られました。1990年以来ミネルヴォワの組合は、商業的な意味合いから供給量に応じて細かく階層付けすることを奨励しています。区画の境界確定の作業が、レ・コート・ノワール、ラ・クラムー、ル・プティ・コース、ラジャン・ドゥブル[1]などにおいて行われました。その他の4つの地域、レ・セール、レ・ムレル、ル・コース、レ・バルコン・ド・ロード[2]でも調査資料を作成する方向へと一歩前進しました。これらの手続きはINAOの基本的立場に沿うもので、地方レベルから品質・評判の頂点となる村レベルへと段階的に上っていくピラミッド型階層に基づいています。

★
-100F

ドメーヌ・ピュジョル・キュヴェ・サン=フリュクテュー
Domaine Pujol - Cuvée Saint-Fructueux

この所有者は3世代続く個人経営酒蔵で、生産量がわずかなシラー4区画の精選から生まれる彼のワイン、サン・フリュクテューに新樽での熟成を試しています。たしかにミネルヴォワらしいとは言えませんが、このタイプのワインに不可欠な条件であるセラーに投資しているので、近い将来、熟成が進歩するに違いありません。99年物が見事な出来です。最良のミネルヴォワのひとつ。

Monsieur Jean-Claude Pujol
4, Chemin des Blanquettes
11800 Saint-Frichoux
tel : 04 68 78 17 60 fax : 04 68 78 24 58

〈訳注〉

1　Les Cotes Noires, La Clamoux, Le Petit Causse, L'Agent Double
2　Les Serres, Les Mourels, Le Causse, Les Balcon de l'Aude

★
-100F

シャトー・ミロース　Château Mirausse

Monsieur Julien Raymond - 11800 Badens
tel : 04 68 79 12 30

★
-100F

シャトー・ジバロー=ボネ・グランド・キュヴェ
Château Gibalaux-Bonnet - Grande Cuvée

Monsieur Olivier Bonnet
11800 Laure Minervois
tel : 04 68 78 12 02　fax : 04 68 78 30 02

★
-100F

ドメーヌ・ド・ラ・トゥール=ボワゼ・ア・マリー=クロード
Domaine de la Tour-Boisée - A Marie-Claude

シラー、グルナッシュ、カリニャンというミネルヴォワの伝統的3品種がブレンドされ、その割合はミレジムによって変動します。ミネルヴォワで最も完成度が高く、わたしたちの意見では最良の熟成を受けたワインです。樽木の成分がワインを成長させはしてもマイナス要素にはなっていません。AOC規定の最低アルコール度数をクリアできるかどうかで摘み取り時期を判断したりはせず、ジャン=ルイ・プードゥー本人がぶどうを実際に食べて成熟度の確認をします。

Monsieur Jean-Louis Poudou
11800 Laure-Minervois
tel : 04 68 78 10 04　fax : 04 68 78 10 98

LQCG
-100F

シャトー・ジバロー=ボネ・キュヴェ・プリューレ
Château Gibalaux-Bonnet - Cuvée Prieuré

3品種（グルナッシュ・ノワール20％、ムールヴェードル30％、シラー50％）のブレンドから作られるこのワインは機械で摘み取られるので実が完全に傷んでしまいます。いくつかの異なる区画のブレンドで、6ヶ月熟成されます。

Monsieur Olivier Bonnet
11800 Laure Minervois
tel : 04 68 78 12 02　fax : 04 68 78 30 02

LQCG
-100F

シャトー・ドゥピア（ファミーユ・イシェ・アンドレ）・レ・バロン・デュ・シャトー・ドゥピア
Château d'Oupia (Famille Iché André) - Les Barons du Château d'Oupia

この地は12世紀には領主ウピア一族の所有地で、1860年から家族経営農園となり、現在では1969年以来アンドレ・イシェが管理しています。銘柄レ・バロンは1年間バリックで熟成され、シラー（50％）・カリニャン（35％）・グルナッシュ（10％）というブレンドは相変わらず適切といえます。

EARL Château d'Oupia - 34210 Oupia
tel : 04 68 91 20 86　fax : 04 68 91 18 23

LQCG
-100F

トゥール・サン=マルタン・ペイリアック・シャトー・ド・ペイリアック
Tour Saint-Martin Peyriac - Château de Peyriac

この協同醸造所（生産高500,000本）が所有している区画からの精選銘柄で、30,000本。ミレジムによってシラーとグルナッシュのブレンド比が変わりますが、つねに丁寧な熟成です。品質と価格のすばらしいバランスです。

Tour Saint-Martin Peyriac - 11160 Peyriac-Minervois
tel : 04 68 78 11 20　fax : 04 68 78 17 93
scav.peyriac@wanadoo.fr

LQCG
-100F

シャトー・ヴィルランベール=ムロー・キュヴェ・マルブルリー・オート
Château Villerambert-Moureau - Cuvée Marbreries Hautes

ムロー兄弟はここミネルヴォワで、ノワール山 Noire の支脈にある3つの土地を開拓しています（130ha）。ヴィルランベール・ムローの土地は、彼らの祖父のシラ・ムローが1924年に購入しました。ずっと伝統的な品種を栽培しています（シラー・グルナッシュ・ムールヴェードル・カリニャン）。キュヴェ・マルブルリー・オートは頁岩質の丘に植えられたシラー（80％）とグルナッシュ（20％）の区画からの精選ワイン。その名前は、かつて近くにあった赤大理石（marbre rose）の石切場から来ています。オーク樽で

ラングドック=ルーション（赤）

の熟成。

Vignobles Marceau Moureau & Fils
Château de Villerambert - 11160 Caunes-Minervois
tel : 04 68 77 16 40 fax : 04 68 77 08 14

ミネルヴォワ・ラ・リヴィニエール
Minervois La Livinière

　ラングドックのアペラシオンはみな品質の向上を意識し始めていますが、AOC基準を見直す際に画一的な施策を採るならば必ず失敗してしまうでしょう。区画の多様性、テロワールの境界画定、品種の土地への適応度、機械ではなしえない細かな手作業などといった要素を考えた時、AOCラ・リヴィニエールが有効なモデルケースとなっています。これは1975年頃に協同酒蔵で始められた試みが元になっています。

　この新しいアペラシオンは指定されたひとつの地理的な区域というだけではなく、生産量・品種の配合・熟成などについてAOCの基準をさらに強化しています。それぞれの栽培者が独自のスタイルを定義し、生産量の限定の仕方、応用的で有効な醸造法、適切な濃縮法などさまざまなやり方を用いて、それぞれの土地の持ち味を探究しているのです。

ラングドック=ルーション（赤）

★ -100F　**ドメーヌ・ピッチニーニ・キュヴェ・リーヌ＆レティシア**
Domaine Piccinini - Cuvée Line et Laetitia

シラーを主とした4品種のブレンドで、生産量が少ない最良のぶどうから作られます。手摘みで精選しながらの収穫。完全に除梗されます。オーク樽での15ヶ月熟成。

Monsieur Jean-Christophe Piccinini
34210 La Livinière
tel : 04 68 91 44 32 fax : 04 68 91 58 65

★　**プリモ・パラトゥム　Primo Palatum**

新興AOCミネルヴォワ・ラ・リヴィニエールにおけるグザヴィエ・コッペルの手法は抜群の効果を挙げています。シラーが新樽でマロラクティック発酵を受け、続いてすばらしいグルナッシュとカリニャンがブレンドされます。

Monsieur Xavier Coppel
1, Cirette - 33190 Morizès
tel : 05 56 71 39 39 fax : 05 56 71 39 40

LQCG　**ドメーヌ・ボリー・ド・モーレル・ラ・フェリーヌ**
Domaine Borie de Maurel　- La Féline

ミシェル・エスカンドは、数種類の銘柄を有する自分のドメーヌとアペラシオン全体を発展させる探究を休みなく続けています。1989年、ドメーヌ・ボリー・ド・モーレルの取得により、15haの家族経営地所にさらに15haが加わりました。AOCミネルヴォワ・ラ・リヴィニエールの組合長を務める彼としては、この全く新しいアペラシオンの評価を高める責務があるわけですが、≪ラ・フェリーヌ≫がその模範的なケースです。シラーが主で（70％）、20％のグルナッシュと10％のカリニャンがブレンドされます。一部は桶、一部は木樽で16ヶ月熟成されます。

Monsieur et Madame Michel et Sylvie Escande
34210 Félines-Minervois
tel : 04 68 91 68 58 fax : 04 68 91 63 92

LQCG　**ドメーヌ・ド・カントーセル・ピック・サン=マルタン**
Domaine de Cantaussel - Pic Saint-Martin

Monsieur et Madame Claude et Jean-Luc Bohler
34210 Siran
tel : 003 34 68 91 46 86 (Luxembourg) fax : 003 52 44 98 23

LQCG | **ドメーヌ・ド・カントーセル - アン・ソレイヤード**
Domaine de Cantaussel - En Soleillades

Monsieur et Madame Claude et Jean-Luc Bohler
34210 Siran
tel : 003 34 68 91 46 86 (Luxembourg) fax : 003 52 44 98 23

LQCG | **ドメーヌ・ラ・コンブ・ブランシュ - ラ・シャンドリエール**
Domaine La Combe Blanche - La Chandelière

Monsieur Guy Vanlancker
34210 La Livinière
tel : 04 68 91 44 82 fax : 04 68 91 44 82

サン＝シニヤン
Saint-Chinian

　80年代末からラングドック地方で進行しているぶどう栽培／ワイン醸造革命によって、いくつかの名高いAOC銘柄の値段が高騰するのを愛好家たちは興味津々と見守っていました。サン＝シニヤンは20世紀を通じて大量消費ワインとみなされてました。実際その通りだったのですが、1982年からは野心的で優れた栽培家たちの指導の下でAOCに認定され、香りのバリエーションに富んだ良質のワインを提供するようになりました。ぶどうが植えられたのはローマ時代に遡りますが、サン＝タニヤン Saint-Anian のぶどう園を発展させたのはベネディクト会修道士たちでした。50年代には、栽培家を父にもち、この地方で名の通った経済学者ジュール・ミロー Jules Milhau が品質向上のための手ほどきをします。サン＝シニヤンは、コトー・デュ・ラングドック地域の中で最初に特別AOC(AOC spécifique)と認定された地区で、多彩な特徴をもつすばらしい品質のワインを作っています。今日では、ボルドーの2級ワインに近いレベルにまで品質を上げている銘柄もあります。

★★ | **ドメーヌ・G・ムリニエ - レ・テラス・グリエ**
Domaine G. Moulinier - Les Terrasses Grillées

ジョエル・ムリニエ Joël Moulinier は毎年15,000本をコンスタントに作ってきました。彼の顧客は本物のワイン好きばかりです。この銘柄がコート＝ロティの銘醸シラーに肩を並べるとまで評する人もいますが、いずれにせよテロワールの潜在力には驚きです。どの区画も土地が痩せすぎている、あるいは石ころだらけであるという理由で1世紀前から野ざらしになっていたのですから。海抜250mの傾斜地、20hl/ha以下と低い生産高ですが、果汁の濃さはすごいです。

Monsieur Guy Moulinier
34360 Saint-Chinian
tel : 04 67 38 23 18 fax : 04 67 38 25 97

★
-100F | **ドメーヌ・カネ・ヴァレット - キュヴェ・マガーニ**
Domaine Canet Valette - Cuvée Maghani

1975年、父親の転職をきっかけに、マルク・ヴァレットは栽培がしにくく誰も欲しがらないぶどう畑を11ha購入しました。こうして誕生した当ドメーヌですが、実際にワインが作られるようになったのは1992年になってからです。1998年以来酒蔵を所有していますが、そのために畑の一部を売却して資金を調達しました。低い生産高(22hl/ha)、手摘みの収穫で、選果を繰り返し行います。97年物のブレンド比はグルナッシュとシラーが半分ずつでした。発酵期間はたいへん長く、熟成はバリック（一部が新樽）で行います。目が離せないぶどう栽培者。

Monsieur Marc Valette
Route de Causses et Veyran - 34460 Cessenon sur Orb
tel : 04 67 89 51 83 fax : 04 67 89 37 50

ラングドック=ルーション（赤）

★
-100F

ドメーヌ・カリエール・オーディエ・ル・カストゥラス
Domaine Carrière Audier - Le Casteras

この地方における最高級ワインのひとつです。

Monsieur Max Audier
Vieussan le Haut - 34390 Vieussan
tel : 04 67 97 77 71 fax : 04 67 97 34 14

★
-100F

マス・シャンパール・コース・デュ・ブスケ Mas Champart - Causse du Bousquet

1976年に購入された時、ぶどう園はひどい状態でした。カリニャンやグルナッシュなどの古いぶどうを残しながら、ほぼすべてを植え替える必要がありました。このドメーヌは協同酒蔵から段階的に独立している途中で、16ha中9haを自分の農地で醸造しています。少ない生産量（30hl/ha）・手摘みの収穫・上手な熟成などのおかげで、シラー種が中心の（65%）質の良いワインができあがります。

Monsieur et Madame Isabelle et Mathieu Champart
Bramefan - 34360 Saint-Chinian
tel : 04 67 38 20 09 fax : 04 67 38 20 09
mas-champart@libertysurf.fr

★
-100F

マス・シャンパール・クロ・ド・ラ・シモネット
Mas Champart - Clos de la Simonette

Monsieur et Madame Isabelle et Mathieu Champart
Bramefan - 34360 Saint-Chinian
tel : 04 67 38 20 09 fax : 04 67 38 20 09
mas-champart@libertysurf.fr

★
-100F

ドメーヌ・G・ムリニエ・レ・シジレール Domaine G. Moulinier - Les Sigillaires

同じ土地で生産されるセカンドワインというわけではなくブレンドが違うだけで、99年物ではムールヴェードルの割合が大きいブレンドでした。たしかに≪テラス・グリエ〔p.89〕≫よりもやや劣りますが格調があります。バリックでの熟成は一部に過ぎません。生産量17,500本、アペラシオンの代表的な銘柄。

Monsieur Guy Moulinier
34360 Saint-Chinian
tel : 04 67 38 23 18 fax : 04 67 38 25 97

★
-100F

ドメーヌ・ランベールル・マス・オー・シスト
Domaine Rimbert - Le Mas au Schiste

若き栽培家ジャン=マリー・ランベールは1996年にドメーヌ・ランベールを創りました。周囲の潅木地帯に広がる20haの傾斜地で作られるワインはお値打ちです。生産高20,000本、カリニャン・シラー・グルナッシュ・サンソー4品種のブレンド。

Monsieur Jean-Marie Rimbert
4, avenue Mimosas - 34360 Berlou
tel : 04 67 89 73 98 fax : 04 67 89 73 98

LQCG
-100F

ドメーヌ・ボリー・ラ・ヴィタレール・レ・クレス
Domaine Borie La Vitarèle - Les Crès

2.20haがガリッグから救い出されました。土地が貧弱なため生産量は少なく、30hl/ha未満です。8,000本のみ。樹齢50年以上のグルナッシュは少な目で（20%）、比較的若いシラーがブレンドの大きな比率を占めています。ぶどう園での厳格な仕事。

Monsieur et Madame Cathy et François Izran Planes
Chemin de la Vernede - 34490 Saint-Nazaire de Ladarez
tel : 04 67 89 50 43 fax : 04 67 89 50 43

LQCG

シャトー・カザル=ヴィエル・キュヴェ・デ・フェー
Château Cazal-Viel - Cuvée des Fées

フランス革命の時にフォンコード Fontcaude の僧侶たちから没収された85haのこのぶどう園は、すでに古代ローマ人が開拓していたものです。アペラシオン中最大の面積を誇るからには、銘醸ワインを生み出すのが義務とさえいえました。生産量は

25hl/haのみでシラー種が中心です。ラングドック=ルーション地方の宝のひとつ。

Monsieur et Madame Henri et Christiane Miquel
34460 Cessenon-sur-Orb
tel : 04 67 89 63 15 fax : 04 67 89 65 17
l-miquel@mnet.fr

LQCG

ドメーヌ・デ・コント・メディテラネアン・シャトー・ド・コンブベル《キュヴェ・プレスティージュ》
Domaine des Comtes Méditerranéens - Château de Combebelle « Cuvée Prestige »

La Tuilerie - 34210 La Livinière
tel : 04 68 91 42 63 fax : 04 68 91 62 15

LQCG -100F

シャトー・ガブラ・キュヴェ・ジュリエット　**Château Gabelas - Cuvée Juliette**

5,000本を産するこのプレステージワインはシラーを主とする(80％)サン=シニヤンです。比較的若いぶどうから作られます。

Pierrette Cravero
34310 Cruzy
tel : 04 67 93 84 29 fax : 04 67 93 84 29

LQCG -100F

シャトー・モーレル・フォンサラード・キュヴェ・ラ・フォンサラード・ヴィエイユ・ヴィーニュ
Château Maurel Fonsalade - Cuvée La Fonsalade Vieilles Vignes

このドメーヌは赤4銘柄を作っています。中でもこの銘柄は古い良質のぶどうが植えられた区画のブレンドで、オーク樽で12～14ヶ月熟成されます。

Monsieur et Madame Philippe et Thérèse Maurel
34490 Causses-et-Veyran
tel : 04 67 89 57 90 fax : 04 67 89 72 04

LQCG -100F

シャトー・デュ・プリューレ・デ・ムルグ
Château du Prieuré des Mourgues

頁岩質のテロワールにある20haのぶどう園が、伝統的なサン=シニヤンを安定して提供しています。

Vignobles Roger - Monsieur Marcel Roger
Pierrerue - 34360 Saint-Chinian
tel : 04 67 38 18 19 fax : 04 67 38 27 29
prieuredesMourgues@wanadoo.fr

LQCG -100F

シャトー・デュ・プリューレ・デ・ムルグ・グランド・レゼルヴ
Château du Prieuré des Mourgues - Grande Réserve

このドメーヌは頁岩質のテロワールを20ha所有しています。ドメーヌの他の赤ワインと同じく、この銘柄も桶でアルコール発酵を受けます。ミレジムによって違いますが13～15ヶ月続く熟成はバリックの貯蔵所で行われ、バリックの半分は毎年新調されています。

Vinobles Roger - Monsieur Marcel Roger
Pierrerue - 34360 Saint-Chinian
tel : 04 67 38 18 19 fax : 04 67 38 27 29
prieuredesMourgues@wanadoo.fr

LQCG -100F

シャトー・モーレル・フォンサラード・キュヴェ・フレデリック
Château Maurel Fonsalade - Cuvée Frédéric

Monsieur et Madame Philippe et Thérèse Maurel
34490 Causses-et-Veyran
tel : 04 67 89 57 90 fax : 04 67 89 72 04

LQCG -100F

カーヴ・レ・ヴァン・ド・ロックブラン・ロックブラン・プレスティージュ
Cave Les Vins de Roquebrun - Roquebrun Prestige

精選した区画から作られるこの銘柄に、協同酒蔵の意欲がうかがわれます。大きな設備を利用した丁寧な熟成のおかげで、ベースとなる果汁の持ち味を生かすことができます。ぶどうは畑で選別・収穫され、わずかな生産量(25hl/ha)。当たり年だけに生産され、特に98年物はサン=シニヤンの代表作。

Monsieur Alain Rogier
Avenue des Orangers - 34460 Roquebrun
tel : 04 67 89 64 35 fax : 04 67 89 57 93
info@cave-roquebrun.fr www.cave-roquebrun.fr

LQCG
-100F

シャトー・ヴェイラン・キュヴェ・プレスティージュ
Château Veyran - Cuvée Prestige

Monsieur Gérard Antoine
Château Veyran - 34490 Causses & Veyran
tel : 04 67 89 65 77 fax : 04 67 89 65 77

LQCG
-100F

シャトー・ヴィラネル・エルヴェ・アン・フュ・ド・シェーヌ
Château Viranel - Élevé en Fût de Chêne

ドメーヌの立地条件やぶどうの平均樹齢などの点から、サン=シニヤンの代表的な銘醸ワインのひとつとなっています。果実味を大事にするアルコール発酵と厳格な熟成などが、品質へのこだわりを物語っています。ブレンドはシラーの割合が大きく、伝統的なグルナッシュとのブレンド比は、ミレジムによって変動しますがだいたい2対1の割合です。

Monsieur et Madame Danièle et Gérard Bergasse-Milhé
34460 Cessenon
tel : 04 90 55 85 82 fax : 04 90 55 88 97

フォージェール
Faugères

　フォージェールはエロー県北部のテロワールで、平野から標高300mのセヴェンヌ山岳地帯 Cévennes の支脈にまで上っていく斜面にあります。ラングドック全般に言えることですが、まず新しい品種を植え付けることから品質の追求がスタートしました。AOC認定を受けるために伝統的なカリニャンをブレンドの中に残してきましたが、良質の実をつけるぶどう樹は樹齢が40年を超えています。逆に考えると、この品種は次第に姿を消して行く運命にあり、21世紀には目が離せないアペラシオンです。

★★
-100F

ドメーヌ・レオン・バラル・キュヴェ・ジャディス
Domaine Léon Barral - Cuvée Jadis

優れた栽培家が生産するすばらしいワイン。

Lentheric - 34480 Cabrerolles
tel : 04 67 90 29 13 fax : 04 67 90 13 37

★★

ドメーヌ・レオン・バラル・プレスティージュ・ヴァリニエール
Domaine Léon Barral - Prestige Valinière

みごとに熟成する贅沢なワイン。感服しました。

Lentheric - 34480 Cabrerolles
tel : 04 67 90 29 13 fax : 04 67 90 13 37

LQCG
-100F

ドメーヌ・アルキエ・ジャン=ミシェル・レゼルヴ・レ・バスティッド・ダルキエ
Domaine Alquier Jean-Michel - Réserve Les Bastides d'Alquier

生産量は平均22hl/ha、栽培種は樹齢30年のグルナッシュ・ノワール、シラー、ムールヴェードルです。目が離せないAOCフォージェールの秀作ワイン。

Monsieur Jean-Michel Alquier
4, route de Pezenes les Mines - 34600 Faugères
tel : 04 67 23 07 89 fax : 04 67 95 30 51

LQCG
-100F

H・F・ブシャール＆フィス - アベイ・シルヴァ＝プラナ《ル・ソンジュ・ド・ラベ》
H.F. Bouchard & Fils - Abbaye Sylva-Plana « Le Songe de l'Abbé »

このドメーヌはローランス村 Laurens にある30ha地続きのぶどう園で、35hl/ha以下という少ない生産高をキープしようと努めています。手摘みの収穫、繰り返し行われる選果、新しいバリックでの熟成などを経てこの銘柄ができあがります。99年物は14/20点を獲得。100フラン以下のおいしいフォージェール。

H.-F. Bouchard
34290 Alignan-du-Vent
tel : 04 67 24 91 67   fax : 04 67 24 94 21
deshenrys@caves-particulieres.com - www.caves-particulieres.com//membres/deshenrys

LQCG
-100F

H・F・ブシャール＆フィス - アベイ・シルヴァ＝プラナ《ラ・クロズレー》
H.F. Bouchard & Fils - Abbaye Sylva-Plana « La Closeraie»

ドメーヌのもうひとつの代表作。50フラン以下のクラシックなフォージェール。お手頃価格の絶品。

H.-F. Bouchard
34290 Alignan-du-Vent
tel : 04 67 24 91 67   fax : 04 67 24 94 21
deshenrys@caves-particulieres.com - www.caves-particulieres.com//membres/deshenrys

LQCG
-100F

ドメーヌ・オリエ・タイユフェール - キュヴェ・カステル・フォシビュス
Domaine Ollier Taillefer - Cuvée Castel Fossibus

25haのこの家族経営ドメーヌは、プレステージワインをブレンドする際にアペラシオンの伝統的な4品種を重視しています。手摘みの収穫から、オーク樽と400リットル入りのピエスを使った熟成に至るまで品質の追求がたゆみなく続けられます。

Monsieur Alain Ollier
Route de Gabian - 34320 Fos
tel : 04 67 90 24 59   fax : 04 67 90 12 15

ヴァン・ド・ペイ・カタラン
Vin de pays Catalan

LQCG
-100F

ドメーヌ・フェレール・リビエール・カリニャン・ヴィーニュ・ド・サン・ヴァンタン
Domaine Ferrer Ribière - Carignan Vigne de 120 ans

GAEC des Flo - 5, rue du Colombier - 66300 Terrats
tel : 04 68 53 24 45   fax : 04 68 53 10 79

ヴァン・ド・ペイ・ド・レロー
Vin de pays de l'Hérault

★★   ラ・グランジュ・デ・ペール   **La Grange des Pères**

フランス南部を代表する銘醸ワインのひとつ。値段が少々高めです。

Monsieur Laurent Vaillé
34150 Aniane
fax : 04 67 57 32 04

コトー・デュ・ラングドック
Coteaux du Languedoc

　　コトー・デュ・ラングドックがAOCの認定を受けたのは1985年になってからです。銘柄の後に続けて、クリマ名（ラ・クラープ La Clape、ピック・サン＝ルー Pic Saint-Loup）あるいはテロワールの名前（モンペイルー Montpeyroux、ラ・メジャネル La Méjanelle…）などが付けられます。気温の高い地域に適したシラーが伝統的な諸品種に次第に取って代わりつつあります。

ラングドック＝ルーション（赤）

ラングドック=ルーション（赤）

★ **ドメーヌ・クラヴェル・ラ・コパ・サンタ　Domaine Clavel - La Copa Santa**
過去3回のミレジムは完璧でした。

Rue du Languedoc - 34160 Saint-Bauzille-de-Montmel
tel : 04 67 86 97 36 fax : 04 67 86 97 37

★ -100F **ドメーヌ・ド・モルティエス・キュヴェ・ジャメ・コンタン**
Domaine de Mortiès - Cuvée Jamais Content
この栽培家がワイン醸造を始めたのは10年前です。転職をきっかけにドメーヌを引き継いだ彼は、元々植えてあった品種をそのまま使わざるをえませんでした。ミレジム98年に初めて、一部のワインを特別に切り離し、樽（3分の2が新品）で寝かせたところ大成功でした。7,500本の注目すべき新星。今後が楽しみです。

Messieurs Duchemin et Jorcin
34270 Saint Jean de Cuculles
tel : 04 67 55 10 06 fax : 04 67 55 11 12

★ **プリューレ・サン=ジャン=ド=ベビアン　Prieuré Saint-Jean-de-Bébian**
おそらくこのドメーヌはフランスにおけるぶどう栽培地の中で最も古いもののひとつです。シャンタル・ルクーティとジャン=クロード・ル・ブランがこのドメーヌを購入したのは1994年ですが、それに先立つ1970年以来、このドメーヌでは品種の抜本的な転換が行われていました。シラー・グルナッシュ・ムールヴェードルという高級品種が、サンソーやカリニャンなどの地中海品種に加わっています。

Monsieur Jean-Claude Le Brun et Madame Lecouty Chantal
Route de Nizas - 34120 Pézenas
tel : 04 67 98 13 60 fax : 04 67 98 22 24
bebian@mnet.fr - www.bebian.com

LQCG -100F **シャトー・ド・ジョンキエール・ラ・バロニー　Château de Jonquières - La Baronnie**
シラー40％・ムールヴェードル30％・グルナッシュ20％・カリニャン10％という4品種のブレンド。それぞれの品種は別々にアルコール発酵を受け、バリックで熟成（12ヶ月）。

Monsieur et Madame François et Isabelle de Cabissole
Place de l'Église - 34725 Jonquières
tel : 04 67 96 62 58 fax : 04 67 88 61 92
chateau.de.jonquieres@wanadoo.fr

LQCG **シャトー・ド・ジョンキエール・ルネッサンス**
Château des Jonquières   - Renaissance
このぶどう園は13世紀以来の歴史を持ちますが、フランソワ・ド・カビソルが独自の酒蔵でのワイン醸造に身を投じたのは1992年になってからです。彼が作るこの高級銘柄は、グルナッシュ70％とムールヴェードル30％というブレンド。バリックで20ヶ月の熟成です。

Monsieur et Madame François et Isabelle de Cabissole
Place de l'Église - 34725 Jonquières
tel : 04 67 96 62 58 fax : 04 67 88 61 92
chateau.de.jonquieres@wanadoo.fr

LQCG -100F **シャトー・ド・ランシール・グランド・キュヴェ　Château de Lancyre - Grande Cuvée**
20,000本を産するこのワインはバリックで熟成されます（一部が新樽）。98年物はシラーを多く使い（75％）、15％のグルナッシュと10％のムールヴェードルをブレンドしています。98年物では、まだ熟し切っていないため種子による苦味が出る危険を覚悟の上で、早めに摘み取る必要がありました[1]。この年度はそのケースではありません。

Messieurs Durand et Valentin
Valflaunes - 34270 Saint-Mathieu-de-Treviers
tel : 04 67 55 22 28 fax : 04 67 55 23 84

| LQCG
-100F | **シャトー・ラ・ローグ・キュパ・ニュミスマエ　Château La Rogue - Cupa Numismae** |

1998年にはボトル5,800本とマグナム^{2}1,200本が作られました。ただ、ヘクタールあたりの生産量は控え目で30hl/haに過ぎません。ぶどうは比較的古く、50％が新しいバリックで熟成されます。

Monsieur Jack Boutin
34270 Fontaines
tel : 04 67 55 34 47　fax : 04 67 55 10 18

| LQCG
-100F | **シャトー・ド・ラスコー・レ・ノーブル・ピエール**
Château de Lascaux - Les Nobles Pierres |

もっとぜいたくなスタイルをもつ他の銘柄に比べれば印象が薄いかもしれませんが、その味わい深い繊細さがこのワインの最大の決め手です。

Monsieur Jean-Benoit Cavalier
34270 Vacquières
tel : 04 67 59 00 08　fax : 04 67 59 06 06
J.B.cavalier@wanadoo.fr - www.chateau-lascaux.com

| LQCG | **マス・ブリュギエール・ラ・グルナディエール　Mas Bruguière - La Grenadière** |

このドメーヌはフランス革命以来ブリュギエール家が所有しています。ラ・グルナディエールはドメーヌが作っている主要5銘柄のひとつで、生産高15,000本、オーク樽で熟成されます。シラー（60％）・グルナッシュ（20％）・ムールヴェードル（20％）3品種のブレンドです。

Monsieur Guilhem Bruguière
Mas de la Plaine - 34270 Valflaunes
tel : 04 67 55 20 97　fax : 04 67 55 20 97

| LQCG | **ドメーヌ・ド・ラ・マルフェ・レ・シャン・ミュルミュレ**
Domaine de la Marfée - Les Champs Murmurés |

小さなドメーヌ所有の6haは、ミュルヴィエル・レ・モンペリエ村 Murviel les Montpellier 周辺の12ほどの区画に分散しています。ここでは、シラー、ムールヴェードル、カベルネ・ソーヴィニヨン、グルナッシュなどの最良のぶどうをこの≪高級≫銘柄に凝縮する努力がなされています。

Monsieur Thierry Hasard
15, rue Vivaldi - 34070 Montpellier
tel : 04 67 47 29 37

| LQCG | **ドメーヌ・ペイル・ローズ・クロ・デ・シスト**
Domaine Peyre Rose - Clos des Cistes |

Marlène Soria
Domaine Peyre Rose - 34230 Saint-Pargoire
tel : 04 67 98 75 50　fax : 04 67 98 71 88

| LQCG
-100F | **シャトー・ミール・レタン・キュヴェ・デ・デュック・ド・フルーリー**
Château Mire l'Étang - Cuvée des Ducs de Fleury |

シャマイラック氏はシラーをラングドックの地に植えることこそが、品質の追求に欠かせない重要なポイントだと考えています。ブレンドにはグルナッシュやムールヴェードルなども含まれていて、ムールヴェードルはとりわけ［地中の］水分の過多が及ぼすストレスに敏感ですが、ぶどう園が海辺に近いことはプラスに働いています。11ヶ月間オーク樽（30％が新樽）で熟成、16,000本出荷のこの銘柄はラ・クラープにあるぶどう園の代表作のひとつ。

Messieurs Pierre et Philippe Chamayrac

〈訳注〉

1　ぶどうの熟し具合を考慮して理想的な収穫時期が見極められても、予定日に空が荒れる危険があるときは、雨の水分で果汁が薄まる、あるいはぶどうが傷つくのを防ぐために不本意ながら直前に収穫を行うケースがあります。
2　マグナムボトル：一般的なボトルの2本分に相当し、容量150cl（1500cc）。

11560, Fleury-d'Aude
tel : 04 68 33 62 84 fax : 04 68 33 99 30

LQCC

ドメーヌ・ズンボー ム=ト・マジ クロ マジニエ
Domaine Zunbaum-Tomasi - Clos Maginiai

Rue du Cagarel - 34270 Claret
tel : 04 67 02 82 84 fax : 04 67 02 82 84

コート・デュ・ルーシヨン
Côtes du Roussillon

　このアペラシオンではワインの大半が協同酒蔵で醸造されます（85%）。シラーの台頭にもかかわらず、カリニャンやグルナッシュ・ノワールなどの伝統的な品種が使われ続けています。1977年に認定を受けたAOCがこのアペラシオンの最初の一歩でした（1936年以来≪自然甘口ワイン（ヴァン・ドゥー・ナチュレル）≫には指定されていました）。ラングドック全体がそうであるように、ぶどう畑には少なくとも中級ワインを生産する潜在力があり、ここよりも名が通っているアペラシオンの多くに匹敵しうるでしょう。目が離せません。

★★★　ドメーヌ・ゴービー・ジェラール・ミュンタダ
Domaine Gauby Gérard - Muntada

ここ2回のミレジムの出来栄えは満足がいくものでした。まず97年物ですが、平均的な出来のミレジムに15/20点を獲得しています。また16.5/20点を取った98年物は、オーストラリアのダレンバーグ、ヘンチキ、ペンフォールズなどが見事な熟成から生み出す高級シラーズを思わせました。30hl/haのボルドー・レベルのワインに今にも手が届きそうです。

Madame Gauby
Carrer del Faratial - 66600 Calce
tel : 04 68 64 35 19 fax : 04 68 64 41 77

★　プリモ・パラトゥム　**Primo Palatum**

2,400本を生産するこの銘柄は、新しいバリックを使ったスュル・リー製法[1]で熟成されます。ムールヴェードル・シラー・グルナッシュのブレンドで、その割合はミレジムによって変動します。

Monsieur Xavier Coppel
1, Cirette - 33190 Morizès
tel : 05 56 71 39 39 fax : 05 56 71 39 40

★　ドメーヌ・サルダ=マレ・テロワール・マイヨール
Domaine Sarda-Malet - Terroir Mailloles

このドメーヌは48haの広さで、コート・デュ・ルーシヨンに属する区画では数銘柄が作られています。そのひとつであるこの銘柄は主にアリエ産オーク材の新樽で熟成されます。樹齢15年と比較的若いぶどうですが、生産量は25hl/haとそれほど多くはありません。手摘みの収穫で、除梗されます。ブレンドはシラー（60%）とムールヴェードル（40%）となっています。

Madame Suzy Malet
Mas Saint-Michel - Chemin de Sainte Barbe - 66000 Perpignan
tel : 04 68 56 72 38 fax : 04 68 56 47 60

〈訳注〉

1　sur lie：スュル・リーとは「オリの上」という意味で、ワインをオリ引きせずに冬の間貯蔵し、その後濾過せずに澄んだ上澄みだけを瓶詰めする方法です。

LQCG ドメーヌ・ガルディー・トータヴェル≪レ・ファレーズ≫
Domaine Gardies - Tautavel « Les Falaises »

タンニンを含む芳醇なワイン。実に印象的です！

Domaine Gardies - 1, rue Millere - 66600 Vingrau
tel : 04 68 64 61 16 fax : 04 68 64 69 36

LQCG ヴィニョーブル・ジャン=リュック・コロンボ - ラ・ミッション・サン=リュック
Vignobles Jean-Luc Colombo - La Mission Saint-Luc

Monsieur Colombo Jean-Luc
Zone Artisanale La Croix des Marais - 26600 - La Roche de Glum
tel : 04 75 84 17 10 fax : 04 75 84 17 19
vins.jean-luc.colombo@gofornet.com

ヴァン・ド・ペイ・ドック
Vin de Pays d'Oc

　理屈に合わないように見えますが、≪AOC≫は必ずしも品質を保証するキーワードではありません。生産者自身がクオリティーを追及した結果、AOC基準で認められないぶどう品種・ブレンドを用いたいがために、わざわざ≪ヴァン・ド・ペイ≫として出荷することもあります。ブレンドにおける諸品種の最適な表現が、現行のAOC基準に当てはまらないケースは少なくありません。

★　プリモ・パラトゥム・キュヴェ・ミトロジア　**Primo Palatum - Cuvée Mythologia**

大部分はカベルネ・フラン（50％）とシラー（40％）が占め、ほんのわずかのメルローによってブレンドが完成します。バリック数樽分しか作られませんが、ヴァン・ド・ペイ全体のお手本となる銘柄。ここよりもはるかに有名な生産地でも、これだけのレベルのワインを作ってもらいたいものです。

Monsieur Xavier Coppel - 1, Cirette - 33190 Morizès
tel : 05 56 71 39 39 fax : 05 56 71 39 40

ラングドック=ルーション（赤）

≪南西部〔赤〕≫ Sud-Ouest Rouge

　ボルドーの花形AOCからそう遠くない場所で、才能ある栽培家たちがそれほど有名とは言えないアペラシオンを、伝統的な銘酒に匹敵する、時には凌駕するレベルにまで引き上げることに成功しています。それがマディラン、ベルジュラック、コート・ド・ベルジュラックなどのケースです。

〔南西部の簡易地図〕

1. モンラヴェル
2. コート・ド・モンラヴェル
3. オー=モンラヴェル
4. ベルジュラック
5. ロゼット
6. ペシャルマン
7. モンバジヤック
8. コート・ド・デュラス
9. ソーシニャック
10. カオール
11. アントレーグ
12. マルシヤック
13. ガヤック
14. ヴァン・ド・ラヴィルデュー
15. コート・デュ・フロントネ
16. コート・デュ・ブリュロワ
17. コート・デュ・マルマンデ
18. ビュゼ
19. コート・ド・サン=モン
20. テュルサン
21. マディラン
22. ベロック
23. イルレギ
24. ベアルン
25. ジュランソン

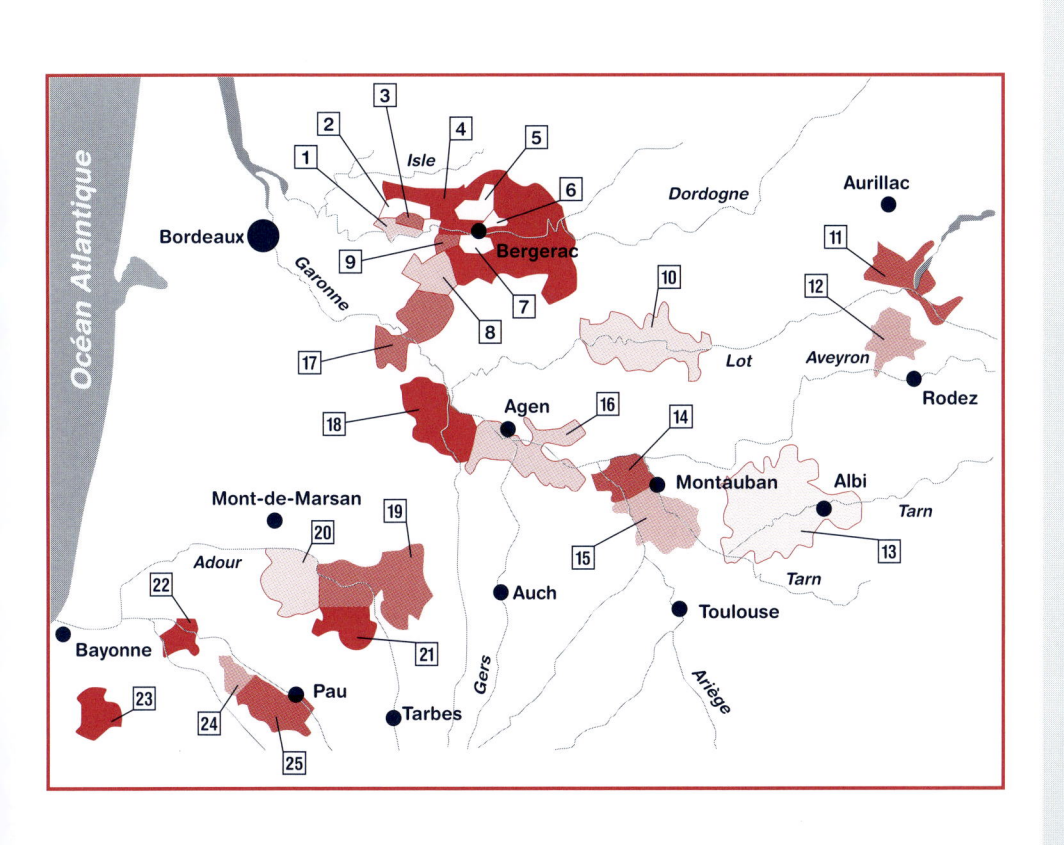

南西部〔赤〕

マディラン
Madiran

　マディランは最近とみに良くなっているアペラシオンです。1985年以来、アラン・ブリュモン Alain Brumont が、新樽での熟成やプレステージワインの精選によって、マディランの名がある程度知られるところまで≪引っ張り上げ≫ました。カオールと同じようにマディランのワインも、力強い一方で気品や繊細さを欠くケースがよくあるので、おいしい地方料理（キュイジーヌ・ド・テロワール）と一緒に召し上がるのが良いでしょう。

★ **プリモ・パラトゥム　Primo Palatum**

97年物ではアルコール度が13.2度まで上がるタナ種を使い、カオールと同じ熟成方法でした。現時点でまちがいなくマディランの最高峰。

Monsieur Xavier Coppel - 1, Cirette - 33190 Morizès
tel : 05 56 71 39 39　fax : 05 56 71 39 40

LQCG -100F　**シャトー・バルジャ・キュヴェ・デ・ヴュー・セップ**
Château Barrejat – Cuvée des Vieux Ceps

樹齢80年以上の古いぶどう、そしてタナ種が占める割合の大きさ、それに加えてマロラクティック発酵や新しいバリックでの熟成などのおかげで、代表的なマディランといえます。品質と価格のバランスも実に良くとれています。

Monsieur Denis Capmartin - 32400 Maumusson
tel : 05 62 69 74 92　fax : 05 62 69 77 54

LQCG -100F　**ドメーヌ・ベルトゥーミュー・キュヴェ・シャルル・ド・バッツ**
Domaine Berthoumieu – Cuvée Charles de Batz

ディディエ・バレは、平均樹齢50年以上の古いぶどうを高級銘柄≪シャルル・ド・バッツ≫のために取ってあります。タナとカベルネ＝ソーヴィニヨンが別々にアルコール発酵を受け、若いうちにブレンドされます（タナ80％とカベルネ＝ソーヴィニヨン20％）。続いてオーク材の新しいバリックで熟成されます。

Monsieur Didier Barré - Dutour - 32400 Viella
tel : 05 62 69 74 05　fax : 05 62 69 80 64
barre.didier@wanadoo.fr

LQCG　**ドメーヌ・ブスカッセ・ヴィエイユ・ヴィーニュ**
Domaine Bouscassé – Vieilles Vignes

シャトー・モンテュス・プレスティージュ〔p.101〕と共に、この銘柄も80年代の終わり頃や90年代の前半には文句なしにマディランの代表作で、この地方の栽培家の多くがこれらのワインを目指しました。まちがいなくこのワインこそが、品質向上の歩み、特にアラン・ブリュモンの成功に刺激された意欲的な若い栽培者グループの方向づけとなったのです。もっとも現在では、ぶどう果汁そのものの品質、コストパフォーマンスなどの点で教え子たちに追い越されてしまいました。

SARL - 3, Domaines Alain Brumont - 32400 Maumusson
tel : 05 62 69 74 67　fax : 05 62 69 70 46

LQCG -100F　**ドメーヌ・カップマルタン・キュヴェ・デュ・クーヴァン**
Domaine Capmartin - Cuvée du Couvent

気品がある本物のマディラン。品質と価格のバランスもとれています。

Monsieur Guy Capmartin
Le Couvent - 32400 Maumusson
tel : 05 62 69 87 88　fax : 05 62 69 83 07

LQCG -100F　**シャペル・ランクロ　Chapelle Lenclos**

生産量30,000本、6.5haある粘土性石灰質の土地（丘陵の上部）に植えられたぶど

うから作られます。パトリック・デュクルノーはマディランの≪推進者≫の一人で、若い栽培家グループに混じって、このAOCの品質向上のために尽力しています。達人とさえ言える彼は微量酸化法[1]の先駆者であり、この野心的な熟成方法を躊躇することなく自分のドメーヌに適用しています。この銘柄については醸造槽で酸化法を使っていますが、バリックでの熟成によってそれを補っています。ブレンドについてはタナの割合が大きく（60％）、カベルネ＝ソーヴィニヨンが40％。代表的なドメーヌのひとつ。

Monsieur Patrick Ducournau
32400 Maumusson
tel : 05 62 69 78 11 fax : 05 62 69 75 87

LQCG

シャトー・モンテュス・キュヴェ・プレスティージュ
Château Montus – Cuvée Prestige

南西部のみならず、フランス全体のワイン産業においてアラン・ブリュモンが残した功績を称賛し、それに心から感謝したいと思います。彼こそがこの銘柄の生みの親です（1985年に誕生）。消費者にある一定の品質をコンスタントに提供するために、最良の区画を特別に確保しています。ただ残念なことにここ数回のミレジムは1985～94年に作られたワインに比べいくらか劣っているように思えます。とはいえ将来のミレジムでは、以前の見事な味の感動を再び与えてくれることでしょう。例えば1985・87・88・90年物や実に驚くべき91年物などです。

SARL - 3 Domaines Alain - Brumont - 32400 Maumusson
tel : 05 62 69 74 67 fax : 05 62 69 70 46

LQCG
-100F

シャトー・ド・ヴィエラ・≪フュ・ド・シェーヌ≫
Château de Viella - « Fût de Chêne »

ぶどうの平均樹齢30年、伝統的な摘み取り法、オーク材のバリックでの熟成。これらの条件のおかげで、100％タナから作られるこの銘柄はマディランでコストパフォーマンスが最高です。

Monsieur Alain Bortolussi - 32400 Viella
tel : 05 62 69 75 81 fax : 05 62 69 79 18

ベルジュラック〔赤〕
Bergerac Rouge

　コート・ド・ベルジュラックと同じようにベルジュラックも、極上ワインを醸造できるテロワールの潜在力を完全に自覚しているわけではありません。市場ではいまだにヘクトリットル（hl）当たりで値段を付けていますが、このことが品質の改善を目的とする投資を遠ざけてしまいます。けれども、小人数の栽培家グループが上質のワインを生産し、ベルジュラックを高いレベルにまで引き上げています。レベルを引き上げるためには、作付密度の修正・生産量の制限・丹精をこめた醸造などが不可欠で、当然、大規模な投資が必要となります。このアペラシオンは中級ワイン市場において大きな割合を占め、実際、ボルドーのぶどう園と同じくらい多彩なぶどう品種を持ち、地理的にもボルドーの延長にあります。

　コート・ド・ベルジュラックでの最低アルコール度数11度に対し、ここベルジュラックでは最低10度です。この2産地50銘柄について1999年2月に実施した試飲会での比較によると、トップ6銘柄がベルジュラックでした。少々古いデータですがこの出来栄えの差を考えると、両アペラシオンの上級銘柄を安物ワインの海に溺れさせないためにも、品質の違いが鮮明にわかる調査リストを本格的に作成する必要があるでしょう。

〈訳注〉

1　Microbulage：オリと一緒に樽熟成状態にあるワインが還元状態になるのを避けるため、ごく微量の酸素を樽内のワインに送る方法。

**LQCG
-100F**

**クロ・ル・ジョンカル・ミラージュ・デュ・ジョンカル
Clos le Joncal - Mirage du Joncal**

1994年まで、クロ・ル・ジョンカルのワインは協同醸造所で作られていました。ジョエルとロランのタタール夫妻が醸造施設を刷新し、1903年発行のフェレ出版[1] Le Féret の Bordeaux et ses vins にも掲載されているぶどう畑に投資しました。高級銘柄を作っている所有地9haのうち、赤ワインは6haです。目が離せないぶどう園で、この地方のぶどう園の多くがそうであるように、おそらくその潜在力はまだ十分に発揮されていません。

Monsieur et Madame Joëlle et Roland Tatard
24500 Saint-Julien-d'Eymet
tel : 05 53 61 84 73 fax : 05 53 61 84 73
roland.tatard@infonie.fr

**LQCG
-100F**

**シャトー・ピュイ=セルヴァン・テールマン・ヴィエイユ・ヴィーニュ
Château Puy-Servain Terrement - Vieilles Vignes**

ダニエル・エケは、赤・白・甘口3つのカテゴリーで選ばれている数少ない栽培家のひとりです。メルローがブレンドの大きな割合（90％）を占めるこの銘柄は、樹齢35年のぶどうから作られます。収穫は手摘みで、大部分は新しいバリックで熟成されます。ダニエル・エケは自分の農園だけではなくアペラシオンのためにも大いに努力し、いずれこのアペラシオンが特別AOCモンラベル・ルージュに認定されることを願っています。

Monsieur Daniel Hecquet
Lieu dit « Calabre » - 33220 Port-Sainte-Foy-et-Ponchapt
tel : 05 53 24 77 27 fax : 05 53 58 37 43
oenovix.Puyservain@wanadoo.fr

LQCG

**シャトー・トゥール・デ・ジャンドル・ムーラン・デ・ダーム
Château Tour des Gendres – Moulin des Dames**

リュック・ド・コンティは、自分のドメーヌとベルジュラックの発展のために情熱を傾けています。1998年、この3.5haの区画からは18,000本が生産されました。ド・コンティは有機栽培を試すだけでなくベルジュラック全体の作付密度を高めるために奮闘し、その後、このぶどう園においてスュル・リー方式を採用した熟成で実験を続けています。

Monsieur Luc de Conti - Les « Gendres » - 24240 Ribagnac
tel : 05 53 57 12 43 fax : 05 53 58 89 49

コート・ド・ベルジュラック〔赤〕
Côtes de Bergerac Rouge

ベルジュラックの見出し参照。

LQCG

ガエック・フルトゥ＆フィス・レ・ヴェルド   Gaec Fourtout & Fils - Les Verdots

この優れた栽培家は昔ながらのワインに現代性を加味し、田舎風の素朴なスタイルをもつコート・ド・ベルジュラックの原型をつくりあげています。ここで彼に敬意を表します。独特なスタイルをもつワイン。

Monsieur David Fourtout
Vignoble des Verdots - 24560 Conne de Labarde
tel : 05 53 58 34 31 fax : 05 53 57 82 00
fourtout@terre-net.fr

〈訳注〉

1　Bordeaux et Ses Vins「ボルドーとそのワイン」（1846年初版、現在第15版が出ています）。

LQCG
-100F

シャトー・ル・ラ・キュヴェ・グラン・シェーヌ
Château Le Raz – Cuvée Grand Chêne

Monsieur Patrick Barde
Lieu dit « Le Raz » - 24610 Saint-Méard-de-Gurçon
tel : 05 53 82 48 41 fax : 05 53 80 07 47
vignobles-barde@le-raz.com - www.le-raz.com

カオール
Cahors

　1971年にAOCと認定されたカオールは、生き生きとした色素をもちタンニンを実に多く含む豊かな地のぶどう、コット種[1]を今も変わらず用いています。マディラン同様、この品種がもつ田舎っぽい粗野な側面を和らげるために、優秀な栽培家たちが各種ブレンドの実践・十分に長い熟成に加え、ぶどう畑や醸造所での精選などの努力を続けています。こうして作られる≪最上級ワイン（テット・ド・キュヴェ）≫や≪プレステージワイン≫のおかげで、カオールがセレクション入りしているのです。

★★
プリモ・パラトゥム・キュヴェ・ミトロジア　Primo Palatum - Cuvée Mythologia

新しいバリックでマロラクティック発酵を受け、オリ抜きをしない完全なぶどう液のまま熟成されます。マルベック100％での大成功作。

Monsieur Xavier Coppel
1, Cirette - 33190 Morizès
tel : 05 56 71 39 39 fax : 05 56 71 39 40

★
シャトー・デュ・セードル・ル・セードル　Château du Cèdre – Le Cèdre

この地主はAOCカオールがどうあるべきか、他の平凡なマルベック［＝コット］とは一線を画す良質のぶどうを育てるためには何が必要かについて、しっかりしたビジョンを持っています。潜在的アルコール度だけでぶどうの成熟度が測られることが多い中、ここでは種子や果皮の成熟度までが追究されています。機械を使った摘み取りですが、ぶどうを自然なリズムで成育させるために、前もって入念な手入れを施しています。新樽を使い、実に念入りに行われる熟成は一流の技（生産量38,000本）。ただ、99年物ではタンニンのとげとげしさをもう少しおさえてほしかったです。

Messieurs Pascal et Jean-Marc Verhaeghe
Bru - 46700 Vire sur Lot
tel : 05 65 36 53 87 fax : 05 65 24 64 36

LQCG

シャトー・ラマルティーヌ・エクスプレッション
Château Lamartine – Expression

Monsieur Alain Gayraud
46700 Soturac
tel : 05 65 36 54 14 fax : 05 65 24 65 31

LQCG
-100F

プリモ・パラトゥム・キュヴェ・クラシカ　Primo Palatum – Cuvée Classica

ブレンド比や熟成方法が≪キュヴェ・ミトロジア≫とは異なります。92％のマルベック［＝コット］に丸みをつけるため、8％のメルローがブレンドされています。

Monsieur Xavier Coppel
1, Cirette - 33190 Morizès
tel : 05 56 71 39 39 fax : 05 56 71 39 40

〈訳注〉

[1] 現在ではあまり使われていないようですが、ボルドーではコット種のことをマルベック種と呼んでいました。一方、カオールでは≪オーセロワ auxerrois≫種という別名も使われています。

LQCG クロ・トリグディナ・プランス・プロビュス　Clos Triguedina - Prince Probus

西暦280年、プロブス帝[1]の命によりここケルシーにぶどうが植え付けられたため、この銘柄に皇帝の名前が付いています。ジャン=リュック・バルデスはオーセロワ（＝コット）種の古いぶどうを丹精込めて栽培しています。

Monsieur Jean-Luc Baldès
Triguedina - 46700 Vire-sur-Lot
tel : 05 65 21 30 81 fax : 05 65 21 39 28
triguedina@cdri.fr - www.clos-triguedina.com

コート・デュ・フロントネ
Côtes du Frontonnais

　コート・デュ・フロントネでは、かつては広く栽培されていたネグレット種が今なお使われています。前述したようにマディランにおけるタナ種と同様、カオールでもコット種を≪飼い慣らす≫必要がありました。当地のネグレットも、タンニンを多く含み色が濃いタナやコット系の品種なので、荒々しさが目立ちます。カベルネ・ソーヴィニヨンあるいはシラーの導入はこの荒々しさの緩和にプラスに働くでしょう。オーク樽で熟成しているドメーヌもいくつかあります。

LQCG -100F　ドメーヌ・ド・サン=ギレム・キュヴェ・アマデウス
Domaine de Saint-Guilhem – Cuvée Amadéus

このコート・デュ・フロントネの生産量はバリック4樽のみです。不動産業からぶどう栽培に転職したフィリップ・ラデュギーは、自分のテロワールでネグレット種を育てることに情熱を抱き、進歩への道を絶えず模索しています。目が離せないぶどう栽培家。

Monsieur Philippe Laduguie
31620 Caslelnau d'Estretefonds
tel : 05 61 82 12 09 fax : 05 61 82 65 59

〈訳注〉

1　プロブス帝：ローマ皇帝（在位276-282）。

≪ヴァレ・ド・ラ・ロワール〔赤〕≫ Vallée de la Loire Rouge

ロワール最良の赤ワインが見つかるのはトゥーレーヌ地方です。上流に位置するアペラシオンが飲みやすいワインを作っていますが、セレクション入りするレベルではありません。

〔ヴァレ・ド・ラ・ロワールの簡易地図〕

1. ペイ・ナンテ
    - ミュスカデ・デ・コトー・ド・ラ・ロワール
    - ミュスカデ・ド・セーヴル・エ・メーヌ
    - グロ・プラン・ナンテ
    - ミュスカデ・コート・ド・グラン・リュー
2. アンジュー
    - サヴェニエール
    - アンジュー・ヴィラージュ
    - コトー・ド・ラ・ロワール
    - コトー・ド・ローバンス
    - ソーミュール
    - コトー・ド・ソーミュール
    - アンジュー
    - カール=ド=ショーム
    - ボンヌゾー
    - コトー・デュ・レイヨン
    - ソーミュール・シャンピニー
3. トゥーレーヌ
    - ジャスニエール
    - コトー・デュ・ロワール
    - トゥーレーヌ=メラン
    - トゥーレーヌ・アゼ=ル=リドー
    - クール=シュヴェルニー
    - モンルイ
    - ブルグイユ
    - シノン
    - コトー・デュ・ヴァンドムワ
    - トゥーレーヌ
    - トゥーレーヌ=アンボワーズ
    - シュヴェルニー
    - ヴーヴレー
    - ヴァランセ
    - サン=ニコラ・ド・ブルグイユ
4. ヴァン・ド・ロルレアネ
5. コート・ド・ジアン
6. コトー・デュ・ジアノア
7. プイィ=フュメ
8. プイィ=スュル=ロワール
9. サンセール
10. メヌトゥ・サロン
11. サン=プルサン
12. シャトーメイヤン
13. カンシー
14. ルイイ
15. ヴァン・デュ・トアルセ／ヴァン・デュ・オー=ポワトゥ
16. フィエフ・ヴァンデアン

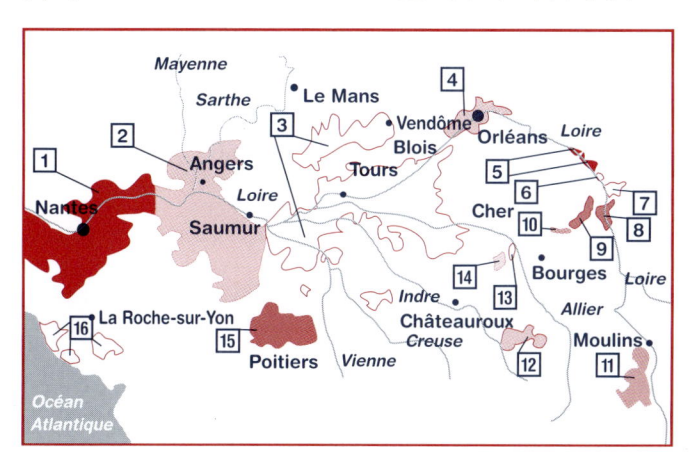

ヴァレ・ド・ラ・ロワール（赤）

シノン
Chinon

　いくつかのミレジムにわたる複数銘柄を試飲してみると、生産者によってむらがあることがわかります。銘醸ワインの出来が良くないケースもあれば、小さなドメーヌのワインが意外においしくてびっくりすることもあります。シノン最良のテロワールではカベルネ・フランが使われ、繊細なタンニンを含む、しっかりした豊かな味のワインが作られています。ただ、あかぬけない製造法から抜けきれないでいるため、途中までは上出来なワインが丁寧な熟成を受けないことで、その真価を発揮できていないのは残念です。

★
-100F

ドメーヌ・ベルナール・ボードリー・レ・グレゾー
Domaine Bernard Baudry - Les Grézeaux

このワインは当たり年にのみこの名前で出荷されます（レ・グレゾーの98年物は存在しません）。ぶどうの樹齢は古く35～60年、地下が粘土質になっている砂利石混じりの土地です。バリックで12ヶ月の熟成。

Monsieur Bernard Baudry
13, coteau de Sonnay - 37500 Chinon
tel : 02 47 93 15 79   fax : 02 47 98 44 44
bernard-baudry@chinon.com - www.chinon.com/vignoble/bernard-baudry/index.html

LQCG

カトリーヌ＆ピエール・ブルトン - ≪レ・ピカス≫
Catherine et Pierre Breton - « Les Picasses »

ブルトン家は長年有機栽培を採用していて、シノンとブルグイユの2つのアペラシオンで生産されたワインがセレクトされています。25hl/haと生産高が少ない古いぶどうから作られる≪キュヴェ・レ・ピカス≫は、木樽でマロラクティック発酵を受けています。亜硫酸臭のしないワインや有機栽培の選択などには、何よりもまずワインの持ち味を引き出そうという強い意欲がうかがわれます。

Monsieur et Madame Catherine et Pierre Breton
Les Galichets
8, rue du peu Muleau - 37140 Restigné
tel : 02 47 97 30 41   fax : 02 47 97 46 49
catherineetpierrebreton@libertysurf.fr

LQCG
-100F

ドメーヌ・シャルル・パン・キュヴェ・プレスティージュ
Domaine Charles Pain - Cuvée Prestige

さまざまな地質（砂質、砂利質、粘土ケイ質、石灰質）から成る20haで、区画ごとにぶどうを管理しています。この≪プレステージ≫ワインは収穫物のレベルが高い年にだけ生産されます。

Monsieur Charles Pain
Chézelet - 37220 Panzoult
tel : 02 47 93 06 14   fax : 02 47 93 04 43
Charles.Pain@wanadoo.fr

LQCG
-100F

リシャール・フィリップ　Richard Philippe

この若い栽培家が現在の作付面積全域（4.5ha）を使ってワインを生産し始めたのは、ミレジム96年以降です。ぶどうは樹齢40～60年で、砂利や砂が多い地層に植えられています。ぶどうの実の出来、醸造槽でのアルコール発酵などが特に重視されています。大半が小売り販売。おそらくシノンの中では品質と価格のバランスが一番です。

Monsieur Philippe Richard
Le Sanguier
37420 Huismes
tel : 02 47 95 52 50   fax : 02 47 95 45 82

LQCG
-100F

シャトー・ド・サン・ルアン・レゼルヴ・ド・トロンプグー
Château de Saint Louand - Réserve de Trompegueux

その名称がラブレー風の響きをもつ丘で作られるシノンです（≪浮浪者 Gueux≫が重い靴≪トロンプ les trompes≫を履いて丘をよじ上る）。

Bonnet-Walther
Saint Louand, 37500, Chinon
tel : 02 47 93 48 60 fax : 02 47 98 48 54

ブルグイユ
Bourgueil

現在出回っているものよりもずっと優れたワインを生産できる良質のテロワール。

★★

ドメーヌ・デュ・ベレール・≪グラン・モン≫ Domaine du Bel-Air - « Grand Mont »

精選された区画で、樹齢80年のぶどうです。生産量は少なく、新樽での18ヶ月熟成に耐えうる濃縮度。

Monsieur Pierre Gauthier
La Motte
37140 Benais
tel : 02 47 97 41 06 fax : 02 47 97 47 07

LQCG

カトリーヌ＆ピエール・ブルトン・≪レ・ペリエール≫
Catherine et Pierre Breton - « Les Perrières »

ブルトン家は長年有機栽培を採用していて、シノンとブルグイユの2つのアペラシオンで生産されたワインがセレクトされています。粘土ケイ質の土壌で、樹齢50年以上の古いぶどうから作られる≪キュヴェ・レ・ペリエール≫は、20hl/haの生産量、バリック（半分を新調）でマロラクティック発酵を受けています。

Monsieur et Madame Catherine et Pierre Breton
Les Galichets
8, rue du peu Muleau - 37140, Restigné
tel : 02 47 97 30 41 fax : 02 47 97 46 49
catherineetpierrebreton@libertysurf.fr

ソーミュール＝シャンピニー
Saumur-Champigny

ソーミュール＝シャンピニーの優良ワインは変わらぬエレガンスが身上。

LQCG
-100F

シャトー・ド・ヴィルヌーヴ・≪ル・グラン・クロ≫
Château de Villeneuve - « Le Grand Clos »

この銘柄はシャトーを取り囲むようにしてある区画から作られます。生産量は少なく30hl/ha。ぶどうの自然アルコール度数が13度以上の年にだけ醸造されます。カベルネ・フランを使い、オーク樽（40％を新調）での熟成。ソーミュール＝シャンピニーらしい味わいだと誰もが認めるワインです。

R et J.-P. Chevallier
3, rue Jean Brevet - 49400 Souzay-Champigny
tel : 02 41 51 14 04 fax : 02 41 50 58 24

ヴァレ・ド・ラ・ロワール（赤）

≪世界の赤ワイン≫　Étrangers Rouge

昨年度版まで2度にわたり、巻末の試飲会では外国産ワインも対象にしていたので、今回からセレクションの方にも掲載すべきだと考えました。さまざまに異なる持ち味がフランスの愛好家に認められないケースが多いものの、人の五感を魅了する秀作の数々です。

アルゼンチン / Argentine

★ **カテナ（ボデガ・エスメラルダ）- ニコラス・カテナ・サパタ**
Catena (Bodega Esmeralda)ーNicolas Catena Zapata

Monsieur Jeff Mausbach
Guatemala 4565 C.P. 1425 Buenos-Aires
tel : (54-1) 833-2080 fax : (54-1) 832-3086
bod.esmeralda@interlink.com.ar

LQCG **アルトス・ロス・オルニガス - ≪レゼルヴァ・ヴィーニャ・オルニガス・マルベック≫**
Altos Los Hornigas ー « Reserva Viña Hornigas - Malbec »

住所は明記されていません。

LQCG **カテナ（ボデガ・エスメラルダ）- カテナ・アルタ・カベルネ・ソーヴィニヨン**
Catena (Bodega Esmeralda)ーCatena Alta Cabernet Sauvignon

Monsieur Jeff Mausbach
Guatemala 4565 C.P. 1425 Buenos-Aires
tel : (54-1) 833-2080 fax : (54-1) 832-3086
bod.esmeralda@interlink.com.ar

LQCG **カテナ（ボデガ・エスメラルダ）- カテナ・アルタ・マルベック**
Catena (Bodega Esmeralda)ーCatena Alta Malbec

マルベックから作られる最も優れたワインのひとつ。

Monsieur Jeff Mausbach
Guatemala 4565 C.P. 1425 Buenos-Aires
tel : (54-1) 833-2080 fax : (54-1) 832-3086
bod.esmeralda@interlink.com.ar

LQCG **ジャック＆フランソワ・リュルトン**
グラン・リュルトン・グランド・レゼルヴ・カベルネ・ソーヴィニヨン
Jacques et François Lurton ー Grand Lurton Grande Réserve Cabernet Sauvignon

JFL Distribution, Domaine de Poumeyrade, 33870, Vayres
tel : 05 57 74 72 74
jflurton@jflurton.com

チリ / Chili

★★ **カーサ・ラポストレ - ≪クロ・アパルタ≫**
Casa Lapostole ー « Clos Apalta »

特徴として優雅、豊饒、柔かい後味などが挙げられるすばらしいワイン。

Monsieur Eguiguren Patricio
Benjamin 2935 Of. 801, Las Condes, Santiago, Chili
tel : 242 9774 242 9775 fax : (56-2) 234 4536
lapostol@reuna.cl

★★ ヴィーニャ・コンチャイ・トロ -《アルマヴィヴァ》
Viña Concha Y Toro －《 Almaviva 》

この銘柄は年々進歩を遂げています。なかでも99年物の出来が良かったので2つ星を獲得。

Monsieur Guilisasti Eduardo
Av. Nueva Tajamar 481, Torre Norte, piso 15, Santiago, Chili
tel : (56-2) 8217300 fax : (56-2) 2036740
vcoir@conchaytoro.cl - www.conchaytoro.cl

★★ ロバート・モンダヴィ・ワイナリー -《セニア》カベルネ・ソーヴィニヨン
Robert Mondavi Winery－《 Senia 》Cabernet Sauvignon
(R. Mondavi/Edouard Chadwick)

一流のワインを追求しているのがよくわかり、それに成功しています。

Gaillard Christel
P.P. Box 106, Oakville, CA 94-5462
tel : (707) 226-1395 fax : (707) 251-4480
www.robertmondavi.com

★★ ヴィーニャ・サンタ・リタ・カーサ・レアル・カベルネ・ソーヴィニヨン
Viña Santa Rita - Casa Real Cabernet Sauvignon

当たり年に並外れたワインが生まれます。チリで最も見事なワイン。

Monsieur Sanchez Pedro Hulian
Av. Apoquindo 3669, Piso 6, Las Condes, Santiago
tel : (56-2) 3622000 fax : (56-2) 2062842
info@santarita.com - www.santarita.com

★★ バルディビエソ・バルディビエソ《V》マルベック
Valdivieso - Valdivieso « V » Malbec

目下のところまちがいなく世界で最良のマルベックワイン。

Monsieur de Bernard Winfried
Celia Solar 55, Casilla 189 D
tel : (56-2) 3819269 fax : (56-2) 2382383
winfried@valdivieso.cl / valdivie@ctcinternet.cl - www.vinavaldivieso.cl

★ カーサ・ラポストレ・キュヴェ・アレクサンドル・カベルネ・ソーヴィニヨン
Casa Lapostole - Cuvée Alexandre Cabernet Sauvignon

変わらぬ出来栄え。安全株。

Monsieur Patricio Eguiguren
Benjamin 2935 Of. 801, Las Condes, Santiago
tel : 242 9774 242 9775 fax : (56-2) 234 4536
lapostol@reuna.cl

★ カーサ・ラポストレ・キュヴェ・アレクサンドル《ラピー・ヴァレー》メルロー
Casa Lapostole - Cuvée Alexandre « Rappey Valley » Merlot

豪奢で甘美でありながら、重々しさを感じさせない優れたメルローワイン。

Monsieur Patricio Eguiguren
Benjamin 2935 Of. 801, Las Condes, Santiago
tel : 242 9774 242 9775 fax : (56-2) 234 4536
lapostol@reuna.cl

★ コウシーノ・マクル
ドムス・アウレアークロ・ケブラダ・マクル・カベルネ・ソーヴィニヨン
Cousino Macul
Domus Aurea - Clos Quebrada Macul Cabernet Sauvignon

すばらしいフルーティさと芳醇な味わい。

Maria Luz Rodriguez Cano
Av. Quilin 7100, Penalolén, Santiago

世界の赤ワイン（アルゼンチン／チリ）

tel : 284 1011 fax : (56-2) 284 1509
vinacous.inoma001@chilnet.cl

★ バルディビエソ・バルディビエソ≪カバロ・ロコ≫
Valdivieso - Valdivieso « Cabalo Loco »

疑いのない成功作。絶妙なブレンドは相変わらずです。

Monsieur Winfried De Bernard
Celia Solar 55 Casilla 189 D
tel : (56-2) 3819269 fax : (56-2) 2382383
winfried@valdivieso.cl / valdivie@ctcinternet.cl - www.vinavaldivieso.cl

★ ヴィーニャ・エラスリス・S.A.
ドン・マキシミアーノ・カベルネ・ソーヴィニヨン
Viña Errazuriz S.A.
Don Maximiano Cabernet Sauvignon

実に上品なワイン。

Felipe Cruz C., Av. Nueva Tajamar 481
Torre Sur Piso 5 Of. 503, Las Condes, Santiago
tel : 203 6688 fax : (56-2) 203 66 90

LQCG シャトー・ロス・ボルドス≪グラン・クリュ・カベルネ・ソーヴィニヨン≫
Château Los Boldos « Grand Cru Cabernet Sauvignon »

Mr Massenez Dominique Camino Los Boldos S/A Requinoa, Chili
tel : (56-2) 7255 12 30 fax : (56-2) 7255 12 02

LQCG バルディビエソ・バルディビエソ・シングル・ヴィンヤード・メルロー
Valdivieso - Valdivieso Single Vineyard Merlot

Monsieur Winfried De Bernard
Celia Solar 55 Casilla 189 D
tel : (56-2) 3819269 fax : (56-2) 2382383
winfried@valdivieso.cl / valdivie@ctcinternet.cl - www.vinavaldivieso.cl

LQCG バルディビエソ・バルディビエソ・シングル・ヴィンヤード・マルベック
Valdivieso - Valdivieso Single Vineyard Malbec

すばらしいワイン。

Monsieur Winfried De Bernard
Celia Solar 55 Casilla 189 D
tel : (56-2) 3819269 fax : (56-2) 2382383
winfried@valdivieso.cl / valdivie@ctcinternet.cl - www.vinavaldivieso.cl

LQCG バルディビエソ・バルディビエソ・シングル・ヴィンヤード・カベルネ・フラン
Valdivieso - Valdivieso Single Vineyard Cabernet Franc

Monsieur Winfried De Bernard
Celia Solar 55 Casilla 189 D
tel : (56-2) 3819269 fax : (56-2) 2382383
winfried@valdivieso.cl / valdivie@ctcinternet.cl - www.vinavaldivieso.cl

LQCG ヴィーニャ・コンチャイ・トロ・≪ドン・メルチョー・カベルネ・ソーヴィニヨン≫
Viña Concha Y Toro « Don Melchor - Cabernet Sauvignon »

Monsieur Eduardo Guilisasti
Av. Nueva Tajamar 481 Torre Norte, piso 15, Santiago
tel : (56-2) 8217300 fax : (56-2) 2036740
vcoir@conchaytoro.cl - www.conchaytoro.cl

LQCG ヴィーニャ・モンテス・≪モンテス "M" カベルネ・ソーヴィニヨン≫
Viña Montès - « Montès "M" Cabernet Sauvignon »

Monsieur Douglas Murray
California 2521, Providencia, Santiago
tel : (56-2) 2741 703 fax : (56-2) 2250174
dmurray@monteswines.com

LQCG ヴィーニャ・サン・ペドロ・≪カボ・デ・オノルス・カベルネ・ソーヴィニヨン≫
Viña San Pedro - « Cabo de Hornos Cabernet Sauvignon »

Monsieur Matias Elton Necochea
La Conceptión 351 Providencia, Santiago
info@sanpedro.cl

オーストラリア
Australie

　カリフォルニアワインと同じく、今回セレクトできなかった優れたワインがいくつかありました。それらの銘醸ワインは定期的に試飲することが難しいので、掲載を控えざるをえませんでした。とはいえ、次に挙げるメーカーの銘柄を見つけたら逃さないでください！
シラー：ダルウィニー（Dalwhinnie）、マウント・マリー（Mount Mary）、ヤラ・イエリング（Yarra Yerring）、ブロークンウッド（Brokenwood）、ジャスパー・ヒル（Jasper Hill）
カベルネ・ソーヴィニヨン：コールドストリーム・ヒルズ（Coldstream Hills）、ヤラ・イエリング
シャルドネ：ペタルマ（Petaluma）、リンデマンズ（Lindemans）、ダルウィニー

　ヒュー・ジョンソン Hugh Johnson の『The World Atlas of Wine』[1]は、フランスや世界のぶどう園の面積・詳細な地図など情報が満載されているので便利です。

★★　パーカー・クナワラ・エステート
≪クナワラ・テラ・ロッサ・ファースト・グロウス≫・カベルネ・ソーヴィニヨン
Parker Coonawara Estate
« Coonawara Terra Rossa First Growth » Cabernet Sauvignon

力強さと芳醇な味わいを兼ね備えたすばらしいカベルネ・ソーヴィニヨン。

Monsieur Chris Cameron
Riddoch Highway, Penola SA, 5277, Australia
tel : (61 08) 87 37 35 25

★★　ペンフォールズ・ワインズ
ペンフォールズ・BIN 707・カベルネ・ソーヴィニヨン
Penfolds Wines
Penfolds BIN 707 Cabernet Sauvignon

力強いタンニンを含み、しっかりしたボディでもそっけなさは感じない個性的なスタイル。

Monsieur John Duval
Tanunda Road, Nurioopta SA, 5355
tel : (61 08) 85 60 93 89 fax : (61 08) 85 60 94 94
penfolds-nta@spike.com.au - www.penfolds.com

〈訳注〉

1　Hugh Johnson, *THE WORLD ATLAS OF WINE*, 辻静雄 監修、ネスコ発行、文藝春秋発売, 1991

世界の赤ワイン（オーストラリア）

★★
ヤルンバ・ワイン・カンパニー
ザ・シグナチャー・カベルネ・ソーヴィニヨン & シラーズ
Yalumba Wine Company
The Signature Cabernet Sauvignon & Shiraz

オーストラリアの銘醸カベルネ・ソーヴィニヨンのひとつ。

Jodie Hindley-Cooke
Eden Valley Road, PO Box 10 Angaston, SA, 5353
tel : (61 08) 85 61 32 00 fax : (61 08) 85 61 33 93
info@yalumba.com - www.yalumba.com

★
カレン・ワインズーカレン・カベルネ・ソーヴィニヨン・メルロー
Cullen Wines－Cullen Cabernet Sauvignon - Merlot

実にエレガントで、芳醇さ・味の奥深さが重視されていることがよくわかります。

Vanya Cullen
Caéves Road - P.O. 17 Cowaramup 6284 Western
tel : (61 08) 97 55 52 77 fax : (61 08) 97 55 55 50
www.cullens.com.au

★
ダレンバーグ・ワインズーコッパーマイン・ロード・カベルネ・ソーヴィニヨン
D'Arenberg Wines－Coppermine Road Cabernet Sauvignon

ぶどうの風味が生きたまろやかなおいしいワイン。

Monsieur, Madame Chester Louise
Osborne Hamsley, Smith
P.O. Box 195, Osborn Road, McLaren Vale, South Australia 5171
tel : (61 08) 83 23 82 06 fax : (61 08) 83 23 84 23
winery@darenberg.com.au - www.darenberg.com.au

★
BRL・ハーディーズ・LTD
ハーディーズ・リージンガム・クラシック－クレア・カベルネ・ソーヴィニヨン
BRL Hardys LTD - Hardy's Leasingham Classic - Clare Cabernet Sauvignon

初心者でも親しみやすい快適なワイン。

Reynell Road, Reynella SA, 5151
tel : (61 08) 83 92 22 02 fax : (61 08) 83 92 22 02
corporate@brlhardy.com.au - www.brlhardy.com.au

★
パーカー・クナワラ・エステート・《クナワラ・エステート・カベルネ・ソーヴィニヨン》
Parker Coonawara Estate - « Coonawara Estate Cabernet Sauvignon »

Monsieur Chris Cameron
Riddoch Highway, Penola SA, 5277, Australia
tel : (61 08) 87 37 35 25

★
ウィンズ・ヴィンヤード・ウィンズ・ジョン・リドック・カベルネ・ソーヴィニヨン
Wynns Vineyard－Wynns John Riddoch Cabernet Sauvignon

荒々しいくらいに濃厚なワイン。初心者には親しみにくいかもしれませんが、この極度の濃厚さによって他にはない性格をもつワインとなっています。

Monsieur Sue Hodder
Memorial Drive Coonawara, SA, 5263, Australia
tel : (61 08) 97 36 22 26 fax : (61 08) 87 36 22 28
www.wynns.com.au

LQCG
モス・ウッド・カベルネ・ソーヴィニヨン・リザーヴ
Moss Wood - Cabernet Sauvignon Reserve

ミュール（桑の実）とカシスの風味が溢れる力強いワイン。ユニークなキャラクター。

Monsieur Keith Mugford
Metricup Road, Willyabrup WA 6280
tel : (61 08) 97 57 62 53 fax : (61 08) 97 57 63 64
mosswood@mosswood.com.au - www.mosswood.com.au

シラーズ（シラー）／オーストラリア
Shiraz (Syrah) Australie

★★★★ **トーブレック・ラン・リグ≪シラーズ≫**
Torbreck - Run Rig « Shiraz »

芳醇さと気品を十分に兼ね備えたものすごいワイン。オーストラリアで最も見事な銘柄。

Monsieur David Powell
Roennfeldt Road, Marananga SA, 5352

★★★ **ジム・バリー・ワインズ・ジ・アーマー・シラーズ**
Jim Barry Wines－The Armagh Shiraz

気品にあふれ、オーストラリアの伝統的スタイルを大切に守っている卓越した銘柄。すばらしいの一言。

Monsieur Bec Carey, Main North Road, Clare SA, 5453
tel : (61 08) 88 42 22 61 fax : (61 08) 88 42 37 52
jmbarry@capri.net.au

★★★ **ダレンバーグ・ワインズ・デッド・アーム・シラーズ**
D'Arenberg Wines－Dead Arm Shiraz

ぜいたくなワイン。

Monsieur, Madame Chester Louise
Osborne Hamsley, Smith
P.O. Box 195, Osborn Road, McLaren Vale, South Australia 5171
tel : (61 08) 83 23 82 06 fax : (61 08) 83 23 84 23
winery@darenberg.com.au - www.darenberg.com.au

★★★ **BRL・ハーディーズ・LTD**
アイリーン・ハーディー・シラーズ・マクラーレン・ヴァレー・パサウェイ
BRL Hardys LTD - Eileen Hardy Shiraz Mac Laren Valley Padthaway

完璧なワイン。

Reynell Road, Reynella SA, 5151
tel : (61 08) 83 92 22 02 fax : (61 08) 83 92 22 02
corporate@brlhardy.com.au - www.brlhardy.com.au

★★★ **ヘンチキ・ヘンチキ・ヒル・オブ・グレース・シラーズ**
Henschke
Henschke Hill of Grace Shiraz

4つ星に値するミレジムもあれば、それほど見栄えがしない年もあります。それでもオーストラリアで最も上等なワインです。

Monsieur Henschke
P.O. Box 100, Moculta Road Keyneton, SA 5353, Australie
tel : (61 08) 85 64 82 23 fax : (61 08) 85 64 82 94
henschke@dove.net.au - www.henschke.com.au

★★★ **ヘンチキ・ヘンチキ・マウント・エーデルストーン・シラーズ**
Henschke
Henschke Mount Edelstone Shiraz

堂々とした風格。

Monsieur Henschke
P.O. Box 100, Moculta Road Keyneton, SA 5353, Australie
tel : (61 08) 85 64 82 23 fax : (61 08) 85 64 82 94
henschke@dove.net.au - www.henschke.com.au

世界の赤ワイン（オーストラリア）

世界の赤ワイン（オーストラリア）

★★★ ペンフォールズ・ワインズ・ペンフォールズ・グランジ・シラーズ
Penfolds Wines－Penfolds Grange Shiraz

格調の高い1本。

Monsieur John Duval
Tanunda Road, Nurioopta SA, 5355
tel : (61 08) 85 60 93 89 fax : (61 08) 85 60 94 94
penfolds-nta@spike.com.au - www.penfolds.com

★★★ ヤルンバ・ワイン・カンパニー・ジ・オクタヴィアス・シラーズ
Yalumba Wine Company－The Octavius Shiraz

実に艶やかさのあるオーストラリア・シラーズ。4つ星もそう遠くありません。

Jodie Hindley-Cooke
Eden Valley Road - PO Box 10 Angaston, SA, 5353
tel : (61 08) 85 61 32 00 - fax : (61 08) 85 61 33 93
info@yalumba.com - www.yalumba.com

★★ BRL・ハーディーズ・LTD
ハーディーズ・E&E・ブラックペッパー・シラーズ
BRL Hardys LTD
Hardy's E & E Black Pepper Shiraz

≪アイリーン・ハーディー≫ほど強い印象はありませんが、こういうタイプがお好きな方はこの銘柄がもつ伝統的なスタイルに魅了されるでしょう。

Reynell Road, Reynella SA, 5151
tel : (61 08) 83 92 22 02 fax : (61 08) 83 92 22 02
corporate@brlhardy.com.au - www.brlhardy.com.au

★★ チャールズ・メルトン・ワインズ-チャールズ・メルトン・シラーズ
Charles Melton Wines－Charles Melton Shiraz

見事なバランスをもつすばらしいワイン。グルメなあなたへ。

Madame Jackie Adkins
krondorf road, PO BOX 319, Tanunda SA, 5352
tel : (61 08) 85 63 36 06 - fax : (61 08) 85 63 34 22
info@charlesmeltonwines.com.au - www.charlesmeltonwines.com.au

★★ マウント・ランギ・ギラン・シラーズ
Mount Langi Ghiran－Shiraz

オーストラリアで最もスパイス香のきいた銘柄のひとつ。格調の高いワイン。

Monsieur Trevor Mast
Vine Road, Buangor VIC, 3375
tel : (61 03) 53 54 32 07 fax : (61 03) 53 54 32 77
langi@netconnect.com.au

★★ ペンフォールズ・ワインズ・≪RWT≫・バロッサ・ヴァレー
Penfolds Wines－ « RWT » Barossa Valley

完璧なバランス。しなやかさが追求されています。

Monsieur John Duval
Tanunda Road, Nurioopta SA, 5355
tel : (61 08) 85 60 93 89 fax : (61 08) 85 60 94 94
penfolds-nta@spike.com.au - www.penfolds.com

★★ ウィンズ・ヴィンヤード・ウィンズ・マイケル・シラーズ
Wynns Vineyard－Wynns Michael Shiraz

フルーティさが印象的です。

Monsieur Sue Hodder
Memorial Drive Coonawara, SA, 5263
tel : (61 08) 97 36 22 26 fax : (61 08) 87 36 22 28
www.wynns.com.au

★ ドメーヌ・グラント・バージ
フィルゼル・ヴィエイユ・ヴィーニュ・シラーズ・バロッサ・ヴァレー
Domaine Grant Burge
Filsel Vieilles Vignes Shiraz Barossa Valley

やわらかく甘美。

Monsieur Grant Burge
Barossa Valley Way, Tanunda SA, 5352
tel : (61 08) 85 63 37 00 fax : (61 08) 85 63 28 07
admin@grantburgewines.com.au - www.grantburgewines.com.au

★ BRL・ハーディーズ・LTD
ハーディーズ・リージンガム・クラシック・クレア・シラーズ
BRL Hardys LTD
Hardy's Leasingham Classic Clare Shiraz

Reynell Road, Reynella SA, 5151
tel : (61 08) 83 92 22 02 fax : (61 08) 83 92 22 02
corporate@brlhardy.com.au - www.brlhardy.com.au

★ ジム・バリー・ワインズ - マクレー・ウッド・シラーズ
Jim Barry Wines－Mccrae Wood Shiraz

まろやかでフルーティさも生きています。

Monsieur Bec Carey
Main North Road, Clare SA, 5453
tel : (61 08) 88 42 22 61 fax : (61 08) 88 42 37 52
jmbarry@capri.net.au

LQCG セント・ハレット - セント・ハレット・オールド・ブロック・シラーズ
ST Hallett - ST Hallett Old Block Shiraz

小粒の赤いフルーツの味わいをもつやわらかいワイン。

Monsieur Stuart Blackwell
PO Box 120 Tanunda SA 5352
tel : (61 08) 85 63 23 19 fax : (61 08) 85 63 29 01
sthallett@sthallett.com - www.sthallett.com.au

オーストラリア／ローヌ品種[1]ブレンド
Assemblages de cépages rhodaniens Australie

★★ チャールズ・メルトン・ワインズ
チャールズ・メルトン・ナイン・ポープス・ブレンド
Charles Melton Wines
Charles Melton Nine Popes Assemblage

力強さと洗練さを兼ね備えたおいしいワイン。

Madame Jackie Adkins
krondorf road, PO BOX 319, Tanunda SA, 5352
tel : (61 08) 85 63 36 06 fax : (61 08) 85 63 34 22
info@charlesmeltonwines.com.au - www.charlesmeltonwines.com.au

★ ダレンバーグ・ワインズ
アイアンストーン・プレッシング・グルナッシュ＆シラーズ
D'Arenberg Wines
Ironstone Pressing Grenache & Shiraz

リッチでボディもしっかりしています。小粒の黒いフルーツのような深い味わい。

Monsieur, Madame Chester Louise Osborne Hamsley, Smith

〈訳注〉

1　フランスのローヌ河流域で多く栽培されているグルナッシュ・ノワールやムールヴェードルなど。

世界の赤ワイン（オーストラリア）

P.O. Box 195, Osborn Road, McLaren Vale, South Australia 5171
tel : (61 08) 83 23 82 06 fax : (61 08) 83 23 84 23
winery@darenberg.com.au - www.darenberg.com.au

★ **トーブレック・ザ・ステディング－グルナッシュ/ムールヴェードル/シラーズ**
Torbreck The Steading－Grenache/Mourvèdre/Shiraz

本当においしいワイン。

Monsieur David Powell
Roennfeldt Road, Marananga SA, 5352

オーストラリア／その他の赤ワイン
Divers Rouges Australie

★ **ペンフォールズ・ワインズ - BIN 309（カベルネ・ソーヴィニヨン/シラーズ）**
Penfolds Wines－BIN 389 (Cabernet Sauvignon/Shiraz)

やわらかさと力強さの見事なハーモニー。

Monsieur John Duval
Tanunda Road, Nurioopta SA, 5355
tel : (61 08) 85 60 93 89 fax : (61 08) 85 60 94 94
penfolds-nta@spike.com.au - www.penfolds.com

オーストリア
Autriche

ヒュー・ジョンソン Hugh Johnson の『The World Atlas of Wine』は、フランスや世界のぶどう園の面積・詳細な地図など情報が満載されているので便利です。

★★★ **アクス・ポール・ピノ・ノワール**
Achs Paul - Pinot Noir

驚異的な芳醇さを誇るすばらしいワイン。例えるなら、コート=ロティ≪コート・ブリュヌ≫の最良の銘柄がもつスパイシーな性格とヴォーヌ=ロマネのピノ・ノワールとの間あたり、といえるかもしれません。

Paul Achs
Neubaugasse 13 A-7122, Gols
tel : 00 43 21 73/23 67 fax : 00 43 21 73/34 78

★★ **アクス・ポール・ウンゲルベルク**
Achs Paul - Ungerberg

パーフェクト。

Paul Achs
Neubaugasse 13 A-7122, Gols
tel : 00 43 21 73/23 67 fax : 00 43 21 73/34 78

★★ **ハインリッヒ・ゲルノート・ガバリンツァ**
Heinrich Gernot - Gabarinza

稀に見る味の強さをもつ複雑な味わいのワイン。

Gernot Heinrich
Baumgarten 60 A-7122, Gols
tel : 43 21 73/31 760 fax : 43 21 73/31 764

★★ **アクス・ポール - ブラウフレンキッシュ・エーデルグルント**
Achs Paul - Blaufrankirsch Edelgrund

印象深いワイン。

Paul Achs

Neubaugasse 13 A-7122, Gols
tel : 00 43 21 73/23 67 fax : 00 43 21 73/34 78

★★ **ヨゼフ・ペックル・アドミラル**
Josef Pöckl - Admiral

上品さが際立っています。

Baumschulgasse 12-A-7123, Mönchhof
tel : 00 43 21 73/802 580 fax : 00 43 21 73/802 584

★★ **クルツラー・ブラウフレンキッシュ・アルター・ヴァインガルテン**
Krutzler - Blaufrankirsch Alter Weingarten

きらりと光る秀作。

Erich & Reinhold Krutzler
Hauptstrasse 84 A-7474, Deutsch-Schützen
tel : 00 43 33 65/22 42 fax : 00 43 33 65/20 013

★★ **コルヴェンツ・アントン・シュタインツァイラー**
Kollwentz Anton - Steinzeiler

絹のようにやわらかいデリケートな味のワイン。

Andy, A-7051, Grossöflein
tel : 00 43 26 82/651 580 fax : 00 43 26 82/65 15 813

★★ **クルツラー・ペルヴォルフ**
Krutzler - Perwolff

構成がしっかりしていて、豪奢でありながら気品を十分に備えたワイン。

Erich & Reinhold Krutzler
Hauptstrasse 84 A-7474, Deutsch-Schützen
tel : 00 43 33 65/22 42 fax : 00 43 33 65/20 013

★★ **ニットナウス・ハンス＆アニター・パノビレ**
Nittnaus Hans & Anita－Pannobile

バランスに優れ、余韻も長く残るすばらしいワイン。

Monsieur & Madame Hans & Anita Nittnaus
Untere Hauptstasse 49 A - 7122 Gols
tel : 43 (0) 2173 - 2248 fax : 00 43 2173 2248
h.nittnaus@pirchner.co.at

★★ **ニットナウス・ハンス＆アニタ・コモンドール**
Nittnaus Hans & Anita - Comondor

奥行きがあって豪華、しっかりしたボディー。芳醇な味わいも十分に備えています。

Monsieur & Madame Hans & Anita Nittnaus
Untere Hauptstasse 49 A - 7122 Gols
tel : 43 (0) 2173 - 2248 fax : 00 43 2173 2248
h.nittnaus@pirchner.co.at

★ **ハインリッヒ・ゲルノート・パノビレ・ロート**
Heinrich Gernot - Pannobile Rot

独特な味わいの実においしいワイン。

Gernot Heinrich
Baumgarten 60 A-7122 Gols
tel : 43 21 73/31 760 fax : 43 21 73/31 764

★ **ゲゼルマン・ベラ・レックス**
Gesellmann - Bela Rex

魅惑のワイン。

Albert Gesellmann
Langegasse 65 A-7301, Deutschkreutz

tel : 00 43 613/80360 fax : 43 613/803 60 15

★ イグラー・ヴルカノ
Igler - Vulcano

見事なワイン。

Waltraud & Wolfgang Reisner
A-7301 Deutschreutz
tel : 00 43 26 13/808 65 fax : 26 13/896 83

★ ニットナウス・ハンス＆アニタ・サン・ローラン
Nittnaus Hans & Anita - St Laurent

Monsieur & Madame Hans & Anita Nittnaus
Untere Hauptstasse 49 A - 7122 Gols
tel : 43 (0) 2173 - 2248 fax : 00 43 2173 2248
h.nittnaus@pirchner.co.at

★ ヨゼフ・ペックル - レーヴ・ド・ジュネス（ペックル・ルネ、フィス）
Josef Pöckl - Rêve de Jeunesse (Pöckl. René, Fils)

なんてすてきな夢なんでしょう！

Baumschulgasse 12 A-7123, Mönchhof
tel : 00 43 21 73/802 580 fax : 00 43 21 73/802 584

★ エルンスト・トリーバウマー・ブラウフレンキッシュ・マリエンタル
Ernst Triebaumer Blaufrankirsch Mariental

独特なキャラクターをもつ飾りのないしっかりしたボディのワイン。

Ernst Triebaumer
Raiffeisenstrasse 9 A-7071 - Rust
tel : 43 26 85/528 fax : 43 26 85/60 738

★ ウマトゥム・サン・ローラン・フォン・シュタイン
Umathum - Saint Laurent von Stein

オーストリアで最も洗練されたワインのひとつ。

Monsieur Joseph Umathum
St. Andräer Straße 1 A-7132 Frauenkirchen - Autriche
tel : 43 (0) 2172 / 2440 fax : 00 43 21 72 21734
office@umathum.at - www.umathum.at

★ ウマトゥム・リート・ハレブール
Umathum - Ried Hallebuhl

伝統的なワイン。

Monsieur Joseph Umathum
St. Andräer Straße 1 A-7132 Frauenkirchen - Autriche
tel : 43 (0) 2172 / 2440 fax : 00 43 21 72 21734
office@umathum.at - www.umathum.at

★ ウマトゥム・サン=ローラン≪レゼルヴ≫
Umathum - Saint-Laurent « Réserve »

芳醇で上品。

Monsieur Joseph Umathum
St. Andräer Straße 1 A-7132 Frauenkirchen - Autriche
tel : 43 (0) 2172 / 2440 fax : 00 43 21 72 21734
office@umathum.at - www.umathum.at

LQCG ファイラー=アルティンガー・ソリテール
Feiler-Artinger - Solitaire

実に快適なワイン。若いうちに飲むのが良いでしょう。

Monsieur Kurt Feiler

Hauptstrasse 3 A-7071 - Rust
tel : 02685/237 fax : 00 43 26 85 237 22

スペイン
Espagne

ヒュー・ジョンソン Hugh Johnson の『The World Atlas of Wine』は、フランスや世界のぶどう園の面積・詳細な地図など情報が満載されているので便利です。

★★★★ アルバロ・パラシオス（プリオラート）・エルミタ・グルナッシュ/カベルネ・ソーヴィニヨン
Alvaro Palacios (Priorato)
Ermita Grenache/Cabernet Sauvignon

最近のぶどう栽培業界における新しい≪神話≫のひとつ。巨匠のひとりです。

Madame Dolores
Parcela 26, Poligono 6 43 737 Gratallops
tel : (34) 977 83 91 95 fax : (34) 977 83 91 97
alvaropalacios@ctv.es

★★★★ コセチェロス・アラベセス・S.A.・アルタディ・≪ヴィーニャ・エル・ピソン≫
Cosecheros Alaveses - S.A. - Artadi « Viña el Pison »

まちがいなくスペインで最も気品のあるワイン。この銘柄がもつ並外れて芳醇な香り、味の広がりと強さはブルゴーニュのピノ・ノワールの秀作ワインに匹敵します。

Madame Ana Ctra. Logroño, s/n 01 300 Laguardia (Alava)
tel : (34) 941 60 01 19 fax : (34) 941 60 08 50
info@artadi.com - www.artadi.com

★★★★ ドミニオ・デ・ピングス（リベラ・デル・ドゥエロ）
・ピングス・テンプラニーリョ/カベルネ/メルロー
Dominio de Pingus (Ribera del Duero)
Pingus Tempranillo/Cabernet/Merlot

赤いフルーツの香りとスパイス香が融合した贅沢なワイン。スケールが大きくコクのある魅力的なワインですが、けっして重々しい印象は与えません。
〔住所は明記されていません。〕

★★★ アルバロ・パラシオス（プリオラート）
・フィンカ・ドフィ・グルナッシュ/カベルネ・ソーヴィニヨン
Alvaro Palacios (Priorato)
Finca Dofi Grenache/Cabernet Sauvignon

香りと味、そして驚くほど見事にバランスのとれた風味がはじけています。

Madame Dolores
Parcela 26, Poligono 6 43 737 Gratallops
tel : (34) 977 83 91 95 fax : (34) 977 83 91 97
alvaropalacios@ctv.es

★★ コセチェロス・アラベセス・S.A.－アルタディ・グランデス・アナダス
Cosecheros Alaveses - S.A. - Artadi Grandes Anadas

飾り気のなさとうっとりするような魅力が同居する複雑なワイン。

Madame Ana Ctra. Logroño, s/n 01 300 Laguardia (Alava)
tel : (34) 941 60 01 19 fax : (34) 941 60 08 50
info@artadi.com - www.artadi.com

★★ コセチェロス・アラベセス・S.A.－アルタディ・パゴス・ビエホス・テンプラニーリョ
Cosecheros Alaveses - S.A. - Artadi
Pagos Viejos Tempranillo

どうしてこんなにおいしいのでしょう。

Madame Ana Ctra. Logroño, s/n 01 300 Laguardia (Alava)
tel : (34) 941 60 01 19 fax : (34) 941 60 08 50
info@artadi.com - www.artadi.com

★★ クロ・デル・ヨプス（リョプス）（プリオラート）- クロ・マイエット
・カリニャン/グルナッシュ/カベルネ・ソーヴィニヨン/シラー
Clos del Llops (Priorato) - Clos Mayettes
Carignan/Grenache/Cabernet Sauvignon/Syrah

力強くリッチで、小粒の黒いフルーツの鮮やかな味がします。

Monsieur René Barbier
Bodegas Clos Mogador Cami Manyetes, s/n 43 737 Gratallops
tel : (34) 977 83 91 71 fax : (34) 977 83 96 26

★★ クロ・デル・ヨプス（リョプス）（プリオラート）- クロ・モガドール
Clos del Llops (Priorato) - Clos Mogador

ここ10年来コンスタントに進歩しているワイン。味わい深い98年物。気品あるワイン。

Monsieur René Barbier
Bodegas Clos Mogador Cami Manyetes, s/n 43 737 Gratallops
tel : (34) 977 83 91 71 fax : (34) 977 83 96 26

★★ ドミニオ・デ・ピングス（リベラ・デル・ドゥエロ）
・フロール・デ・ピングス・テンプラニーリョ/カベルネ/メルロー
Dominio de Pingus (Ribera del Duero)
Flor de Pingus Tempranillo/Cabernet/Merlot

偉大な≪ピングス≫のセカンドワインです。あらゆる面で「お兄さん」にわずかに及ばない印象を受けます。

★★ フィンカ・ビリャクレセス - ネブロ
Finca Villacreces - Nebro

スペインの新しい銘醸ワインのひとつ。

Monsieur Pedro Cuadrado
Bodegas Finca Villacreces Ctra. Valladolid Soria, Km 322 47 350
Quintanilla de Onesimo Valladolid
tel : (34) 983 23 45 01 fax : (34) 983 23 90 00

★★ アレハンドロ・フェルナンデス・ティント・ペスケラ
・≪グラン・レゼルヴァ≫（リベラ・デル・ドゥエロ）
Alejandro Fernandez Tinto Pesquera
« Gran Reserva » (Ribera del Duero)

スペインの代表的なラベル。クラシックですが今風のワインを凌駕しています。伝統の持つ良いところを蔑ろにしないワインのお手本として申し分がありません。

Real, 2 47315 - Pesquera del Duero (Valladolid)
tel : (34) 983 87 0037 fax : (34) 983 87 0088

★★ ベガ・シシリア - ウニコ
Vega Sicilia - Unico

スペインの≪伝統的な≫極上の1本。毎年、ウニコの新作を味わうのが実に楽しみです。

Monsieur Felix Nieto
nac.122 km 322 47 359 Valbueno del Duero (Valladolid)
tel : (34) 983 68 01 47

★ アレハンドロ・フェルナンデス・ティント・ペスケラ
コンダド・デ・アザ≪アレンサ≫（リベラ・デル・ドゥエロ）
Alejandro Fernandez Tinto Pesquera
Condado de Haza « Alenza » (Ribera del Duero)

Real, 2 47315 - Pesquera del Duero (Valladolid)

tel : (34) 983 87 0037 fax : (34) 983 87 0088

★ アシエンダ・モナステリオ（リベラ・デル・デュエロ）・レゼルヴァ・エスペシアル
Hacienda Monasterio (Ribera del Duero)－Reserva Especial

Miss Olvido
Ctra. Pesquera Valbuena Km 38 47 315 Pesquera del Duero
tel : (34) 983 48 40 02 fax : (34) 983 48 40 20

★ ボデガ・パラシオ・レモンド（リオハ）
・≪フィンカ・ロス・リスコス・フィンカ・ラ・モンテーサ≫・ヴィニェードス 2
**Bodegas Palacio Remondo (Rioja)
« Finca Los Riscos - Finca La Montesa » Viñedos 2**

Ctra. Mendavia km. 3 26006 - Logroño (La Rioja)
tel : (34) 941 23 7177 fax : (34) 941 24 7798

★ マウロ・テレウス
Mauro - Terreus

Cervantes, 12 - 47320 - Tudela de Duero (Valladolid)
tel : (34) 983521439 fax : (34) 983681072

★ マウロ・ヴェンディミア・セレクティオナーダ
Mauro - Vendimia Selectionnada

Cervantes, 12 - 47320 - Tudela de Duero (Valladolid)
tel : (34) 983521439 fax : (34) 983681072

★ ボデガ・ヴァルドゥエロ・レゼルヴァ・エスペシアル
Bodegas Valduero - Reserva Especial

Ctra. De Aranda s/n - 09440 - Gumiel del mercado (Burgos)
tel : (34) 947 54 5459/947 51 1300 fax : (34) 947 54 5609

LQCG ボデガ・ブレトン・Y・CIA, S.A. - ≪アルバ・デ・ブレトン≫
Bodegas Bretón Y Cia, S.A. - « Alba de Bretón »

Avda. Lope de Vega, 20 26006 - Logroño (La Rioja)
tel : (34) 941 21 2225 fax : (34) 941 21 1098
breton@arsys.net

LQCG アレハンドロ・フェルナンデス・ティント・ペスケラ
ティント・ペスケラ≪レゼルヴァ≫（リベラ・デル・ドゥエロ）
**Alejandro Fernandez Tinto Pesquera
Tinto Pesquera « Reserva » (Ribera del Duero)**

Real, 2 47315 - Pesquera del Duero (Valladolid)
tel : (34) 983 87 0037 fax : (34) 983 87 0088

LQCG セリェルス・ビエイリャ・デ・ラ・カルトイサ - ≪フラフルコ≫
Cellers Vieilla de la Cartoixa - « Frafulco »

C/ Ereta 10 - 43375 La Vilella Alta Tarragone - Catalogne
tel : (34) 77 839299

LQCG フィンカ・ビリャクレセス・エラボラシオン・エスペシアル
Finca Villacreces - Elaboracion Especial

Monsieur Pedro Cuadrado
Bodegas Finca Villacreces Ctra. Valladolid Soria,
Km 322 47 350 Quintanilla de Onesimo Valladolid - Espagne
tel : (34) 983 23 45 01 fax : (34) 983 23 90 00

LQCG ジャック＆フランソワ・リュルトン・エル・アルバール・エクセレンシア
Jacques et François Lurton El Albar Excellencia

JFL Distribution
Domaine de Poumeyrade, 33870 Vayres
tel : 05 57 74 72 74

世界の赤ワイン（スペイン）

121

jflurton@jflurton.com

LQCG マルケス・デ・ムリエーターグラン・レゼルヴァ・エスペシアル≪カスティーリョ・イガイ≫
Marques de Murrieta Gran Reserva Especial « Castillo Ygay »

リオハの歴史に残るワインのひとつ。グラン・ヴァン愛好家が注目するに値します。

Ctra. Logroño-Zaragoza, Km 5 26006 - Logroño (La Rioja)
tel : (34) 941 25 8100 fax : (34) 941 25 1606

LQCG バル・ヤック（リャック）- バル・ヤック・メルロー/カリニャン/カベルネ
Vall Llach－Vall Llach Merlot/Carignan/Cabernet

Monsieur Jordi Flos Ferriz
Carrer del Pont, 9 43 739 Porrera Tarragona - Espagne
tel : (34) 696 42 58 29 fax : (34) 977 82 81 87

LQCG セニョーリオ・デ・サン・ビセンテ・S.A.（リオハ）
≪サン・ビセンテ・テンプラニーリョ≫
**Señorio de San Vicente S.A. (Rioja)
« San Vicente Tempranillo »**

Eguren Miguel Angel
Los Remedios, 27 - 26338 - San Vicente de la Sonsierra La Rioja
tel : (34) 941 30 80 40 fax : (34) 941 33 43 71

アメリカ
États-Unis

　いくつかの銘柄はほんのわずかしか生産されず、何らかのつてでもなければ手に入らないので、なかなか定期的に試飲できなくて残念です。そのため、このセレクションから漏れてはいますがお薦めの銘柄について、この欄で補足しておきたいと思います。

　おいしいカベルネ・ソーヴィニヨン銘柄の忘れがたい感動と思い出がよみがえってくるのは楽しいものです。当然、ハイツ Heitz のすばらしい銘柄≪マーサズ・ヴィンヤード Martha's Vineyard≫を最初に挙げるのが適切でしょう（伝説の78・84・85年物）。シャトー・モンテリーナ、シャトー・シャペレー、コン・クリーク、ダン・ヴィンヤード、ダイヤモンド・クリーク、フリーマーク・アビー、そしてニーバム＝コッポラ・エステートの銘柄≪ルビコン Rubicon≫、スターリング〔ヴィンヤーズ〕・リザーヴなど。また、スポッツウッド、カーメネ、ドメーヌ・アラーホのワイン、ケイマス〔ヴィンヤード〕の実に豪奢な銘柄などです[2]。これらはメドックの銘醸ワイン並みのおいしさです。

アメリカ／ボルドー品種
Cépages bordelais États-Unis

★★★★ リッジ・ヴィンヤーズ - リッジ・モンテ・ベロ・カベルネ・ソーヴィニヨン
Ridge Vineyards - Ridge Monte Bello Cabernet Sauvignon

エリック・ヴェルディエの≪試飲データNo16≫を参照。

Monsieur Paul Drapper
17 100 Monte Bello Road P.O. Box 1810
Cupertino, CA 95014

〈訳注〉

[2] Montelena, Chappellet, Conn Creek, Dunn Vineyards, Diamond Creek, Freemark Abbey, Niebaum-Coppola Estate, Sterling Reserve ; Spottswoode, Carmenet, Araujo, Caymus

tel : (408) 867-3202 fax : (408) 868-1370
lauraw@ridgewine.com - www.ridgewine.com

★★★★ ジョゼフ・フェルプス・バッカス・ヴィンヤーズ・カベルネ・ソーヴィニヨン
Joseph Phelps - Backus Vineyards Cabernet Sauvignon

誕生してまだ間もないのにすでに偉大なテロワール。稀有な土地でしか生み出しえない味の強さと残存性を実現した97年物が、この畑の実力を物語っています。

Monsieur Tom Shelton
200 Taplin Road - P.O. Box 1031 St Helena, CA 94 574
tel : (707) 963-2745 fax : (707) 963-4831
www.jpvwines@aol.com - tomshelton@jpvwines.com

★★★★ シェーファー・ヴィンヤーズ・シェーファー・ヒルサイド・セレクト・ボルドー・ブレンド
Shafer Vineyards - Shafer Hillside Select - Assemblage Bordelais

アメリカの≪カリスマ≫ワインのひとつ。ワインを飲む本当の楽しみを教えてくれます。おそらく繊細な味わいを多少犠牲にして、豊かなコクの実現に重点を置いているようです。97年物の華麗さに触れた試飲の最後の瞬間に4つ星を決めました。シェーファー家に大きな拍手喝采を。

Monsieur John Shafer
6154 Silverado Trail Napa, CA 94 558 - États-Unis
tel : (707) 944-2877 fax : (707) 944-9454
jshafer@shafervineyards.com - www.shafervineyards.com

★★★★ スタッグス・リープ・ワイン・セラーズ・スタッグス・リープ・カスク23・ボルドー・ブレンド
Stag's Leap Wine Cellars
Stag's Leap Cask 23 Assemblage Bordelais

わたしたちのガイドで、スタッグスの≪カスク23≫というこの記念碑的作品をたたえることができるのは大きな喜びです。おかしなことですがこのワインの価値が実際よりも低く評価される、しかもたいへん立派な批評家たちにまで軽視されるケースが度々ありました。その独特なブーケ、並外れた芳醇さと香り、巧みにニュアンスを与えスパイス香をきかせた味わい、こういった独特なポイントがつぶさに検証されなかったのかもしれません。世界最高級ワインのひとつ。

Monsieur Warren Winiarski
5766 Silverado trail Napa, CA 94 558
tel : (707) 944-2020 fax : (707) 257-7501
diane@cask23.com - www.cask23.com

★★★ ロバート・モンダヴィ・ワイナリー・≪オーパス・ワン≫
Robert Mondavi Winery - « Opus One »

アメリカで最も有名なワインのひとつ。購入してまちがいのない価値ある1本。96年物の出来栄えが特にすばらしいです。

Christel Gaillard
P.P. Box 106 Oakville, CA 94-5462
tel : (707) 226-1395 fax : (707) 251-4480
www.robertmondavi.com

★★★ パルメイヤー・ワイナリー・パルメイヤー・カベルネ・ソーヴィニヨン
Pahlmeyer Winery - Pahlmeyer Cabernet Sauvignon

ぜいたくなワイン。絹をまとった巨人。

Ed Hogan
P.O. Box 2410 Napa, CA 94 558
tel : (707) 255 2321 fax : (707) 255 6786
genmgr@pahlmeyer.com - www.pahlmeyer.com

★★★ ジョゼフ・フェルプス・ヴィンヤーズ・ジョゼフ・フェルプス・インシグニア
Joseph Phelps Vineyards - Joseph Phelps Insignia

ミレジム94年以来、ジョゼフ・フェルプスの≪インシグニア≫は卓越したワインであり

世界の赤ワイン（スペイン／アメリカ）

続けています。新しいオーク樽での熟成期間が少々長すぎるのが残念です。たしかにワインにトースト香をつけて、甘味を加えたような風味に慣れている人にも親しみやすくする狙いはよくわかりますが、それによってワインの芳醇な味わいが失われてしまいます。

Monsieur Tom Shelton
200 Taplin Road - P.O. Box 1031 St Helena, CA 94 574
tel : (707) 963-2745 fax : (707) 963-4831
www.JPVWINES@Aol.com - tomshelton@jpvwines.com

★★ アブルー・ヴィンヤーズ・≪カベルネ・ソーヴィニヨン・マドローナ・ランチ≫
Abreu Vineyards - « Cabernet Sauvignon - Madrona Ranch »

すばらしいワイン。
〔アドレスは公表されていません。〕

★★ クロ・デュ・ヴァル・ワイン・カンパニー
カベルネ・ソーヴィニヨン・スタッグス・リープ・ディストリクト
Clos du Val Wine Co.
Cabernet Sauvignon Stag's Leap District.

Monsieur Bernard Portet
5330, Silverado Trail Napa, CA 94558
tel : (707) 259-2200 fax : (759) 252-6125
www.closduval.com

★★ ダックホーン・ヴィンヤーズ・ハウエル・マウンテン・メルロー
Duckhorn Vineyards - Howell Mountain Merlot

Madame Margaret Duckhorn
1000, Lodi Lane St. Herena, CA 94574
tel : (707) 963-7108 fax : (707) 963-7595
www.duckhorn.com

★★ ロバート・モンダヴィ・ワイナリー・≪リザーブ・カベルネ・ソーヴィニヨン≫
Robert Mondavi Winery - « Reserve Cabernet Sauvignon »

優雅でリッチなカベルネ・ソーヴィニヨンの特色を生かし、巧みにブレンドした見事なワイン。

Christel Gaillard
P.P. Box 106 Oakville, CA 94-5462
tel : (707) 226-1395 fax : (707) 251-4480
www.robertmondavi.com

★★ パルメイヤー・ワイナリー・パルメイヤー・メルロー
Pahlmeyer Winery - Pahlmeyer Merlot

驚異のメルローワイン。

Ed Hogan
P.O. Box 2410 Napa, CA 94 558
tel : (707) 255 2321 fax : (707) 255 6786
genmgr@pahlmeyer.com - www.pahlmeyer.com

★★ ジョゼフ・フェルプス・ヴィンヤーズ
・ジョゼフ・フェルプス・ナパ・カベルネ・ソーヴィニヨン
Joseph Phelps Vineyards
Joseph Phelps Napa Cabernet Sauvignon

リッチで甘い味わいのカベルネ・ソーヴィニヨンで、威厳をそなえています。本物の美酒。

Monsieur Tom Shelton
200 Taplin Road - P.O. Box 1031 St Helena, CA 94 574
tel : (707) 963-2745 fax : (707) 963-4831
www.JPVWINES@Aol.com - tomshelton@jpvwines.com

★★ リッジ・ヴィンヤーズ・リッジ・サンタ・クルーズ・カベルネ・ソーヴィニヨン
Ridge Vineyard - Ridge Santa Cruz Cabernet Sauvignon

見事という他ありません。

Monsieur Paul Drapper
17 100 Monte Bello Road P.O. Box 1810 Cupertino, CA 95014
tel : (408) 867-3202 fax : (408) 868-1370
lauraw@ridgewine.com - www.ridgewine.com

★★ シェーファー・ヴィンヤーズ・シェーファー・カベルネ・ソーヴィニヨン
Shafer Vineyards - Shafer Cabernet Sauvignon

カリフォルニアのカベルネ・ソーヴィニヨンの中でも偉大なクラシックのひとつ。見逃す手はありません。

Monsieur John Shafer
6154 Silverado Trail Napa, CA 94 558
tel : (707) 944-2877 fax : (707) 944-9454
jshafer@shafervineyards.com - www.shafervineyards.com

★★ シェーファー・ヴィンヤーズ・シェーファー・メルロー
Shafer Vineyards - Shafer Merlot

本当に見事なメルローワイン。ドライ過ぎることはなく、めりはりもきいていてリッチ。すばらしいです。

Monsieur John Shafer
6154 Silverado Trail Napa, CA 94 558
tel : (707) 944-2877 fax : (707) 944-9454
jshafer@shafervineyards.com - www.shafervineyards.com

★★ スタッグス・リープ・ワイン・セラーズ・フェイ・カベルネ・ソーヴィニヨン
Stag's Leap Wine Cellars - Fay Cabernet Sauvignon

Monsieur Warren Winiarski
5766 Silverado trail Napa, CA 94 558
tel : (707) 944-2020 fax : (707) 257-7501
diane@cask23.co - www.cask23.com

★★ スタッグス・リープ・ワイン・セラーズ - SLV・カベルネ・ソーヴィニヨン
Stag's Leap Wine Cellars - SLV Cabernet Sauvignon

Monsieur Warren Winiarski
5766 Silverado trail Napa, CA 94 558
tel : (707) 944-2020 fax : (707) 257-7501
diane@cask23.com - www.cask23.com

★ ボーリュー・ヴィンヤード・カベルネ・ソーヴィニヨン
・ジョルジュ・ド・ラトゥール・プライベート・リザーブ・ナパ・ヴァレー
Beaulieu Vineyard - Cabernet Sauvignon
Georges de Latour Private Reserve, Napa Valley

Monsieur Joël Butler MW
1960, St Helena Highway Rutherford CA 94573
tel : (707) 967-5200 fax : (707) 967-9015
www.bvwine.com

★ ベリンジャー・プライベート・リザーブ
Beringer - Private Reserve

Monsieur Charles Humbert
610 Airpark Road Napa, CA 94558
tel : (707) 259-4622 fax : (707) 259-4625
www.beringer.com

★ ダックホーン・ヴィンヤーズ・プライベート・リザーブ・ナパ・ヴァレー・カベルネ・ソーヴィニヨン
Duckhorn Vineyards - Private Reserve Napa Valley Cabernet Sauvignon

Madame Margaret Duckhorn
1000, Lodi Lane St. Helena, CA 94574
tel : (707) 963-7108 fax : (707) 963-7595
www.duckhorn.com

★ アーネスト＆ジュリオ・ガロ・ワイナリー・カベルネ・ソーヴィニヨン≪ノーザン・ソノマ≫
Ernest et Julio Gallo Winery Cabernet Sauvignon « Northern Sonoma »

14, rue de la Ferme, 92100, Boulogne-Billancourt, France
tel : 01 55 20 09 60 fax : 01 55 20 09 61
greg.mefford@ejgallo.com

★ ハイツ・ワイン・セラーズ - ハイツ・ベラ・オークス・カベルネ・ソーヴィニヨン
Heitz Wine Cellars - Heitz Bella Oaks Cabernet Sauvignon

Madame Paula Flechter
500 Taplin Road St Helena, CA 94 574
tel : (707) 963-3542 fax : (707) 963-7454
kathleen@heitzcellar.com

★ モラガ・ヴィンヤード - モラガ・ベル・エアー・ボルドー・ブレンド
Moraga Vineyard - Moraga Bel Air Assemblage Bordelais

ずば抜けた魅力にあふれるワイン。やわらかさ・快適なフルーティさ・スパイス香のきいたトーンなどが、愛好家に大人気を誇るベル・エアーの特徴といえます。

Tom et Ruth Jones
650 North Sepulveda boulevard Los Angeles, Californie 90 049
tel : (310) 471-8560 fax : (310) 471-6435
moraga-bel-air@man.com, belair@moragavineyards.com
www.moragavineyards.com

★ シャトー・ポテル・カベルネ・ソーヴィニヨン≪VGS≫
Château Potelle - Cabernet Sauvignon « VGS »

メドックスタイルのたいへんおいしいカベルネ・ソーヴィニヨン。堂々たる風格を備えています。

Monsieur & Madame Marketta et Jean-Noël Fourmeaux
3875 Mont Veeder Rd Napa - CA 94558-9577
tel : (707) 255-9440 fax : (707) 255-9444
info@chateaupotelle.com - www.chateaupotelle.com

★ セコイア・グローヴ・カベルネ・ソーヴィニヨン
Sequoia Grove - Cabernet Sauvignon

Monsieur James Allen
8338, St Helena Highway Napa, CA 94-558
tel : (707) 944-2945 fax : (707) 963-9411
www.sequoiagrove.com

★ シルヴァー・オーク・セラーズ - シルヴァー・オーク・ナパ・ヴァレー・カベルネ・ソーヴィニヨン
Silver Oak Cellars - Silver Oak Napa Valley Cabernet Sauvignon

ナパ・ヴァレーのクラシック。

Monsieur Tim Duncan
P.O. Box 414 Oakville, Californie 94562
tel : (707) 944-8808 fax : (707) 944-2817
tduncan@silveroak.com - www.silveroak.com

★ **ストーンゲート・ワイナリー - カベルネ・ソーヴィニヨン**
Stonegate Winery - Cabernet Sauvignon

Madame Cathy Del Fava
1183, Dunaweal Lane CA 94515
tel : (707) 942-6500 fax : (707) 942-2563
www.stonegate.com

LQCG **シルヴァラード・ヴィンヤーズ - カベルネ・ソーヴィニヨン**
Silverado Vineyards - Cabernet Sauvignon

Monsieur Jack Bittner
6121 Silverado Trail Napa, CA 94558
tel : (707) 257-1770 fax : (707) 257-1538
www.silveradovineyards.com

LQCG **ストーンヘッジ・ワイナリー - メルロー**
Stonehedge Winery - Merlot

Monsieur Boz Shahabi
3580 Wilshire Boulevard Los Angeles, CA 900018
tel : (323) 780-5929 fax : (323) 780-3126
boz@stonehedgewinery.com - www.stonehedgewinery.com

LQCG **ヴィアデル・ヴィンヤーズ＆ワイナリー - ヴィアデル≪V≫**
Viader Vineyards & Winery - Viader « V »

Madame Delia Viader
1120 Deer Park Road Deer Park, CA 94576
tel : (707) 963-3816 fax : (707) 963-3817
www.viader.com

アメリカ／ピノ・ノワール
Pinot Noir États-Unis

★ **セインツベリー（ソノマ・カウンティ・ロス・カーネロス・アヴァ）**
・ブラウン・ランチ・ピノ・ノワール
Saintsbury (Sonoma County - Los Carneros Ava) Brown Ranch Pinot Noir

Monsieur Richard Ward
1500 Los Carneros Avenue Napa, CA 94 559
tel : (707) 252-0592 fax : (707) 252-0595
DrDick@saintsbury.com - www.saintsbury.com

アメリカ／シラー
Syrah États-Unis

★ **ジェイド・マウンテン・ワイナリー - マウント・ビーダー・シラー**
Jade Mountain Winery - Mount Veeder Syrah

Monsieur James Paras
2340 MT. Veedeer road Napa, CA 94 558
tel : (707) 251-0735 fax : (707) 251-0757
jparas@mofo.com

★ **ジョゼフ・フェルプス・ヴィンヤーズ - ≪シラー・ナパ・ヴァレー≫**
Joseph Phelps Vineyards - « Syrah Napa Valley »

Monsieur Tom Shelton
200 Taplin Road - P.O. Box 1031 St Helena, CA 94 574
tel : (707) 963-2745 fax : (707) 963-4831
www.JPVWINES@aol.com - tomshelton@jpvwines.com

世界の赤ワイン（アメリカ）

★ **キュペ・ワイン・セラーズ - キュペ・ヒルサイド・エステート・シラー**
Qupé Wine Cellars - Qupé Hillside Estate - Syrah

Monsieur Gary Burk
4665 Santa Maria Mesa Road Santa Maria, CA 93 454
tel : (805) 937-9801 fax : (805) 937-2539

アメリカ／その他の赤ワイン
Divers Rouges

LQCG **リッジ・ヴィンヤーズ - リッジ・リットン・スプリングス・ジンファンデル**
Ridge Vineyards - Ridge Lytton Springs Zinfandel

Monsieur Paul Drapper
17 100 Monte Bello Road P.O. Box 1810 Cupertino, CA 95014
tel : (408) 867-3202 fax : (408) 868-1370
lauraw@ridgewine.com - www.ridgewine.com

LQCG **ストーンヘッジ・ワイナリー・ジンファンデル**
Stonehedge Winery - Zinfandel

Monsieur Boz Shahabi
3580 Wilshire Boulevard Los Angeles, CA 900018
tel : (323) 780-5929 fax : (323) 780-3126
boz@stonehedgewinery.com - www.stonehedgewinery.com

イタリア
Italie

> ヒュー・ジョンソン Hugh Johnson の『The World Atlas of Wine』は、フランスや世界のぶどう園の面積・詳細な地図など情報が満載されているので便利です。

★★★ **アンジェロ・ガヤ・ソリ・サン・ロレンツォ**
Angélo Gaja - Sori' San Lorenzo

このテロワールならではの味が際立つ複雑なワイン。通好みの一本。

Monsieur Angélo Gaja
Via Torino, 36/b I-12050 Barbaresco
tel : (01 73) 63 52 85 / 56 fax : (01 73) 63 52 85
willi.klinger@telering.at

★★★ **アンジェロ・ガヤ・ソリ・ティルディン**
Angélo Gaja - Sori' Tildin

すばらしいワイン。味の構成のクオリティやタンニンの芳醇さなどの点で、ガヤの中でもわたしのお気に入りのテロワール。

Monsieur Angélo Gaja
Via Torino, 36/b I-12050 Barbaresco
tel : (01 73) 63 52 85 / 56 fax : (01 73) 63 52 85
willi.klinger@telering.at

★★★ **パチェンティ・ブルネッロ・ディ・モンタルチーノ・サンジョヴェーゼ**
Pacenti - Brunello di Montalcino Sangiovese

イタリアワインの至宝のひとつに数えられます。気品と洗練、やわらかさとまろやかさ、これらすべてがこの並外れたブルネッロ・ディ・モンタルチーノの特徴です。

Monsieur Giancarlo Pacenti
Azienda Agricola Giancarlo Pacenti, Via delle Querci 6 53024
Montalcino (SI)
tel : (39) 0577 848 662 fax : (39) 0577 847 226

★★ カーゼ・バッセ・ブルネッロ・ディ・モンタルチーノ
Case Basse - Brunello di Montalcino

〔アドレスは公表されていません。〕

★★ カステッロ・デル・テリッチォ・ルピカイア・カベルネ・ソーヴィニヨン&メルロー
Castello del Terriccio - Lupicaia Cabernet Sauvignon & Merlot

ボルドー品種を使うイタリアワインの中で最も独特な味わいをもっていることはまちがいありません。複雑なブーケ、驚くほどデリケートなすばらしい味。優れた銘醸ワインで、3つ星もそう遠くありません。

Madame Penny Murray
Castello del Terriccio S.R.L. 56040 Castellina Marittima (PISA)
tel : (39) 0 50 699 709 fax : (39) 0 50 699 789
castello.terriccio@tin.it

★★ カステッロ・ディ・アマ・ラッパリータ・IGT・メルロー
Castello di Ama - L'Apparita IGT Merlot

見事なメルロー銘柄。テロワール独特の味わいが目立っています。

Monsieur Fabrizio Nencioni
Castello di Ama s.p.a. 53010 Lecchi in Chianti (SI)
tel : (39) 0577 746 031 fax : (39) 0577 746 117
amawine@tin.it

★★ コル・ドルチア・≪ポッジォ・アル・ヴェント≫ ブルネッロ・ディ・モンタルチーノ
Col d'Orcia - « Poggio al Vento » Brunello di Montalcino

Francesco Marone Cinzano
Fraz. Sant'Angelo in colle 53020 - Montalcino SI
tel : 0577808001 fax : 0577844018
coldorcia.direzione@tin.it

★★ フェウディ・ディ・サン・グレゴリオ・ピアノ・ディ・モンテヴェルジーノ
Feudi di San Gregorio Piano - di Montevergino

Madame, Monsieur Simona / Vincenzo PICCINELLI / ERCOLINO
F di S G Aziende Agricole S.p.A., Località Cerza Grossa 83050
Sorbo Serpico (Avellino)
tel : (39) 0825 986 611 fax : (39) 0825 986 230
feudi@feudi.it - www.feudi.it / www.feudi.com

★★ フォラドーリ・グラナート・テロルデーゴ・ロタリアーノ
Foradori - Granato Teroldego Rotaliano

気品のあるすばらしいワインで、豊かな果実味を兼ね備えながらもけっして舌を疲れさせません。たいへんノーブルな一瓶。

Madame Collen Mc Kettrick
Azienda Agricola Foradori Società Semplice, Via D. Chiesa, 1
Ville 38017 Mezzolombardo (TN) / Italie
tel : (39) 0461 601 046 fax : (39) 0461 603 447
cmk@infol.it (Colleen)

★★ アンジェロ・ガヤ・コスタ・ルッシ
Angélo Gaja - Costa Russi

素朴なスタイルの銘酒。

Monsieur Angélo Gaja
Via Torino, 36/b I-12050 Barbaresco - Italie
tel : (01 73) 63 52 85 / 56 fax : (01 73) 63 52 85
willi.klinger@telering.at

世界の赤ワイン（イタリア）

世界の赤ワイン（イタリア）

★★ **アンジェロ・ガヤ・スペルス**
Angélo Gaja - Sperss

力強くバランスもとれています。独特なスタイルをもつ完璧なワイン。

Monsieur Angélo Gaja
Via Torino, 36/b I-12050 Barbaresco - Italie
tel : (01 73) 63 52 85 / 56 fax : (01 73) 63 52 85
willi.klinger@telering.at

★★ **アンジェロ・ガヤ・バルバレスコ**
Angélo Gaja - Barbaresco

世界で最も香り高いワインのひとつ。

Monsieur Angélo Gaja
Via Torino, 36/b I-12050 Barbaresco - Italie
tel : (01 73) 63 52 85 / 56 fax : (01 73) 63 52 85
willi.klinger@telering.at

★★ **アンジェロ・ガヤ・レンニーナ（ブルネッロ・ディ・モンタルチーノ・DOCG）**
Angélo Gaja - Rennina (Brunello di Montalcino DOCG)

Monsieur Angélo Gaja
Via Torino, 36/b I-12050 Barbaresco - Italie
tel : (01 73) 63 52 85 / 56 fax : (01 73) 63 52 85
willi.klinger@telering.at

★★ **マシャレッリ・≪ヴィラ・ジェンマ≫ モンテプルチアーノ・ダブルッツォ**
Masciarelli - « Villa Gemma » Montepulciano D'Albruzzo

Gianni Masciarelli
Az. Agricola M. 66010 San Martino sulla Marrucina (Chieti)
tel : (39) 0871 85 241 fax : (39) 0871 85 330

★★ **パルッソ・バローロ・ブッシア・ヴィーニャ・ムニエ・ネッビオーロ**
Parusso - Barolo Bussia Vigna Munie Nebbiolo

Madame Tiziana Parusso
Azienda Vitivinicola Parusso Armando, Loc. Bussia, 55 12065
Monteforte d'Alba (CN)
tel : (39) 0173 78 257 fax : (39) 0173 787 276

★★ **パルッソ・バローロ・ブッシア・ヴィーニャ・ロッケ・ネッビオーロ**
Parusso - Barolo Bussia Vigna Rocche Nebbiolo

しっかりしたボディに加え、芳醇さも十分にあります。

Madame Tiziana Parusso
Azienda Vitivinicola Parusso Armando, Loc. Bussia, 55 12065
Monteforte d'Alba (CN)
tel : (39) 0173 78 257 fax : (39) 0173 787 276

★★ **ペリッセロ・バルバレスコ・ヴァノトゥ・ネッビオーロ**
Pélissero - Barbaresco Vanotu Nebbiolo

Monsieur Giorgio Pelissero
Palissero Azienda Agricola Vitivinicola, Via Ferrere 19 - Cantina :
Via Ferrere 10 12050 Treiso (Cn)
tel : (39) 0173 638 136 fax : (39) 0173 638 136
cristina@pelissero.com / giorgio@pelissero.com - www.pelissero.com

★★ **ロベルト・ヴォエルツィオ・バローロ・ヴィニェート・ブルナーテ**
Roberto Voerzio - Barolo Vigneto Brunate

すばらしいの一言。

Monsieur Roberto Voerzio - Azienda Agricola, Località Cerreto, 1
12064 La Morra (CN)
tel : (39) 0173 509 196 fax : (39) 0173 509 196

★★ | ロベルト・ヴォエルツィオ・バローロ・ヴィニェート・ラ・セーラ
Roberto Voerzio - Barolo Vigneto La Serra

香り高い銘酒。

Monsieur Roberto Voerzio - Azienda Agricola, Località Cerreto, 1
12064 La Morra (CN)
tel : (39) 0173 509 196 fax : (39) 0173 509 196

★★ | ヴィラ・バッフィ・≪ポッジォ・アローロ≫ ブルネッロ・ディ・モンタルチーノ
Villa Baffi - « Poggio All'oro » Brunello di Montalcino

〔アドレスは公表されていません。〕

★ | アヴィニョネージ（トスカーナ）・デジデリオ・メルロー
Avignonesi (Toscane) - Desiderio - Merlot

Monsieur Ricardo BERTOCCI (Classica) / M. FLAVO (Avig.)
Aia di Gracciano nel Corso, 91 53045 Montepulciano (Siena)
tel : (39) 578 757 872 fax : (39) 578 757 847
info@avignonesi.it / classica@classica.it
www.avignonesi.it / www.classica.it

★ | カステッロ・デル・テリッチォ・タッシナイア・カベルネ・
ソーヴィニヨン＆メルロー＆サンジョヴェーゼ
**Castello del Terriccio - Tassinaia
Cabernet Sauvignon & Merlot & Sangiovese**

すばらしい。本当の「美酒」です。実にピュアでエレガントなワイン。偉大な≪ルピカイア≫のセカンド・ワイン。見事です。

Madame Penny Murray
Castello del Terriccio S.R.L. 56040 Castellina Marittima (PISA)
tel : (39) 0 50 699 709 fax : (39) 0 50 699 789
castello.terriccio@tin.it

★ | カステッロ・ディ・アマ・≪ヴィニェート・ラ・カズッチャ≫
Castello di Ama - « Vigneto La Casuccia »

優雅・上品さではイタリアワインの最高峰。芳醇な味わいと卓越したアフターの長さは見事です。

Monsieur Fabrizio Nencioni
Castello di Ama s.p.a. 53010 Lecchi in Chianti (SI)
tel : (39) 0577 746 031 fax : (39) 0577 746 117
amawine@tin.it

★ | フェルジーナ・カステッロ・ディ・ファルネテッラ≪ポッジォ・グラノーニ≫
Felsina - Castello di Farnetella « Poggio Granoni »

Giuseppe Mazzocolin
S.I.A. Felsina s.p.a. Strada Chiantigiana 484 53019 Castelnuovo
BERARDENGA (SI)
tel : (39) 0577 355 117 fax : (39) 0577 355 651

★ | フェウディ・ディ・サン・グレゴリオ・タウラジ・DOCG・アリャニコ・ディ・タウラジ
Feudi di San Gregorio - Taurasi DOCG Aglianico di Taurasi

Madame, Monsieur Simona / Vincenzo PICCINELLI / ERCOLINO
F di S G Aziende Agricole S.p.A., Località Cerza Grossa 83050
Sorbo Serpico (Avellino) / Italie
tel : (39) 0825 986 611 fax : (39) 0825 986 230
feudi@feudi.it - www.feudi.it / www.feudi.com

★ | フェウディ・サン・グレゴリオ・セルピコ
Feudi di San Gregorio - Serpico

Madame, Monsieur Simona/Vincenzo PICCINELLI / ERCOLINO
F di S G Aziende Agricole S.p.A., Località Cerza Grossa 83050
Sorbo Serpico (Avellino) / Italie

世界の赤ワイン（イタリア）

tel : (39) 0825 986 611 fax : (39) 0825 986 230
feudi@feudi.it - www.feudi.it / www.feudi.com

★ アンジェロ・ガヤ・ダルマジ (ラング・DOC、カベルネ・ソーヴィニヨン)
Angélo Gaja - Darmagi (Langhe Doc, Cabernet Sauvignon)

Monsieur Angélo Gaja
Via Torino, 36/b I-12050 Barbaresco
tel : (01 73) 63 52 85 / 56 fax : (01 73) 63 52 85
willi.klinger@telering.at

★ マクラン・≪フラッタ≫ ヴェネート・デ
Maculan - « Fratta » Veneto De

Fausto Maculan
Via Castelletto 3 36042 Braganze (VI)
tel : (39) 0445 873 733 fax : (39) 0445 300 149

★ マストロヤンニ・ブルネッロ・ディ・モンタルチーノ
・ヴィーニャ・スキエーナ・ダジノ・サンジョヴェーゼ
**Mastrojanni - Brunello di Montalcino
Vigna Schiena D'Asino Sangiovese**

Monsieur Antonio Mastrojanni
Poderi Loreto e San Pio 53 020 CastelNuovo dell'Abate
(Montalcino/Siena)
tel : (39) 0577 835 681 fax : (39) 0577 835 505

★ パチェンティ・ロッソ・ディ・モンタルチーノ・サンジョヴェーゼ
Pacenti - Rosso di Montalcino Sangiovese

Monsieur Giancarlo Pacenti
Azienda Agricola Giancarlo Pacenti, Via delle Querci 6 53024
Montalcino (SI)
tel : (39) 0577 848 662 fax : (39) 0577 847 226

★ ペリッセロ・バルバレスコ・ネッビオーロ
Pélissero - Barbaresco Nebbiolo

Monsieur Giorgio Pelissero
Palissero Azienda Agricola Vitivinicola,
Via Ferrere 19 - Cantina : Via Ferrere 10 12050 Treiso (Cn)
tel : (39) 0173 638 136 fax : (39) 0173 638 136
cristina@pelissero.com / giorgio@pelissero.com - www.pelissero.com

LQCG アンティノリ・≪ソライア≫
Antinori - « Solaia »

確かに最近のミレジムの出来は良いのですが、やはり80年代物のコクやクオリティの高いブーケには及びません。とはいえ堂々たる風格を備えたワインであることに変わりはありません。サッシカイア〔p.133〕のコメントも参照。

Marchesi Antinori Srl
Piazza Antinori, 3 50123 - Firenze
antinori@antinori.it

LQCG カ・デル・ボスコ・≪マウリッツィオ・ザネッラ≫・フランチャコルタ
Ca' Del Bosco - « Maurizio Zanella » - Franciacorta

Via Case Sparse, 20 - 25030 - Erbusco (Brescia)
tel : (39) 030 7766111 fax : (39) 030 7268425

LQCG カステッロ・ディ・アマ・キャンティ・クラシコ・サンジョヴェーゼ
Castello di Ama - Chianti Classico Sangiovese

Monsieur Fabrizio Nencioni
Castello di Ama s.p.a. 53010 Lecchi in Chianti (SI)
tel : (39) 0577 746 031 fax : (39) 0577 746 117
amawine@tin.it

LQCG

ファットーリア・ディ・バッシャーノ・イ・ピニ
Fattoria di Basciano - I Pini

Viale Duca della Vittoria, 159 - 50068 - Rufina
tel : (39) 055 839 70 34 fax : (39) 055 839 92 50
masirenzo@virgilio.it

LQCG

フォントディ・≪キャンティ・クラシコ・ヴィーニャ・デル・ソルボ・レゼルヴァ≫
Fontodi - « Chianti Classico - Vigna del Sorbo Reserva »

Docteur Giovanni Manetti
Azienda Agricola Fontodi di Domiziano e Dino Manetti s.s. 50020
Panzano in Chianti (Fi)
tel : (39) 055 852 005 fax : (39) 055 852 537

LQCG

マルケーゼ・カルロ・グエッリエリ・ゴンザーガ・テヌータ・サン・レオナルド
Marchese Carlo Guerrieri Gonzaga - Tenuta San Leonardo

見事なブーケがこのユニークなワインの一番の持ち味です。まちがいなくイタリアワイン業界のスター銘柄。

San Leonardo
38060 - Borghetto A/Adige - Avio (TN)
tel : (39) 0464 689004 fax : (39) 0464/689004

LQCG

テヌータ・ディ・ギッザーノ・ナンブロ・メルロー
Tenuta di Ghizzano - Nambrot Merlot

Madame Ginevra Venerosi Pesciolini
56030 Ghizzano di Peccioli (Pi)
tel : (39) 0587630096 fax : (39) 0587 630 162
www.italiawines.com

LQCG

テヌータ・サン・グイード・サッシカイア
Tenuta San Guido - Sassicaia

イタリアの偉大なクラシック。とはいえ90年代物は80年代物が備えていた味の広がりに欠けているように思います。私は9回にわたりこの銘柄の85年物を試飲していますが、これを凌駕するミレジムにはいまだに出会えません。

Giacomo Tachis
Localita Capanne, 27 57020 Bolgneri LI
tel : 05 65 76 20 03 fax : 05 65 76 20 17
citaispa@infol.it

ニュージーランド
Nouvelle-Zélande

ヒュー・ジョンソン Hugh Johnson の『The World Atlas of Wine』は、フランスや世界のぶどう園の面積・詳細な地図など情報が満載されているので便利です。

ニュージーランド／ボルドー品種
Cépages bordelais Nouvelle-Zélande

★★

ストーニーリッジ・ヴィンヤード・ストーニーリッジ・ラローズ・ボルドー・ブレンド
Stonyridge Vineyard - Stonyridge Larose Assemblage Bordelais

Monsieur Stephen White
P.O. Box 265 Ostend, Waiheke Island
tel : (09) 372 88 72 fax : (09) 372 87 66
enquiries@stonyridge.co.nz

世界の赤ワイン（ニュージーランド／南アフリカ）

★ **テ・マタ・エステート・ワイナリー - テ・マタ・コラレイン - カベルネ・ソーヴィニヨン/メルロー**
Te Mata Estate Winery - Te Mata Coleraine - Cabernet Sauvignon Merlot

Monsieur John Buck
Box 8335 Havelock north
tel : 64-6-877 4399 fax : 64-6-877 4397
john@temata.hb.co.nz - www.temata.hb.co.nz

★ **テ・モトゥ - カベルネ・ソーヴィニヨン**
Te Motu - Cabernet Sauvignon

ニュージーランドの赤ワインの中で最もエレガント。

Terry Dunleavy
winezeal@iprolink.co.nz

LQCG **モートン・エステート・ワインズ - メルロー・カベルネ・ブラック・ラベル《ホークス・ベイ》**
Morton Estate Wines - Merlot - Cabernet Black Label « Hawkes Bay »

John & Alison Coney
Main Rd, SH 2 (RD 2) Katikati PO Box 1344 - Auckland
tel : 09-300 5053 fax : 09-300 5054
auckland@mortonestatewines.co.nz

LQCG **テ・マタ・エステート・ワイナリー - アワテア・カベルネ・メルロー**
Te Mata Estate Winery - Awatea Cabernet Merlot

Monsieur John Buck
Box 8335 Havelock north
tel : 64-6-877 4399 fax : 64-6-877 4397
john@temata.hb.co.nz - www.temata.hb.co.nz

南アフリカ
Afrique du Sud

ヒュー・ジョンソン Hugh Johnson の『The World Atlas of Wine』は、フランスや世界のぶどう園の面積・詳細な地図など情報が満載されているので便利です。

★ **グラハム・ベック・ワインズ - オールド・ロード・ピノタージュ**
Graham Beck Wines - Old Road Pinotage

Robertson Cellar
P.O. Box 724 - Robertson 6705
tel : (27 023) 626 1214 fax : (27 023) 626 5164
cellar@grahambeckwines.co.za

LQCG **バックスバーグ - クレイン・バビロンシュトーレン**
Backsberg - Klein Babylonstoren

Monsieur Michael Back
Klein Babylonstoren PO Box 537 7624
tel : 021 875 5141 fax : 021 875 51 44
info@backsberg.co.za

LQCG **ベリンガム - カベルネ・フラン・スピッツ**
Bellingham - Cabernet Franc Spitz

PO Box 79 - Groot Drakenstein, 7680
tel : (27 21) 874 1011 fax : (27 21) 874 1690
exports@dgb.co.za

LQCG **カナンコップ・ワインズ・エステート - ポール・ザウアー**
Kanonkop Wines Estate - Paul Sauer

Monsieur Johann Krige
PO Box 19 - Elsenburg 7607
tel : 021-884 4656 fax : 021-884 4719

LQCG | **モルゲンホフ・ワインズ - メルロー・リザーブ**
Morgenhof Wines - Merlot Reserve

Madame Anne Cointreau Huchon
PO Box 365 STELLENBOSCH 7599
tel : 021-889 5510 fax : 021-876 5266
info@morgenhof.com

南アフリカ／シラー
Syrah Afrique du Sud

★ | **グラハム・ベック・ワインズ・ザ・リッジ・シラーズ**
Graham Beck Wines - The Ridge Shiraz

Robertson Cellar
P.O. Box 724 - Robertson 6705, South-Africa
tel : (27 023) 626 1214 fax : (27 023) 626 5164
cellar@grahambeckwines.co.za

LQCG | **ステレンズィヒト・ヴィンヤーズ・シラー**
Stellenzicht Vineyards - Syrah

Monsieur Jacques Vandervate
PO Box 104 - Stellenbosch 7599
tel : 021-880 1103 fax : 021-880 1107
bergkelder@btinternet.com

≪ボルドー〔辛口・白〕≫　Bordeaux Blanc Sec

ボルドー地方の白ワイン生産は日常消費用の中級ワインが主力ですが、グラーヴ地区、特にペサックやレオニャンでは、フランス最良の白ワインも作られています。

ペサック=レオニャン／グラーヴ地区の銘醸ワイン〔白〕
Grands vins de Pessac-Léognan et Graves Blancs

★★★★　**ドメーヌ・ド・シュヴァリエ　Domaine de Chevalier**

わたしたちはこちらのワイナリーやクラブでのデギュスタシオンで、80年代末と90年代におけるワインの出来具合を定期的に確かめています。クロード・リカール Claude Ricard の後を継いだオリヴィエ・ベルナールが≪大いなる挑戦≫を試みました。人々の惜しみない忠告に素直に耳を傾けてきた彼の挑戦は見事に成功しています。どのワインも全面的にすばらしく、文句なしの4つ星です。畑での作業やセラーでの手の入れ方が厳格なため、ミレジムごとの品質のばらつきがほとんどありません。ただ、97・98年物にもう少し芳醇さが欲しかったです。

Monsieur Olivier Bernard
33850 Léognan
tel : 05 56 64 16 16 fax : 05 56 64 18 18

★★★★　**シャトー・オー=ブリオン　Château Haut-Brion**

セミヨン(63％)とソーヴィニヨン・ブラン(37％)が2.70haの土地に植えられていますが、赤ワイン用ぶどうの栽培区域(43.20ha)には及びません。ぶどうの平均樹齢も赤ワイン用ぶどうほど古くはありませんが、グラーヴの高級白ワインであることにかわりはなく、すばらしいです。セカンドワイン≪レ・プランティエ・ド・オー=ブリオン≫を創ったおかげで、このファーストワインに力を注ぎ込むことができました。平均10,000本のこのワインは4つ星の価値が十分にあります。

Domaine Clarence Dillon S.A.
133, avenue Jean-Jaurès - 33608 Pessac CEDEX
tel : 05 56 00 29 30 fax : 05 56 98 75 14
info@haut-brion.com - www.haut-brion.com

★★　**シャトー・クアン=リュルトン（レ・ヴィニョーブル・アンドレ・リュルトン）**
Château Couhins-Lurton (Les Vignobles André Lurton)

1979年に分割されるまで、クアンとクアン=リュルトンはひとつのぶどう園でした。現在のクアン=リュルトンの広さは6haです。10年以上前まではリュルトン家の威光も強かったのですが、現在は当時ほどの勢いがあるとは言えないでしょう。とはいえ最良のグラーヴワインのひとつ。

SCEA Vignobles André-Lurton - Château Bonnet
33420 Grézillac
tel : 05 57 25 58 58 fax : 05 57 74 98 59

★★　**シャトー・ラヴィル・オー=ブリオン　Château Laville Haut-Brion**

3.70haのこのぶどう園ではセミヨン(70％)の割合が大きく、あとはソーヴィニヨン・ブラン(27％)とわずかな割合のミュスカデル(3％)です。ぶどうの樹齢は古く、平均50年以上。生産量13,000本。

Domaine Clarence Dillon S.A.
133, avenue Jean-Jaurès - 33608 Pessac CEDEX
tel : 05 56 00 29 30 fax : 05 56 98 75 14
info@haut-brion.com - www.haut-brion.com

★★ ### シャトー・ド・フューザル　Château de Fieuzal
赤銘柄でもセレクトされていますが、シャトー・ド・フューザルの白は、赤13,000ケースに対して4,000ケースのみで、優れたグラーヴワイン。とろりとしたおいしさは相変わらずです。若いうちに飲むのが良いでしょう。

Monsieur Gérard Gribelin
124, avenue de Mont de Marsan - 33850 Léognan
tel : 05 56 64 77 86 fax : 05 56 64 18 88
fieuzal@fieuzal.com - www.fieuzal.com

★★ ### シャトー・ラリヴェ=オー=ブリオン　Château Larrivet-Haut-Brion
全く生産されていなかった1930年代の停滞期を乗り越え、1940年に所有者が新しくなった後、70年代には再びその名声の一部を取り戻しました。そして、80年代半ばに新たな投資家を得たことで現在の名誉ある地位に返り咲きました。ボルドーの伝統的な3品種がブレンドされ、ソーヴィニョン・ブラン（60％）・セミヨン（35％）・ミュスカデル（5％）という割合になっています。98年物が秀逸（15.5/20点）。

Madame Christine Gervobon
Château Larrivet-Haut-Brion - 33850 Léognan
tel : 05 56 64 75 51 fax : 05 56 64 53 47

★★ ### シャトー・パープ・クレマン　Château Pape Clément
シャトー・パープ・クレマンは歴代の所有者の中でも最も有名な、13世紀ジロンド〔ボルドー周辺〕に生まれた法皇クレメンス5世の名を今に伝えています。1309年にクレメンス5世からこのペサックのぶどう園を贈られたボルドー司教は、後のフランス革命期まで代々後継の司教に受け継がせることになります。36haの地所のうち34haでぶどうを栽培しており、いずれもボルドーの市街地拡大による被害を免れています。このドメーヌの白ワインは比較的稀少価値があり、年12,000本（赤は130,000本）、1haあたりの生産量も17～35hlと少なめです。ソーヴィニョン・ブランとセミヨンが45％ずつで、ミュスカデル（10％）によってブレンドが完成します。半分が新しいバリックで、もう半分が1年物のオーク樽で念入りに熟成されています。

Monsieur Éric Larramona
216, avenue du Dr N. Pénard - BP64 - 33607 Pessac CEDEX
tel : 05 57 26 38 38 fax : 05 57 26 38 39
chateau@pape-clement.com - www.pape-clement.com

★ ### シャトー・カルボニュー　Château Carbonnieux
白ワイン品種専用42haのドメーヌで、少なくとも年240,000本以上を生産。

SC des Grandes Caves - 33850 Léognan
tel : 05 57 96 56 20 fax : 05 57 96 59 59

★ ### シャトー・ラトゥール=マルティヤック　Château Latour-Martillac
Monsieur Tristan Kressmann
Château Latour-Martillac - 33650 Martillac
tel : 05 57 97 71 11 fax : 05 57 97 71 17
latour-martillac@latour-martillac.com - www.latour-martillac.com

★ -100F
クロ・フロリデーヌ　Clos Floridène
18haの地所であるクロ・フロリデーヌは、1982年にドゥニとフロランスのデュブルデュー夫妻の手により再編成されました。白ワイン品種のぶどう園は13haで、栽培比はセミヨン50％、ソーヴィニョン・ブラン40％、ミュスカデル10％。生産量は平均70,000本に達します。

Denis et Florence Dubourdieu
Château Reynon - 33410 Béguey
tel : 05 56 62 96 51 fax : 05 56 62 14 89
reynon@gofornet.com

ボルドー〔辛口・白〕

★ **シャトー・スミス・オー=ラフィット・シャトー・カントリス**
Château Smith Haut-Lafitte - Château Cantelys

全体で35ha、白には11haが充てられています。当たり年ではない97年物の成績（13/20点）や特に98年物の成績（14.5/20点）などを見ると、この銘柄にはセレクション入りする価値が十分にあります。1996年にカティアール氏がドミニク・リュルトンから買い取ったこのドメーヌは、白ワインに関してドゥニ・デュブルデュー〔p.137参照〕の協力を仰いでいます。

Madame Florence Cathiard - 33650 Martillac
tel : 05 57 83 11 22 fax : 05 57 83 11 21
Smith-haut-lafitte@smith-haut-lafitte.com - www.smith-haut-lafitte.com

★ **シャトー・スミス・オー=ラフィット　Château Smith Haut-Lafitte**

95・96年物は秀逸でしたが、その次の97年物には少々がっかりしました。98年物では最良のレベルを取り戻しています。

Madame Florence Cathiard - 33650 Martillac
tel : 05 57 83 11 22 fax : 05 57 83 11 21
Smith-haut-lafitte@smith-haut-lafitte.com - www.smith-haut-lafitte.com

≪ブルゴーニュ〔辛口・白〕≫ Bourgogne Blanc Sec

ブルゴーニュは世界最良の白ワインのひとつという名声を勝ち得ています。ブルゴーニュはシャルドネ種にとって最適な風土と言えます。ただし最良のワインにはこのような総括が当てはまりますが、実際には品質はまちまちで、瓶の中身は時に消費者が期待していいレベルに合わず、販売価格とのバランスが取れていないこともあります。

モンラッシェ（グラン・クリュ）
Montrachet (Grand cru)

モンラッシェの畑に一区画を所有することは、コート・ド・ボーヌの栽培家の誰もが抱く夢です。モンラッシェの8haは、シャサーニュ・モンラッシェ村とピュリニー・モンラッシェ村におよそ均等に分かれています。

モンラッシェは文句なしに世界でも最高級の辛口白ワインとみなされています。最近のブラインドテストで、カリフォルニアに有力なライバルが現れましたが（巻末の≪世界のシャルドネ≫参照）、モンラッシェの名誉は依然守られています。〔6つのうち〕3つの試飲会でこの≪奇跡の≫土地モンラッシェに軍配が上がったのです。

★★★★　**ドメーヌ・ド・ラ・ロマネ゠コンティ　Domaine de la Romanée-Conti**

ずばぬけた豪華さ、98年物についてこう書きたくなります。2,500本だけで、ほとんど見つかりません。試飲も見学もおこなっていません。

Monsieur Cuvelier - 1, Rue Derrière-le-Four - 21700 Vosne-Romanée
tel : 03 80 62 48 80　fax : 03 80 61 05 72

★★★★　**メゾン・ルイ・ジャド　Maison Louis Jadot**

生産高1,200本。ぶどうは樹齢20～45年。常に完璧です。

Maison Louis Jadot
21, rue Spuller - BP117 - 21203 Beaune CEDEX
tel : 03 80 22 10 57　fax : 03 80 22 56 03
contact@louisjadot.com - www.louisjadot.com

★★★★　**ドメーヌ・デ・コント・ラフォン　Domaine des Comtes Lafon**

ムルソー Meursault の有力ドメーヌ、コント・ラフォンはドミニック・ラフォンが経営しています。ドメーヌの創始者ジュール・ラフォン伯爵はこのすばらしい区画(0.35ha)の獲得に奔走しました。入手が実に難しい銘柄で、ウェイティング・リストで我慢強く待たなければなりません。

Monsieur Dominique Lafon - Clos de la Barre - 21190 Meursault
tel : 03 80 21 22 17　fax : 03 80 21 61 64

★★★★　**ドメーヌ・マルク・コラン　Domaine Marc Colin**

この実に有能な栽培家のモンラッシェは4つ星を獲得しました。≪ダン・ド・シアン Dents de Chien≫にある2つの小さな区画です。99年物が秀逸。

Monsieur Marc Colin - Gamay , Saint-Aubin - 21190 - Meursault
tel : 03 80 21 30 43　fax : 03 80 21 90 04

★★★　**ドメーヌ・ブシャール・ペール＆フィス　Domaine Bouchard Père et Fils**

メゾン・ブシャールが所有する0.89haの土地で（アペラシオンの11％）、平均4,700本のモンラッシェが作られます。96年以降すばらしい出来です。

Bouchard Père et Fils
Au Château BP70 - 21200 Beaune
tel : 03 80 24 80 24　fax : 03 80 22 55 88
france@bouchard-pereetfils.com - www.bouchard-pereetfils.com

★★★ **≪マルキ・ド・ラギッシュ≫ - メゾン・ジョゼフ・ドルーアン**
« Marquis de Laguiche » - Maison Joseph Drouhin

1363年以来、ラギッシュ侯爵家がこの地を所有しています〔ここで作られるぶどうをドルーアンが買い取り醸造しています〕。

Boss-Drouhin Véronique
7, rue d'Enfer - 21200 Beaune
tel : 03 80 24 68 88 fax : 03 80 22 43 14
MaisonDrouhin@drouhin.com - www.drouhin.com

★★★ **ドメーヌ・ジャック・プリュール　Domaine Jacques Prieur**

この58アールは、1890〜92年の3回にわたる買収により取得されました。

Monsieur Prieur Martin
6, rue des Santenots - 21190 Meursault
tel : 03 80 21 23 85 fax : 03 80 21 29 19

★★★ **ドメーヌ・エティエンヌ・ソーゼ　Domaine Etienne Sauzet**

このドメーヌは、自社銘柄でいくつかのグラン・クリュワインを扱うために小さな仲買会社を設立しました。このモンラッシェはここ8年来、同じ区画から作られています。

Monsieur Boudot Gérard
11, rue de Poiseul - 21190 Puligny-Montrachet
tel : 03 80 21 32 10 fax : 03 80 21 90 89

シュヴァリエ=モンラッシェ（グラン・クリュ）
Chevalier-Montrachet (Grand cru)

　モンラッシェ（8.7ha）よりもわずかに小さい7.36haのシュヴァリエ=モンラッシェは、その全てがピュリニー=モンラッシェ村にあります。栽培家や大手のネゴシアンが、ここに区画を手に入れようと懸命になっています。名高い隣人モンラッシェに比べればワインの値段は安いです。ただ、モンラッシェ並みに入手が難しく、強いて言うならばわずかに質が劣っています。

★★★★ **ドメーヌ・ルフレーヴ　Domaine Leflaive**

このドメーヌはシュヴァリエの畑に約2ha所有しています（1.9182ha）。偉大な風格。ルフレーヴ婦人はテロワールを尊重し、ブルゴーニュやその他の優れた土地の≪微生物学的≫財産を保護しようと活動していますが、彼女に大きな拍手を送りたいと思います。

Madame Anne-Claude Leflaive
Place des Marronniers - 21190 Puligny-Montrachet
tel : 03 80 21 30 13 fax : 03 80 21 39 57

★★★ **ドメーヌ・ミシェル・コラン=ドゥレジェ＆フィス**
Domaine Michel Colin-Deléger et Fils

ドメーヌの花形ワイン。ルフレーヴ銘柄に唯一匹敵しうるシュヴァリエ=モンラッシェ。

Domaine Colin-Deléger
3, impasse des Crêts - 21190 Chassagne-Montrachet
tel : 03 80 21 32 72 fax : 03 80 21 32 94

★★★ **ドメーヌ・ミシェル・ニーロン　Domaine Michel Niellon**

白ワインでブルゴーニュ最高峰のひとつ。

Monsieur Michel Niellon
21190 Chassagne-Montrachet
tel : 03 80 21 30 95 fax : 03 80 21 91 93

★★★ 《ドゥモワゼル》・メゾン・ルイ・ジャド・ドメーヌ・デ・ゼリティエ・ルイ・ジャド
« Demoiselles » - Maison Louis Jadot - Domaine des Héritiers Louis-Jadot

メゾン・ルイ・ジャドはこのグラン・クリュ畑に1.51ha所有しています。畑はピュリニー＝モンラッシェ村にあります。

Maison Louis Jadot
21, rue Spuller - BP117 - 21203 Beaune CEDEX
tel : 03 80 22 10 57 fax : 03 80 22 56 03
contact@louisjadot.com - www.louisjadot.com

★★ ドメーヌ・ブシャール・ペール＆フィス・《ラ・カボット》
Domaine Bouchard Père et Fils - « La Cabotte »

アペラシオンの34％にあたる2.54haの土地。ブシャールはこのほどよい広さの土地で年平均13,500本を生産しています。ドメーヌを代表する高級白ワインのひとつ。

Bouchard Père et Fils
Au Château BP70 - 21200 Beaune
tel : 03 80 24 80 24 fax : 03 80 22 55 88
france@bouchard-pereetfils.com - www.bouchard-peretfils.com

★★ ドメーヌ・エティエンヌ・ソーゼ　Domaine Etienne Sauzet

すばらしいワイン。

Monsieur Gérard Boudot
11, rue de Poiseul, 21190, Puligny-Montrachet
tel : 03 80 21 32 10 fax : 03 80 21 90 89

バタール＝モンラッシェ（グラン・クリュ）
Bâtard-Montrachet (Grand cru)

バタール＝モンラッシェはブルゴーニュ〔白〕のグラン・クリュの中で最も広く（11.87ha）、2つの村、シャサーニュ＝モンラッシェ（5.85ha）とピュリニー・モンラッシェ（6.02ha）にまたがってあります。最高レベルのバタール＝モンラッシェならば質の面でシュヴァリエ＝モンラッシェに引けを取りません。

★★★ ドメーヌ・ルフレーヴ　Domaine Leflaive

ルフレーヴにおける98年産の最高峰。1987年以来このドメーヌが全面的に実施しているビオディナミー[1]による2haの区画（1.9112ha）。豊かで力強いです。

Madame Leflaive Anne-Claude
Place des Marronniers - 21190 Puligny-Montrachet
tel : 03 80 21 30 13 fax : 03 80 21 39 57

★★★ メゾン・ルイ・ジャド　Maison Louis Jadot

1ha未満の区画で(0.80ha)、約4,000本の生産高です。

Maison Louis Jadot
21, rue Spuller, BP117 - 21203 Beaune CEDEX
tel : 03 80 22 10 57 fax : 03 80 22 56 03
contact@louisjadot.com - www.louisjadot.com

★★★ ドメーヌ・ピエール・モレー　Domaine Pierre Morey

芳醇で豪奢なすばらしいワインで、繊細さも十分に備えています。

Domaine Pierre Morey
13, rue Pierre-Mouchoux - 21190 Meursault
tel : 03 80 21 21 03 fax : 03 80 21 66 38

〈訳注〉

[1] ビオディナミー biodynamie：植物肥料だけを使い、天体との連動効果を重視する農法。p.169、クーレ・ド・セランの頃も参照。

★★ | **ドメーヌ・ブラン=ガニャール　Domaine Blain-Gagnard**

高級バタール=モンラッシェ。

Domaine Blain-Gagnard
15, Route de Santenay - 21190 Chassagne-Montrachet
tel : 03 80 21 34 07 fax : 03 80 21 90 07

★★ | **ドメーヌ・マルク・コラン　Domaine Marc Colin**

まじりけがなくエレガント。

Domaine Marc Colin
Gamay, Saint-Aubin - 21190 Meursault
tel : 03 80 21 30 43 fax : 03 80 21 90 04

★★ | **ドメーヌ・フォンテーヌ=ガニャール　Domaine Fontaine-Gagnard**

秀逸な一本。

Domaine Fontaine-Gagnard
19, route de Santenay - 21190 Chassagne-Montrachet
tel : 03 80 21 35 50 fax : 03 80 21 90 78

★★ | **ドメーヌ・エティエンヌ・ソーゼ　Domaine Etienne Sauzet**

このドメーヌはシャサーニュ=モンラッシェ村よりもピュリニー=モンラッシェ村の方にプルミエ・クリュ銘柄の土地を多く所有しています。特級のバタールについてはシャサーニュ村の区画（18.31アール）とピュリニー村（13.77アール）の2区画から作られます。ジェラール・ブードのワインは若いうちにデキャンタに入れて飲むのがよいでしょう。

Monsieur Gérard Boudot
11, rue de Poiseul - 21190 Puligny-Montrachet
tel : 03 80 21 32 10 fax : 03 80 21 90 89

ビアンヴニュ=バタール=モンラッシェ（グラン・クリュ）
Bienvenues-Bâtard-Montrachet (Grand cru)

　表面積3.69haのビアンヴニュ=バタール=モンラッシェは、30年代末、グラン・クリュの境界画定にまつわる激しい争いの末に生まれました。ビアンヴニュ=バタール=モンラッシェと呼ばれる6haの畑は、かつてはバタール=モンラッシェに属していた海抜の高い区域（2.30ha）と、特別AOC認定の対象となっている低い区域からなります。2つのドメーヌを選びました。

★★ | **ドメーヌ・ルフレーヴ　Domaine Leflaive**

1ha以上です（1.180ha）。

Madame Anne-Claude Leflaive
Place des Marronniers - 21190 Puligny-Montrachet
tel : 03 80 21 30 13 fax : 03 80 21 39 57

★ | **ドメーヌ・エティエンヌ・ソーゼ　Domaine Etienne Sauzet**

優れたドメーヌがもつ11.62アールの区画。

Monsieur Gérard Boudot
11, rue de Poiseul - 21190 Puligny-Montrachet
tel : 03 80 21 32 10 fax : 03 80 21 90 89

クリオ=バタール=モンラッシェ（グラン・クリュ）
Criots-Bâtard-Montrachet (Grand cru)

この猫の額ほどの広さのグラン・クリュはコート・ド・ボーヌの白で最も小さく（1.57ha）、年平均8,000本しか生産していません。モンラッシェほどもてはやされないとはいえ、数が少なく入手が困難です。

★★★ **ドメーヌ・フォンテーヌ=ガニャール　Domaine Fontaine-Gagnard**

小さいながらキラリと輝いています。

Domaine Fontaine-Gagnard
19, route de Santenay - 21190 Chassagne-Montrachet
tel : 03 80 21 35 50 fax : 03 80 21 90 78

★★ **メゾン・ルイ・ジャド　Maison Louis Jadot**

Maison Louis Jadot
21, rue Spuller - BP117 - 21203 Beaune CEDEX
tel : 03 80 22 10 57 fax : 03 80 22 56 03
contact@louisjadot.com - www.louisjadot.com

シャサーニュ=モンラッシェ（プルミエ・クリュ）
Chassagne-Montrachet (1er cru)

コート・ド・ボーヌ〔白〕のグラン・クリュをピュリニー=モンラッシェ村と2分してきたシャサーニュ=モンラッシェ村では、大半が赤ワインをつくっています。けれども、最良のクリマから作られる白ワインも実に魅力的です。
　表面積が少なく実に名声が高いレ・カイユレ、レ・ヴィッド・ブルス、レ・リュショット、グランド・リュショットなどが最も貴重な畑で、土地に値段を付けたがらない所有者もいます。

★★ **レ・カイユレ・ドメーヌ・マルク・コラン　Les Caillerets - Domaine Marc Colin**

伝統的な極上シャサーニュ=モンラッシェのひとつ。

Monsieu Marc Colin
Gamay, Saint-Aubin - 21190 Meursault
tel : 03 80 21 30 43 fax : 03 80 21 90 04

★★ **ヴィッド・ブルス・ドメーヌ・マルク・コラン**
Vide Bourse - Domaine Marc Colin

伝統的なスタイルの実にすばらしいシャサーニュ=モンラッシェ。

Monsieur Marc Colin
Gamay, Saint-Aubin - 21190 - Meursault
tel : 03 80 21 30 43 fax : 03 80 21 90 04

★★ **レ・カイユレ・ベルナール・モレー　Les Caillerets - Bernard Morey**

ベルナール・モレーがもつ30アールの区画で、1960年と70年にぶどうが部分的に再植樹されました。ギー・アミオの所有地の近く、クリマ全体の北端に位置するこの区画は村の家々に囲まれています。並外れた栽培家がつくる文句のつけようがないカイユレです。

Monsieu Bernard Morey
3, rue de Morgeot - 21190 Chassagne-Montrachet
tel : 03 80 21 32 13 fax : 03 80 21 39 72

ブルゴーニュ〔辛口・白〕

★★ モルジョ・ドメーヌ・ミッシェル・コラン・ドゥレジェ＆フィス
Morgeot - Domaine Michel Colin - Deléger et Fils

Domaine Colin-Deléger
3, Impasse des Crôts - 21190 Chassagne-Montrachet
tel : 03 80 21 32 72 fax : 03 80 21 32 94

★★ レ・カイユレ・ドメーヌ・フォンテーヌ＝ガニャール
Les Caillerets - Domaine Fontaine-Gagnard

Domaine Fontaine-Gagnard
19, route de Santenay - 21190 Chassagne-Montrachet
tel : 03 80 21 35 50 fax : 03 80 21 90 78

★★ ヴィッド・ブルス・ドメーヌ・ベルナール・モレー
Vide Bourse - Domaine Bernard Morey

樹齢70〜80年というたいへん古いぶどうですが、常に優れた衛生状態にあります。バタールとクリオが接するところにある15.5haのクリマを4人の所有者が分有しています。このワインはベルナール・モレーの商品カタログにも稀にしか姿を見せません。それほど顧客からの引き合いが強く、生産量が少ないワインなのです（年平均225リットル樽4杯分程度）。

Monsieur Bernard Morey
3, rue de Morgeot - 21190 Chassagne-Montrachet
tel : 03 80 21 32 13 fax : 03 80 21 39 72

★★ グランド・リュショット・ドメーヌ・F. & L.ピヨ
Grandes Ruchottes - Domaine F. et L. Pillot

シャサーニュ＝モンラッシェ・プルミエ・クリュの中で最も貴重なクリマのひとつ。ぶどうの世話、適切な醸造、卓越した熟成などにより、まちがいなくシャサーニュのプルミエ・クリュでは品質と価格のバランスが最良の銘柄です。この栽培者がワイン・ガイドで取り上げられることは少ないですが、わたしたちのブラインドテイスティングではコンスタントに良い成績を挙げています。99年物は見事に16/20点を獲得。

Monsieur Laurent Pillot
13, rue des Champs Gain - 21190 Chassagne-Montrachet
tel : 03 80 21 33 64 fax : 03 80 21 92 60
lfpillot@club-internet.fr

★ モルジョ≪クロ・ド・ラ・シャペル≫ - メゾン・ルイ・ジャド
Morgeot « Clos de la Chapelle » - Maison Louis Jadot

Maison Louis Jadot
21, rue Spuller - BP117 - 21203 Beaune CEDEX
tel : 03 80 22 10 57 fax : 03 80 22 56 03
contact@louisjadot.com - www.louisjadot.com

★ モルジョ・ドメーヌ・ベルナール・モレー
Morgeots - Domaine Bernard Morey

広大なクリマの中に10くらいの特別な区域（lieu-dit）が残っています。このドメーヌのモルジョは、≪レ・フェランド Les Ferrandes≫と呼ばれる区域（所有者がモルジョ、あるいはブードリオット Boudriottes と名乗るケースもあります）と、その名もモルジョ修道院の石垣囲いの近く、≪レ・ボワレット Les Boirettes≫と呼ばれる区域から作られます。芳醇で優雅なおいしいワイン。

Monsieur Bernard Morey
3, rue de Morgeot - 21190 Chassagne-Montrachet
tel : 03 80 21 32 13 fax : 03 80 21 39 72

★ レ・ザンブラゼ・ドメーヌ・ベルナール・モレー
Les Embrazées - Domaine Bernard Morey

クリマ≪レ・ザンブラゼ≫には古代、ローマ人の邸宅が建っていたとみられています。ぶどう畑がフィロキセラの被害を受けて以来、60年代初頭まで荒れ地のまま放置されていたようですが、1961年、1.30haのベルナール・モレーの区画に、マス・セレク

ション[1]により大量の再植樹が行われました。98年物を試してみると、この区画にはドメーヌ、いやプルミエ・クリュ畑全体の中でもコストパフォーマンスが最良の極上ワインを生み出す力があることがわかります。

Monsieur Bernard Morey
3, rue de Morgeot - 21190 Chassagne-Montrachet
tel : 03 80 21 32 13 fax : 03 80 21 39 72

★ ### レ・ヴェルジェ・ドメーヌ・マルク・モレー　Les Vergers - Domaine Marc Morey

現在、マルク・モレーの娘婿、ベルナール・モラールが9haの所有地を管理しています。そのうち5haがシャサーニュのプルミエ・クリュ畑。レ・ヴェルジェには1ha所有し、5~6,000本の生産量です。ぶどうの3分の2は樹齢40年以上です。30%が新樽を用いた熟成で、シャサーニュに数多くあるドメーヌの中でも常に変わらないクオリティで生産を続けているところです。

Monsieur Bernard Mollard
21190 Chassagne-Montrachet
tel : 03 80 21 30 11 fax : 03 80 21 90 20

★ ### レ・モルジョ・ドメーヌ・ピヨ・フェルナン&ローラン
Les Morgeots - Domaine Pillot Fernand et Laurent

シャサーニュ=モンラッシェの栽培家が、赤と白を生産するクリマ≪モルジョ≫の名前を自分のワインの名に使用するケースがよくあります。たくさんのクリマが≪モルジョ≫という名を使っているため、≪モルジョ≫の名が付く土地全体の面積が増え、それぞれの栽培者がその中に自分の区画を所有しているほどです。現在ではグランド・リュショットで作られる銘柄よりも値段がお手頃ですが、クリマの潜在力はより小さいようです。

Monsieur Laurent Pillot
13, rue des Champs Gain - 21190 Chassagne-Montrachet
tel : 03 80 21 33 64 fax : 03 80 21 92 60
lfpillot@club-internet.fr

★ ### ドメーヌ・ピヨ・ポール・レ・カイユレ　Domaine Pillot Paul - Les Caillerets

Domaine Pillot Paul
3, rue du Clos Saint-Jean - 21190 Chassagne-Montrachet
tel : 03 80 21 31 91 fax : 03 80 21 90 92

ピュリニー=モンラッシェ（プルミエ・クリュ）
Puligny-Montrachet (1er cru)

ピュリニー=モンラッシェの14のプルミエ・クリュは100haの面積で、おもにシャルドネが植えられています。

★★★ ### レ・ドゥモワゼル・ドメーヌ・ミシェル・コラン=ドゥレジェ&フィス
Les Demoiselles - Domaine Michel Colin-Deléger et Fils

Domaine Colin-Deléger
3, impasse des Crêts - 21190 Chassagne-Montrachet
tel : 03 80 21 32 72 fax : 03 80 21 32 94

★★★ ### レ・コンベット・ドメーヌ・ルフレーヴ　Les Combettes - Domaine Leflaive

73.31アールで、このドメーヌ全体がそうであるようにビオディナミー農法が採られています。

Madame Anne-Claude Leflaive
Place des Marronniers - 21190 Puligny-Montrachet
tel : 03 80 21 30 13 fax : 03 80 21 39 57

〈訳注〉
1　原始的なクローン・セレクションで、優良株を圃場で増やしていく方法。

★★★ **レ・ルフェール・メゾン・ルイ・ジャド　Les Referts - Maison Louis Jadot**

50アールで2,500本。

Maison Louis Jadot
21, rue Spuller - BP117 - 21203 Beaune CEDEX
tel : 03 80 22 10 57　fax : 03 80 22 56 03
contact@louisjadot.com - www.louisjadot.com

★★ **ラ・トリュフィエール・ドメーヌ/メゾン・ジャン=マルク・ボワヨ**
La Truffière - Domaine/Maison Jean-Marc Boillot

0.25haの小さな区画で、樹齢40年のぶどうです。ジャン=マルク・ボワヨは1971年以来、最初は父親と一緒に、後にネゴシアンのオリヴィエ・ルフレーヴのところで醸造指導者としてワインを生産してきました。父方の祖父アンリ・ボワヨが彼の才能に惚れ込み、1989年、自分のドメーヌの半分を賃貸しました。その後、借りたぶどう畑も自分の物になり、1991年にエティエンヌ・ソーゼから土地を継承したことにより所有地が3.5haにまで広がりました。現在では全部で10haに及ぶ22のアペラシオン（赤11と白11）を所有しています。豊潤さがこのすばらしいピュリニー=モンラッシェを際立たせています。

Monsieur Jean-Marc Boillot
Rue Mareau - 21630 Pommard
tel : 03 80 22 71 29 & 03 80 24 97 57　fax : 03 80 24 98 07

★★ **レ・コンベット・ドメーヌ/メゾン・ジャン=マルク・ボワヨ**
Les Combettes - Domaine/Maison Jean-Marc Boillot

0.49haの小さな区画で、樹齢38年のぶどうです（このドメーヌのラ・トリュフィエールの項を参照）。

Monsieur Jean-Marc Boillot
Rue Mareau - 21630 Pommard
tel : 03 80 22 71 29 & 03 80 24 97 57　fax : 03 80 24 98 07

★★ **レ・フォラティエール・ジェラール・シャヴィー　Les Folatières - Gérard Chavy**

ジェラール・シャヴィーが所有するピュリニー・モンラッシェ(1er cru)の中で最大の区画。このドメーヌは世代を重ねるごとに大きくなり2.60haというかなり広い面積にまで達しました。

Gérard Chavy et Fils
12, Rue du Château - 21190 Puligny-Montrachet
tel : 03 80 21 31 47　fax : 03 80 21 90 08

★★ **ラ・トリュフィエール・ドメーヌ・ミシェル・コラン=ドゥレジェ＆フィス**
La Truffière - Domaine Michel Colin-Deléger et Fils

代表的なラ・トリュフィエールのひとつ。

Domaine Colin-Deléger
3, impasse des Crêts - 21190 Chassagne-Montrachet
tel : 03 80 21 32 72　fax : 03 80 21 32 94

★★ **レ・フォラティエール・メゾン・ルイ・ジャド・ドメーヌ・デ・ゼリティエ・ルイ・ジャド**
Les Folatières - Maison Louis Jadot - Domaine des Héritiers Louis Jadot

0.40haで2,000本です。

Maison Louis Jadot
21, rue Spuller - BP117 - 21203 Beaune CEDEX
tel : 03 80 22 10 57　fax : 03 80 22 56 03
contact@louisjadot.com - www.louisjadot.com

★★ **レ・ピュセル・ドメーヌ・ルフレーヴ　Les Pucelles - Domaine Leflaive**

高い評価を受けた最新の98年物はミネラルを多く含む複雑な味わい。ドメーヌ・ルフレーヴに限らずレ・ピュセルの中でも確かな値打ちもののひとつ。

Madame Anne-Claude Leflaive
Place des Marronniers - 21190 Puligny-Montrachet

tel : 03 80 21 30 13 fax : 03 80 21 39 57

★★ **ラ・トリュフィエール・ドメーヌ・ベルナール・モレー**
La Truffière - Domaine Bernard Morey

良質の古いぶどう樹（1950年）とかなり新しいぶどう（1982年）からなるこの区画は1993年にモレーが買い取りました。クリマのなかでも比較的高いところにあり、ぶどうはつねに早熟です。この区画の特色は、かつて水晶の石切場があったところにぶどうが植えられていることです。

Monsieur Bernard Morey
3, rue de Morgeot - 21190 Chassagne-Montrachet
tel : 03 80 21 32 13 fax : 03 80 21 39 72

★★ **レ・コンベット・ドメーヌ・ジャック・プリュール**
Les Combettes - Domaine Jacques Prieur

レ・コンベットの1.49ha。1855年にラヴァル博士がこのクリマをプルミエール・キュヴェ（1級）に分類しています。

Monsieur Martin Prieur
6, rue des Santenots - 21190 Meursault
tel : 03 80 21 23 85 fax : 03 80 21 29 19

★★ **レ・コンベット・ドメーヌ・エティエンヌ・ソーゼ**
Les Combettes - Domaine Etienne Sauzet

ピュリニー=モンラッシェ村の有力ドメーヌで、特に評判の高い6つのクリマに区画を所有しています。

Monsieur Gérard Boudot
11, rue de Poiseul - 21190 Puligny-Montrachet
tel : 03 80 21 32 10 fax : 03 80 21 90 89

★ **シャン・カネ・ドメーヌ/メゾン・ジャン=マルク・ボワヨ**
Champ Canet - Domaine/Maison Jean-Marc Boillot

0.59haの小さな区画、樹齢40年以上のぶどうです（このドメーヌのラ・トリュフィエールの項〔p.146〕を参照）。

Monsieur Jean-Marc Boillot
Rue Mareau - 21630 Pommard
tel : 03 80 22 71 29 & 03 80 24 97 57 fax : 03 80 24 98 07

★ **レ・ピュセル・シャヴィー・ジェラール   Les Pucelles - Chavy Gérard**

このドメーヌが所有するプルミエ・クリュのうち最も小さな区画で、15アールです。

Gérard Chavy et Fils
12, Rue du Château - 21190 Puligny-Montrachet
tel : 03 80 21 31 47 fax : 03 80 21 90 08

★ **レ・クラヴォワヨン・シャヴィー・ジェラール   Les Clavoillons - Chavy Gérard**

78アールというかなり広い区画です。

Gérard Chavy et Fils
12, Rue du Château - 21190 Puligny-Montrachet
tel : 03 80 21 31 47 fax : 03 80 21 90 08

★ **ル・クラヴォワヨン・ドメーヌ・ルフレーヴ   Le Clavoillon - Domaine Leflaive**

ドメーヌ・ルフレーヴはこのクリマに4.7ha所有していて、ビオディナミーの実験の場となっています。このクリマは他のピュリニー=モンラッシェ同様、20世紀を通して赤ワイン用の第1級畑とされてきました。現在ではシャルドネ〔白〕が植えられています。

Madame Anne-Claude Leflaive
Place des Marronniers - 21190 Puligny-Montrachet
tel : 03 80 21 30 13 fax : 03 80 21 39 57

★ **クロ・ド・ラ・ガレンヌ - メゾン・ルイ・ジャド**
Clos de la Garenne - Maison Louis Jadot

ドメーヌ・デュ・デュック・ド・マジャンタ Domaine du duc de Magenta にある2haの土地で、平均10,000本の生産量です。

Maison Louis Jadot
21, rue Spuller - B, P, 117 - 21203 Beaune CEDEX
tel : 03 80 22 10 57 fax : 03 80 22 56 03
contact@louisjadot.com - www.louisjadot.com

★ **レ・ルフェール・ドメーヌ・エティエンヌ・ソーゼ**
Les Referts - Domaine Etienne Sauzet

Monsieur Gérard Boudot
11, rue de Poiseul - 21190 Puligny-Montrachet
tel : 03 80 21 32 10 fax : 03 80 21 90 89

ムルソー（プルミエ・クリュ）
Meursault (1er cru)

　この村にはグラン・クリュはありませんが、プルミエ・クリュが約131.87ha広がっています。レ・ペリエール（12.4ha）、ラ・グット・ドール（5.3ha）、レ・ジュヌヴィリエール（17ha）、レ・シャルムなど良質のクリマが十二分に広がり、優れた生産者のところでは極上ムルソーならではの味わいが引き出されています。

★★★ **レ・ペリエール・コッシュ=デュリー　Les Perrières - Coche-Dury**

芳醇で豪奢、それでいて十分に繊細なワイン。

Monsieur Jean-François Coche-Dury
9, rue Charles-Giraud - 21190 Meursault
tel : 03 80 21 24 12 fax : 03 80 21 67 65

★★★ **レ・シャルム・ドメーヌ・デ・コント・ラフォン**
Les Charmes - Domaine des Comtes Lafon

1.70haの区画です（このドメーヌのモンラッシェの項〔p.139〕を参照）。

Monsieur Dominique Lafon
Clos de la Barre - 21190 Meursault
tel : 03 80 21 22 17 fax : 03 80 21 61 64

★★★ **レ・ペリエール・ドメーヌ・デ・コント・ラフォン**
Les Perrières - Domaine des Comtes Lafon

0.75haの区画です（このドメーヌのモンラッシェの項〔p.139〕を参照）。

Monsieur Dominique Lafon
Clos de la Barre - 21190 Meursault
tel : 03 80 21 22 17 fax : 03 80 21 61 64

★★ **レ・ペリエール・ドメーヌ・ブシャール・ペール＆フィス**
Les Perrières - Domaine Bouchard Père et Fils

古くはドメーヌ・ロピトー=ミニョン Ropiteau-Mignon が所有していたこのぶどう園は1996年に購入されました。12ha、すなわちアペラシオンの8.75％に相当します。97・98年物がすばらしいです。

Bouchard Père et Fils
Au Château - BP70 - 21200 Beaune
tel : 03 80 24 80 24 fax : 03 80 22 55 88
france@bouchard-pereetfils.com - www.bouchard-pereetfils.com

★★ **レ・ペリエール・メゾン・ルイ・ジャド   Les Perrières - Maison Louis Jadot**

60アールの所有地で3,000本の生産量です。最もすばらしいレ・ペリエールのひとつ。

Maison Louis Jadot
21, rue Spuller - BP117 - 21203 Beaune CEDEX
tel : 03 80 22 10 57 fax : 03 80 22 56 03
contact@louisjadot.com - www.louisjadot.com

★★ **レ・ペリエール・ドメーヌ・ピエール・モレー   Les Perrières - Domaine Pierre Morey**

バタール=モンラッシェを凌駕し、1998年におけるドメーヌ・ピエール・モレーの最高峰。

Domaine Pierre Morey
13, rue Pierre-Mouchoux - 21190 Meursault
tel : 03 80 21 21 03 fax : 03 80 21 66 38

★★ **レ・ペリエール・ドメーヌ・ジャック・プリュール**
Les Perrières - Domaine Jacques Prieur

Monsieur Martin Prieur
6, rue des Santenots - 21190 Meursault
tel : 03 80 21 23 85 fax : 03 80 21 29 19

★★ **クロ・デ・ポリュゾ・ドメーヌ・ルー・ペール&フィス**
Clos des Poruzots - Domaine Roux Père et Fils

ムルソー最良のテロワールで作られる非常に立派なワインのひとつ。

Monsieur Christian Roux
Saint-Aubin - 21190 Saint-Aubin
tel : 03 80 21 32 92 fax : 03 80 21 35 00
roux.pere.et.fils@wanadoo.fr - www.ad-vin.com/domaineroux

★ **レ・ジュヌヴリエール・ドメーヌ・ブシャール・ペール&フィス**
Les Genevrières - Domaine Bouchard Père et Fils

全体の16%に相当するブシャールの2.65haは、この見事なクリマの代表的な区画のひとつ。

Bouchard Père et Fils
Au Château BP70 - 21200 Beaune
tel : 03 80 24 80 24 fax : 03 80 22 55 88
france@bouchard-pereetfils.com - www.bouchard-pereetfils.com

コルトン=シャルルマーニュ（グラン・クリュ）
Corton-Charlemagne (Grand cru)

アロース=コルトン、ペルナン=ヴェルジュレス Pernand-Vergelesses、ラドワ=セリニー Ladoix-Serrigny の各村にまたがり、標高280～330mとグラン・クリュの中で最も高い位置にあります。なかでもコルトンの森にある高い部分が白ワインに適したテロワールです。その71.87haという面積は、シャサーニュ=モンラッシェとピュリニー=モンラッシェのグラン・クリュの合計をはるかに超えています。コルトン=シャルルマーニュは、コート・ド・ボーヌのグラン・クリュの中で最も手に入りやすい、言葉を換えればコスト・パフォーマンスが最高のグラン・クリュです。主要なネゴシアンはみなここにすばらしい区画を持っています。

★★★★ **コッシュ=デュリー   Coche-Dury**

芳醇で豪奢、ブルゴーニュの神秘的なワインのひとつ。

Monsieur Jean-François Coche-Dury
9, rue Charles-Giraud - 21190 Meursault

tel : 03 80 21 24 12 fax : 03 80 21 67 65

★★★ ドメーヌ・ボノー・デュ・マルトレー　Domaine Bonneau du Martray

このドメーヌはコルトン=シャルルマーニュとコルトンの両方でセレクトされています（コルトン［グラン・クリュ］のドメーヌ来歴を参照［p.53］）。ピノ・ノワールの区画はドメーヌ全体11.09haのうち1.5haです。

Monsieur Le Bault de la Morinière
21420 Pernand-Vergelesses
tel : 03 80 21 50 64 fax : 03 80 21 57 19

★★★ ドメーヌ・ブシャール・ペール＆フィス　Domaine Bouchard Père et Fils

ブシャールはコルトン=シャルルマーニュに3.25ha所有し、このかなりの広さの土地（アペラシオンの5％）から平均17,300本を念入りに作り上げています。

Bouchard Père et Fils
Au Château BP70 - 21200 Beaune
tel : 03 80 24 80 24 fax : 03 80 22 55 88
france@bouchard-pereetfils.com - www.bouchard-pereetfils.com

★★★ メゾン・ルイ・ジャド - ドメーヌ・デ・ゼリティエ・ルイ・ジャド　Maison Louis Jadot - Domaine des Héritiers Louis Jadot

Maison Louis Jadot
21, rue Spuller - BP117 - 21203 Beaune CEDEX
tel : 03 80 22 10 57 fax : 03 80 22 56 03
contact@louisjadot.com - www.louisjadot.com

★★★ メゾン・ルイ・ラトゥール　Maison Louis Latour

Domaine Louis Latour
18, rue des Tonneliers - BP127 - 21204 Beaune CEDEX
tel : 03 80 24 81 00 fax : 03 80 22 36 21

★★★ ドメーヌ・ミュスコヴァック・ガブリエル　Domaine Muskovac Gabriel

このドメーヌ唯一のグラン・クリュでその宝ともいえるこの銘柄は、バランスのとれた丁寧な熟成（新樽50％）などの世話を受けています。35.28アール一続きの区画。

Village Pernand - 21420 Pernand Vergelesses
tel : 03 80 21 57 71

★★★ メゾン・ヴェルジェ　Maison Verget

ミネラルが豊富でエレガント。魅惑的なスタイルの極上のコルトン=シャルルマーニュ。

Monsieur Jean-Marie Guffens - Verget - 71960 Sologny
tel : 03 85 37 70 77 fax : 03 85 37 71 91

★★ シャルトロン＆トレビュシェ　Chartron et Trébuchet

各ミレジムにつき平均3,000本です。

Chartron et Trébuchet
13, Grande Rue - 21190 Puligny-Montrachet
tel : 03 80 21 32 85 fax : 03 80 21 36 35

★★ ドメーヌ・ロベール＆レイモン・ジャコブ　Domaine Robert et Raymond Jacob

Hameau Buisson - 21550 Ladoix-Serrigny
tel : 03 80 26 44 62 fax : 03 80 26 49 34

★★ ドメーヌ・トロ=ボー＆フィス・レ・グレーヴ　Domaine Tollot-Beaut & Fils - Les Grèves

Madame Nathalie Tollot
Rue Alexandre Tollot - 21200 Chorey-lès-Beaune
tel : 03 80 22 16 54 fax : 03 80 22 12 61
tollot-beaut@wanadoo.fr

ボーヌ（プルミエ・クリュ）
Beaune (1er cru)

　ボーヌは人口23,000人の小さな町ですが、コート＝ドール県の副県庁所在地、フランス各地から伸びる高速道路の交差点でもあり、ワインカーヴとオテル・デュー〔中世に建てられた慈善施療院〕で知られるブルゴーニュにおけるぶどう栽培・ワイン醸造の中心地です。この町には例年多くの観光客が訪れますが、ボーヌがコート・ドールで最もワイン生産量の多い地域だとまで知る人はあまりいないでしょう。作付け面積450haのうちの39クリマ、作付面積322haがボーヌ・プルミエ・クリュに分類されています。この地全体が均一であるように見えますが、実はテロワールの性質、地下層の質、そのレベルなどは多種多様です。エリック・ヴェルディエのテロワール分類表（フランス）では1級格付けBに3クリマ、2級格付けAに15クリマが分類されています。

★ **グレーヴ・ル・クロ・ブラン・ドメーヌ・ガジェ・メゾン・ルイ・ジャド**
Grèves Le Clos Blanc - Domaine Gagey - Maison Louis Jadot

80アール、平均4,000本の生産量です。

Maison Louis Jadot
21, rue Spuller - BP117 - 21203 Beaune CEDEX
tel : 03 80 22 10 57 fax : 03 80 22 56 03
contact@louisjadot.com - www.louisjadot.com

★ **クロ・デ・ムーシュ・メゾン・ジョゼフ・ドルーアン**
Clos des Mouches - Maison Joseph Drouhin

1918年、モーリス・ドルーアンがこのクリマを取得しました。ボーヌはおもに赤ワインを生産していますが、ドルーアンはこの畑で赤と白両方を作っています。伝えられている話によれば、長い間白ワインは赤ワインにブレンドされていたのですが、赤と白の成熟度に大きな開きがあったある年を境に、赤と白が分けて醸造されるようになったということです。白ワイン6.5ha。

Madame Véronique Boss-Drouhin
7, rue d'Enfer - BP29 - 212001 Beaune
tel : 03 80 24 68 88 fax : 03 80 22 43 14
MaisonDrouhin@drouhin.com - www.drouhin.com

シャブリ・グラン・クリュ
Chablis Grand Cru

　3,998ha中98haに相当する7つのクリマがシャブリの頂点、グラン・クリュを名乗ることができます（ヴォーデジールとレ・プルーズにあるラ・ムートンヌはINAOの認定を受けた公式のグラン・クリュではありません）。（ラ・ムートンヌを含む）8クリマ中、23銘柄をセレクトしました。キメリッジ質土壌のこれらのテロワールではシャルドネがその本領を発揮していますが、コート・ド・ボーヌで作られるシャルドネとは微妙に違い、ミネラルをより多く含んでいます。この地の最良のワインには贅沢な味を求めることができるでしょう。今年わたしたちは2つのワインに≪3つ星≫を付けました。

　有力ネゴシアンのボーノワーズの手に渡ったドメーヌ・ウィリアム・フェーヴルですが、試飲会でワインの味の微妙な変化が確認されました。

★★★ **ブランショ・ラ・レゼルヴ・ド・ロベディアンス・ドメーヌ・ラロッシュ**
Blanchot La Réserve de l'Obédience - Domaine Laroche

ドメーヌ・ラロッシュはシャブリ地区におよそ100haのぶどう畑を所有しています。

ドメーヌの至宝とも言えるこの銘柄はグラン・クリュ≪ブランショ≫の5区画から作られています。このクリマでは大部分のぶどうが樹齢50年以上。

Monsieur Michel Laroche
L'Obédiencerie - 22, rue Louis-Bro - 89800 Chablis
tel : 03 86 42 89 00 fax : 03 86 42 89 29

★★★ **レ・クロ・ドメーヌ・ウィリアム・フェーヴル   Les Clos - Domaine William Fèvre**

このドメーヌは4.11ha、つまりシャブリにあるクリマ≪レ・クロ≫の15.8％を所有しています。ミレジム98年以来、極上シャブリをお求めの方なら見逃せないすばらしい1本。

Domaine William Fèvre - 21, rue d'Oberwesel - 89800 Chablis
tel : 03 86 98 98 98 fax : 03 86 98 98 99
wfevre@demeter.fr

★★ **レ・クロ・ドメーヌ・フランソワ・ラヴノー
Les Clos - Domaine François Raveneau**

50アールの区画(次項ヴァルミュールを参照)。

Jean-Marie et Bernard Raveneau
9, rue de Chichée - 89800 Chablis
tel : 03 86 42 17 46 fax : 03 86 42 45 55

★★ **ヴァルミュール・ドメーヌ・フランソワ・ラヴノー
Valmur - Domaine François Raveneau**

フランソワ・ラヴノー銘柄は極上シャブリの愛好家にたいへん人気が高いのですが、各区画の面積が比較的狭く生産量も控え目なためなかなか見つかりません。ラヴノー氏のアドバイスによると、レストランのソムリエやその筋に通じたワイン屋に問い合わせてみるようにとのことです。わたしたちの好みからすると、このドメーヌの銘柄の中で最高のワイン(75アールの区画)。

Jean-Marie et Bernard Raveneau
9, rue de Chichée - 89800 Chablis
tel : 03 86 42 17 46 fax : 03 86 42 45 55

★★ **ヴァルミュール・ドメーヌ・ウィリアム・フェーヴル
Valmur - Domaine William Fèvre**

ウィリアム・フェーヴルがヴァルミュールに所有している区画はレ・クロのとなりにあり、その1.15haという面積はヴァルミュール全体の9％に相当します。

Domaine William Fèvre
21, rue d'Oberwesel - 89800 Chablis
tel : 03 86 98 98 98 fax : 03 86 98 98 99
wfevre@demeter.fr

★★ **ヴォーデシール・ドメーヌ・ウィリアム・フェーヴル
Vaudésir - Domaine William Fèvre**

クリマ≪ヴォーデジール≫14.71haのうち、ドメーヌ・ウィリアム・フェーヴルは1.20ha所有しています。ヴァルミュールとレ・プルーズの間にあります。

Domaine William Fèvre
21, rue d'Oberwesel - 89800 Chablis
tel : 03 86 98 98 98 fax : 03 86 98 98 99
wfevre@demeter.fr

★★ **レ・ブーグロ≪コート・ド・ブーグロ≫・ドメーヌ・ウィリアム・フェーヴル
Les Bougros « Côte de Bouguerots » - Domaine William Fèvre**

レ・ブーグロ12.62haの49％を所有しているウィリアム・フェーヴルはこのクリマを代表するドメーヌ。この銘柄はドメーヌの≪最高級ワイン(テット・ド・キュヴェ)≫で、所有地6.23ha中約2haを占めています。

Domaine William Fèvre
21, rue d'Oberwesel - 89800 Chablis

tel : 03 86 98 98 98 fax : 03 86 98 98 99
wfevre@demeter.fr

★★ **レ・プルーズ・ドメーヌ・ウィリアム・フェーヴル**
Les Preuses - Domaine William Fèvre

フェーヴルは11.44haのクリマに2.55ha（22％相当）を所有しています。レ・ブーグロの延長線上にあるクリマで、スレート状の岩盤（結晶片岩）上の密度が濃い粘土質の土壌です。このクリマがグラン・クリュの地位を獲得したのは1938年になってからです。出来が良かった98年物のおかげでセレクション入りしました。≪レ・プルーズ≫は、シャブリでグラン・クリュに指定されているクリマの中でも、確実に最上の繊細さと気品をワインに与えるテロワールです。ウィリアム・フェーヴル銘柄は、80年代のヴァンサン・ドーヴィサの秀作に匹敵します。口に含んだときのバランスは完璧で、インパクトと余韻をうまく調和させています。

Domaine William Fèvre
21, rue d'Oberwesel - 89800 Chablis
tel : 03 86 98 98 98 fax : 03 86 98 98 99
wfevre@demeter.fr

★ **レ・プルーズ・ドメーヌ・ドーヴィサ・ルネ＆ヴァンサン**
Les Preuses - Domaine Dauvissat René et Vincent

70年代と80年代のワインには3つ星の価値がありました。それでもなお立派なシャブリであることにかわりはありません。

René et Vincent Dauvissat
8, rue Emile Zola - 89800 Chablis
tel : 03 86 42 11 58 fax : 03 86 42 85 32

★ **レ・クロ・ドメーヌ・ドーヴィサ・ルネ＆ヴァンサン**
Les Clos - Domaine Dauvissat René et Vincent

René et Vincent Dauvissat
8, rue Emile Zola - 89800 Chablis
tel : 03 86 42 11 58 fax : 03 86 42 85 32

★ **ヴォーデジール・ドメーヌ・ジャン＝ポール・ドロワン**
Vaudésir - Domaine Jean-Paul Droin

Domaine Jean-Paul Droin
14bis, Rue Jean-Jaurès - 89800 Chablis
tel : 03 86 42 16 78 fax : 03 86 42 42 09

★ **グルヌイユ・ドメーヌ・ジャン＝ポール・ドロワン**
Grenouille - Domaine Jean-Paul Droin

Domaine Jean-Paul Droin
14bis, Rue Jean-Jaurès - 89800 Chablis
tel : 03 86 42 16 78 fax : 03 86 42 42 09

★ **レ・ブランショ・ドメーヌ・ラロッシュ**   **Les Blanchots - Domaine Laroche**

このドメーヌはレ・ブランショに4.5haを所有し、数区画を≪レゼルヴ・ド・ロベディアンス〔p.151〕≫用に充てています。

Monsieur Michel Laroche
L'Obédiencerie - 22, rue Louis-Bro - 89800 Chablis
tel : 03 86 42 89 00 fax : 03 86 42 89 29

★ **ムートンヌ・ドメーヌ・ロン・ドゥパキ**   **Moutonne - Domaine Long Depaquit**

ラ・ムートンヌの畑は表面積2.352ha、≪ヴォーデジール≫谷の段丘〔階段状の地形〕の中央にあります。斜面にあるので、キメリッジ質の泥灰岩の露出を利用できるだけでなく、北風からも守られます。1970年にメゾン・ビショがロン・ドゥパキを買収しています。後生大事に手入れを受けているぶどうの木は、レ・ヴォーデジールとともにこのドメーヌの宝です。手摘みで収穫されます。

Maison Bichot

ブルゴーニュ〔辛口・白〕

45, rue Auxerroise - 89800 Chablis
tel : 03 86 42 11 13 fax : 03 86 42 81 89

★ **ヴァルミュール・ドメーヌ・ヴォコレ＆フィス**
Valmur - Domaine Vocoret et Fils

Domaine Vocoret et Fils
40, route d'Auxerre - 89800 Chablis
tel : 03 86 42 12 53 fax : 03 86 42 10 39
www.vocoret.com

シャブリ・プルミエ・クリュ
Chablis Premier Cru

　シャブリの全耕作地域3,998haのうち、プルミエ・クリュは747haの広さです。2銘柄をセレクトしました。グラン・クリュと同様に、プルミエ・クリュの畑にも歴史があります。最近、シャブリとプティ・シャブリで、アペラシオンを名乗ることができる地域が拡張されました。味わいはコート・ド・ボーヌのものに比べ粘性が低く、蜂蜜のような味は控え目で、プルミエ・クリュの秀作はレモンや花の香りを奏でます。

★ **レ・モンマン・ドメーヌ・ウィリアム・フェーヴル**
Les Montmains - Domaine William Fèvre

ヴァイヨンの南、スラン川 Serein 左岸にあるこのクリマはおよそ98haの広さです。このドメーヌはモンマン、ビュトー Butteaux、フォレ Forêts と呼ばれる地区に、2.21ha（クリマの2%）所有しています。ミネラルが豊富で、花の香りが強くする実に純粋なワイン。口当たりは優雅で後味も長く残ります。98年物がすばらしいです。

Domaine William Fèvre
21, rue d'Oberwesel - 89800 Chablis
tel : 03 86 98 98 98 fax : 03 86 98 98 99
wfevre@demeter.fr

★ **モンテ・ド・トネール・ドメーヌ・ウィリアム・フェーヴル**
Montée de Tonnerre - Domaine William Fèvre

このクリマはたいへん評判の高いプルミエ・クリュのひとつ。スラン川の右岸、レ・クロとブランショの延長線上にあります。このドメーヌは1.58ha所有し、クリマ全体の3.7%です。

Domaine William Fèvre
21, rue d'Oberwesel - 89800 Chablis
tel : 03 86 98 98 98 fax : 03 86 98 98 99
wfevre@demeter.fr

プイイ＝フュイッセ
Pouilly-Fuissé

　1936年以来のAOC、4つの村にあるプイイ＝フュイッセのぶどう畑は広さ850ha（栽培面積約700ha）、シャルドネ専用です。ラベルにそれぞれのクリマ名を添えているケースが多いです。

★★ **キュヴェ・ラ・ロッシュ・ドメーヌ・ギュファン＝エイネン**
Cuvée La Roche - Domaine Guffens-Heynen

SA Verget
71960 - Sologny
tel : 03 85 51 66 00 fax : 03 85 51 66 09

★	**キュヴェ・オール・クラス - アンドレ・オーヴィグ**
-100F	**Cuvée Hors Classe - André Auvigue**

このドメーヌはワイン用ぶどうの75％を他から買い入れていますが、自社が所有する畑の2区画では≪高級≫銘柄を生み出すためにぶどうの最適な成育が追究されています。毎年バリックを50％新調しながら熟成を行い、2,000本生産します。特に98年物に魅了されます。

Le Moulin du Pont - 71850 - Charnay-lès-Macon
tel : 03 85 34 17 36 fax : 03 85 35 64 01

★ **レ・モン・ド・プイイ - メゾン・ルイ・ジャド**
Les Monts de Pouilly - Maison Louis Jadot

品質と価格のすばらしいバランス。

Maison Louis Jadot
21, rue Spuller - BP117 - 21203 Beaune CEDEX
tel : 03 80 22 10 57 fax : 03 80 22 56 03
contact@louisjadot.com - www.louisjadot.com

★ **≪プルミエ・トリ≫ - メゾン・ヴェルジェ   « Premier Tri » - Maison Verget**

Monsieur Jean-Marie Guffens
Verget - 71960 Sologny
tel : 03 85 37 70 77 fax : 03 85 37 71 91

LQCG | **≪ヴィーニュ・ブランシュ≫ - ドメーヌ・コルディエ・ペール＆フィス**
« Vignes Blanches » - Domaine Cordier Père et Fils

Les Molards - 71960 Fuissé
tel : 03 85 35 62 89 fax : 03 85 65 64 01

LQCG | **≪ヴェール・クラ≫ - ドメーヌ・コルディエ・ペール＆フィス**
« Vers Cras » - Domaine Cordier Père et Fils

Les Molards - 71960 Fuissé
tel : 03 85 35 62 89 fax : 03 85 65 64 01

LQCG
-100F | **キュヴェ・ヴィエイユ・ヴィーニュ - ドメーヌ・ジャック＆ナタリー・ソーメーズ**
Cuvée Vieilles Vignes - Domaine Jacques et Nathalie Saumaize

ソリュトレとヴェルジッソンにある3区画の古いぶどう樹から作られ、生産量は少な目です。オーク樽（20％を新調）を使った醸造。

Jacques et Nathalie Saumaize
71960 Vergisson
tel : 03 85 35 82 14 fax : 03 85 35 87 00

ブルゴーニュ（辛口・白）

≪ヴァレ・デュ・ローヌ〔辛口・白〕≫ Vallée du Rhône Blanc Sec

コンドリュー〔辛口〕
Condrieu Sec

コンドリューの大半は辛口に醸造されます。糖分を残してワインを生産する伝統を復活させた地主たちもいます（巻末の≪世界の甘口ワイン≫参照）。90haで栽培されているコンドリューはシャトー＝グリエに匹敵する巨人とみなされています。気まぐれな品種ヴィオニエがこの痩せた土地に見事に適応していますが、この品種から作られるワインには酸味が少ないため熟成のポテンシャルは当然低くなります。若いうちに飲むべきでしょう。

★★★ ヴェルネー・ジョルジュ - コトー・デュ・ヴェルノン
Vernay Georges - Coteaux du Vernon

コンドリューを代表するこのワインは、南東向き・花崗岩質2haの段々畑で、樹齢60年のぶどうから作られます。一部（20％）が新樽で、ミレジムによって違いますが12〜18ヶ月上質のオリを引かないまま寝かされます。4〜5,000本。ギガルのラ・ドリアンヌと並んでコンドリューで最も気品溢れる完璧なワイン。

Monsieur Georges Vernay
1, route Nationale 86 - 69420 Condrieu
tel : 04 74 56 81 81　fax : 04 74 56 60 98
PA@georges-vernay.fr - www.georges-vernay.fr

★★★ メゾン・ギガル - ラ・ドリアンヌ　Maison Guigal - La Doriane

100％ヴィオニエが使われているラ・ドリアンヌは、約2haの非常に険しい段々畑で作られます。低温アルコール発酵に続いて100％マロラクティック発酵。半分が新樽で、もう半分が醸造槽で熟成されます。10,000本。かぐわしく心地よいラ・ドリアンヌは実においしいワインです。98年物がすばらしく、99年物はさらに格別です。お財布と相談してください。

Monsieur Marcel Guigal
Château d'Ampuis - 69420 Ampuis
tel : 04 74 56 10 22　fax : 04 74 56 18 76
contact@guigal.com - www.guigal.com

★ ドメーヌ・デュ・シェーヌ　Domaine du Chêne

Marc et Dominique Rouvière
Le Pêcher - 42410 Chavanay
tel : 04 74 87 27 34　fax : 04 74 87 02 70

★ ドメーヌ・イヴ・キュイユロン・レ・シャイエ
Domaine Yves Cuilleron - Les Chaillets

シャヴァネー村から見上げる斜面にある合計3haの≪イズラ Izeras≫と≪ラ・コート La Côte≫と呼ばれる2区画です。樹齢30〜60年の古いヴィオニエが40hl/haを産出。16,000本。

Monsieur Yves Cuilleron
Verlieu, Route Nationale 86 - 42410 Chavanay
tel : 04 74 87 02 37　fax : 04 74 87 05 62

★ メゾン・ドゥラス・フレール・クロ・ブーシェ　Maison Delas Frères - Clos Boucher

97年物以降に対する評価です。このコンドリューはヴェラン村の険しい丘陵地2haで作られ、この地には耕作機械を乗り入れることができません。年平均6,500本を生産。

Monsieur Jacques Grange

2, allée de l'Olivet - 07300 Saint-Jean-de-Muzols
tel : 04 75 08 60 30 fax : 04 75 08 53 67
detail@delas.com

★ ### ゲラン・ジャン=ミシェル・コトー・ド・ラ・ロワ
Gérin Jean-Michel - Coteau de la Loye

ジャン=ミシェル・ゲランはコート=ロティの栽培家ですが、コンドリューにも丘の中腹にあるぶどう畑1.8haを所有しています。

Monsieur et Madame Jean-Michel et Monique Gérin
19, rue de Montmain, Vérenay - 69420 Ampuis
tel : 04 74 56 16 56 fax : 04 74 56 11 37

★ ### ヴェルネー・ジョルジュ・レ・シャイエ
Vernay Georges - Les Chaillées

南南東に面する段々畑1haで、樹齢40年、良質のぶどうから作られます。生産量は少なく1998年には22hlでした。上質のオリの上で寝かされます。

Monsieur Georges Vernay
1, route Nationale 86 - 69420 Condrieu
tel : 04 74 56 81 81 fax : 04 74 56 60 98
PA@georges-vernay.fr - www.georges-vernay.fr

★ ### ヴェルネー・ジョルジュ・レ・テラス・ド・ランピール
Vernay Georges - Les Terrasses de l'Empire

実に起伏の多いぶどう畑なので、南東に面した段々畑4haでは機械に頼ることができません。ワインの一部（10％）は樽で、残りはステンレス槽で醸造されます。

Monsieur Georges Vernay
1, route Nationale 86 - 69420 Condrieu
tel : 04 74 56 81 81 fax : 04 74 56 60 98
PA@georges-vernay.fr - www.georges-vernay.fr

★ ### メゾン・ギガル　　Maison Guigal

つねに丁寧につくられるギガルのスタンダード。

Monsieur Marcel Guigal
Château d'Ampuis - 69420 Ampuis
tel : 04 74 56 10 32 fax : 04 74 56 18 76
contact@guigal.com - www.guigal.com

LQCG ### ドメーヌ・フランソワ・ヴィラール・コトー・ド・ポンサン
Domaine François Villard - Coteaux de Poncins

Monsieur François Villard
Montjoux - 42410 Saint-Michel-sur-Rhône
tel : 04 74 56 83 60 fax : 04 74 56 87 78

LQCG ### ドメーヌ・フィリップ・ピション　　Domaine Philippe Pichon

常に完璧な、風格のあるコンドリュー。

Monsieur Christophe Pichon
Le Grand Val - 42410 Chavanay
tel : 04 74 87 23 61 fax : 04 74 87 07 27

エルミタージュ〔白〕
Hermitage Blanc

大半が赤ワインを作っているエルミタージュですが、アペラシオンの30％を占める白ワインもマルサンヌ種とルーサンヌ種から念入りに作られています。

★★ **ジャン=ルイ・シャーヴ　Jean-Louis Chave**

すばらしい品質を提供し続けています。さらに丁寧に熟成させていたら3つ星を獲得していたことでしょう。

Monsieur Jean-Louis Chave
37, avenue du Saint-Joseph - 07300 Mauves
tel : 04 75 08 24 63 fax : 04 75 07 14 21

★★ **メゾン・ギガル　Maison Guigal**

才能に恵まれた栽培家マルセル・ギガルの作るワインです。ギガルの他の銘柄に比べれば知名度は低いですが、それでも銘醸白ワインファンの食指をそそるでしょう。2つの品種、マルサンヌ(97％)とルーサンヌ(3％)のブレンドで少ない生産量。エルミタージュの代表的な白ワイン。

Monsieur Marcel Guigal
Château d'Ampuis - 69420 Ampuis
tel : 04 74 56 10 22 fax : 04 74 56 18 76
contact@guigal.com - www.guigal.com

★★ **メゾン・M. シャプティエ・シャント・アルエット**
Maison M. Chapoutier - Chante Alouette

試飲した最近のミレジムは安定してすばらしい出来でした。

Maison M. Chapoutier
18, avenue du Docteur Paul Durand - BP 38 - 26600 Tain l'Hermitage
tel : 04 75 08 28 65 fax : 04 75 08 81 70
www.chapoutier.com

サン=ジョゼフ〔白〕
Saint-Joseph Blanc

大半が赤ワインを作っているこのアペラシオンですが、AOCの10％を占める白ワインもマルサンヌ種とルーサンヌ種から念入りに作られています。

LQCG -100F　**ドメーヌ・クルソドン・キュヴェ・ル・パラディ・サン=ピエール**
Domaine Coursodon - Cuvée Le Paradis Saint-Pierre

Messieurs Pierre et Jérôme Coursodon
3, place du Marché - 07300 Mauves
tel : 04 75 08 18 29 fax : 04 75 08 75 72
pierre.coursodon@wanadoo.fr

シャトーヌフ=デュ=パープ〔白〕
Châteauneuf-du-Pape Blanc

シャトーヌフ=デュ=パープで総生産量のわずか7％しか作られていない白ワインですが、時としてとても快適な作品となります。このアペラシオンでは最大13種のぶどう（黒ぶどう7種、白ぶどう6種）のブレンドが許可されていて、グルナッシュ・ブラン、クレレット、ルーサンヌ、ブルブーラン、ピクプール、ピカルダンなどからワインが醸造されています。

★★★ **シャトー・ド・ボーカステル・ヴィエイユ・ヴィーニュ**
Château de Beaucastel - Vieilles Vignes

このドメーヌのプレステージワイン。入手がきわめて困難です。

Monsieur François Perrin
La Ferrière - Route de Jonquières - 84100 Orange
tel : 04 90 11 12 00 fax : 04 90 11 12 19
perrin@Beaucastel.com - www.Beaucastel.com

★ **シャトー・ド・ボーカステル　Château de Beaucastel**

ぶどう畑の7haが白ワイン用で、ブレンドの大半はルーサンヌで80％、グルナッシュ・ブランが15％です。シャトーヌフ＝デュ＝パープの白では6品種（白）の使用が許可されています。丁寧な手摘みの収穫・大樽（ピエス）でのアルコール発酵・一部を樽で8ヶ月熟成させることなどに、高い品質の追求が窺われます。

Monsieur François Perrin
La Ferrière - Route de Jonquières - 84100 Orange
tel : 04 90 11 12 00   fax : 04 90 11 12 19
Perrin@Beaucastel.com - www.Beaucastel.com

★ **ドメーヌ・ド・ラ・ジャナッス・キュヴェ・プレスティージュ**
Domaine de la Janasse - Cuvée Prestige

試飲会で15/20点を記録した98年物、14.5/20点の99年物などの最新ミレジムでは、そのさわやかさ、バランス、80％が新しいバリックという熟成のクオリティなどに魅了されました。この銘柄は伝統的な3品種のブレンドで、グルナッシュ50％、クレレット20％、ルーサンヌ30％となっています（アルコール発酵と熟成にはバリックを使用）。シャトーヌフの代表格。過去3回のミレジムは本当にすばらしいです。

Monsieur Christophe Sabon
27, Chemin du Moulin - 84350 Courthézon
tel : 04 90 70 86 29   fax : 04 90 70 75 93

LQCG　クロ・デ・パープ・ポール・アヴリル　Clos des Papes - Paul Avril

Paul Avril
13, avenue Pierre-de-Luxembourg - 84230 Châteauneuf-du-Pape
tel : 04 90 70 83 13   fax : 04 90 83 50 87

LQCG　ドメーヌ・フォン・ド・ミシェル・キュヴェ・エティエンヌ・ゴネ
Domaine Font de Michelle - Cuvée Etienne Gonnet

ルーサンヌ、グルナッシュ・ブラン、クレレットの3品種がアルコール発酵を受け、別々に寝かされます。あいかわらず優雅な最終ブレンドによって最高のシャトーヌフの白ができあがります。

Messieurs Jean et Michel Gonnet
14, impasse des Vignerons - 84370 Bédarridès
tel : 04 90 33 00 22   fax : 04 90 33 20 27
egonnet@terre-net.fr - www.terre-net.fr/egonnet

LQCG　シャトー・ラ・ネルト・キュヴェ・クラシック
Château La Nerthe - Cuvée Classique

シャトー・ラ・ネルトの根本ともいえるキュヴェ・クラシックは、一部（20％）が樽、その他が醸造槽で寝かされ、一貫してグルナッシュ・ブラン、ブルブーラン、クレレット、ルーサンヌといった複数の品種がブレンドされています。

Monsieur Alain Dugas
Route de Sorgues - 84230 Châteauneuf-du-Pape
tel : 04 90 83 70 11   fax : 04 90 83 79 69

LQCG　ドメーヌ・ブリュニエ・フレール・ヴュー・テレグラフ
Domaine Brunier Frères - Vieux Télégraphe

Monsieur Daniel Brunier
3, Route de Châteauneuf-du-Pape BP5 - 84370 Bédarridès
tel : 04 90 33 00 31   fax : 04 90 33 18 47

ヴァレ・デュ・ローヌ（辛口・白）

サン=ペレー〔白〕
Saint-Péray Blanc

LQCG ヴィニョーブル・ジャン=リュック・コロンボ - ラ・ベル・ド・メー
Vignobles Jean-Luc Colombo - La Belle de Mai

Monsieur Colombo Jean-Luc
Zone Artisanale La Croix des Marais - 26600 - La Roche de Glun
tel : 04 75 84 17 10 fax : 04 75 84 17 19
vins.jean-luc.colombo@gofornet.com

≪プロヴァンス〔辛口・白〕≫　Provence Blanc Sec

プロヴァンス
Provence

　プロヴァンスの白ワインは若いうちに冷やして飲むとおいしいでしょう。近年技術を進歩させてきて、ここで取り上げてもおかしくはない熱心な栽培家もいますが、セレクション入りするレベルにあと1歩及びませんでした。

カシス〔白〕
Cassis (Blanc)

　「カシス」名のワインが作られているのはカシス村内の区域だけで、その耕作地の範囲は標高416mにまで達し、海からの風のおかげで温暖な気候となっています。ここでは白ワイン（ユニ・ブラン、クレレット、マルサンヌ）が70%と大きな割合を占めています。プロヴァンスの風光明媚な環境で作られるワインを本書に選びたいところなのですが、結果がまだ不十分でした。

コート・ド・プロヴァンス〔白〕
Côtes de Provence (Blanc)

　コート・ド・プロヴァンスでは5%しか生産されていない白ですが、平凡な品質のロゼ（全生産量の80%）に比べれば十分に快適なワインと言えるでしょう。

ベレ〔白〕
Bellet (Blanc)

LQCG -100F

R.シカルディ・J・セルジ　R. Sicardi - J. Sergi

上り調子の銘柄！

SCEA Julien - Clos Saint-Vincent
Collet des Fourniers
Saint-Roman de Bellet - 06200 Nice

≪ラングドック=ルーシヨン〔辛口・白〕≫ Languedoc-Roussillon Blanc Sec

ラングドック=ルーシヨンは伝統的な赤ワイン産地で、白ワインはほとんど作っていません。とはいえセレクション入りしたすばらしい銘柄を市場に出している生産者の努力を伝えておく必要があります。

ミネルヴォワ〔白〕
Minervois (Blanc)

ミネルヴォワにおいて白ワインは少数派で、赤に比べて質にばらつきがあります。そのためセレクションは非常に限定されたものになりました。

LQCG -100F

ドメーヌ・ド・ラ・トゥール=ボワゼ・キュヴェ・マリー=クロード
Domaine de la Tour-Boisée - Cuvée Marie-Claude

ミネルヴォワの赤でもセレクトされていますが、70％のマルサンヌをベースとするこの白銘柄もアペラシオンの代表作です。木樽での熟成。インパクトのある香りをそなえ、魅力的と評せるほど完璧なワインです。

Monsieur Jean-Louis Poudou
11800 Laure-Minervois
tel : 04 68 78 10 04 fax : 04 68 78 10 98

ヴァン・ド・ペイ・ド・レロー〔白〕
Vin de Pays de l'Hérault (Blanc)

★ **マス・ド・ドマス=ガサック   Mas de Daumas-Gassac**

ドマス・ガサックの白ぶどう畑では、ヴィオニエ、プティ=マンサン、シャルドネを同じ割合で栽培しています。2年以内に飲むのがよいでしょう。

Monsieur Aimé Guibert
34150 Aniane
tel : 04 67 57 71 28 fax : 04 67 57 41 03
contact@daumas-gassac.com - www.daumas-gassac.com

≪南西部〔辛口・白〕≫ Sud-Ouest Blanc Sec

ベルジュラックとモンラヴェルは、他の地区の平凡な白に比べ格段に優れた辛口ワインを作る力があります。

ベルジュラック〔辛口・白〕
Bergerac (Blanc Sec)

ベルジュラックのソーヴィニョンは確かに潜在力を秘めています。

LQCG -100F

ドメーヌ・ド・ランシエンヌ・キュール - キュヴェ・アベイ
Domaine de l'Ancienne Cure - Cuvée Abbaye

ソーヴィニヨン・ブランとセミヨンをベースとし、手摘みで収穫されます。オーク樽での発酵・熟成。

Monsieur Christian Roche
24560 Colombier
tel : 05 53 58 27 90 fax : 05 53 24 83 95

LQCG -100F

ガエック・フルトゥ＆フィス・クロ・デ・ヴェルド
GAEC Fourtout & Fils - Clos des Verdots

Monsieur David Fourtout
Vignoble des Verdots - 24560 Conne de Labarde
tel : 05 53 58 34 31 fax : 05 53 57 82 00
fourtout@terre-net.fr

モンラヴェル〔辛口・白〕
Montravel (Blanc Sec)

　アペラシオン・モンラヴェルを名乗るためには残留糖分が1リットルあたり4g未満の極辛口に仕上げる必要があります。コート・ド・カスティヨンとアントル＝ドゥー＝メールの間にあるこのアペラシオンでは時折すばらしい作品に出会うことがあります。ここに選ばれている2銘柄は、優れた栽培家がボルドーの伝統的な白品種から創り上げた秀作で、モンラヴェルがこれから進む道を示しています。

LQCG -100F

シャトー・ピュイ＝セルヴァン・テールマン - キュヴェ・マルジョレーヌ
Château Puy-Servain Terrement - Cuvée Marjolaine

ダニエル・エケは赤・白・甘口の3カテゴリーで選ばれている数少ない栽培家のひとり。手摘みで収穫されたセミヨンとソーヴィニヨン・ブランが同じ割合でブレンドされ、木樽（30％が新品）で熟成を受けます。

Monsieur Daniel Hecquet
Lieu dit « Calabre » - 33220 Port-Sainte-Foy-et-Ponchapt
tel : 05 53 24 77 27 fax : 05 53 58 37 43
oenovix.Puyservain@wanadoo.fr

LQCG -100F

シャトー・ムーラン・カレッス - キュヴェ・エルヴァージュ・フュ
Château Moulin Caresse - Cuvée Élevage Fût

18世紀以来、この家族経営農園は≪エルヴェ・アン・フュ・ド・シェーヌ Élevée en fûts de chêne〔オーク樽熟成〕≫ワインを作ってきました。それぞれの区画は、90m離れてドルドーニュ川を望む珪質性、南向きの台地にあり、この地方の白3品種が植えられています。ブレンドの大半はソーヴィニヨン・ブラン（75％）で、セミヨン（20％）とミュスカデル（5％）を加え、しっかりしたオリの上で9ヶ月間寝かせます。オリは時折棒でかき混ぜられます。品質と価格のすばらしいバランス。

Monsieur et Madame Sylvie et Jean-François Deffarge
24230 Saint-Antoine de Breuilh
tel : 05 53 27 55 58 fax : 05 53 27 07 39
moulin.caresse@libertysurf.fr

南西部 〈辛口・白〉

≪ロワール〔辛口・白〕≫ Loire Blanc Sec

ロワール最良のワインが見つかるのはサンセールやプイイ＝スュル＝ロワール地方、もう少し下流にあるサヴェニエール地方のアンジュなどです。これらの地域間、または下流域にも数多くのアペラシオンがあり、のどの渇きを癒すさわやかなワインが作られています。フリュイ・ド・メール（生のカキや貝類・甲殻類）あるいは素揚げにした魚に合わせて飲むことをおすすめします。

プイイ＝フュメ
Pouilly-Fumé

プイイでは2種類のワインが作られています。プイイ＝スュル＝ロワールはおもにシャスラから作られ、プイイ＝フュメのベースはソーヴィニヨン・ブランです。ソーヴィニヨン・ブランがシャスラに取って代わる状況にあります（ソーヴィニヨン・ブラン950haに対し、シャスラ50haのみ）。かなり特徴に違いがある4つのテロワールでは、数えきれないほどの通称が名乗られていますが、格付け・分類などはされていません。

★★ **ディディエ・ダグノー・クロ・デュ・カルヴェール**
Didier Dagueneau - Clos du Calvaire

Le Bourg - 58150 Saint-Andelain
tel : 03 86 39 15 62 fax : 03 86 39 07 61

★ **ディディエ・ダグノー・キュヴェ・シレックス Didier Dagueneau - Cuvée Silex**

ディディエ・ダグノーはワイン・コンクールやガイドブックで≪キュヴェ・シレックス≫を紹介しなくなりました。というのも、良質ワインを扱う酒屋に卸したり、数少ない一般顧客に割り当てるだけで精一杯だからです。見事なワイン。

Le Bourg - 58150 Saint-Andelain
tel : 03 86 39 15 62 fax : 03 86 39 07 61

LQCG
-100F
バルダン・セドリック・キュヴェ・デ・ベルナルダ
Bardin Cédrick – Cuvée des Bernardats

ドメーヌの栽培面積10haのうち、かなりの部分がプイイ＝フュメにあります（64％）。区画の土壌の特徴は、キメリッジ質の泥灰岩（70％）と白亜質（30％）です。大成功作の99年物は14/20点でした。

Monsieur Cédrick Bardin
12, rue Waldeck Rousseau - 58150 Pouilly-sur-Loire
tel : 03 86 39 11 24 fax : 03 86 39 16 50

LQCG **ブロンドレ・ブリュノ・カーヴ・デ・クリオ Blondelet Bruno - Cave des Criots**

ドメーヌ全体の生産量70,000本に対し2~3,000本という厳選銘柄で、良質の古ぶどうから作られます。

Monsieur Bruno Blondelet
30, rue Louis Joseph Gousse - 58150 Pouilly-sur-Loire
tel : 03 86 39 18 75 fax : 03 86 39 06 65

LQCG **ディディエ・ダグノー・ピュール＝サン Didier Dagueneau - Pur-Sang**

≪キュヴェ・シレックス≫の解説参照。

Le Bourg - 58150 Saint-Andelain
tel : 03 86 39 15 62 fax : 03 86 39 07 61

LQCG -100F	**ジャン=クロード・ダグノー・ドメーヌ・デ・ベルティエ** **Jean-Claude Dagueneau - Domaine des Berthiers**

Monsieur Jean-Claude Dagueneau
SCEA Domaine des Berthiers - BP30 - 58150 Saint-Andelain
tel : 03 86 39 12 85 fax : 03 86 39 12 94

LQCG -100F	**デシャン・マルク・キュヴェ・ヴィエイユ・ヴィーニュ** **Deschamps Marc - Cuvée Vieilles Vignes**

ドメーヌの≪高級≫銘柄。

Monsieur Marc Deschamps
Les Loges - 58150 Pouilly-sur-Loire
tel : 03 86 39 16 79 fax : 03 86 39 06 90

サンセール
Sancerre

　サンセールはロワールの銘醸白ワインのひとつです。19世紀のフィロキセラ禍により大打撃を受ける以前、サンセールの栽培地には赤品種のピノが植えられていましたが、この地の微気候に非常に適した白品種ソーヴィニョン・ブランを中心にぶどう園が再建されました。サンセールは生産面積2,400ha、その高級銘柄は白ワイン愛好家の垂涎の的ですが、各銘柄がもつ独特な味がテロワールの持ち味をそれほど見事に引き出しているということです。優れた栽培家の多くがぶどうをなるべく自然に生育させようと心を砕いていますが、それに加え貝殻（の化石）が混じった肥沃な石灰性の泥灰岩地層、カイヨット（硬い石灰岩）地層、フリントのまじった粘土地層という3種類の土壌が各ぶどう畑に微妙なニュアンスを与えています。

　98・99年という優良ミレジムに続く2000年には、ぶどうを理想的に成熟させて、醸造中の自然アルコール度を平均13度にまで上げた優秀な生産者もいました。収穫の機械化が十分過ぎるほど発達しているこの地方では珍しく、高級サンセールは手摘みで収穫されます。生産量の抑制だけではなく、土壌が持つ自然なバランスを追求することで植物がゆっくりしたサイクルで成長する環境をつくり、適度な酸味を得るのが、高級銘柄を生み出すのに不可欠なポイントです。

　豊かな味わいで勢力を伸ばす新世界産のソーヴィニヨンに十分立ち向かえる醸造レベル、芳醇そして爽やかなサンセール。その独特な表現や味の構成を味わうのは大きな楽しみです。

★★	**フランソワ・コタ・ラ・グランド・コート　François Cotat – La Grande Côte**

Monsieur François Cotat
Chavignol - 18300 Sancerre
tel : 02 48 54 21 27 fax : 02 48 78 01 41

★★ -100F	**フランソワ・コタ・レ・モン・ダネ　François Cotat – Les Monts Damnés**

年間10,000本が生産されているこの銘柄は、サンセールの高級ワインとして安定した姿を見せています。口に含んだ際のねっとり感があるリッチなサンセール、すばらしいです。

Monsieur François Cotat
Chavignol - 18300 Sancerre
tel : 02 48 54 21 27 fax : 02 48 78 01 41

★★	**ドメーヌ・ヴァシュロン・ペール＆フィス・レ・ロマン** **Domaine Vacheron Père et Fils – Les Romans**

レ・ロマンと呼ばれる開拓地（燧石の土壌）10ha中、1.5haがこの銘柄に充てられています。7500本のみ。

Monsieur Jean-Dominique Vacheron
Caves Saint-Père - BP49 - 1, rue du Puits Pouleton - 18300 Sancerre

tel : 02 48 54 09 93 fax : 02 48 54 01 74

★★
-100F

ドメーヌ・アンリ・ブルジョワ・ラ・コート・デ・モン=ダネ
Domaine Henri Bourgeois - La Côte des Monts-Damnés

勾配が非常に急なコート・デ・モン・ダネの斜面で収穫されます。シャヴィニョルにあるこの丘では11世紀以来ぶどう栽培が行われてきました。サンセールを代表する銘柄。

Chavignol - 18300 Sancerre
tel : 02 48 78 53 20 fax : 02 48 54 14 24

★

ドメーヌ・アンリ・ブルジョワ・ラ・ブルジョワーズ
Domaine Henri Bourgeois - La Bourgeoise

メゾン・ブルジョワが作る≪プレステージ≫ワインのひとつ。ラ・ブルジョワーズは、かつてはサン=サテュール Saint-Satur 修道院が所有していた粘土性珪質の土地で、樹齢50年以上の古いぶどうから作られます。ぶどう液の一部がバリックでアルコール発酵を受け、熟成によってやや厚みが加わりますが、≪ラ・コート・デ・モン=ダネ≫と同じレベルと評価しています。新世界産銘醸ワインとの競争を強いられているこの地方は、当地のソーヴィニョンワインを高い位置まで押し上げられる真のリーダーを欠いていましたが、このメゾンがサンセールの評価を大いに高めました（試飲会≪世界のソーヴィニョン≫参照）。

Chavignol - 18300 Sancerre
tel : 02 48 78 53 20 fax : 02 48 54 14 24

★
-100F

ドメーヌ・リュシアン・クロシェ - ル・クロ・デュ・シェーヌ・マルシャン
Domaine Lucien Crochet – Le Clos du Chêne Marchand

36haの畑では、良質のぶどうを求めてその場で選別しながら手摘みで収穫しています。真南向きのテロワール≪カイヨット Caillottes≫のぶどうから作られるこの銘柄は、ステンレス製の醸造槽で長期間オリの上で寝かされます。

Monsieur Gilles Crochet
Place de l'Eglise - 18300 Bué
tel : 02 48 54 08 10 fax : 02 48 54 27 66
lcrochet@terre-net.fr - www.vinternet-fr/LucienCrochet

★

ドメーヌ・リュシアン・クロシェ - キュヴェ・プレスティージュ
Domaine Lucien Crochet - Cuvée Prestige

36haの畑では、良質のぶどうを求めてその場で選別しながら手摘みで収穫しています。古いぶどう樹から作られるこの銘柄は97年物がすばらしく、14.5/20点でした。

Monsieur Gilles Crochet
Place de l'Eglise - 18300 Bué
tel : 02 48 54 08 10 fax : 02 48 54 27 66
lcrochet@terre-net.fr - www.vinternet-fr/LucienCrochet

★
-100F

セルジュ・ラルー・キュヴェ・レゼルヴェ   Serge Laloue – Cuvée Réservée

Monsieur Serge Laloue
Thauvenay - 18300 Thauvenay
tel : 02 48 79 94 10 fax : 02 48 79 92 48

★

ドメーヌ・アルフォンス・メロ - ≪ジェネラシオン≫
Domaine Alphonse Mellot – « Génération »

15.5/20点を獲得した最新99年物がドメーヌを代表するこの銘柄のすばらしさを見事に証明しています。

Monsieur Alphonse Mellot
La Moussière - BP18 - 18300 Sancerre
tel : 02 48 54 07 41 fax : 02 48 54 07 62
mellot@sfiedi.fr - www.a-mellot-Sancerre.com

ロワール（辛口・白）

★ ドメーヌ・アルフォンス・メロ・キュヴェ・エドモン
Domaine Alphonse Mellot - Cuvée Edmond

ドメーヌの最も古いぶどう(樹齢60年)から作られるこの銘柄は、新木のバリックでアルコール発酵・熟成を受けます。もちろん収穫は手摘みで、実を傷めないようにぶどう25kg入りの運搬用の箱を使い選別テーブルまで運びます。このように摘み取りの過程で細心の注意が払われていますが、摘み取り以前のぶどう畑でも膨大な労力が捧げられています。具体的には芽かき[1]作業で、これは伝統的な摘み取り作業と同じくらい時間がかかりますが、芽を残したまま収穫に移るよりも媒介物が少なくなります。芽かきをすることにより、ぶどう樹の風通しが良くなるので病気への抵抗力が強まり、結果的に腐敗病防止処置をそれほど取らなくてすむのです。現在この畑は高い作付密度で栽培されていて(1haあたり10,000株)、テロワール≪カイヨットCaillottes(石灰質の白い小石を指す)≫の持ち味が十分に引き出されています。

Monsieur Alphonse Mellot
La Moussière - BP18 - 18300 Sancerre
tel : 02 48 54 07 41 fax : 02 48 54 07 62
mellot@sfiedi.fr - www.a-mellot-Sancerre.com

★ -100F ドメーヌ・ラポルト・ル・グラン・ロショワ
Domaine Laporte - Le Grand Rochoy

火遂石に富み小石を多く含んだ丘にあるこの土地(10ha)は、ガロ=ロマン時代にはロシュトゥム Rochetum と呼ばれる石切場で、その名前が銘柄に残っています。耕作地の特性のおかげですばらしいワインが醸造されています。手摘み・十分にコントロールされた生産量・古いぶどう・丁寧な熟成。試飲した最新98年物は15/20点を獲得しました。このミレジムが表現しているカシスの実の香りは、その特性を記録するのが難しいのですが、ジャン・ルノワール Jean Lenoir[2] は彼が考案した≪Nez du Vin（ネ・デュ・ヴァン）≫の中でそれを見事に再現しています。サンセールの代表的な銘柄。

Monsieur Philippe Longepierre
Route de Sury en Vaux - 18300 Saint-Satur
tel : 02 48 78 54 20 fax : 02 48 54 34 33
laporte.sancerre@wanadoo.fr - www.Domaine-laporte.com

★ -100F ドメーヌ・ド・サン=ピエール・キュヴェ・マレシャル・プリュール
Domaine de Saint-Pierre – Cuvée Maréchal Prieur

古いぶどうの精選ワインで手摘みの収穫です。一部が醸造槽、その他がオーク材の新樽で寝かされ、ワインに実に繊細な木の香りがつきます。97年物には失望しましたが、全てのワインにとって厳しい年でした。次のミレジムでは必ず2つ星を取り戻すでしょう。

Monsieur Pierre et Fils Prieur
Verdigny - 18300 Sancerre
tel : 02 48 79 31 70 fax : 02 48 79 38 87

★ -100F ポール・プリュール＆フィス　Paul Prieur et Fils

ぶどう畑はヴェルディニィ Verdigny、サンセール、シュリ=アン=ヴォー Sury-en-Vaux、ヴィノン Vinon などの村にあるいくつかの区域から成り立っています。この銘柄は、地層・地下層の特徴がそれぞれ異なる数区画から作られ、手摘みで収穫されます。品質と価格のバランスがとれています。

Route des Monts Damnés - 18300 Verdigny
tel : 02 48 79 35 86 fax : 02 48 79 36 85

〈訳注〉

1　l'ébourgeonnage：むだ芽を摘むこと・摘芽。
2　ジャン・ルノワールというと画家ルノワールの息子で映画監督の Jean Renoir が有名ですが、こちらは綴りが Lenoir で別人のワイン鑑定人です。彼はワインの複雑なブーケ(香り)をかぎわけるトレーニング用、香りのサンプルセットを研究開発しました。≪ネ・デュ・ヴァン≫という名前で現在も市販されていて、ワイン関係職(ワインアドバイザー・ソムリエなど)の教材として活用されています。

★ **ドメーヌ・ヴァシュロン・ペール&フィス　Domaine Vacheron Père et Fils**

すばらしいドメーヌで、土壌の自然な働きに任せて除草作業をしていないこと、ならびにぶどう園での努力の成果が、ミネラル分の量に徐々に表れてきています。このドメーヌが作る銘醸ワイン≪レ・ロマン≫のおかげで、上記銘柄〔総称〕を見出すことができました。上記銘柄も少なくともわたしたちが試飲した時点、ひょっとすると12~18ヶ月後でもそのソーヴィニョンの力強さによって≪レ・ロマン≫に匹敵するでしょう（実をつけはじめたカシスとグレープフルーツの香りを想起させました）。優れた栽培家親子が作る本当に魅惑的なワインで、彼らの高い品質へのこだわりはぶどう園の隅々にまで及んでいます。このワインが発する多彩で見事な香りと爽やかさを楽しむためにも若いうちに飲むべきでしょう。

Monsieur Jean-Dominique Vacheron
Caves Saint-Père - BP49 - 1, rue du Puits Pouleton
18300 Sancerre
tel : 02 48 54 09 93 fax : 02 48 54 01 74

LQCG **ドメーヌ・クロシェ・ベルナール&ジャン=マルク・セリエ・ド・ラ・ティボード**
Domaine Crochet Bernard et Jean-Marc - Cellier de la Thibaude

このドメーヌが作っている唯一のワインで、75,000本。品質と価格のすばらしいバランス。

Le Bourg - 18300 Bué
tel : 02 48 54 11 30 fax : 02 48 54 12 48

LQCG **パスカル・ジョリヴェ・ラ・グランド・キュヴェ**
Pascal Jolivet - La Grande Cuvée

当たり年には10,000~12,000本が生産されるこの銘柄は、大変古いぶどうの一番搾り果汁から作られます。マロラクティック発酵に続いて1年間オリを引かないまま寝かされます。

Monsieur Pascal Jolivet
Route de Chavignol - 18300 Sancerre
tel : 02 48 27 28 29 fax : 02 48 27 28 20
info@pascal-jolivet.com - www.pascal-jolivet.com

クーレ・ド・セラン（AOCサヴェニエール）
AOC Savennières Coulée de Serrant

　サヴェニエールに広がるぶどう栽培区域の中心にあるクーレ・ド・セランは、ロワール産ワインの中でも特別な位置付けにあります。せいぜい7ha程度ですが、テロワールの質の良さ、その歴史、所有者の人柄などにおいて、アンジュー地方で最も有名なぶどう園のひとつです。

★★ **ニコラ・ジョリー・クロ・ド・ラ・クーレ・ド・セラン**
Nicolas Joly – Clos de la Coulée de Serrant

10年以上前からニコラ・ジョリーはまごころを込めてぶどう園を手入れしてきました。彼のぶどう作りは、現代のワイン生産で一般に使われている薬品をいっさい排除して行われます。ビオディナミーの信奉者であるため時には彼のことを「理想主義者」あるいは「怪しいエコロジスト」などと中傷する者もいます。しかし、ジョリーの主張に注意深く真摯に耳を傾ければ、そこには間違った点など何もないことがわかります。確かに彼の主張は一般の醸造家にとって都合の悪いものでしょう。例えば、収穫量を極めて少なくする（グラン・クリュ用なら30hl/ha以下）ことによって寄生虫や害虫に対するぶどうの抵抗力を高めるよう勧める、あるいは集約農業が主な理由で養分などが欠乏したとき、それを一時的に埋め合わせるため「薬品の詰め込み」をすることは何であれ批判する、などです。けれども、「上級」原産地名称を名乗るほどのワインは必ず手摘みであるべきだと主張するとき、彼ははたして間違っているでしょうか？　AOCを名乗ろうとするなら決して補糖を行わない、酵母や酵素を人工的に加えないなどの条件を最低限守るべきだという主張は間違っているでしょうか？　彼

ロワール（辛口・白）

は土壌を第一に考えた栽培へ立ち返るよう勧めますが、それも理にかなっています。テロワール〔つまり、ぶどう栽培地はその産地ごとの特性を持っている〕という考えがそのまま彼の土地の質の良さと直結しています。微生物レベルの活動が最適なものになるには土が健全な状態でなければならないのです。理念はどうあれ、ジョリーの栽培法の効果を一番手っ取り早く納得するには彼のぶどう園を訪れること、更には収穫してすぐの段階での作物の質を見てみることです。ただそうは言っても、1990年代には必ずしも十分満足の行く出来でなかったミレジムも幾つかありました。この理由については確かに、畑の手入れに力を入れるあまりひょっとしてカーヴでの作業が少しおろそかになったのでは、という解釈も成り立ちます。ここ数年アルコール発酵の方は申し分ありませんが熟成の技術にはまだ改良の余地があるでしょう。しかしニコラ・ジョリーは完璧主義者です。彼はカーヴを改善すること、特に旧式の樽を処分することが必要だと気づき、この誇り高い土地で生まれるワインの風合いにぴったり合うような新しい樽の作成に取りかかったところです。今後のミレジムで注目されていくことは確実ですが、どんなに舌の肥えたワイン好きでも思わず頬が緩んでしまうようなワインをこれまでも作ってきました。例えばすばらしい≪95年物・ムワルー≫、まばゆいばかりに豊かな97年物、ボディがしっかりした98年物（2005年頃が楽しみです）、深みがあり、複雑でハチミツの香りがする99年物など。さらに2000年物は力強さと上品さを兼ね備えた風合いを持ち、たいへん優雅な一本に仕上がっています。

Monsieur Nicolas Joly
Château de la Roche-aux-Moines - 49170 Savennières
tel : 02 41 72 22 32   fax : 02 41 72 28 68
couleedeserrant@wanadoo.fr - www.couleedeserrant.com

ロワール〈辛口・白〉

≪アルザス〔辛口・白〕≫　Alsace Blanc Sec

　フランスの多くのAOCワインとは対照的に、アルザス地方は用いる品種の名前をワインに付けています。ぶどう畑はヴォージュ山地の支脈にあり、ライン河に沿って170km以上広がっています。栽培家の数は多く、品種にもバリエーションがあります。付け加えるならアルザスには≪グラン・クリュ(特級)≫、≪リュー=ディ(非格付) Lieu-dit≫、≪ヴァンダンジュ・タルディヴ(遅摘み)[1]≫、≪セレクション・ド・グラン・ノーブル(貴腐果粒選り)[2]≫といったこの地方ならではの格付け概念があるので、アルザス・ワインは実に複雑でとっつきにくいと判断されるかもしれません。

　第二次世界大戦後、ワインの品質を高める政策が実施されました。その影響で生産量が落ちはしましたが、今なお膨大な量であることに変わりはありません。数多くの地主が自分の銘柄に指定された7品種を積極的に盛り込もうとするので、時にはその品種には不向きな土地に植えられてしまうケースもあります。

　わたしたちのセレクションでは、アルザスにおける銘柄の序列だけではなく、テロワールと高貴なぶどう品種がうまく適合しているかどうかも考慮しました。高貴な品種とされるゲヴュルツトラミネール、リースリング、トカイ=ピノ・グリ、そしていくつかの良質なミュスカ種は、フランスのぶどう栽培におけるエリート種に含まれています。

〔アルザス地方の簡易地図〕

〈訳注〉
1　Vendanges Tardives：以下 VTと略す場合もあります。
2　Sélection de Grains Nobles：以下 SGNと略す場合もあります。

ゲヴュルツトラミネール
Gewürztraminer

　最も香り高い品種のひとつであるゲヴュルツトラミネールは（ドイツ語で Gewürtz はスパイス[香味料]を意味します）、この品種が十分に適応できる区画で栽培される必要があります。アイヒベルク、アルテンベルク・ド・ベルクハイム、フュルステントゥム、ヘングスト、ブラント[1]などはゲヴュルツトラミネールが特に好む土地と言えます。
　完全に辛口で仕上げられるのは稀で、多くのワインは糖分を残し、≪遅摘み VT≫あるいは≪貴腐果粒選り SGN≫の評価に必要な凝縮度には達しません。特に厳格な栽培家によっては、収穫されたぶどうにボトリティス（貴腐）菌が不足していると判断し、80g/lと十分な糖分が得られていてもVTの評価を要求しない場合もあります。

アルザス（辛口・白）

★★★　ドメーヌ・マルセル・ダイス - GC・アルテンベルク
Domaine Marcel Deiss - GC Altenberg

実に偉大なワイン。

Domaine Marcel Deiss
15, route du Vin - 68750 Bergheim
tel : 03 89 73 63 37　fax : 03 89 73 32 67

★★★　ドメーヌ・ズィント＝ユンブレヒト - GC・ヘングスト・ド・ヴィンツェンファイム
Domaine Zind-Humbrecht - GC Hengst de Wintzenheim

なだらかな斜面にあり（海抜270〜370m）、とても暑い気候のこのテロワールで、ズィント＝ユンブレヒトはゲヴュルツトラミネールのみを栽培しています。どのワインも、ほとんど貴腐は見られませんがよく熟したぶどうから作られ、アルコール度がかなり高く力強い味わいです。ミレジムの出来によっては、辛口ゲヴュルツトラミネールだけでなく、おいしいVTワインも醸造されています。

Messieurs Léonard et Olivier Humbrecht
4, route de Colmar - BP22 - 68230 Turckheim
tel : 03 89 27 02 05　fax : 03 89 27 22 58

★★
-100F　ドメーヌ・アルベール・マン - GC・フュルステントゥム・ヴィエイユ・ヴィーニュ
Domaine Albert Mann - GC Furstentum Vieilles Vignes

素晴らしいワイン。

Maurice et Jacky Barthelme
13, rue du Château - 68920 Wettolsheim
tel : 03 89 80 62 00　fax : 03 89 80 34 23
vins@mann-albert.com

★★　クロ・デ・カピュサン、ドメーヌ・ヴァインバック - GC・フュルステントゥム
Clos des Capucins - Domaine Weinbach - GC Furstentum

驚異的ともいえるワイン。

Colette Et Filles Faller
Clos des Capucins - 68240 Kaysersberg
tel : 03 89 47 13 21　fax : 03 89 47 38 18

★★　クロ・デ・カピュサン・ドメーヌ・ヴァインバック・アルテンブール≪キュヴェ・ローランス≫
Clos des Capucins - Domaine Weinbach - Altenbourg « Cuvée Laurence »

このドメーヌの見逃せない銘柄。

Colette Et Filles Faller
Clos des Capucins, 68240, Kaysersberg
tel : 03 89 47 13 21　fax : 03 89 47 38 18

〈訳注〉

1　Eichberg, Altenberg de Bergheim, Furstentum, Hengst, Brand

★ **ドメーヌ・バルメス=ビュシェ・GC・ヘングスト**
Domaine Barmès-Buecher – GC Hengst

このドメーヌは自所のゲヴュルツトラミネールを実に上手に醸造していますが、特にこのヘングストの出来がすばらしいです。経営者たちの味へのこだわりは敬服に値します。

Monsieur François Barmès
30-23, rue Sainte-Gertrude - 68920 Wettolsheim
tel : 03 89 80 62 92 & 03 89 80 61 82 fax : 03 89 79 30 80
barmes-buecher@terre-net.fr

★ **メゾン・ヒューゲル・オマージュ・ア・ジャン・ヒューゲル**
Maison Hugel – Hommage à Jean Hugel

美味。ゲヴュルツトラミネールの持ち味を最高に生かしたワインのひとつ。

Monsieur Etienne Hugel
68340 Riquewihr
tel : 03 89 47 92 15 fax : 03 89 49 00 10
info@hugel.com - www.hugel.com

★ **ドメーヌ・マルク・クレイデンヴァイス・クリット≪レ・シャルム≫**
Domaine Marc Kreydenweiss – Kritt « Les Charmes »

Domaine Marc Kreydenweiss
12, rue Deharbe - 67140 Andlau
tel : 03 88 08 95 83 fax : 03 88 08 41 16

★ **ドメーヌ・ズィント=ユンブレヒト・ハイムブール（非格付）**
Domaine Zind-Humbrecht - Heimbourg (lieu-dit)

このクリマの35〜50％は小さな丘の急斜面にあり、日当たりにたいへん恵まれています。日当たりの向きによってぶどうの成熟速度が違い、西斜面では成熟が遅く、南斜面ではより早熟です。このドメーヌは、西向きの石ころだらけで痩せた土地にゲヴュルツトラミネールを植えました。

Messieurs Léonard et Olivier Humbrecht
4, route de Colmar - BP22 - 68230 Turckheim
tel : 03 89 27 02 05 fax : 03 89 27 22 58

LQCG **ドメーヌ・バルメス=ビュシェ・GC・シュタイングリューブラー**
Domaine Barmès-Buecher - GC Steingrübler

98年物がすばらしく、16/20点でした。

Monsieur François Barmès
30-23, rue Sainte-Gertrude - 68920 Wettolsheim
tel : 03 89 80 62 92 & 03 89 80 61 82 fax : 03 89 79 30 80
barmes-buecher@terre-net.fr

LQCG **ドメーヌ・バウマン・GC・スポーレン**　**Domaine Baumann - GC Sporen**

リクヴィールにあるGC・スポーレン（23.70ha）にドメーヌ・バウマンが所有しているのは72アールのみです。既に1432年、ビュルテンベルク公爵家の古文書資料にこのスポーレンの名が登場しています。おもにゲヴュルツトラミネールが植えられています。

Domaine Baumann
8, avenue Mequillet - 68340 Riquewihr
tel : 03 89 47 92 14 fax : 03 89 47 99 31
baumann@reperes.com - www.reperes.com/baumann

LQCG **クロ・サン・ランドラン・ルネ・ミュレ・GC・ヴォルブール**
Clos Saint Landelin – René Muré – GC Vorbourg

Monsieur René Muré – Route du Vin – 68250 Rouffach
tel : 03 89 78 58 00 fax : 03 89 78 58 01
rene@mure.com - www.mure.com

リースリング
Riesling

　リースリング、特に辛口・白はテロワールに応じてさまざまにその持ち味を発揮しています。アルザスのグラン・クリュ畑の大部分で使われている品種。ブラント、ショネンブール、シュロスベルク、アルテンベルク・ド・ベルクハイム、ランゲン、ヴォルブール、カステルベルク、ヘレンヴェーク[1] などの地域で、リースリング独特の味わいが十分に引き出されています。

★★★
ドメーヌ・マルセル・ダイス - GC・アルテンベルク・ド・ベルクハイム
Domaine Marcel Deiss - GC Altenberg de Bergheim

Domaine Marcel Deiss - 15, route du Vin - 68750 Bergheim
tel : 03 89 73 63 37　fax : 03 89 73 32 67

★★★
ドメーヌ・マルセル・ダイス - GC・ショネンブール
Domaine Marcel Deiss - GC Schoenenbourg

確実にアルザス辛口リースリングの最高峰。

Domaine Marcel Deiss -15, route du Vin - 68750 Bergheim
tel : 03 89 73 63 37　fax : 03 89 73 32 67

★★★
ドメーヌ・ズィント゠ユンブレヒト - GC・ル・クロ・サン・テュルバン・オー・ランゲン・ド・タン
Domaine Zind-Humbrecht - GC Le Clos Saint Urbain au Rangen de Thann

1977年にこのドメーヌが買い取った畑です。ル・ランゲン・ド・タンはアルザス地方の最南部にあるぶどう園で、すでに12世紀頃にはその名前が登場しています。相変わらず入手しやすいのは嬉しいことです。

Messieurs Léonard et Olivier Humbrecht
4, route de Colmar - BP22 - 68230 Turckheim
tel : 03 89 27 02 05　fax : 03 89 27 22 58

★★★
ドメーヌ・ズィント゠ユンブレヒト - GC・ブラント・ド・テュルクハイム
Domaine Zind-Humbrecht - GC Brand de Turckheim

リースリングでは珍しい遅摘みワイン。もともとリースリングは花崗岩質のブラントの地に適していますが、このドメーヌは最初からリースリングしか植えていませんでした。テュルクハイム・ワインの名声は中世にまで遡り、ブラントはその中でも一番評価の高いぶどう園です。有名ドメーヌ、ズィント゠ユンブレヒトが生産するワインでは、この土地に由来する風味の良さが余すところなく引き出されています。90年物は遅摘みワインの逸品です。

Messieurs Léonard et Olivier Humbrecht
4, route de Colmar - BP22 - 68230 Turckheim
tel : 03 89 27 02 05　fax : 03 89 27 22 58

★★
ドメーヌ・トリンバック - GC・クロ・サント゠ユーヌ
Domaine Trimbach - Clos Sainte-Hune

レストランでよく見かけるドメーヌ・トリンバックのワインは、ある程度瓶熟させた後でようやく売りに出されます。アルザスぶどう栽培の宝。

Domaine Trimbach
15, route de Bergheim - 68150 Ribeauvillé
tel : 03 89 78 60 30　fax : 03 89 73 89 04

〈訳注〉

1　Brand, Schonenbourg, Schlossberg, Altenberg de Bergheim, Rangen, Vorbourg, Kastelberg, Herrenweg

★★ クロ・デ・カピュサン・ドメーヌ・ヴァインバック
- GC・シュロスベルク≪キュヴェ・サント・カトリーヌ≫
**Clos des Capucins – Domaine Weinbach - GC Schlossberg
« Cuvée Ste Catherine »**

このドメーヌは辛口リースリングを3つのレベルに分けて生産していますが、この銘柄はそのなかの≪最高級ワイン（テット・ド・キュヴェ）≫です。15世紀以来名の通った畑で、キンツハイム Kientzheim 村にあるリースリングのグラン・クリュでも完成度・純度などの点でずば抜けていることは確かです。耕作地は海抜200〜300m、丘の険しい斜面にあり、ミネラルが実に豊富な粘土質と粗い砂質の土地で、リースリングが大きな割合を占めています。

Colette Et Filles Faller
Clos des Capucins - 68240 Kaysersberg
tel : 03 89 47 13 21 fax : 03 89 47 38 18

★★ ドメーヌ・ズィント＝ユンブレヒト・ヘレンヴェク・ド・テュルクハイム（非格付）
Domaine Zind-Humbrecht - Herrenweg de Turckheim (lieu-dit)

（年間降雨量525〜600mmの）大変乾燥した、とても平坦なテロワールで、ぶどうの早い生育や実の成熟にとって恵まれた風土といえます。あらゆる品種が植えられていますが、特にリースリングが適しているようです。

Messieurs Léonard et Olivier Humbrecht
4, route de Colmar - BP22 - 68230 Turckheim
tel : 03 89 27 02 05 fax : 03 89 27 22 58

★ -100F ドメーヌ・バウマン - GC・ショネンブール
Domaine Baumann - GC Schoenenbourg

このドメーヌは、特にリースリング栽培に適しているリクヴィールとゼレンベルク Zellenberg のグラン・クリュ畑（計53.40ha）に1.30ha所有しています。

Domaine Baumann - 8, avenue Mequillet - 68340 Riquewihr
tel : 03 89 47 92 14 fax : 03 89 47 99 31
baumann@reperes.com - www.reperes.com/baumann

★ メゾン・ヒューゲル・オマージュ・ア・ジャン・ヒューゲル
Maison Hugel – Hommage à Jean Hugel

ショネンブールのグラン・クリュ畑から作られるこのワインは、アルザス・リースリングの代表的な銘柄です。

Monsieu Etienne Hugel
68340 Riquewihr
tel : 03 89 47 92 15 fax : 03 89 49 00 10
info@hugel.com - www.hugel.com

★ ドメーヌ・マルク・クレイデンヴァイス - GC・カステルベルク
Domaine Marc Kreydenweiss - GC Kastelberg

マルク・クレイデンヴァイスはアンドローにあるGC・カステルベルクに1ha所有しています（エリック・ヴェルディエの分類表では1級B）。

Domaine Marc Kreydenweiss - 12, rue Deharbe - 67140 Andlau
tel : 03 88 08 95 83 fax : 03 88 08 41 16

★ ドメーヌ・マルク・クレイデンヴァイス - GC・ヴィーベルスベルク≪ラ・ダーム≫
Domaine Marc Kreydenweiss – GC Wiebelsberg « La Dame »

実に繊細なリースリング。すばらしい。

Domaine Marc Kreydenweiss - 12, rue Deharbe - 67140 Andlau
tel : 03 88 08 95 83 fax : 03 88 08 41 16

★ **クロ・サン・ランドラン - ルネ・ミュレ - GC・ヴォルブール**
Clos Saint Landelin – René Muré – GC Vorbourg

ルファック地方、アルザスのぶどう栽培地域でも南の方にあるこのすばらしいメゾンからは、4品種にわたる7銘柄がセレクトされています。この畑は6世紀にはストラスブール司教区の領地で、8世紀になってからサン・ランドラン修道院に寄贈されました。そして1935年、ミュレ家がこのぶどう園を買い取ることになります。アルザスワインとしてはほどよい生産量で45hl/ha。98年物は残留糖分10g/l。

Monsieur René Muré
Route du Vin - 68250 Rouffach
tel : 03 89 78 58 00 fax : 03 89 78 58 01
rene@mure.com - www.mure.com

★ **クロ・デ・カピュサン・ドメーヌ・ヴァインバック・≪キュヴェ・サント・カトリーヌ≫**
Clos des Capucins - Domaine Weinbach - « Cuvée Sainte Catherine »

このドメーヌは辛口リースリングを3つのレベルに分けて生産しています。この銘柄はそのなかで≪最高級≫のものです。15世紀以来名の通った畑で、キンツハイム村にあるリースリングのグラン・クリュでも完成度・純度などの点でずば抜けていることは確かです。耕作地は海抜200〜300m、丘の険しい斜面にあり、ミネラルが実に豊富な粘土質と粗い砂質の土地で、リースリングが大きな割合を占めています。

Colette Et Filles Faller
Clos des Capucins - 68240 Kaysersberg
tel : 03 89 47 13 21 fax : 03 89 47 38 18

★ **ドメーヌ・ズィント=ユンブレヒト - クロ・ヴィンツビュル（非格付）**
Domaine Zind-Humbrecht - Clos Windsbuhl (lieu-dit)

辛口、あるいは遅摘みワインが生産されるテロワールで、1987年にこのドメーヌが買い取りました。ヴィンツビュルの名前が歴史に初めて登場した年は1324年にまで遡ります。以後、畑はウェストファリア条約（1648年）までハプスブルグ家の持ち物でした。このテロワールの15〜40%はゆるやかな斜面と険しい斜面で、海抜350mという高度のせいでしょうかボトリティス菌はほとんど発生しません。辛口に醸造されることがかなり多いですが、ぶどうの成熟具合が良ければ味わい深い遅摘みワインも作られます。

Messieurs Léonard et Olivier Humbrecht
4, route de Colmar - B. P. 22 - 68230 Turckheim
tel : 03 89 27 02 05 fax : 03 89 27 22 58

LQCG -100F **ドメーヌ・ポール・ブランク - GC・シュロスベルク**
Domaine Paul Blanck - GC Schlossberg

海抜200〜300m、勾配が急なシュロスベルクの丘では、段々畑での栽培が必要となります。1975年にアルザスで初めてグラン・クリュ認可を受けた銘柄で、テロワールが花崗岩質であるためとりわけリースリングに適しています。

Domaine Paul Blanck - 32, Grand Rue - 68240 Kientzheim
tel : 03 89 78 23 56 fax : 03 89 47 16 45
info@blanck-alsace.com - www.blanck.com

LQCG **ドメーヌ・ポール・ブランク - GC・フュルステントゥム≪ヴィエイユ・ヴィーニュ≫**
Domaine Paul Blanck – GC Furstentum « Vieilles Vignes »

Domaine Paul Blanck - 32, Grande Rue - 68240 Kientzheim
tel : 03 89 78 23 56 fax : 03 89 47 16 45
info@blanck-alsace.com - www.blanck.com

LQCG **ドメーヌ・ポール・ブランク - GC・ソンメルベルク**
Domaine Paul Blanck - GC Sommerberg

Domaine Paul Blanck - 32, Grande Rue - 68240 Kientzheim
tel : 03 89 78 23 56 fax : 03 89 47 16 45
info@blanck-alsace.com - www.blanck.com

トカイ=ピノ・グリ
Tokay-Pinot Gris

ピノ・グリはグラン・クリュ認定を受けることができる4品種のひとつで、栽培面積がかなり増えてきています。いくつかの説がありますが、おそらく「ピノ・ノワールに近いが、見た目がグレーがかっている」ことが名前の由来ではないかと考えられています。過ごしやすい夏、雨が少ない晩秋というアルザスの気候はピノ・グリの成長にはうってつけで実の成熟にとっての好条件となり、この品種が苦手とするべと病[1]や灰色腐敗からぶどうを守ります。

★ **クロ・デ・カピュサン・ドメーヌ・ヴァインバック・アルテンブール・キュヴェ・ローランス**
Clos des Capucins - Domaine Weinbach - Altenbourg Cuvée Laurence

Colette Et Filles Faller
Clos des Capucins - 68240 Kaysersberg
tel : 03 89 47 13 21 fax : 03 89 47 38 18

★ **クロ・サン・ランドラン・ルネ・ミュレ・GC・ヴォルブール**
Clos Saint Landelin - René Muré - GC Vorbourg

Monsieur René Muré
Route du Vin - 68250 Rouffach
tel : 03 89 78 58 00 fax : 03 89 78 58 01
rene@mure.com - www.mure.com

★ **ドメーヌ・アルベール・マン・GC・ヘングスト**
-100F **Domaine Albert Mann - GC Hengst**

Maurice et Jacky Barthelme
13, rue du Château - 68920 Wettolsheim
tel : 03 89 80 62 00 fax : 03 89 80 34 23
vins@mann-albert.com

★ **ドメーヌ・シェーツェル・マルタン・GC・マクライン**
-100F **Domaine Schaetzel Martin - GC Mackrain**

1997年に購入されたこの45アールの区画からはトカイ=ピノ・グリの逸品が作られています。つねに辛口ワインとして収穫・醸造されます。

Monsieur et Madame Jean et Béa Schaetzel
3, rue de la 5ème DB - 68770 Ammerschwihr
tel : 03 89 47 11 39 fax : 03 89 78 29 77

★ **ドメーヌ・ズィント=フンブレヒト・GC・ル・クロ・サン・テュルバン・オー・ランゲン・ド・タン**
Domaine Zind-Humbrecht - GC Le Clos Saint Urbain au Rangen de Thann

1977年にこのドメーヌが買い取った畑です。ル・ランゲン・ド・タンはアルザス地方の最南部にあるぶどう園で、すでに12世紀頃にはその名前が登場しています。

Messieurs Léonard et Olivier Humbrecht
4, route de Colmar - BP22 - 68230 Turckheim
tel : 03 89 27 02 05 fax : 03 89 27 22 58

アルザス（辛口・白）

〈訳注〉
1 mildiou：べと病あるいは露菌病は、野菜やぶどうに卵菌類が寄生して起こる病害。

≪ジュラ≫ Jura

〔ジュラの簡易地図〕

1. コート・デュ・ジュラ
2. アルボワ
3. シャトー=シャロン
4. レトワール
5. ヴァン・デュ・ビュジェ
6. ヴァン・ド・サヴォワ
7. セイセル
8. クレピー

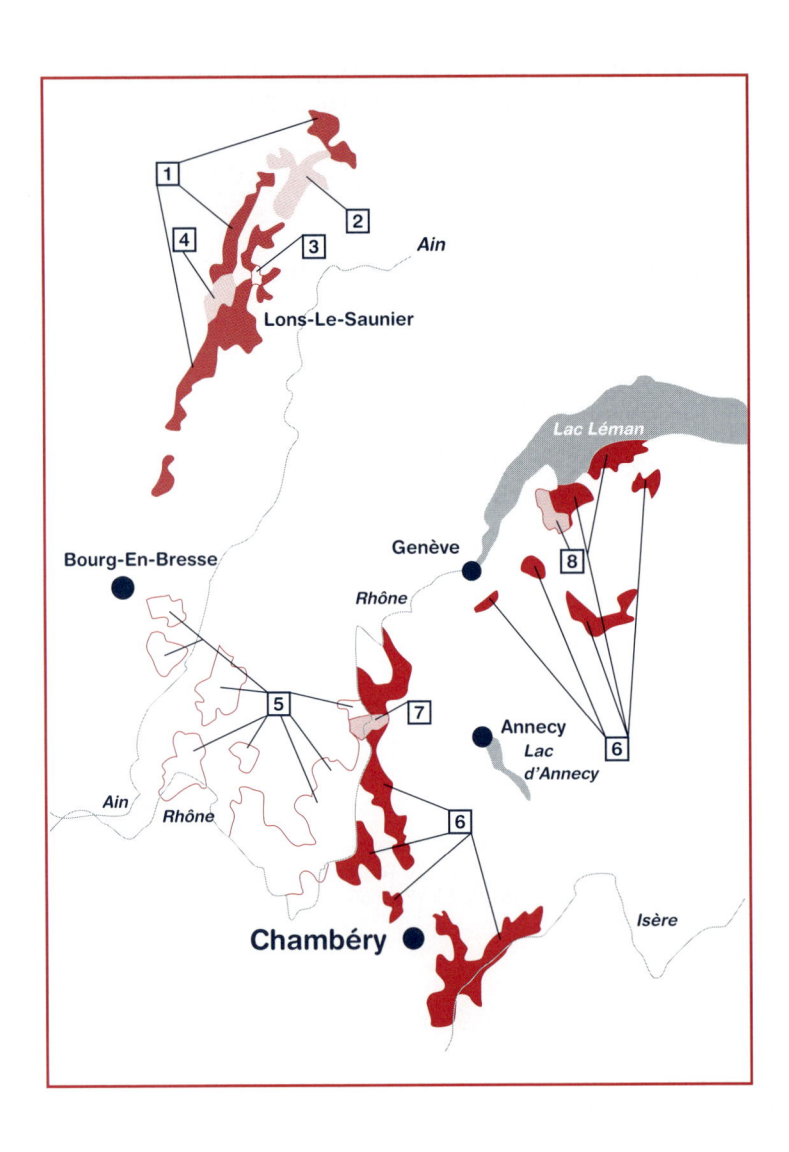

シャトー＝シャロン
Château-Chalon

　シャトー＝シャロンはたいへん珍しいワインです。ここではサヴァニャンという品種が使われていますが、これはシャトー＝シャロンの修道女が7世紀末に栽培を始めたものとされ、ジュラ地方のテロワールにたいへん適した品種です。このワインを作るにはまず、目減り分を補ったりオリ引きしたりすることなく最低でも6年間樽で熟成させます。すると表面に酸敗を防ぐ酵母の膜〔産膜酵母〕ができます。こうしてやんわりと酸化が進むことで、徐々に≪ヴァン・ジョーヌ（黄色いワイン）≫特有の味が作られてゆくのです。このような長く手間のかかる貯蔵期間を経た後、クラヴラン clavelin と呼ばれる独特の形をした瓶に詰められて完成します。これは通常のヨーロッパの規格（750ml入り）とは異なる620ml入りの瓶で、幸いにも「標準化」という時代の流れに耐えています。シャトー・シャロン全体で耕地は63ha、4つの村にテロワールが広がっています。

★★
ドメーヌ・ジャン・マクル - ヴァン・ド・ガルド
Domaine Jean Macle - Vin de Garde

シャトー＝シャロンにある4haのぶどう園で、粘土性石灰質のテロワールは傾斜が強く、一部が段々畑になっています。

Élyane et Jean Macle
Rue de la Roche - 39210 Château-Chalon
tel : 03 84 85 21 85　fax : 03 84 85 27 38

LQCG
ドメーヌ・ベルテ＝ボンデ　Domaine Berthet-Bondet

9haの耕地を持つドメーヌで、そのうち5haがアペラシオン・シャトー＝シャロンに属します。ドメーヌ設立は1985年、中世には城の一部、その後は修道院に属した古い建物が敷地内にありますが、この修道院がぶどう畑を大きく発展させました。産膜酵母に守られて6年間寝かされるヴァン・ジョーヌで、現在販売されているのは92年物です。

Monsieur Jean Berthet-Bondet
Rue des Chèvres - 39120 Château-Chalon
tel : 03 84 44 60 48　fax : 03 84 44 61 13
bondet@caves-particulieres.com
domaine.berthet.bondet@wanadoo.fr

その他のヴァン・ジョーヌ
Vins Jaunes

　ジュラ地区のその他のヴァン・ジョーヌはシャトー＝シャロンと同じ過程を経て生産されますが、耕作地域は105の村落にわたりその面積は700haにもなります。この地区で作られるワインはヴァン・ジョーヌだけでなく、白、赤、スパークリング・ワイン、ヴァン・ド・パイユ（藁敷きのワイン）など多岐にわたります。ここではヴァン・ジョーヌの1銘柄だけを選びました。

LQCG
-100F
ドメーヌ・ボワレー＝フルミオ・コート・デュ・ジュラ
Domaine Boilley-Fremiot - Côtes du Jura

Monsieur Luc Boilley – 8, rue Rivière - 39380 Chissey-sur-Loue
tel : 03 84 37 64 43　fax : 03 84 37 71 21

ジュラ

≪世界の白ワイン〔辛口〕≫　Étrangers Blanc Sec

ドイツ
Allemagne

ヒュー・ジョンソン Hugh Johnson の『The World Atlas of Wine』は、フランスや世界のぶどう園の面積・詳細な地図など情報が満載されているので便利です。

★★★★　マクシミーン・グリューンホイス、カール・フォン・シューベルシュグーツフェアヴァルトゥング・マクシミーン・グリューンホイザー・アブツベルク、アウスレーゼ
Maximin Grünhäus, Carl Von Schubert'sche Gutsverwaltung Maximin Grünhäuser Abstberg, Auslese

深い味わいのエレガントなワイン。
〔アドレスは公表されていません。〕

★★★★　マクシミーン・グリューンホイス、カール・フォン・シューベルシュグーツフェアヴァルトゥング・マクシミーン・グリューンホイザー・ヘレンベルク、アウスレーゼ
Maximin Grünhäus, Carl Von Schubert'sche Gutsverwaltung Maximin Grünhäuser Herrenberg, Auslese

卓越した風格。
〔アドレスは公表されていません。〕

★★★★　Dr.（ドクトル）・ローゼン・エルデナー・プレラート、アウスレーゼ
Dr. Loosen Erdener Prälat, Auslese

ミネラル分を多く含み、並外れた気品を備えています。

Dr. Loosen Ernest
St. Johannishof - D-54470 Bernkastel-Kues
tel : 00 49 65 31/34 26　fax : 00 49 65 31/42 48

★★★★　エゴン・ミュラー・シャルツホーフ、ヴィルティンガーシャルツホーフベルガー・アウスレーゼ
Egon Müller Scharzhof, Wiltinger Scharzhofberger Auslese

芳醇で上品。

Müller Egon - D-54459 Wiltingen
tel : (0 65 01) 1 72 32　fax : (0 65 01) 15 02 63

★★★★　ヨハン・ヨゼフ・プリュム・ヴェーレナー・ゾンネンウーア・アウスレーゼ
Joh. Jos Prüm Wehlener Sonnenuhr Auslese

この上なく甘美でリッチ。

Dr Prüm Manfred
Uferallee 19 - D-54470 Bernkastel-Wehlen
tel : 00 49 65 31/30 91　fax : 00 49 65 31/60 71

★★★　マクシミーン・グリューンホイス、カール・フォン・シューベルシュグーツフェアヴァルトゥング・マクシミーン・グリューンホイザー・アブツベルク、シュペートレーゼ
Maximin Grünhäus, Carl Von Schubert'sche Gutsverwaltung Maximin Grünhäuser Abstberg, Spätlese

〔アドレスは公表されていません。〕

★★★ フリッツ・ハーク・ブラウネベルガー・ユッファー・ゾンネンウーア、アウスレーゼ
Fritz Haag Brauneberger Juffer Sonnenuhr, Auslese
Dusemonder Strasse 44 - 54472 - Brauneberg
tel : (0 65 34) 4 10 fax : 13 47
weingut-fritz-haag@t-online.de

★★★ ヴィリ・ハーク、ブラウネベルク・ブラウネベルガー・ユッファー・ゾンネンウーア、アウスレーゼ
Willi Haag, Brauneberg Braunberger Juffer Sonnenuhr, Auslese
印象深い味わいにできあがっていて、みずみずしくも爽やかなワイン。
Hauptstrasse 111 - D-54472 Brauneberg
tel : 00 49 65 34/350

★★★ Dr・ローゼン・エルデナー・トレプヒェン、アウスレーゼ
Dr. Loosen Erdener Treppchen, Auslese
Dr. Loosen Ernst St. Johannishof - D-54470 Bernkastel-Kues
tel : 00 49 65 31/34 26 fax : 00 49 65 31/42 48

★★★ Dr・ローゼン・グラーヒャー・ヒンメルライヒ、アウスレーゼ
Dr. Loosen Graacher Himmerlereich, Auslese
Dr. Loosen Ernst St. Johannishof - D-54470 Bernkastel-Kues
tel : 00 49 65 31/34 26 fax : 00 49 65 31/42 48

★★★ Dr・ローゼン・ユルツィガー・ヴュルツガルテン、アウスレーゼ
Dr. Loosen Urziger Würtzgarten, Auslese
Dr. Loosen Ernst St. Johannishof - D-54470 Bernkastel-Kues
tel : 00 49 65 31/34 26 fax : 00 49 65 31/42 48

★★★ Dr・ローゼン・ヴェーレナー・ゾンネンウーア、アウスレーゼ
Dr. Loosen Wehlener Sonnenuhr, Auslese
Dr. Loosen Ernst St. Johannishof - D-54470 Bernkastel-Kues
tel : 00 49 65 31/34 26 fax : 00 49 65 31/42 48

★★★ ヨハン・ヨゼフ・クリストフェル=エルベン・ユルツィガー・ヴュルツガルテン・アウスレーゼ
Joh. Jos. Christoffel-Erben Ürziger Würzgarten Auslese
力強くスパイシー。
Christoffel Hans-Léo Schanztrasse 2 – D-54539 Ürzig
tel : 00 49 65 32/21 76 fax : 00 49 65 32/14 71

★★★ シェーファー・ヴィリ・グラーヒャー・ドームプロープスト・アウスレーゼ
Schaefer Willi Graacher Domprobst Auslese
活力とエレガンスが融合したワイン。
Schaefer Willi Hauptstrasse 130 - D-54470 Graach
tel : 00 49 65 31/80 41 fax : 00 49 65 31/14 14

★★★ WITN Dr・H.ターニッシュ=エルベン・ターニッシュ、
・ベルンカステル・ベルンカストラー・ドクトール、アウスレーゼ
WITN. Dr. H. Thanisch-Erben Thanisch,
Bernkastel Bernkastler Doctor, Auslese
Thanisch-Spier Sofia Saaralee 31 - D-54470 Bernkastel-Kuesh
tel : 00 49 65 31/22 82 fax : 00 49 65 31/22 26

★★ マクシミーン・グリューンホイス、カール・フォン・シューベルシュ
グーツフェアヴァルトゥング・マクシミーン・グリューンホイザー・
ヘレンベルク、シュペートレーゼ
Maximin Grünhäus, Carl Von Schubert'sche
Gutsverwaltung Maximin Grünhäuser - Herrenberg, Spätlese

世界の白ワイン（ドイツ）

〔アドレスは公表されていません。〕

★★ **フリッツ・ハーク・ブラウネベルガー・ユッファー・ゾンネンウーア、シュペートレーゼ**
Fritz Haag Brauneberger Juffer Sonnenuhr, Spätlese

Dusemonder Strasse 44 - 54472 - Brauneberg
tel : (0 65 34) 4 10 fax : 13 47
weingut-fritz-haag@t-online.de

★★ **Dr・ローゼン・ベルンカステル・ライ、シュペートレーゼ**
Dr. Loosen Bernkastel Lay, Spätlese

Dr. Loosen Ernst St. Johannishof - D-54470 Bernkastel-Kues
tel : 00 49 65 31/34 26 fax : 00 49 65 31/42 48

★★ **Dr・ローゼン・ヴェーレナー・ゾンネンウーア、シュペートレーゼ**
Dr. Loosen Wehlener Sonnenuhr, Spätlese

Dr. Loosen Ernst St. Johannishof - D-54470 Bernkastel-Kues
tel : 00 49 65 31/34 26 fax : 00 49 65 31/42 48

★★ **Dr・ローゼン・ユルツィガー・ヴュルツガルテン、シュペートレーゼ**
Dr. Loosen Urziger Würtzgarten, Spätlese

Dr. Loosen Ernst St. Johannishof - D-54470 Bernkastel-Kues
tel : 00 49 65 31/34 26 fax : 00 49 65 31/42 48

★★ **エゴン・ミュラー・シャルツホーフ、ヴィルティンガー シャルツホーフベルガー・シュペートレーゼ**
Egon Müller Scharzhof, Wiltinger Scharzhofberger Spätlese

Müller Egon - D-54459 Wiltingen
tel : (0 65 01) 1 72 32 fax : (0 65 01) 15 02 63

★★ **ヨハン・ヨゼフ・プリュム・ヴェーレナー・ゾンネンウーア・シュペートレーゼ**
Joh. Jos. Prüm Wehlener Sonnenuhr Spätlese

Dr Prüm Manfred Uferallee 19 - D-54470 Bernkastel-Wehlen
tel : 00 49 65 31/30 91 fax : 00 49 65 31/60 71

★★ **シェーファー・ヴィリ・グラーヒャー・ヒンムルライヒ・シュペートレーゼ**
Schaefer Willi Graacher Himmelreich Spätlese

Schaefer Willi Hauptstrasse 130 - D-54470 Graach
tel : 00 49 65 31/14 14 fax : 00 49 65 31/80 41

★★ **シェーファー・ヴィリ・グラーヒャー・ドームプロープスト・シュペートレーゼ**
Schaefer Willi Graacher Domprobst Spätlese

Schaefer Willi Hauptstrasse 130 - D-54470 Graach
tel : 00 49 65 31/80 41 fax : 00 49 65 31/14 14

★★ **ヨハン・ヨゼフ・プリュム・グラーヒャー・ヒンムルライヒ・アウスレーゼ**
Joh. Jos Prüm Graacher Himmelreich Auslese

Dr Prüm Manfred Uferallee 19 - D-54470 Bernkastel-Wehlen
tel : 00 49 65 31/30 91 fax : 00 49 65 31/60 71

アルゼンチン
Argentine

ヒュー・ジョンソン Hugh Johnson の『The World Atlas of Wine』は、フランスや世界のぶどう園の面積・詳細な地図など情報が満載されているので便利です。

★ **カテナ（ボデガ・エスメラルダ）- カテナ・アルタ**
Catena (Bodega Esmeralda) - Catena Alta

見事なシャルドネワイン。

Monsieur Jeff Mausbach
Guatemala 4565 C.P. 1425 Buenos aires
tel : (54-1) 833-2080 fax : (54-1) 832-3086
bod.esmeralda@interlink.com.ar

オーストラリア
Australie

　ヒュー・ジョンソン Hugh Johnson の『The World Atlas of Wine』は、フランスや世界のぶどう園の面積・詳細な地図など情報が満載されているので便利です。

オーストラリア／シャルドネ
Chardonnay Australie

★★★ **ルーウィン・エステート - マーガレット・リヴァー**
Leeuwin Estate - Margaret River

芳醇で甘美。

Monsieur Bob Cartwright
Stevens Road Margaret River WA - 6285
tel : (61 08) 97 57 62 53 fax : (61 08) 97 57 63 64
info@leeuwinestate.com.au

★★★ **ペンフォールズ・ワインズ - ヤッターナ**
Penfolds Wines - Yattarna

風格のある１本。

Monsieur John Duval
Tanunda Road - Nurioopta SA - 5355
tel : (61 08) 85 60 93 89 fax : (61 08) 85 60 94 94
penfolds-nta@spike.com.au - www.penfolds.com

★★ **ローズマウント・エステート - ロックスバラ・シャルドネ**
Rosemount Estate - Roxburgh Chardonnay

豪奢なワイン。果実味が生きている若いうちに飲むのがよいでしょう。

Monsieur Philip Shaw
Rosemount Road, Denman NSW, 2328
tel : (61 02) 65 49 64 50 fax : (61 02) 65 47 27 42
rosemount@winery.com.au - www.rosemountestates.com.au

★ **ローズマウント・エステート -《シャルドネ》・ショー・リザーブ**
Rosemount Estate « Chardonnay » Show Reserve

豪奢。

Monsieur Philip Shaw
Rosemount Road, Denman NSW, 2328
tel : (61 02) 65 49 64 50 fax : (61 02) 65 47 27 42
rosemount@winery.com.au - www.rosemountestates.com.au

★ **ティレルズ・ヴィンヤーズ -《VAT》47**
Tyrrell's Vineyards – « VAT » 47

見事です。

Monsieur Andrew Spinaze
Broke Road, Pokolbin NSW 2320
tel : (61 02) 49 93 70 00 fax : (61 02) 49 98 77 23
admin@tyrrells.com.au - www.tyrrells.com.au

オーストラリア／その他の白ワイン
Divers Blancs Australie

LQCG

カレン・ワインズ・ソーヴィニョン・ブラン・セミヨン
Cullen Wines - Sauvignon Blanc - Semillon

見事です。

Vanya Cullen
Caéves Road - P.O. 17 Cowaramup 6284 Western
tel : (61 08) 97 55 52 77 fax : (61 08) 97 55 55 50
www.cullens.com.au

オーストリア
Autriche

ヒュー・ジョンソン Hugh Johnson の『The World Atlas of Wine』は、フランスや世界のぶどう園の面積・詳細な地図など情報が満載されているので便利です。

オーストリア／その他の白ワイン
Divers Blancs Autriche

★★★
ヴィリ・ブリュンドルマイヤー・リート・ラム・グリュナー・フェルトリナー
Willy Bründlmayer - Ried Lamm Grüner Veltliner

≪リート・ラム≫は世界で最も印象深い辛口白ワインのひとつ。

Monsieur Willy Bründlmayer
Zwettlerstrasse 23 Kamptal / 3550 Langenlois
tel : 43 (0) 2734 2172 0 fax : 00 43 27 34 37 48
brundlmayer@wvnet.at - www.brundlmayer.at

★★
ヴィリ・ブリュンドルマイヤー
・アルテ・レーベン・リースリング≪ツェービンゲン・ハイルゲンシュタイン≫
Willy Bründlmayer
Alte Reben Riesling « Zöbingen Heilgenstein »

すばらしいリースリング銘柄。複雑で深い味わい、そして並外れた後味の長さ。

Monsieur Willy Bründlmayer
Zwettlerstrasse 23 Kamptal / 3550 Langenlois
tel : 43 (0) 2734 2172 0 fax : 00 43 27 34 37 48
brundlmayer@wvnet.at - www.brundlmayer.at

★
ヒルツベルガー・フランツ・リースリング≪シンガーリーデル・スマラクト≫
Hirtzberger Franz - Riesling « Singerriedel Smaragd »

Monsieur Franz Hirtzberger
Kremserstrasse 8 A-3620 Spitz
tel : 43 27 13 22 09 fax : 43 27 13 24 05

★
クノール・エメリヒ・リースリング・シュット≪スマラクト≫
Knoll Emmerich - Riesling Schütt « Smaragd »

Knoll Emmerich
A-3601 Unterloiben 10
tel : 00 43 27 32/793 550 fax : 00 43 27 32/793 555

★
プラガー＝ボーデンシュタイン・リースリング・クラウス・スマラクト
Prager-Bodenstein - Riesling Klaus Smaragd

Monsieur Tony Bodenstein
A-3601 - Weissenkirchen
tel : 4 327 152 248 fax : 0043 27 15 25 32
prager@weissenkirchen.at - www.weingutprager.at

★ ブラガー=ボーデンシュタイン・アホライテン・スマラクト・グリューナー・フェルトリナー
Prager-Bodenstein Achleiten Smaragd Grüner Veltliner

Monsieur Tony Bodenstein
A-3601 - Weissenkirchen
tel : 4 327 152 248 fax : 0043 27 15 25 32
prager@weissenkirchen.at - www.weingutprager.at

★ ヴィリ・ブリュンドルマイヤー
グリューナー・フェルトリナー・アルテ・レーベン（ヴィエイユ・ヴィーニュ）
Willy Bründlmayer
Grüner Veltliner Alte Reben (Vieilles Vignes)

ブリュンドルマイヤーのグリューナー・フェルトリナーは高いクオリティーを誇り、いくつかのミレジム物は見事に熟成し、まろやかで上品なワインとなっています。

Monsieur Willy Bründlmayer
Zwettlerstrasse 23 Kamptal / 3550 Langenlois
tel : 43 (0) 2734 2172 0 fax : 00 43 27 34 37 48
brundlmayer@wvnet.at - www.brundlmayer.at

★ ヴィリ・ブリュンドルマイヤー
グリューナー・フェルトリナー≪リート・ケーフェルベルク≫
Willy Bründlmayer
Grüner Veltlinger « Ried Käferberg »

Monsieur Willy Bründlmayer
Zwettlerstrasse 23 Kamptal / 3550 Langenlois
tel : 43 (0) 2734 2172 0 fax : 00 43 27 34 37 48
brundlmayer@wvnet.at - www.brundlmayer.at

LQCG テメント・ツィーレク・ソーヴィニョン
Tement - Zierreg Sauvignon

風格のあるすばらしいソーヴィニョン。

Monsieur Manfred Tement
Zieregg 13 8461 Berghausen
tel : 03453-4101 fax : 00 43 34 53 41 01 30

オーストリア／シャルドネ
Chardonnay Autriche

★★ コルヴェンツ・アントン・シャルドネ・タッチュラー
Kollwentz Anton - Chardonnay Tatschler

風格が重視されている実にピュアで華麗なシャルドネ。

Andy
A-7051 - Grossöflein
tel : 00 43 26 82/651 580 fax : 00 43 26 82/65 15 813

★ テメント・ツィーレク・シャルドネ（モリヨン）
Tement - Zierreg Chardonnay (Morillon)

非の打ち所のないワイン。気品と洗練。このおいしさは本物です。

Monsieur Manfred Tement
Zieregg 13 8461 Berghausen
tel : 03453-4101 fax : 00 43 34 53 41 01 30

★ ヴェリッヒ・シャルドネ≪ティクラ≫
Velich – Chardonnay « Tiglat »

魅惑的なワイン。

Heinz & Roland Velich
Seeufergasse 12 A-7143 Apetlon
tel : 00 43 21 75/31 87 fax : 00 43 21 75/31 87

★ **ヴィーニンガー・シャルドネ・グラントセレクト**
Wieninger - Chardonnay Grand Select

豊満な味わいに魅了されます。

Fritz Wieninger
Stammersdorfer Strasse 78 A-1210 Vienne
tel : 00 43 1 290 10 12 fax : 00 43 1 290 10 123

★ **ヴィリ・ブリュンドルマイヤー・シャルドネ**
Willy Bründlmayer - Chardonnay

風格あるシャルドネ。

Monsieur Willy Bründlmayer
Zwettlerstrasse 23 Kamptal / 3550 Langenlois
tel : 43 (0) 2734 2172 0 fax : 00 43 27 34 37 48
brundlmayer@wvnet.at - www.brundlmayer.at

アメリカ
États-Unis

ヒュー・ジョンソン Hugh Johnson の『The World Atlas of Wine』は、フランスや世界のぶどう園の面積・詳細な地図など情報が満載されているので便利です。

アメリカ／シャルドネ
Chardonnay États-Unis

★★★★ **キスラー・ヴィンヤーズ・ヴァイン・ヒル**
Kistler Vineyards - Vine Hill

世界で最も威厳のあるシャルドネのひとつ。驚くべきブーケ、まろやかでリッチな口当たり、抜群の旨味。壮麗なワイン。

Monsieur Mark, Wanda Bixler
4707 Vine Hill Road, Sebastopol California 95472
tel : (707) 823-5603 fax : (707) 823-6709

★★★★ **ドメーヌ・マーカッシン・ロレンゾ・ヴィンヤード・ソノマ・コースト**
Domaine Marcassin - Lorenzo Vineyard Sonoma Coast

あらゆる意味で稀少なワイン。シャルドネの金字塔。この上ない豊かさ、ボリューム感とコク、そして芳醇な味わいも十分に備えています。
〔アドレスは公表されていません。〕

★★★★ **パルメイヤー・ワイナリー・シャルドネ**
Pahlmeyer Winery - Chardonnay

パルメイヤーのシャルドネは実に魅力的です。驚くべきコクに加えて、見事なバランスを誇り、かぐわしくデリケートなワイン。

Ed Hogan
P.O. Box 2410 Napa, CA 94 558 - États-Unis
tel : (707) 255-2321 fax : (707) 255-6786
genmgr@pahlmeyer.com - www.pahlmeyer.com

★★★ **キスラー・ヴィンヤーズ・ダットン・ランチ・シャルドネ**
Kistler Vineyards - Dutton Ranch Chardonnay

同じメーカーの≪ヴァイン・ヒル≫ほどの豊かさはありませんが、かなりシャルドネを飲み比べている愛好家でも、このワインには十分に満足することでしょう。

Monsieur Mark, Wanda Bixler
4707 Vine Hill Road, Sebastopol California 95472
tel : (707) 823-5603 fax : (707) 823-6709

★★★ キスラー・ヴィンヤーズ・ダレル
Kistler Vineyards - Durell

Monsieur Mark, Wanda Bixler
4707 Vine Hill Road, Sebastopol California 95472
tel : (707) 823-5603 fax : (707) 823-6709

★★★ リッジ・ヴィンヤード・モンテ・ベロ
Ridge Vineyard - Monte Bello

Monsieur Paul Drapper
17 100 Monte Bello Road P.O. Box 1810 Cupertino, CA 95014
tel : (408) 867-3202 fax : (408) 868-1370
lauraw@ridgewine.com - www.ridgewine.com

★★★ ロキオリ・ヴィンヤーズ・リバー・ブロック・シャルドネ
Rochioli Vineyards - River Block Chardonnay

Monsieur Tom Rochioli
6192 Westside Road Heqlburg, CA 95 448
tel : (707) 431-7119 fax : (707) 433-2358

★★ オー・ボン・クリマ・ワイナリー・サンドフォード＆ベネディクト
Au Bon Climat Winery - Sandford et Benedict

偉大な風格。アルコール度の高さによるしっかりした味わいというより、ニュアンスにおいて気品を感じさせるワイン。

Monsieur Jim Clendenen
4665 Santa Maria Mesa Rd Santa Maria, CA 93 454
tel : (805) 937-9801 fax : (805) 937-2539

★★ オー・ボン・クリマ・ワイナリー・メンドシーノ≪イシ・ラバ≫フィリピーヌ
Au Bon Climat Winery - Mendocino « Ici / Là-bas » Philippine

全く飾りがないと言うに近く、厳格な修道院で作られたかのようなワインですが、実は複雑な味わいを備えています。ノーブルな一本。

Monsieur Jim Clendenen
4665 Santa Maria Mesa Rd Santa Maria, CA 93 454
tel : (805) 937-9801 fax : (805) 937-2539

★★ アーネスト＆ジュリオ・ガロ・ワイナリー・ノーザン・ソノマ
Ernest et Julio Gallo Winery - Northern Sonoma

まちがいなくアメリカのシャルドネの中で最も優れたラベルのひとつ。メゾン・ガロの大きな誇りです。「ブラボー！」と喝采を送りたくなります。

14, rue de la Ferme - 92100 Boulogne-Billancourt
tel : 01 55 20 09 60 fax : 01 55 20 09 61
greg.mefford@ejgallo.com

★★ ロング・ヴィンヤード・エステート・グロウン
Long Vineyard Estate - Grown

Long Robert & Zelma
Po, Box 50 - St Helena, CA 94574
tel : (707) 963 24 96 fax : (707) 963 2907
www.longvineyards.com

★★ ジョゼフ・フェルプス・ヴィンヤーズ・オベーション・シャルドネ
Joseph Phelps Vineyards - Ovation Chardonnay

フェルプスのこの気品漂うラベルでは、チャーミングさ、芳醇さ、甘美さ、エレガンスがいつ至るときも備わっていることが約束されています。

Monsieur Tom Shelton
200 Taplin Road - P.O. Box 1031 St Helena, CA 94 574 – États-Unis
tel : (707) 963-2745 fax : (707) 963-4831
www.JPVWINES@Aol.com - tomshelton@jpvwines.com

世界の白ワイン（アメリカ）

★★ リッジ・ヴィンヤード - リッジ・サンタ・クルーズ・シャルドネ
Ridge Vineyard - Ridge Santa Cruz Chardonnay

リッジ・ヴィンヤードでは他のワインの方が有名ですが、このサンタ・クルーズはアメリカで最も奥行きがあって繊細なシャルドネのひとつです。

Monsieur Paul Drapper
17 100 Monte Bello Road P.O. Box 1810 Cupertino, CA 95014
tel : (408) 867-3202 fax : (408) 868-1370
lauraw@ridgewine.com - www.ridgewine.com

★ オー・ボン・クリマ・ワイナリー - アルバン・ヴィンヤード
Au Bon Climat Winery - Alban Vineyard

この銘柄は、コクと豊饒さ、そして厚みを併せ持つ、言ってみればムルソーのような出来です。ジム・クレンデネンの極上銘柄のひとつ。

Monsieur Jim Clendenen
4665 Santa Maria Mesa Rd Santa Maria, CA 93 454 – États-Unis
tel : (805) 937-9801 fax : (805) 937-2539

★ ウィリアム・セラフィム - アレン・ヴィンヤード
William Selyem - Allen Vineyard

〔アドレスは公表されていません。〕

★ クロ・ペガス - ≪シャルドネ・ミトスコス・ヴィンヤード≫
Clos Pegase - « Chardonnay – Mitosko's Vineyard »

1060 Dunaweal Lane - Calistoga, CA 94515
tel : (707) 942 4981 fax : (707) 942 4993
cp@clospegase.com - www.clospegase.com

★ ファー・ニエンテ・シャルドネ
Far Niente - Chardonnay

Monsieur Tony Mattera
P.O. Box 327 Oakville, CA 94562
tel : (707) 944-2861 fax : (707) 944-2312
www.farniente.com

★ ピーター・マイケル・キュヴェ・アンディエンヌ
Peter Michael - Cuvée Indienne

12400 Ida Clayton Road - Calistoga, CA 94515
tel : (707) 942 4459 fax : (707) 942 0209
www.petermichaelwinery.com

★ ロキオリ・ヴィンヤーズ - ラシアン・リヴァー・ヴァレー・シャルドネ
Rochioli Vineyards - Russian River Valley Chardonnay

エレガントで味わい深い、楽しめるワイン。

Monsieur Tom Rochioli
6192 Westside Road Heqldburg, CA 95 448
tel : (707) 431-7119 fax : (707) 433-2358

★ セコイア・グローヴ - シャルドネ・ラシアン・オーク
Sequoia Grove - Chardonnay Russian Oak

Monsieur James Allen
8338, St Helena Highway Napa, CA 94-558
tel : (707) 944-2945 fax : (707) 963-9411
www.sequoiagrove.com

★ セインツベリー（ソノマ・カウンティ・ロス・カーネロス・アヴァ）
セインツベリー・レゼルヴ・シャルドネ
Saintsbury (Sonoma County Los Carneros Ava)
Saintsbury Réserve Chardonnay

Monsieur Richard Ward

1500 Los Carneros Avenue Napa, CA 94 559
tel : (707) 252-0592 fax : (707) 252-0595
DrDick@saintsbury.com - www.saintsbury.com

★ シェーファー・ヴィンヤーズ
レッド・ショルダー・ランチ・シャルドネ
Shafer Vineyards
Red Shoulder Ranch Chardonnay

心地よい1本。

Monsieur John Shafer
6154 Silverado Trail Napa, CA 94 558
tel : (707) 944-2877 fax : (707) 944-9454
jshafer@shafervineyards.com - www.shafervineyards.com

★ シルヴァラード・ヴィンヤーズ - シャルドネ
Silverado Vineyards - Chardonnay

Monsieur Jack Bittner
6121 Silverado Trail Napa, CA 94558
tel : (707) 257-1770 fax : (707) 257-1538
www.silveradovineyards.com

★ スタッグス・リープ・ワイン・セラーズ・ベックストファー・シャルドネ
Stag's Leap Wine Cellars - Beckstoffer Chardonnay

「クリーミー」と表現してもいいくらいしっかりした飲みごたえ。こんがり焼けたトースト、ココナッツ、熟したパイナップル、そしてバナナフランベのカラメルのような多彩な香りと味わいで飲む人を魅了します。すばらしい！

Monsieur Warren Winiarski
5766 Silverado Trail Napa, CA 94558
tel : (707) 944-2020 fax : (707) 257-7501
diane@cask23.com/ - www.cask23.com

★ ヴァイン・クリフ - ≪シャルドネ≫
Vine Cliff – « Chardonnay »

7400 Silverado Trail Napa, CA 94558
tel : (707) 944 1364 fax : (707) 944 1252
vinecliff@pacbell.net - www.vinecliff.com

★ シャトー・ウォルトナー・ハウエル・マウンテン
Château Woltner – Howell Mountain

Woltner Françoise
150 White Cottage Road - South Angwin, CA 94508
tel : (707) 963 1744 fax : (707) 963 8135

LQCG キュヴェゾン・シャルドネ、ナパ・ヴァレー・カーネロス
Cuvaison - Chardonnay, Napa Valley Carneros

Schuppert Jay
4550 Silverado Trail - Calistoga, CA 94515
tel : (707) 942-6266 fax : (707) 942-5732
www.cuvaison.com

LQCG フィッシャー・ヴィンヤーズ - ≪シャルドネ≫
Fisher Vineyards – « Chardonnay »

6200 St. Helena Road - Santa Rosa, CA 95404
tel : (707) 539 7511 fax : (707) 539 3601

世界の白ワイン（アメリカ）

LQCG アーネスト＆ジュリオ・ガロ・ワイナリー
- ≪ラグナ・ランチ - ラシアン・リヴァー・ヴァレー≫
Ernest et Julio Gallo Winery
« Laguna Ranch – Russian River Valley »

絶妙のコストパフォーマンス。家族経営のぶどう園で作られるシャルドネワイン。

14, rue de la Ferme - 92100 Boulogne-Billancourt [France]
tel : 01 55 20 09 60 fax : 01 55 20 09 61
greg.mefford@ejgallo.com

LQCG ホワイトホール・レーン - ≪シャルドネ≫
Whitehall Lane – « Chardonnay »

1563 St Helena Hwy - St. Helena, CA 94574
tel : (707) 963 9454 fax : (707) 963 7035
whthal@aol.com

アメリカ／その他の白ワイン
Divers Blancs

★ ロキオリ・ヴィンヤーズ・ソーヴィニョン・ブラン≪リヴァー・ブロック≫
Rochioli Vineyards - Sauvignon Blanc « River Block »

Monsieur Tom Rochioli
6192 Westside Road Heqldburg, CA 95 448
tel : (707) 431-7119 fax : (707) 433-2358

LQCG ロキオリ・ヴィンヤーズ・ラシアン・リヴァー・ヴァレー・ソーヴィニョン・ブラン
Rochioli Vineyards - Russian River Valley - Sauvignon Blanc

Monsieur Tom Rochioli
6192 Westside Road Heqldburg, CA 95 448
tel : (707) 431-7119 fax : (707) 433-2358

イタリア
Italie

ヒュー・ジョンソン Hugh Johnson の『The World Atlas of Wine』は、フランスや世界のぶどう園の面積・詳細な地図など情報が満載されているので便利です。

★ カ・デル・ボスコ - ≪テッレ・ディ・フランチャコルタ≫
Ca' Del Bosco – « Terre di Franciacorta »

Via Case Sparse, 20 - 25030 - Erbusco (Brescia)
tel : 030 7766111 fax : 030 7268425

★ アンジェロ・ガヤ - アルテニ・ディ・ブラッシカ
（ランゲDOC、ソーヴィニョン・ブラン）
Angélo Gaja - Alteni di Brassica (Langhe DOC, Sauvignon Blanc)

実に偉大なソーヴィニョン・ブランで、これからも注意深く見守っていきたい銘柄です。見事な味の深さを備えたこのワインに、偉大なテロワールの持ち味が発揮されています。

Monsieur Angélo Gaja
Via Torino, 36/b I-12050 Barbaresco
tel : (01 73) 63 52 85 / 56 fax : (01 73) 63 52 85
willi.klinger@telering.at

ニュージーランド
Nouvelle-Zélande

ヒュー・ジョンソン Hugh Johnson の『The World Atlas of Wine』は、フランスや世界のぶどう園の面積・詳細な地図など情報が満載されているので便利です。

ニュージーランド／シャルドネ
Chardonnay Nouvelle-Zélande

★ **クメウ・リヴァー・ワインズ・マテズ・ヴィンヤード・シャルドネ**
Kumeu River Wines - Mate's Vineyard Chardonnay

Melba Brajkovich
550 SH 16 (PO Box 24) Kumeu
tel : 09-412 8415 fax : 09-412 7627
enquiries@kumeuriver.co.nz - www.kumeuriver.co.nz

★ **セイクリッド・ヒル・ワインズ・リーフルマンズ・ホークス・ベイ**
Sacred Hill Wines - Riflemans Hawkes Bay

Monsieur David Mason
1033 Dartmoor Rd (James Rochford Place, RD5, Hastings) Napier
tel : 06-879 8760 fax : 06-879 4158
enquiries@sacredhill.com

LQCG **ノイドルフ・ヴィンヤーズ・ネルソン・ムーティア・シャルドネ**
Neudorf Vineyards - Nelson Moutere Chardonnay

Madame Judy Finns
Neudorf road - upper moutere Nelson
tel : (03) 543 26 43 fax : (03) 543 29 55
neudorf@nelson.planet.org.nz / wine@neudorf.co.nz - www.neudorf.co.nz

LQCG **テ・マタ・エステート・ワイナリー・エルストン・シャルドネ**
Te Mata Estate Winery - Elston Chardonnay

Monsieur John Buck
Box 8335 Havelock north
tel : 64-6-877 4399 fax : 64-6-877 4397
john@temata.hb.co.nz - www.temata.hb.co.nz

ニュージーランド／その他の白ワイン
Divers Blancs

★★★ **ウィザー・ヒルズ・ヴィンヤード・マルボロ・ソーヴィニョン・ブラン**
Wither Hills Vineyard - Marlborough Sauvignon Blanc

世界で最も優れた白ワインのひとつ。ソーヴィニョン・ブランの持ち味が最高に引き出されています。

Monsieur John Marris
New Renwick Rd, RD2, Blenheim (58 Victoria Ave, Renuera)
Auckland
tel : 09-378 0857 fax : 09-378 0857
winery@witherhills.co.nz - www.witherhills.co.nz

★★ **パリサー・エステート・ワインズ・オブ・マーティンボロ**
・マルボロ・ソーヴィニョン・ブラン
Palliser Estate Wines of Martinborough
Marlborough Sauvignon Blanc

Monsieur Richard Riddiford
Kitchener St, (PO Box 110) Martinborough
tel : 06-306 9019 fax : 06-306 9946

palliser@palliser.co.nz - www.palliser.co.nz

★ クラウディ・ベイ・ヴィンヤーズ・LTD・ソーヴィニヨン・ブラン
Cloudy Bay Vineyards LTD - Sauvignon Blanc

Monsieur Kevin Judd
PO Box 376 Blenheim
tel : (03) 520 91 40 fax : (03) 520 90 40
info@cloudybay.co.nz - www.cloudybay.co.nz

★ キム・クローフォード・ワイン・≪ソーヴィニヨン≫
Kim Crawford Wines – « Sauvignon »

Monsieur Kim Crawford
Clifton Rd (RD 2) Hastings (Po Box 56-576, Dominion Rd)
Auckland
tel : 09-630 6263 fax : 09-630 6293
info@kimcrawfordwines.co.nz - www.kimcrawfordwines.co.nz

★ グローヴ・ミル・マルボロ・ソーヴィニヨン・ブラン
Grove Mill - Marlborough Sauvignon Blanc

Monsieur Richard Anyon
Waihopai Valley Rd (PO Box 67, Renwick) Marlborough
tel : 03-572 8200 fax : 03-572 8211
info@grovemill.co.nz

★ ヴァヴァスア・シングル・ヴィンヤード
Vavasour - Single Vineyard

Monsieur Glenn Thomas
PO Box 72 Seddon - Bleheim - Nouvelle-Zélande
tel : (03) 575 74 81 fax : (03) 575 72 40
anne@vavasour.com - www.vavasour.com

LQCG テ・マタ・エステート・ワイナリー・ケープ・クレスト・ソーヴィニヨン・ブラン
Te Mata Estate Winery - Cape Crest Sauvignon Blanc

Monsieur John Buck
Box 8335 Havelock north, New Zealand
tel : 64-6-877 4399 fax : 64-6-877 4397
john@temata.hb.co.nz - www.temata.hb.co.nz

≪ボルドー〔甘口〕≫　Bordeaux Liquoreux

ソーテルヌの銘醸ワイン
Grands Vins de Sauternes

　ソーテルヌの格付け方法はメドックの格付けとは異なり、特別1級（1）、1級（15）、2級（15）と3つのカテゴリーに分かれています（メドックでは5つ）。
　最近の気候条件は、ボトリティス・シネレア菌の生育にとって理想的であった90年代に遠く及びませんが、数多くのシャトーがすばらしい品質レベルを維持しています。今日ソーテルヌは、香りのスタイルこそ違いますがアルザスやロワールの貴腐果粒選り（SGN）ワインとの競争を強いられています。

★★★★
シャトー・ディケム（ソーテルヌ特別1級）
Château d'Yquem (Premier Cru Supérieur de Sauternes)

シャトー・ディケムは20世紀を通じてフランスワインを代表する名作を数多く提供してきた名高いシャトーです。その1900、21、29、37、43、45、47、49、55、59、67、75、83年物などはいつまでも人々の記憶に残ることでしょう。またそれらにはやや及ばないものの1928、62、70、71、76、82、86年物なども見事な出来栄えでした。しかし87年以降のワインに対しては失望を隠すことができません。91・94年物は可も不可もない出来、89・90年物は大きな進歩を見せたと宣伝されましたが、わたしたちにはそうは思えませんでした。ここでの4つ星は87年物以前についての評価です。ミレジムごとの獲得点数の推移をお知りになりたい方は、プレステージ試飲会≪銘醸甘口ワイン≫をご覧下さい。

Comte Alexandre de Lur Saluces - 33210 Sauternes
tel : 05 57 98 07 07 fax : 05 57 98 07 08

★★
シャトー・クリマン（ソーテルヌ1級（プルミエ・クリュ））
Château Climens (Premier Cru Classé de Sauternes)

1971年、リュシアン・リュルトンがACバルサックに属するこのぶどう園29haを購入しました。1992年からその娘ベレニスが経営しているこのシャトーは平均30,000本を生産しています。

Château Climens - 33720 Barsac
tel : 05 56 27 15 33 fax : 05 56 27 21 04

★
シャトー・クーテ（ソーテルヌ1級）
Château Coutet (Premier Cru Classé de Sauternes)

1855年に格付けされたプルミエ・クリュでバルサック村にあります。この地主は地続きの38.5haを所有しています。大半を占めるセミヨンとソーヴィニヨン・ブランはソーテルヌの伝統的な品種構成です。選果を繰り返しおこなう伝統的な摘み取り方法で、クーテにならないワインの一部は、≪ラ・シャルトルーズ・ド・クーテ La Chartreuse de Coutet≫という名前のセカンドワインとして販売されます。

Philippe et Dominique Baly
33720 Barsac
tel : 05 56 27 15 46 fax : 05 56 27 02 20
ChateauCoutet@aol.com

★
シャトー・ドワジー＝ダエーヌ（ソーテルヌ2級）
Château Doisy-Daëne (Deuxième Cru Classé de Sauternes)

デュブルデュー家が所有する15haのシャトー・ドワジーには、1855年格付け時の所有者ダエーヌ氏の名前が併せて冠されています。代表的なソーテルヌ、バルサック村でも最良のワインのひとつです。最新97年物を試飲してみたところ、当たり年だと聞

いて期待していたほど高いレベルではありませんでしたが、十分魅力的なワインでした。アペラシオンの中でまちがいなく価値が上昇している銘柄。

Monsieur Pierre Dubourdieu
Château Doisy-Daëne - 33720 Barsac
tel : 05 56 27 15 84 fax : 05 56 27 18 99

★ ### シャトー・ギロー（ソーテルヌ1級）
Château Guiraud (Premier Cru Classé de Sauternes)

118haと実に広いぶどう園で、そのうち110haで生産が行われています。シャトー・ディケムを除けばソーテルヌ村にある唯一のプルミエ・クリュで、区画が格付けされた時（1855年）の所有者の名前が今もなおワインに付いています。

Monsieur Xavier Planty
Sauternes - 33210 Langon
tel : 05 56 63 61 01

★ ### シャトー・リューセック（ソーテルヌ1級）
Château Rieussec (Premier Cru Classé de Sauternes)

ドメーヌ・バロン・ド・ロートシルトがオーナーのリューセックはシャトー・ディケムに隣接しています。ぶどう園はファルグ村とソーテルヌ村にあります。97年物はもっとレベルが高いものと期待していました（≪世界の甘口ワイン≫参照）。

Monsieur Charles Chevallier
Les Domaines Baron de Rothschild (Lafite) Fargues - 33210 Langon
tel : 05 57 98 14 14 fax : 05 57 98 14 10
www.lafite.com

★ ### シャトー・スュデュイロー（ソーテルヌ1級）
Château Suduiraut (Premier Cru Classé de Sauternes)

大部分がプレニャック村にあるぶどう園は88haの広さで、セミヨンが大きな割合を占めています。年によって大きく変わるあの有名な≪ボトリティス・シネレア菌≫の生育具合によって、このシャトーの生産量が決まります。セカンドワインであるカステルノー・ド・スュデュイローを作ることにより、精選された最良のぶどうをこのファーストワインに注ぎ込むことができます。ファーストワインを作らなかった年もありました（1991、92、93年）。97年は満足のゆくワインが本当に少なかったのですが、この銘柄は例外でした（試飲会≪甘口ワイン≫ 2000/2001参照）。ここ5年来、絶えまない進歩をみせてきた銘柄で、この調子が続けば2つ星を獲得するでしょう。

Châteaux & Associés - BP46 - 33250 Pauillac
tel : 05 56 63 61 92 fax : 05 56 63 61 93
infochato@chateaux.associes.com - www.chateausuduiraut.com

サント=クロワ=デュ=モン
Sainte-Croix-Du-Mont

ガロンヌ河の右岸にあるサント=クロワ=デュ=モンには、高級甘口ワインを作るのに適したテロワールがあります。セミヨン、ソーヴィニヨン・ブラン、ミュスカデルという品種の構成は、偉大なる隣人ソーテルヌと同じです。恵まれた年に最良の栽培者の手にかかれば、ソーテルヌの多くに優雅さでも凝縮度でも引けを取らないワインが作られるでしょう。

LQCG -100F
シャトー・デュ・モン・≪キュヴェ・ピエール≫
Château du Mont - « Cuvée Pierre »

この銘柄の99年物は試飲会≪世界の甘口ワイン≫で14/20点を獲得しています。65フランからの価格設定は魅力的。

Chouvac Paul & Fils
33410 Sainte-Croix-du-Mont
tel : 05 56 62 03 10 & 05 56 62 07 65 fax : 05 56 62 07 58

LQCG シャトー・デュ・モン・グランド・レゼルヴ
Château du Mont - Grande Réserve

サント=クロワ=デュ=モンのテロワールで、ポール・シュヴァクは丹精を込めて古いぶどうの手入れをしています（樹齢60年以上）。繰り返し選果されたぶどうがオーク樽でアルコール発酵と熟成を受けます。試飲した最新ミレジムは14.5/20点と高得点をマーク。

Chouvac Paul & Fils
33410 Sainte-Croix-du-Mont
tel : 05 56 62 03 10 & 05 56 62 07 65 fax : 05 56 62 07 58

≪南西部〔甘口〕≫　Sud-Ouest Liquoreux

ジュランソン、ソーシニャック、コート・ド・ベルジュラック、オー゠モンラヴェルには本当に素晴らしい品質を作り出せる生産者が何人もいます。ソーテルヌの全ての生産者がそうしたレベルに達してほしいものです。

ジュランソン
Jurançon

巻末の≪世界の甘口ワイン≫をご覧になれば一目瞭然ですが、ジュランソンのワインは世界のトップレベルを狙える位置にあります。長い間存続の危機がささやかれていましたが、幾人かの心あるワイン農家によって、辛口および甘口の白ワインが今も作り続けられています（甘口ワインはパスリヤージュ[1]で作られます。ジュランソンではボトリティス菌が発生しないため、貴腐製法は用いられません）。面積は680ha。ぶどうはプティ・マンサン種で、果皮が厚いため糖と酸が十分に凝縮されるのです。この酸っぱさが上質のジュランソンの特色で、このおかげで口当たりが重くなりません。

★★★ **ドメーヌ・コーアペ・カンテッサンス・デュ・プティ・マンサン**
Domaine Cauhapé - Quintessence du Petit Manseng

ジュランソン極上銘柄の定番。生産高を非常に低くセーブしているおかげで収穫時に濃縮度の高いぶどうが得られます。遅摘みの収穫は選果を繰り返し行います。パスリヤージュされたぶどうは、ぜいたくに新樽を使って昔ながらの醸造過程を経ることになります。

Monsieur Henri Ramonteu
64360 Monein
tel : 05 59 21 33 02　fax : 05 59 21 41 82

★ **ドメーヌ・コーアペ・ノブレス・デュ・プティ・マンサン**
Domaine Cauhapé - Noblesse du Petit Manseng

≪カンテッサンス≫と同じくジュランソンの名ドメーヌ、コーアペが作るプティ・マンサン銘柄。ジュランソンで主に使われている2品種のうち、プティ・マンサンの方が上級種で収穫量も多くありません。熟成は新樽で18ヶ月間。

Monsieur Henri Ramonteu
64360 Monein
tel : 05 59 21 33 02　fax : 05 59 21 41 82

★ **ラブーブル゠ラプラス・スュプレーム・ド・トゥー**
Lapouble-Laplace - Suprême de Thou

Henri Lapouble-Laplace
Chein Larredya - 64110 Jurançon
tel : 05 59 06 08 60　fax : 05 59 06 08 60

★ **クロ・カステ・エクスキーズ・セレクション・ド・グラン・ノーブル**
Clos Castet - Exquises - Sélection de Grands Nobles

Monsieur Lucien & Fils Labourdette
Cardesse - 64360 Monein
tel : 05 59 21 33 09　Fax : 05 59 21 28 22

〈訳注〉

1　Passerillage：収穫したぶどうをしばらく日干しして、果実の水分を蒸発させ糖分を凝縮させること

LQCG -100F

ドメーヌ・ボルドナーヴ・キュヴェ・サヴァン
Domaine Bordenave - Cuvée Savin

1676年以来続いている家族経営ドメーヌで、現在管理しているのはピエール・ボルドナーヴと娘のジゼルです。ジゼルはワイン醸造学の学位を取得し、93年から父親を手伝っています。丘の斜面にある8haのぶどう園。10月から11月にかけて選果を繰り返しながら収穫。この銘柄はステンレス製の醸造槽で発酵を受けた後、一部が新樽で熟成されます。

Domaine Pierre et Gisèle Bordenave
Quartier Ucha - 64360 Monein
tel : 05 59 21 34 83 fax : 05 59 21 37 32

モンバジヤック
Monbazillac

1950～80年代にかけて甘口ワイン作りがずいぶん低迷していましたが、最近では立ち直りつつあります。この低迷期のおかげで、もともと行われていた高級リキュールワイン生産とは別に、堅実な親しみやすい類のワイン生産も心がけられるようになりました。AOCモンバジヤックは2,100haの広さに達します。

★ ### ドメーヌ・ド・ランシエンヌ・キュール・キュヴェ・アベイ
Domaine de l'Ancienne Cure - Cuvée Abbaye

文句なしにモンバジヤックの代表作。ボトリティスが付着したぶどうを、さらにパスリヤージュさせて使います。赤・白（辛口）・甘口を生産しているドメーヌ全体の面積は35haで、甘口用はそのうちの15haです。クリスティアン・ロッシュの作るワインは丹誠込めて精選されたものばかりです。

Monsieur Christian Roche
24560 Colombier
tel : 05 53 58 27 90 fax : 05 53 24 83 95

★ ### シャトー・オー・ベルナッス　Château Haut Bernasse

24240 Monbazillac
tel : 05 53 58 36 22 fax : 05 53 61 26 40

ソーシニャック
Saussignac

お隣のモンバジヤックによってフランス南西部の甘口ワインは有名になりましたが、それで自動的にソーシニャックの地位が向上するということはありませんでした。それでも同時に生産しているベルジュラック（赤・白）のおかげで経済的には安定しているので、意欲的な生産者なら多少の冒険覚悟で高級甘口ワインの生産に取り組める環境にあります。ボトリティスを取り扱うのはたいへん神経を使う仕事です。高級甘口ワインの生産に欠かせない本物のボトリティス菌（の起こす貴腐変化）を得るには、そのぶどうの実を台無しにしてしまうリスクをおかさなければならないからです。

ソーシニャックがAOCに認定されたのはようやく1982年になってからです。当地の甘口ワイン［ムワルー］は潜在アルコール度数が15度を超えると規定外とされてますが、摘み取り時に既に15度を超えていたことが確認されていれば、つまり天然成分のみの使用と分かれば、それも認められることになっています。この巧みな例外規定のおかげで、栽培者たちが補糖[1]に頼ることは全くなくなりました。いずれソーシニャックのファンが増えるのではないでしょうか。

〈訳注〉
1　P.285の注を参照。

LQCG クロ・ディヴィーニュ・ヴァンダンジュ・タルディヴ
Clos d'Yvigne - Vendanges Tardives

過去3回のミレジムが残した成績を見ると、特に99年物が見事でした（15/20点）。堂々のセレクション入りです。

Madame Patricia Atkinson
Le Bourg - 24240 Gageac-Rouillac
tel : 05 53 22 94 40 fax : 05 53 23 47 67

LQCG シャトー・グリヌー・レゼルヴ　**Château Grinou - Réserve**

98年物がすばらしいです。

Monsieur et Madame Guy et Catherine Cuisset
Château Grinou - 24240 Monestier
tel : 05 53 58 46 63 tel : 05 53 61 05 66

LQCG シャトー・レ・ミオドゥー　**Château Les Miaudoux**

Nathalie et Gérard Cuisset
24240 Saussignac
tel : 05 53 27 92 31 fax : 05 53 27 96 60

LQCG シャトー・リシャール・クゥ・ド・クール　**Château Richard - Coup de Cœur**

Monsieur Richard Doughty
La Croix Blanche - 24240 Monestier
tel : 05 53 58 49 13 fax : 05 53 61 17 28
richato@club-internet.fr

LQCG -100F シャトー・トゥルマンティーヌ・≪シュマン・ヌフ≫
Château Tourmentine - « Chemin Neuf »

ソーシニャックAOC組合長のユレ氏は、ソーシニャックの高級甘口ワインの精華を世に示す必要性を長い間感じていました。このシャトーでは他に赤と辛口白を作っているため経営が安定しており、そのおかげでリスクを伴いがちなボトリティス菌を使った貴腐ワイン作りに乗り出すことができました。2、3回選果しながらの収穫で、木樽で寝かせます。この銘柄の複雑なアロマには驚かされます。

Monsieur Jean-Marie Huré
Monestier - 24240 Sigoules
tel : 05 53 58 41 41 fax : 05 53 63 40 52

コート・ド・ベルジュラック〔ムワルー（やや甘口）〕
Côtes de Bergerac Moelleux

「質より量」が浸透しているため、ベルジュラックでは優れた生産者は一握りしかいません。しかし品質の向上を目指している生産者も増えてきているので、これからが期待される地区だと言えます。

★ GAEC・フルトゥ＆フィス・グラン・ヴァン・≪レ・ヴェルド≫
Gaec Fourtout & Fils - Grand Vin - « les Verdots »

赤、白、そしてこの甘口〔ムワルー〕銘柄を生産している意欲的な農家です。

Monsieur David Fourtout
Vignoble des Verdots - 24560 Conne de Labarde
tel : 05 53 58 34 31 fax : 05 53 57 82 00
fourtout@terre-net.fr

オー=モンラヴェル
Haut-Montravel

　南西部リコルーの一翼を担うオー=モンラヴェルでは、セミヨン、ソーヴィニヨン、ミュスカデルなどが使われ、残留糖度8〜54gとなっています。AOC認可の上限（50hl/ha）をはるかに下回る少ない生産量。優れたリコルーの中から厳選した1銘柄はオー=モンラヴェルの評価を高めたワインです。

LQCG　**シャトー・ピュイ=セルヴァン・テールマン　Château Puy-Servain Terrement**

ダニエル・エケは、赤・白・甘口3つのカテゴリーで選ばれている数少ない栽培家のひとりです。ボトリティスを付着させた100%セミヨンを使い、木樽で10ヶ月熟成させます。収穫はもちろん手作業、選果はミレジムによりますが2〜4回行います。

Monsieur Daniel Hecquet
Lieu dit « Calabre » - 33220 Port-Sainte-Foy-et-Ponchapt
tel : 05 53 24 77 27 fax : 05 53 58 37 43
oenovix.puyservain@wanadoo.fr

≪ロワール〔甘口〕≫ Loire Liquoreux

アンジュー地方は一時期ワイン生産が不振でしたが、コトー・デュ・レイヨンやカール・ド・ショームの秀作のおかげでかつての栄光を取り戻そうとしています。隣のトゥーレーヌ地方はまだこれほどうまくいっていません。甘口ワインでの補糖を自主的にやめたことに前向きな意欲が窺われます。

コトー・デュ・レイヨン
Coteaux du Layon

ロワール地方は1990年から高級甘口ワインを作り出せる環境を再び整えてきました。品質と価格のバランスのとれたワインと、高級SGNワインを作る栽培家が着実に増えています（全体の10％程度）。ラブレー、ロシュフォール、ショーム[1]などもともと評判の高い生産地区は多いですが、それ以上にいろいろな基準で何度もぶどうの選別を行ったり、最終的な味のバランス調整に手間をかけたりするのが良いワインを作るポイントとなっています。

90年代初頭、ロワール銘柄の復興をもてはやしたメディアの多くはいくつかの極小生産ワインを宣伝したものでしたが、そうしたワインには現在法外な値段がついています。わたしたちはむしろそれぞれの栽培者について、生産物全体、収穫物の品質、特にボトリティス菌の有無、各銘柄間のバランスの追求などの点を考慮しています。

★★ **ドメーヌ・ヴァンサン・オジュロー・サン＝ランベール≪クロ・デ・ボンヌ・ブランシュ≫**
Domaine Vincent Ogereau - Saint-Lambert « Clos des Bonnes Blanches »

ヴァンサン・オジュローのワインは常にメディア受けするものではありませんが、それは彼がただ甘ったるいだけの粗野なワインを作らずバランスの良いワイン作りを心がけていることの証拠です。レイヨンで最高の部類に数えられる銘柄。500ccボトルで160フランです。

Monsieur Vincent Ogereau
44, rue de la Belle Angevine - 49750 Saint-Lambert-du-Lattay
tel : 02 41 78 30 53 fax : 02 41 78 43 55

★ **ドメーヌ・バンシュロー・ショーム≪プリヴィレージュ≫**
Domaine Banchereau - Chaume « Privilège »

Monsieur Marc Banchereau
62, rue du Canal de Monsieur - 49190 Saint-Aubin de Luigné
tel : 02 41 78 33 24 fax : 02 41 78 66 58
dombanchereau@aol.com

★ **ドメーヌ・グロッセ・セルジュ・ショーム   Domaine Grosset Serge - Chaume**

-100F

Domaine Serge Grosset
60, rue René Gasnier - 49190 Rochefort-sur-Loire
tel : 02 41 78 78 67 fax : 02 41 78 79 79

★ **ドメーヌ・グロッセ・セルジュ - ロシュフォール≪キュヴェ・アカシア≫**
Domaine Grosset Serge - Rochefort « Cuvée Acacia »

Domaine Serge Grosset
60, rue René Gasnier - 49190 Rochefort-sur-Loire
tel : 02 41 78 78 67 fax : 02 41 78 79 79

〈訳注〉
1　Rablay, Rochefort, Chaume

★ ドメーヌ・ジョー・ピトン・ボーリュー・クロ・デ・ゾルティニエール
Domaine Jo Pithon - Beaulieu Clos des Ortinières

コトー・デュ・レイヨンで最高レベルにあるドメーヌのひとつです。90年代初頭にワイン愛好家の絶賛を受けました。ミレジム97年からは有機栽培を取り入れています。

Monsieur Jo Pithon
Les Bergères - 49750 Saint-Lambert-du-Lattay
tel : 02 41 78 40 91 fax : 02 41 78 46 37
jopithon@terre-net.com

LQCG -100F ドメーヌ・バンシュロー・ショーム　Domaine Banchereau - Chaume

Monsieur Marc Banchereau
62, rue du Canal de Monsieur - 49190 Saint-Aubin de Luigné
tel : 02 41 78 33 24 fax : 02 41 78 66 58
dombanchereau@aol.com

LQCG -100F ドメーヌ・バンシュロー・サン=トーバン・ヴィエイユ・ヴィーニュ
Domaine Banchereau - Saint-Aubin Vieilles Vignes

Monsieur Marc Banchereau
62, rue du Canal de Monsieur - 49190 Saint-Aubin de Luigné
tel : 02 41 78 33 24 fax : 02 41 78 66 58
dombanchereau@aol.com

LQCG ドメーヌ・ド・ラ・ベルジュリー・キュヴェ・フラグランス
Domaine de la Bergerie - Cuvée Fragrance

Monsieur Yves Guégniard
"La Bergerie" - 49380 Champ-sur-Layon
tel : 02 41 78 85 43 fax : 02 41 78 60 13

LQCG -100F ドメーヌ・キャディ・ショーム　Domaine Cady - Chaume

≪ショーム≫はドメーヌ・キャディが作る甘口銘柄のひとつ。3つの区画で作られています（グランド・ウーシュ Grande Ouche、レ・ゾニス Les Onnis、レ・ゼサン Les Essins）。SGNワインほど濃縮度が高くありませんが、品質と価格のバランスが実に良くとれています。純粋で安定感のあるレイヨン・ワインがお好きな方に。

Monsieur Philippe Cady
Valette - 49190 Saint-Aubin de Luigné
tel : 02 41 78 33 69 fax : 02 41 78 67 79

LQCG シャトー・デュ・ブルーユ・ボーリュー・キュヴェ≪オランティウム≫
Château du Breuil - Beaulieu Cuvée « Orantium »

マルクとエリック・モルガはリコルーの甘みを凝縮させる努力を怠っていませんし、もちろん逆に過度に甘すぎるワインを避ける配慮も忘れていません。レイヨン地区の優秀な栽培家。オランティウムはこのドメーヌの花形ワインで優良ミレジムのみに醸造されます。98年物はありません。

Monsieur Marc Morgat - 49750 Beaulieu-sur-Layon
tel : 02 41 78 32 54 fax : 02 41 78 30 03
eric.morgat@wanadoo.fr

LQCG -100F ドメーヌ・ピエール・ショーヴァン・≪ラブレー≫・SGN
Domaine Pierre Chauvin - « Rablay » SGN

97年物には良い意味でたいへん驚かされました。メディアでまだそれほど取り上げられていないこと、すでに飽和状態だった甘口レイヨン市場に参入したのが遅かったことなどから価格はそれほど高くありません。良心的なワイン農家で、98年には高級銘柄にラベルを貼りませんでした。

Messieurs Chauvin Paul-Eric - Philippe Cesbron
45, Grande rue - 49750 Rablay-sur-Layon
tel : 02 41 78 32 76 fax : 02 41 78 22 55
domaine.pierrechauvin@wanadoo.fr

ロワール（甘口）

LQCG	**ドメーヌ・デ・フォルジュ・ショーム・セレクション・ド・グラン・ノーブル** **Domaine des Forges - Chaume Sélection de Grains Nobles**

リコルーのスペシャリストとして有名なドメーヌ。今回、97年物の再試飲は行っていません。

Vignoble Branchereau - Route de la Haie-Longue
49190 Saint-Aubin de Luigné
tel : 02 41 78 33 56　fax : 02 41 78 67 51

LQCG **-100F**	**ドメーヌ・グロッセ・セルジュ・ロシュフォール・モット=ボリー** **Domaine Grosset Serge - Rochefort Motte-Bory**

Domaine Serge Grosset
60, rue René Gasnier - 49190 Rochefort-sur-Loire
tel : 02 41 78 78 67　fax : 02 41 78 79 79

LQCG **-100F**	**シャトー・デ・ノワイエ・レゼルヴ・ヴィエイユ・ヴィーニュ** **Château des Noyers - Réserve Vieilles Vignes**

レイヨン・ワインで昨年初めてセレクトされた新人です。97年物で成功をおさめ（16.5/20点）、ぶどうの出来が芳しくなかったミレジム98年にもハイレベルの精選により申し分のない出来でした。今後も期待されます。ミレジムごとに適正な価格を設定しています。

Elisabeth et Jean-Paul Besnard
Les Noyers - 49540 Martigné-le-Briand
tel : 02 41 54 03 71　fax : 02 41 54 27 63

LQCG	**ドメーヌ・デ・サブロネット・≪レ・ゼラブル≫・SGN** **Domaine des Sablonnettes - « Les Erables » SGN**

クリスティーヌとジョエルのメナール夫妻はメディアでそれほど頻繁に取り上げられる栽培家ではありませんが、残留糖分と酸味のバランスがとれた優雅なワインをコンスタントに作っています。99年物以降、銘柄の再編成を反映して新銘柄あるいは新ブレンドが登場するのは十分承知の上で、このSGNワインのみをセレクトしました。このような銘柄・ブレンドの変更があるにせよ、銘柄の〔時間的な〕適法性を考えるとこのセレクションに≪レ・ゼラブル≫以外のワインを載せることはできません。これら99年物の試飲は、最終的な瓶詰め後の2001年末になりそうです。更なる品質の追求のため、メナール夫妻はビオディナミー採用の方向に進みました。97年物はすばらしいものでした（巻末の≪世界の甘口ワイン≫参照）。

Joël et Christine Ménard
Lieu-dit L'Espérance - 49750 Rablay-sur-Layon
tel : 02 41 78 40 49　fax : 02 41 78 61 15

ボンヌゾー
Bonnezeaux

　レイヨン川流域にあるボンヌゾーは1951年にAOCと認定されています。早くからアペラシオン指定を受けただけあって今なお評判は高いのですが、ブラインドテストをするとがっかりすることがよくあります。土地自体は悪くないのですが、レイヨン川流域〔の他の地域〕が甘口ワインに目覚めたことを反映して、畑の管理や選果されたぶどうの品質などのレベルが相対的に下がってしまいました。ボンヌゾーは過去の栄光にとらわれすぎていると言わざるをえません。シャトー・ド・フェール Fesles の47・64・70・75年物は今なお並ぶものがない傑作なのですが。
　いずれにせよここにセレクトされている生産者たちは、上記の現状から外れた数少ない例外といえるでしょう。

★ **ドメーヌ・レ・グランド・ヴィーニュ・ノーブル・セレクション**
Domaine Les Grandes Vignes - Noble Sélection

AOCラベルだけで満足する生産農家が多い中、このドメーヌは銘醸リコルーを作るためにいろいろな工夫をしています。つまり、控え目な生産量(97年は5.5hl/ha)、強い日差しに充分さらしたぶどうを手摘みで収穫、バリックでの発酵と熟成などです。また、銘柄の安定感も重視されています(残留糖分：97年物137g/l、98年物142g/l)。96年物140フラン、97年物137フラン。

GAEC Vaillant - La Roche Aubry - 49380 Thouarcé
tel : 02 41 54 05 06 fax : 02 41 54 08 21

★ **-100F** **ドメーヌ・デ・プティ・カール -《ル・マラベ》**
Domaine des Petits Quarts - « Le Malabé »

テロワール名ル・マラベが銘柄になっています。地表面に粘土層が混じる結晶片岩の土壌で、ぶどうの樹齢は60年以上です。

Monsieur Jean-Pascal Godineau
Domaine des Petits Quarts - 49380 Faye-d'Anjou
tel : 02 41 54 03 00 fax : 02 41 54 25 36

★ **-100F** **ドメーヌ・デ・プティ・カール - レ・メルレッス**
Domaine des Petits Quarts - Les Melleresses

レ・メルレッスは丘の中腹、真南向きの急斜面にあり、傾斜度がかなり高いテロワールです(最高37%)。ゴディノー家は5代にわたって当地を管理しており、ぶどうの樹齢は50年以上。とてもおいしいボンヌヴー。この品質で1本100フラン以下とお値打ちです。

Monsieur Jean-Pascal Godineau
Domaine des Petits Quarts - 49380 Faye-d'Anjou
tel : 02 41 54 03 00 fax : 02 41 54 25 36

★ **ドメーヌ・ルネ・ルヌー・キュヴェ・ゼニット**
Domaine René Renou - Cuvée Zénith

すばらしいワイン。

Monsieur René Renou
Place du Champ-de-Foire - 49380 Thouarcé
tel : 02 41 54 11 33 fax : 02 41 54 11 34

★ **ドメーヌ・ド・ラ・サンソニエール - コトー・デュ・ウエ**
Domaine de la Sansonnière - Coteau du Houet

著名な栽培家マルク・アンジェリが経営しています。型破りな言動が多くやや挑戦的な性格の彼ですが本物のリコルーを追い求めています。テロワール自体は平凡。

Monsieur Mark Angéli - 49380 Thouarcé
tel : 02 41 54 08 08 fax : 02 41 54 08 08

カール・ド・ショーム
Quarts de Chaume

ロワール河流域、誰もが認める甘口ワイン名産地。

★ **ドメーヌ・ド・ラ・ベルジュリー   Domaine de la Bergerie**

Monsieur Yves Guégniard - "La Bergerie" - 49380 Champ-sur-Layon
tel : 02 41 78 85 43 fax : 02 41 78 60 13

★ **ドメーヌ・ド・レシャルドリー・ヴィニョーブル・ラフルカード・クロ・パラディ**
Domaine de l'Écharderie - Vignobles Laffourcade - Clos Paradis

Monsieur Pascal Laffourcade - 49190 Rochefort-sur-Loire
tel : 02 41 54 16 54 fax : 02 41 54 00 10

ロワール（甘口）

★ **シャトー・ド・スュロンド　Château de Suronde**

ACカール・ド・ショーム(41ha)はロシュフォール=スュル=レイヨン村にあり、このシャトーはそのうちの6haを所有しています。かつてこの地域を領有していたゲルシュ家 Guerche 代々の当主は「最良の作物の4分の1 quart を税として差し出すこと」といろお触れを出していました。ここから現在の≪カール・ド・ショーム〔ショームの4分の1〕≫という名が生まれたとされています。

Monsieur Francis Poirel - 49190 Rochefort-sur-Loire
tel : 02 41 78 66 37 fax : 02 41 78 68 90
francis.poirel.chateau.de.suronde@libertysurf.com

ヴーヴレー
Vouvray

　シュナン・ブラン種から作られるヴーヴレー・ワインは醸造法によって辛口、やや辛口、甘口またはスパークリングワインにもなります。しかしアペラシオン・ヴーヴレーの評判を支えているのは、中でもやはり高級甘口ワインです。ロワール甘口名産地全体で比べても収穫時に選ばれたぶどうの品質や、伝統的な味わいのバランス（アルコール度・酸味・糖度）などはたいへん高く評価されています。ただアペラシオン・ヴーヴレー全体のレベルは期待外れで、その名声に見合う逸品はごくわずかです。

≪アルザス〔甘口〕≫　Alsace Liquoreux

　アルザスで作られる上級ワインはヴァンダンジュ・タルディヴ（VT）とセレクション・ド・グラン・ノーブル（SGN）の2種類に大別されます。いずれも甘みを増すための補糖は禁じられています。この2つの品質保証表示のいずれを得るためにも、ぶどうの品種を単一に限り、収穫は手摘みでなされ、ある一定の糖度を自然に持っており、収穫の前にINAOに報告しなければならないなどさまざまな規制があります。ここまでの基準をクリアして、ようやく実際に味を評価する段階に入ります。

　アルザスでVTまたはSGNの表示を得るための条件はAC法で規定されていて、搾汁の段階で想定される糖度(g/l)やアルコール度数で表示されます。

ゲヴュルツトラミネール・VT
Gewürztraminer VT

　作柄の良い年には、VT（残留糖分243g/l以上）あるいはSGN（279g以上）のゲヴュルツトラミネール・ワインが作られます。貴腐によって得られるSGNレベルの濃度をもって初めてゲヴュルツトラミネールのエレガントな味が生きてきます。

★★★　**クロ・デ・カピュサン・ドメーヌ・ヴァインバック・GC・フルステントゥム**
Clos des Capucins - Domaine Weinbach - GC Furstentum

Colette Et Filles Faller
Clos des Capucins - 68240 Kaysersberg
tel : 03 89 47 13 21　fax : 03 89 47 38 18

★★　**クロ・サン・ランドラン・ルネ・ミュレ・GC・ヴォルブール・VT**
Clos Saint Landelin - René Muré - GC Vorbourg VT

この畑は6世紀にはストラスブール司教区の領地で、8世紀になってからサン・ランドラン修道院に寄贈されました。そして1935年、ミュレ家がこのぶどう園を買い取ることになります。石灰質砂岩の上に粘土性石灰質の層が重なった土地で、生産量をうまくコントロールしさえすれば目を見張るほどすばらしいワインが得られます。98年の生産量は（アルザスの平均をかなり下回る）45hl/ha。98年物の表示によれば、現アルコール度12.5％、糖度70g/lです。

Monsieur René Muré
Route du Vin - 68250 Rouffach
tel : 03 89 78 58 00　fax : 03 89 78 58 01
rene@mure.com - www.mure.com

★★　**クロ・デ・カピュサン・ドメーヌ・ヴァインバック**
Clos des Capucins - Domaine Weinbach

Colette Et Filles Faller
Clos des Capucins - 68240 Kaysersberg
tel : 03 89 47 13 21　fax : 03 89 47 38 18

★★　**ドメーヌ・ズィント＝ユンブレヒト・ハイムブール・ド・テュルクハイム（非格付）**
Domaine Zind-Humbrecht - Heimbourg de Turckheim (lieu-dit)

30〜50％と傾斜が強い小さな丘にあるテロワールで、斜面の高い部分ではピノ・グリ、低い部分ではゲヴュルツトラミネールが栽培されています。この地で作られるワインは芳醇で驕奢な味わいをもつことが多く、ドメーヌがVT指定を要求する場合もあります（この銘柄の98年物がそのケースです）。

Messieurs Léonard et Olivier Humbrecht
4, route de Colmar - BP22 - 68230 Turckheim
tel : 03 89 27 02 05　fax : 03 89 27 22 58

★ **メゾン・ヒューゲル　Maison Hugel**

スポーレン（グラン・クリュ）にある数区画。

Monsieur Etienne Hugel - 68340 Riquewihr
tel : 03 89 47 92 15　fax : 03 89 49 00 10
info@hugel.com - www.hugel.com

リースリング・VT
Riesling VT

作柄の良い年には、VT（残留糖分220g/l以上）あるいはSGN（256g/l以上）のリースリング・ワインが作られます。

★★★ **ドメーヌ・マルセル・ダイス - GC・ショネンブール・VT**
Domaine Marcel Deiss - GC Schoenenbourg VT

Domaine Marcel Deiss - 15, route du Vin - 68750 Bergheim
tel : 03 89 73 63 37　fax : 03 89 73 32 67

★★★ **ドメーヌ・マルセル・ダイス - GC・アルテンベルク**
Domaine Marcel Deiss - GC Altenberg

Domaine Marcel Deiss - 15, route du Vin - 68750 Bergheim
tel : 03 89 73 63 37　fax : 03 89 73 32 67

★★ **クロ・デ・カピュサン・ドメーヌ・ヴァインバック・GC・シュロスベルク**
Clos des Capucins - Domaine Weinbach - GC Schlossberg

Colette Et Filles Faller - Clos des Capucins - 68240 Kaysersberg
tel : 03 89 47 13 21　fax : 03 89 47 38 18

ミュスカ・VT
Muscat VT

このアルザスの高貴な品種は遅摘み（VT）のレベルまで凝縮させると、たいへん興味深いワインが作られるケースが多いです。

★ **クロ・サン・ランドラン - ルネ・ミュレ - GC・ヴォルブール・VT**
Clos Saint Landelin - René Muré - GC Vorbourg VT

たいへん地質が良く、見事にVTとして醸造されるケースがよくあります（97, 98年など）。

Monsieur René Muré - Route du Vin - 68250 Rouffach
tel : 03 89 78 58 00　fax : 03 89 78 58 01
rene@mure.com - www.mure.com

トカイ・ピノ=グリ・VT
Tokay Pinot-Gris VT

テロワールによって持ち味が最高に引き出された場合、この品種の遅摘み（VT）は実に興味深いです。

★★ **クロ・デ・カピュサン・ドメーヌ・ヴァインバック・クロ・デ・カピュサン・VT**
Clos des Capucins - Domaine Weinbach - Clos des Capucins VT

Colette Et Filles Faller
Clos des Capucins - 68240 Kaysersberg
tel : 03 89 47 13 21　fax : 03 89 47 38 18

アルザス〔甘口〕

★ **ドメーヌ・バルメス=ビュシェ・ローゼンベルク・VT**
Domaine Barmès-Buecher - Rosenberg VT

毎年たいへんレベルの高いVTワインを生産しています。フランソワ・バルメスの栽培技術は他の模範となるでしょう。

Monsieur François Barmès
30-23, rue Sainte-Gertrude - 68920 Wettolsheim
tel : 03 89 80 62 92 & 03 89 80 61 82 fax : 03 89 79 30 80
barmes-buecher@terre-net.fr

★ **ドメーヌ・ズィント=ユンブレヒト・クロ・ジェブサル・VT（非格付）**
Domaine Zind-Humbrecht - Clos Jebsal VT (lieu-dit)

1983年にドメーヌ・ズィント=ユンブレヒトが買い取った土地で、局地的にとても暖かいのが特徴です。ブラント山に北風を遮られているのも相まって、ぶどうは早熟です。83年、このグラン・クリュ畑にぶどうを植え替え、89年からは毎年VTおよびSGNワインを生産しています。

Messieurs Léonard et Olivier Humbrecht
4, route de Colmar - BP22 - 68230 Turckheim
tel : 03 89 27 02 05 fax : 03 89 27 22 58

ゲヴュルツトラミネール・SGN
Gewürztraminer SGN

貴腐によって得られるSGNレベルの濃度をもって初めてゲヴュルツトラミネールのエレガントな味が生きてきます。中にはボトリティスの風味が足りないと言って、SGN認定の資格があると思われるのにその申請をしないでVTのままとする経営者もいます。

★★★★ **ドメーヌ・マルセル・ダイス・GC・アルテンベルク・ド・ベルクハイム**
Domaine Marcel Deiss - GC Altenberg de Bergheim

Domaine Marcel Deiss
15, route du Vin - 68750 Bergheim
tel : 03 89 73 63 37 fax : 03 89 73 32 67

★★★★ **クロ・デ・カピュサン・ドメーヌ・ヴァインバック・カンテッサンス ≪アルテンブール≫キュヴェ・オール**
Clos des Capucins - Domaine Weinbach - Quintessence "Altenbourg" Cuvée Or

Colette Et Filles Faller
Clos des Capucins - 68240 Kaysersberg
tel : 03 89 47 13 21 fax : 03 89 47 38 18

★★★★ **クロ・デ・カピュサン・ドメーヌ・ヴァインバック**
Clos des Capucins - Domaine Weinbach

Colette Et Filles Faller
Clos des Capucins - 68240 Kaysersberg
tel : 03 89 47 13 21 fax : 03 89 47 38 18

★★★★ **クロ・デ・カピュサン・ドメーヌ・ヴァインバック・GC・フルステントゥム**
Clos des Capucins - Domaine Weinbach - GC Furstentum

94・96・98年に生産されました。いずれも見事な出来でした。

Colette Et Filles Faller
Clos des Capucins - 68240 Kaysersberg
tel : 03 89 47 13 21 fax : 03 89 47 38 18

★★★ **メゾン・ヒューゲル　Maison Hugel**

スポーレン（グラン・クリュ）にある数区画。

Monsieur Etienne Hugel - 68340 Riquewihr

tel : 03 89 47 92 15 fax : 03 89 49 00 10
info@hugel.com - www.hugel.com

★★★ ドメーヌ・ズィント=コンブレヒト - GC・ル・クロ・サン・テュルバン・オー・ランゲン・ド・タン
Domaine Zind-Humbrecht - GC Le Clos Saint Urbain au Rangen de Thann

1977年にこのドメーヌが買い取った畑です。ル・ランゲン・ド・タンはアルザス地方の最南部にあるぶどう園で、すでに12世紀頃にはその名前が登場しています。入手しやすさはあいかわらずです。ゲヴュルツトラミネールが栽培されている面積はわずか0.4haです。スパイシーかつ調和のとれた深い味わいのVTあるいはSGNワインが毎年安定して生産されています。

Messieurs Léonard et Olivier Humbrecht
4, route de Colmar - BP22 - 68230 Turckheim
tel : 03 89 27 02 05 fax : 03 89 27 22 58

ミュスカ・SGN
Muscat SGN

作柄の良い年には、VT（残留糖分220g/l以上）やSGN（256g/l以上）のミュスカ・ワインが作られます。ミュスカのSGNは珍しく、この品種はアルザス全体で3%の面積を占めるに過ぎません。香りはなかなかなのに厚みに欠けがちなミュスカでも、SGNならば独特のたいへん興味深い味が楽しめます。

リースリング・SGN
Riesling SGN

作柄の良い年には、VT（残留糖分220g/l以上）やSGN（256g/l以上）のリースリング・ワインが作られます。アルザスのグラン・クリュ全体で、リースリングの栽培面積は40%以上。SGNの認定を受けるには、15.1%以上の天然アルコール成分を含む必要があります。おいしいリースリングが作られるのはまさにボトリティスのおかげであり、優秀な栽培家がその貴腐作用を追求しています。

★★★★ ドメーヌ・マルセル・ダイス - GC・アルテンベルク・ド・ベルクハイム
Domaine Marcel Deiss - GC Altenberg de Bergheim

Domaine Marcel Deiss
15, route du Vin - 68750 Bergheim
tel : 03 89 73 63 37 fax : 03 89 73 32 67

★★★★ ドメーヌ・マルセル・ダイス - GC・ショネンブール
Domaine Marcel Deiss - GC Schoenenbourg

Domaine Marcel Deiss
15, route du Vin - 68750 Bergheim
tel : 03 89 73 63 37 fax : 03 89 73 32 67

★★★★ クロ・デ・カピュサン・ドメーヌ・ヴァインバック・≪カンテッサンス≫
Clos des Capucins
Domaine Weinbach - « Quintessence »

Colette Et Filles Faller
Clos des Capucins - 68240 Kaysersberg
tel : 03 89 47 13 21 fax : 03 89 47 38 18

★★★★ **ドメーヌ・ズィント=ユンブレヒト・GC・ル・クロ・サン・テュルバン・オー・ランゲン・ド・タン**
Domaine Zind-Humbrecht - GC Le Clos Saint Urbain au Rangen de Thann

特に98年は豊作で、優れたSGNを醸造できました。

Messieurs Léonard et Olivier Humbrecht
4, route de Colmar - BP22 - 68230 Turckheim
tel : 03 89 27 02 05 fax : 03 89 27 22 58

★★★ **メゾン・ヒューゲル　Maison Hugel**

ショネンブール（グラン・クリュ）にある区画です。

Monsieur Etienne Hugel
68340 Riquewihr
tel : 03 89 47 92 15 fax : 03 89 49 00 10
info@hugel.com - www.hugel.com

トカイ・ピノ=グリ・SGN
Tokay Pinot-Gris SGN

1969年に比べてトカイ・ピノ=グリの栽培面積は倍増しました。おそらくSGN銘柄全体が増えていることと無関係ではないでしょう。この品種は成長が早いだけでなく、本物のSGNの証しといえるボトリティスによる貴腐濃縮にもとてもマッチしています。

★★★★ **クロ・デ・カピュサン・ドメーヌ・ヴァインバック**
Clos des Capucins - Domaine Weinbach

すばらしい95年物、エレガントな96年物、華麗な98年物。

Colette Et Filles Faller
Clos des Capucins - 68240 Kaysersberg
tel : 03 89 47 13 21 fax : 03 89 47 38 18

★★★★ **クロ・デ・カピュサン・ドメーヌ・ヴァインバック・≪カンテッサンス≫・ド・グラン・ノーブル・キュヴェ・デュ・サントネール**
Clos des Capucins - Domaine Weinbach - « Quintessence » de Grands Nobles - Cuvée du Centenaire

Colette Et Filles Faller
Clos des Capucins - 68240 Kaysersberg
tel : 03 89 47 13 21 fax : 03 89 47 38 18

★★★ **ドメーヌ・マルセル・ダイス・GC・アルテンベルク・ド・ベルクハイム**
Domaine Marcel Deiss - GC Altenberg de Bergheim

Domaine Marcel Deiss - 15, route du Vin - 68750 Bergheim
tel : 03 89 73 63 37 fax : 03 89 73 32 67

★★★ **メゾン・ヒューゲル　Maison Hugel**

ピノ=グリの区画はスポーレン（グラン・クリュ）およびプフロスティグ（非格付）にあります。

Monsieur Etienne Hugel - 68340 Riquewihr
tel : 03 89 47 92 15 fax : 03 89 49 00 10
info@hugel.com - www.hugel.com

★★★ **ドメーヌ・アルベール・マン・GC・アルテンブール・SGN**
Domaine Albert Mann - GC Altenbourg SGN

Maurice et Jacky Barthelme
13, rue du Château - 68920 Wettolsheim
tel : 03 89 80 62 00 fax : 03 89 80 34 23
vins@mann-albert.com

アルザス（甘口）

★★★ ドメーヌ・ズィント=ユンブレヒト・GC・ル・クロ・サン・テュルバン・
オー・ランゲン・ド・タン
Domaine Zind-Humbrecht - GC Le Clos Saint Urbain au Rangen de Thann

すばらしいテロワールです。ズィント=ユンブレヒトはこの地で、極上SGNだけがもちえるハイレベルの貴腐濃縮作用を追求しています。

Messieurs Léonard et Olivier Humbrecht
4, route de Colmar - BP22 - 68230 Turckheim
tel : 03 89 27 02 05 fax : 03 89 27 22 58

アルザス〔甘口〕

≪世界の甘口ワイン≫　Étrangers Liquoreux

ドイツ〔甘口〕
Liquoreux Allemagne

　リースリングをベースに作られるドイツの銘醸ワインは、その品質が並外れてすばらしいケースが多いです。入手しにくいという理由から愛好家にもまだそれほど知られていませんが、これらの甘美で稀少な銘柄に熱中している一部のレストラン・酒店関係者ではすでに大人気で、極上のドイツワインを手に入れることはほとんど不可能になっています。このガイドには、特に優れた忘れられない味の銘柄をセレクトしました。もちろんこのセレクションが全てを網羅しているとは考えていませんし、多くの優れた生産者が選に漏れていることも十分承知しています。全てを掲載することが難しかったので、ハイレベルのドイツワインの中でも特に代表的な銘柄をピックアップしています。

★★★★　**マクシミーン・グリューンホイス、カール・フォン・シューベルシュグーツフェアヴァルトゥング・マクシミーン・グリューンホイザー アブツベルク、ベーレンアウスレーゼ**
Maximin Grünhäus, Carl von Schubert'sche Gutsverwaltung - Maximin Grünhäuser Abstberg, Beerenauslese

リッチな味わい。見事なワイン。
〔アドレスは公表されていません。〕

★★★★　**マクシミーン・グリューンホイス、カール・フォン・シューベルシュグーツフェアヴァルトゥング・マクシミーン・グリューンホイザー・ヘレンベルク ベーレンアウスレーゼ**
Maximin Grünhäus, Carl von Schubert'sche Gutsverwaltung - Maximin Grünhäuser Herrenberg, Beerenauselese

天性の気品をそなえ、深くエレガント。
〔アドレスは公表されていません。〕

★★★★　**フリッツ・ハーク・ユッファー・ゾンネンウーア、ベーレンアウスレーゼ**
Fritz Haag - Juffer Sonnenuhr, Beerenauslese

力強くアフターも長いワイン。

Weingut Fritz Haag
Dusemonder Strasse 44 - 54472 - Brauneberg
tel : (0 65 34) 4 10　fax : 13 47
weingut-fritz-haag@t-online.de

★★★★　**Dr・ローゼン・ゾンネンウーア、ベーレンアウスレーゼ**
Dr. Loosen - Sonnenuhr, Beerenauslese

ピュアで上品。

Dr. Ernst Loosen
St. Johannishof D-54470 Bernkastel-Kues
tel : 00 49 65 31/34 26　fax : 00 49 65 31/42 48

★★★★ エゴン・ミュラー・シャルツホーフ、ヴィルティンガー
・シャルツホーフベルガー・ベーレンアウスレーゼ
**Egon Müller Scharzhof, Wiltinger
Scharzhofberger Beerenauslese**

しっかりした、独特な味の強さを備えた豪華なワイン。

Egon Müller
D-54459 Wiltingen
tel : (0 65 01) 1 72 32 fax : 15 02 63

★★★ Dr・ローゼン・ユルツィガー・ヴュルツガルテン、ベーレンアウスレーゼ
Dr. Loosen - Urziger Würtzgarten, Beerenauslese

Dr. Ernst Loosen
St. Johannishof D-54470 Bernkastel-Kues
tel : 00 49 65 31/34 26 fax : 00 49 65 31/42 48

オーストリア〔甘口〕
Liquoreux Autrichiens

　オーストリアの銘醸リコルーはその出来栄えがすばらしいことが多く、特にルスター・アウスブルッフの銘柄が見事です。ルスター・アウスブルッフのぶどう園については、Rudorf Lantschbauer の著作『ルストーワインと四季－ Rust, le vin et les quatres saisons』が詳しいです。
　ヒュー・ジョンソン Hugh Johnson の『The World Atlas of Wine』は、フランスや世界のぶどう園の面積・詳細な地図など情報が満載されているので便利です。

★★★★ ファイラー＝アルティンガー
ルスター・アウスブルッフ≪エッセンツ≫
**Feiler-Artinger
Ruster Ausbruch « Essenz »**

力強く、活力のみなぎった、他に例えるもののないくらい独特な甘口ワイン。素晴らしいです。

Monsieur Kurt Feiler
Hauptstrasse 3 A-7071 - Rust
tel : 02685/237 fax : 00 43 26 85 237 22

★★★★ アロイス・クラッヒャー・ヴァインローベンホフ
ヴェルシュリースリング・トロッケンベーレンアウスレーゼ
**Aloïs Kracher Weinlaubenhof
Welschriesling Trockenbeerenauslese**

Aloïs Kracher
A-7142 - ILLMITZ
tel : 43 21 75/33 77 fax : 43 21 75/33 774

★★★★ アロイス・クラッヒャー・ヴァインローベンホフ
ショイレーベ・トロッケンベーレンアウスレーゼ
**Aloïs Kracher Weinlaubenhof
Scheurebe Trockenbeerenauslese**

クラッヒャーの甘口ワインはカテドラルのように壮麗な建築物です。少しずつ味わいながら(religieusement)飲みましょう。

Aloïs Kracher
A-7142 - ILLMITZ
tel : 43 21 75/33 77 fax : 43 21 75/33 774

★★★★ アロイス・クラッヒャー・ヴァインローベンホフ
シャルドネ・トロッケンベーレンアウスレーゼ
Aloïs Kracher Weinlaubenhof
Chardonnay Trockenbeerenauslese

快楽の賛歌！

Aloïs Kracher
A-7142 - ILLMITZ
tel : 43 21 75/33 77 fax : 43 21 75/33 774

★★★★ ヴァインバウ・ネコヴィッチュ - シルフヴァイン・トラディション
Weinbau Nekowitsch - Schilfwein Tradition

甘口ワインの世界最高峰のひとつ。

Monsieur Gerhard Nekowitsch
Schrändlgasse 2 A-7142 - Illmitz
tel : 02175/2309 fax : 00 43 21 75 20 394

★★★★ ザイラー・フリードリヒ・ルスター・アウスブルッフ・シャルドネ・エッセンツ
Seiler Friedrich - Ruster Ausbruch Chardonnay Essenz

コクがあり豊かで豪華なワイン。不朽の名作。

Setzgasse 10 A-7071 - Rust
tel : 00 43 685/64490 fax : 43 26 85 64 494

★★★★ ローベルト・ヴェンツェル
ルスター・アウスブルッフ・ソーヴィニョン・ブラン＆リースリング
Robert Wenzel
Ruster Ausbruch Sauvignon Blanc & Riesling

なんておいしいのでしょう。

Robert & Michael Wenzel
Hauptstasse 29 A-7071 - Rust
tel : 00 43 2685/287 fax : 00 43 2685/28 74

★★★★ ローベルト・ヴェンツェル
ルスター・アウスブルッフ・ゲルバー・ムスカテラー/シャルドネ
Robert Wenzel
Ruster Ausbruch Gerber - Muskateller/Chardonnay

並外れた味の強さ、他に並ぶもののない爽やかさと広がりを備えた甘口ワイン。

Robert & Michael Wenzel
Hauptstasse 29 A-7071 - Rust
tel : 00 43 2685/287 fax : 00 43 2685/28 74

★★★ ヴァルター・ハーネンカンプ・ブーヴィエ・トロッケンベーレンアウスレーゼ
Walter Hahnenkamp - Bouvier Trockenbeerenauslese

どっしりとした豊かなワインですが、決して重くならないような口当たりの良さも備えています。

St-Georgen 53 A-7000 - Eisenstadt
tel : 00 43 26 62/66 700 fax : 00 43 26 62/66 700

★★★ ヴァイングート・ヘルムート・ランク
ヴェルシュリースリング・トロッケンベーレンアウスレーゼ
Weingut Helmut Lang
Welschriesling Trockenbeerenauslese

Monsieur Helmut Lang
Quergasse 5 A-7142 - ILLMITZ
tel : 02175/2923 fax : 00 43 21 75 29 23

★★★ ヴァイングート・ヘルムート・ランク
ラインリースリング・トロッケンベーレンアウスレーゼ
Weingut Helmut Lang
Rheinriesling Trockenbeerenauslese

ランク家の生産するワインはつねにバランスが重視されていて、どれも見事な出来栄えです。

Monsieur Helmut Lang
Quergasse 5 A-7142 - ILLMITZ
tel : 02175/2923 fax : 00 43 21 75 29 23

★★★ ヴァイングート・ヘルムート・ランク
シャルドネ・トロッケンベーレンアウスレーゼ
Weingut Helmut Lang
Chardonnay Trockenbeerenauslese

Monsieur Helmut Lang
Quergasse 5 A-7142 - ILLMITZ
tel : 02175/2923 fax : 00 43 21 75 29 23

★★ ファイラー=アルティンガー
ルスター・アウスブルッフ・ピノ・キュヴェ
Feiler-Artinger
Ruster Ausbruch Pinot Cuvée

バランスのとれたワインのお手本。完璧なルスター・アウスブルッフのクラシック。

Monsieur Kurt Feiler
Hauptstrasse 3 A-7071 - Rust
tel : 02685/237 fax : 00 43 26 85 237 22

★★ エルンスト・トリーバウマー
ルスター・アウスブルッフ・ソーヴィニョン・ブラン
Ernst Triebaumer
Ruster Ausbruch Sauvignon Blanc

驚嘆する爽やかさと強さを備えた豪華なワイン。

Ernst Triebaumer
Raiffeisenstrasse 9 A-7071 - Rust
tel : 43 26 85/528 fax : 43 26 85/60 738

★★ ウマトゥム
ヴェルシュリースリング・トロッケンベーレンアウスレーゼ
Umathum
Welshriesling Trockenbeerenauslese

砂糖漬けフルーツの味がはっきりしたリッチなワイン。

Monsieur Joseph Umathum
St. Andräer Straße 1 A-7132 Frauenkirchen
tel : 43 (0) 2172 / 2440 fax : 00 43 21 72 21734
office@umathum.at - www.umathum.at

★ ヨゼフ・ペックル・トロッケンベーレンアウスレーゼ
Josef Pöckl - Trockenbeerenauslese

Baumschulgasse 12 A-7123 Mönchhof
tel : 00 43 21 73/802 580 fax : 00 43 21 73/802 584

★ ヴァインバウ・ネコヴィッチュ・トロッケンベーレンアウスレーゼ・ゼームリング・88
Weinbau - Nekowitsch Trockenbeerenauslese Sämling 88

Monsieur Gerhard Nekowitsch
Schrändlgasse 2 A-7142 - ILLMITZ
tel : 02175/2309 fax : 00 43 21 75 20 394

世界の甘口ワイン(オーストリア)

214

ハンガリー
Hongrie

> ヒュー・ジョンソン Hugh Johnson の『The World Atlas of Wine』は、フランスや世界のぶどう園の面積・詳細な地図など情報が満載されているので便利です。

★ **ザ・ロイヤル・トカイ・ワイン・カンパニー**
トカイ・アスー・5・プットニョス（プトニョス）
The Royal Tokaji Wine Company
Tokaji Aszú 5 Puttonyos

クラシックなスタイルでつねに興味深いワインです。いくつかの区画があります。ビルサルマンス Birsalman's、ニュラソー Nyula Szo、SZT・タマス SZT Tamas、ボイタ Bojta、ベルチュ Bertsch

Madame Sarah Chadwick
Ltd 3 ST. JAMES PLACE London SW1A INP - Angleterre
tel : 0171-495 3010 fax : 0171-493 3973

★ **オレミュス**
トカイ・アスー・ド・ヴェガ・シシライ・5・プットニョス
Oremus
Tokaj Aszú de Vega Sicilai - 5 Puttonyos

ソーテルヌスタイルのワインでそのおいしさはいつも変わりません。最も名高い Tokaj ワインのひとつ。

H-3934 Tolcsva, Bajcsy-Zs. U. 45-Hongrie
tel : (36) 47 384 504 fax : (36) 47 384 505

★ **オレミュス**
トカイ・アスー・ド・ヴェガ・シシライ・6・プットニョス
Oremus
Tokaj Aszú de Vega Sicilai - 6 Puttonyos

H-3934 Tolcsva, Bajcsy-Zs. U. 45-Hongrie
tel : (36) 47 384 504 fax : (36) 47 384 505

LQCG **ドメーヌ・ド・ディズノク**
トカイ・アスー・6・プットニョス
Domaine de Disznókó
Tokaji Aszú 6 Puttonyos

Diznókó RT - 3910 Tokaj, P.S. 10 - Hungary
tel : (36) 47 361 371, 369, 137 fax : (36) 47 369 138
diznoko@mail.matavotu

LQCG **ドメーヌ・ド・ディズノク**
トカイ・アスー・5・プットニョス
Domaine de Disznókó
Tokaji Aszú 5 Puttonyos

Diznókó RT - 3910 Tokaj, P.S. 10 - Hungary
tel : (36) 47 361 371, 369, 137 fax : (36) 47 369 138
diznoko@mail.matavotu

世界の甘口ワイン（ハンガリー）

イタリア
Italie

★★★ **アヴィニョネージ（トスカーナ）・ヴィーノ・サント**
Avignonesi (Toscane) - Vino Santo

Monsieur Ricardo BERTOCCI (Classica) / M. FLAVO (Avig.)
Via di Gracciano nel Corso, 91 53045 Montepulciano (Siena)
tel : (39) 578 757 872 fax : (39) 578 757 847
info@avignonesi.it - classica@classica.it
www.avignonesi.it - www.classica.it

カナダ
Canada

ヒュー・ジョンソン Hugh Johnson の『The World Atlas of Wine』は、フランスや世界のぶどう園の面積・詳細な地図など情報が満載されているので便利です。

★★ **イニスキリン（VQA・ナイアガラ・ペニンシュラ）**
アイスワイン≪リースリング≫
Inniskillin (VQA Niagara Peninsula)
Ice Wine « Riesling »

口に含むと爽やかさと活力がパッと広がる、深みのあるワイン。この甘口ワインに並ぶものはそうざらにはありません。

Road II, R.R.#1 S24, C5
Oliver, Britisch Columbia - Canada VOH ITO
tel : 250 498 6663 fax : 250 498 45 66

≪シャンパーニュ≫　Champagne

　シャンパーニュ地方のぶどう栽培は大きく分けて4つの地区、モンターニュ・ド・ランス、コート・デ・ブラン、コート・デ・バール、ヴァレ・ド・ラ・マルヌで行われており、その全体はマルヌ、オーブ、オート=マルヌ、エーヌ、セーヌ=エ=マルヌという5つの県にわたっています。

　耕作地(総面積31,227ha、生産面積30,216ha)は、日当たり具合はもちろん品種のクオリティも考慮した上で、80～100%という尺度を使った以下の3段階に分けられています。グラン・クリュ(100%)、プルミエ・クリュ(99～90%)、その他(90～80%)。ただこのパーセンテージでの評価がワインのラベルに記載されることはほとんどありません。少数の生産者が明示するだけで、大手のメゾンはその代わりに自社のブランド名を使うようになっています。

　栽培が認められている品種は3つ。まず果皮も果汁も白いシャルドネ種(生産は全体の30%)。おもにコート・デ・ブランとエペルネ南部[ヴァレ・ド・ラ・マルヌ地区内]で多く作られます。次にモンターニュ・ド・ランスとコート・デ・バールでおもに作られているピノ・ノワール(30%)。3つ目はムニエ(またはピノ・ムニエ)という野性味の強い品種です。ムニエを使うと不作の年でもシャンパンの出来があまり悪くならずにすみます。ピノ・ノワールとムニエは果皮が黒く、果汁が白い品種です。こうした品種の違いだけでなく、さらにミレジメ(ヴィンテージ)、キュヴェ・スペシアル、ロゼといった区別があります。

　ブリュット・ノン・ミレジメ[1]、グラン・クリュ、大メーカーや個人経営の小さなメーカー物、各メゾンの高級銘柄など、シャンパンには実にいろいろな種類がありますが、価格はやはり全体的に高めです。優れた農家が比較的安価なブリュット・ノン・ミレジメを出していることもよくあり、ぶどう園や製造法が十分にコントロールされているおかげで、大メゾンの高級ラベルに匹敵する、時にはそれらをしのぐケースさえあります。

　3つのカテゴリーに分けて紹介していきます。

〔シャンパーニュ簡易地図〕

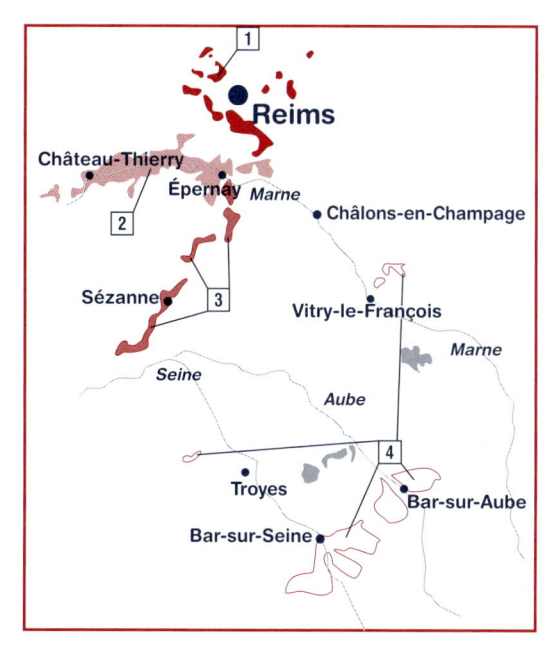

1. モンターニュ・ド・ランス
2. ヴァレ・ド・ラ・マルヌ
3. コート・デ・ブラン
4. コート・デ・バール

〈訳注〉

1　ミレジメ(ヴィンテージ、ぶどうの収穫年)がボトルに記載されないで出荷されるシャンパン。特に良質でない生産年のシャンパンは年号を表示しないで出荷することが許されているため、それら複数年に仕込んだ搾汁をブレンドして作られ、出荷後数ヶ月で飲みきるくらいに調整された商品。

シャンパーニュ・ブリュット・ノン・ミレジメ（ノン・ヴィンテージ）
Champagne Brut Sans Année

　シャンパーニュ地方を代表するシャンパンのカテゴリーで、フランスのAOC全体の中でも例外的な特徴を持っています。シャンパーニュのように特に北にある地方の農地では毎年安定した質のぶどうを生産するのが難しいため、保存用ワインや異なるミレジムの果汁を混ぜてシャンパンを作ることがあるのです。このカテゴリーではコストパフォーマンスの良さを特に考慮しました。

★
-100F

シャンパーニュ・ローノワ・ペール＆フィス・グラン・クリュ・≪ブラン・ド・ブラン≫・キュヴェ・レゼルヴェ
Champagne Launois Père et Fils - Grand Cru « Blanc de Blancs » Cuvée Réservée

51190 Le Mesnil sur Oger
tel : 03 26 57 50 15　fax : 03 26 57 97 82

★
-100F

シャンパーニュ・ギー・ラルマンディエ・クラマン・ブリュット・グラン・クリュ・ブラン・ド・ブラン[1]
Champagne Guy Larmandier - Cramant Brut Grand Cru - Blanc de Blancs

Guy Larmandier - 30, rue Général Koenig - 51130 Vertus
tel : 03 26 52 12 41　fax : 03 26 52 19 38

★
-100F

ルドリュ・マリー＝ノエル・ブリュット・グラン・クリュ
Ledru Marie-Noëlle - Brut Grand Cru

アンボネー村とブジー村にまたがってあるぶどう園で、そのテロワールはシャンパーニュ地方の産地チャートで最高の100％を示す≪グラン・クリュ≫認定を受けています[2]。生産は25,000本、おもにピノ・ノワール（85％）。たいへんおいしいブリュット・ノン・ミレジメ。価格も現地価格では100フランを切ります（86フラン）。2001年5月に試飲した最新ボトルは96・97・98年のブレンドでした。

Madame Marie-Noëlle Ledru
5, Place de la Croix, 51150, Ambonnay
tel : 03 26 57 09 26 - fax : 03 26 58 87 61
champ.ledru.mn@terre-net.fr

LQCG

シャンパーニュ・ド・スーザ＆フィス・ブリュット・レゼルヴ・グラン・クリュ（ブラン・ド・ブラン）
Champagne de Sousa & Fils - Brut Réserve Grand Cru (Blanc de Blancs)

わたしたちが担当している「ク・ショワズィール」誌のテイスティングや本書のプレステージ試飲会などで安定してトップクラスに入るノン・ヴィンテージ・シャンパンです。ぶどう園での仕事に手抜きがありません。

Monsieur Erick De Sousa
12, place Léon Bourgeois - 51190 Avize
tel : 03 26 57 53 29　fax : 03 26 52 30 64
contact@champagnedesousa.com - www.champagnedesousa.com

〈訳注〉
1　シャンパンは果皮をとりのぞいた黒ぶどう、白ぶどうを使って製造されますが、白ぶどうのシャルドネ種だけで仕込まれた製品がブラン・ド・ブラン（白の白）で、通常の黒白ぶどう混合のシャンパンより軽い味わいになります（→ブラン・ド・ノワール）。
2　シャンパーニュ地方では耕作地の等級をコミューン（フランスの市町村区別）単位で格付するためにパーセンテージを使った独特の基準を設けています。100％耕作地は通称グラン・クリュと呼ばれ最高の産地、99～90％耕作地はプルミエ・クリュ、89～80％耕作地はスゴン（second）・クリュと呼ばれます。ただし、シャンパン製造には80％以下の産地のぶどうは使われないため、最低基準であるスゴン・クリュは、「その他の産地」と表示されるか、まったく表示されないかのどちらかです。

LQCG	ジモネ・ピエール＆フィス・ブリュット・プルミエ・クリュ・ブラン・ド・ブラン・キュヴェ・ガストロノム **Gimonnet Pierre et Fils - Brut 1er Cru Blanc de Blancs - Cuvée Gastronome**

1, rue de la République - 51530 Cuis
tel : 03 26 59 78 70 fax : 03 26 59 79 84

LQCG	ジモネ・ピエール＆フィス・ブリュット・プルミエ・クリュ・ブラン・ド・ブラン **Gimonnet Pierre et Fils - Brut 1er Cru Blanc de Blancs**

1, rue de la République - 51530 Cuis
tel : 03 26 59 78 70 fax : 03 26 59 79 84

LQCG	シャンパーニュ・ラルマンディエ＝ベルニエ・ネ・デュヌ・テール・ド・ヴェルテュ・ブリュット・ナテュール・プルミエ・クリュ **Champagne Larmandier-Bernier - Né d'une Terre de Vertus - Brut Nature 1er Cru**

Madame Sophie Larmandier - 43, rue du 28 Août - 51130 Vertus
tel : 03 26 52 13 24 fax : 03 26 52 21 00

LQCG -100F	シャンパーニュ・パスカル・マゼ・ブリュット・プルミエ・クリュ **Champagne Pascal Mazet - Brut 1er Cru**

Monsieur Pascal Mazet
8, rue des Carrières - 51500 Chigny-les-Roses
tel : 03 26 03 41 13 fax : 03 26 03 41 74

LQCG -100F	シャンパーニュ・ジャン・ヴァランタン＆フィス・サン＝タヴェルタン≪ブラン・ド・ブラン≫ブリュット **Champagne Jean Valentin & Fils - Saint-Avertin « Blanc de Blancs » Brut**

モンターニュ・ド・ランス地区の個人経営シャンパン農家[3]。ジル・ヴァランタンは6haの農地でシャンパーニュの伝統的な3品種を栽培しています。年間40000本生産するので30ヶ月分の在庫が残せるだけのカーヴを備えています。「ブラン・ド・ブラン」の名の通り、サシ村で収穫されたシャルドネのブレンド。ぶどう生産者が直接手がける良質なシャンパン、価格も100フラン以下です。

Monsieur Gilles Valentin
9, rue Saint-Rémi - 51500 Sacy
tel : 03 26 49 21 91 fax : 03 26 49 27 68
givalentin@wanadoo.fr

シャンパーニュ・ミレジメ（ヴィンテージ）[4]
Champagne Millésimé

ノン・ミレジメ物よりも常に優れたミレジメ物を作っている業者だけを選びました。このカテゴリーのシャンパンは、瓶詰めのあと少なくとも3年はカーヴで寝かせなければならないことになっています。このカテゴリーの最新データはおもに95・96年物についてのものです。

★★	シャンパーニュ・ギー・シャルルマーニュ・グラン・クリュ≪ブラン・ド・ブラン≫ミレジメ **Champagne Guy Charlemagne - Grand Cru « Blanc de Blancs » Millésimé**

ぶどう畑全体がグラン・クリュ認定を受けています。この銘柄はとても純粋な育てられ方をしたシャルドネから作られ、醸造具合も申し分ありません。

〈訳注〉
3 原文 récoltant-manipulant：（栽培から出荷まで一貫して行う）小規模メーカー。
4 ノン・ミレジメと違い、出来がよいある単年に収穫されたぶどうだけを用いて仕込まれます。そのため醸造年が刻印（ミレジメ）されています。ミレジメごとのぶどうの出来具合がそのまま味に反映されます。

Monsieur Philippe Charlemagne
4, rue de la Brèche-d'Oger - BP15 - 51190 Le Mesnil-sur-Oger
tel : 03 26 57 52 98 fax : 03 26 57 97 81
terre-nel@terre-nel.fr

★★ **シャンパーニュ・ドーツ・≪ブラン・ド・ブラン≫・キュヴェ・アムール・ド・ドーツ・ミレジメ**
Champagne Deutz - « Blanc de Blancs » - Cuvée Amour de Deutz Millésimé

93年物にはたいへんがっかりさせられたドーツのブラン・ド・ブランですが、95年物は実に見事な成功作となり、頂点に返り咲きました。目下、ブラン・ド・ブランでは確実にベスト5に入ります。

16, rue Jeanson - BP9 - 51160 Ay
tel : 03 26 56 94 00 fax : 03 26 56 94 13

★★ **シャンパーニュ・ド・スーザ＆フィス・GC・ブラン・ド・ブラン・ミレジメ**
Champagne de Sousa & Fils - GC Blanc de Blancs Millésimé

すばらしい栽培家の手によってシャルドネがいつも見事に成熟します。スーザ＆フィスのミレジメは毎回高い品質を誇っていますが、特に93年・95年物はずば抜けていました。ドザージュ[1]をできるだけ抑え、アヴィズ村のグラン・クリュ畑で育つシャルドネの風味を最高に引き出すようにしています。

Monsieur Erick De Sousa
12, place Léon Bourgeois - 51190 Avize
tel : 03 26 57 53 29 fax : 03 26 52 30 64
contact@champagnedesousa.com - www.champagnedesousa.com

★★ **シャンパーニュ・ジャクソン＆フィス・アヴィズ・グラン・クリュ ≪ブラン・ド・ブラン≫ ミレジメ**
Champagne Jacquesson & Fils - Avize Grand Cru « Blanc de Blancs » Millésimé

68, rue du Colonel Fabien - 51530 Dizy
tel : 03 26 55 68 11 fax : 03 26 51 06 25

★★ **シャンパーニュ・ジャクソン＆フィス・グラン・ヴァン・シニャテュール・ブリュット・ミレジメ**
Champagne Jacquesson et Fils - Grand Vin Signature Brut Millésimé

アヴィズ、クラマン、アイ、ディジー、マイなどの村にある多彩なテロワールからのブレンドで、品種はシャルドネとピノ・ノワールが半分ずつです。オーク樽での熟成および専用棚での長期の瓶熟、またドザージュ時の補糖の少なさ(4.5g)など、良いシャンパンを作るいろいろな工夫が施されています。試飲した90年物（約25,000本）は15/20点と優れた成績を残しました。このドメーヌでは店頭購買者に対する小売りはありません。

68, rue du Colonel Fabien - 51530 Dizy
tel : 03 26 55 68 11 fax : 03 26 51 06 25

★★ **シャンパーニュ・ローノワ・ペール＆フィス・グラン・クリュ ≪ブラン・ド・ブラン≫ ミレジメ**
Champagne Launois Père & Fils - Grand Cru « Blanc de Blancs » Millésimé

51190 Le Mesnil sur Oger
tel : 03 26 57 50 15 fax : 03 26 57 97 82

〈訳注〉

1 ドザージュ：シャンパーニュの製造過程の最後で、デゴルジュマン（口抜き）によって目減りした分を、リキュールによって補うこと。

★★ スロッス・ジャック・ブリュット・グラン・クリュ・ミレジメ
Selosse Jacques - Brut Grand Cru Millésimé

1980年、アンセルム・スロッスは妻のコリンヌとともに親から事業を引き継ぎました。アヴィズ、クラマン、オジェなどの村にあるグラン・クリュ畑の35区画でシャルドネを栽培しています。夫妻は特に土壌の有機作用を熱心に研究しています。出荷前に専用の棚で6～7年熟成させるため、その分値段が張るのも無理はありません。ミレジメシャンパンでは収穫されたぶどうの質が重要になります。残念なことに92年物はこのガイドが出る頃にはおそらく売り切れていることでしょう。続く93年物は、ノーマルボトルでは出荷後の長期間の保存はきかないと判断されたため、マグナムボトルが400本だけ製造されました。94年物は醸造されず、95年物が市場に出るのは2002年末です。

Monsieur Anselme Selosse
22, rue Ernest Vallé - 51190 Avize
tel : 03 26 57 53 56 fax : 03 26 57 78 22

★ ルドリュ・マリー=ノエル・ブリュット・グラン・クリュ・ミレジメ
Ledru Marie-Noëlle - Brut Grand Cru Millésimé

ぶどう農家に生まれ育ったマリー=ノエル・ルドリュはモンターニュ・ド・ランスで6haを運営しています。おもにピノ・ノワールを使った96年物を最近試飲しました（プレステージ試飲会参照）。おいしくて値段も手頃（現地価格で100フラン）。

Madame Marie-Noëlle Ledru
5, Place de la Croix - 51150 Ambonnay
tel : 03 26 57 09 26 fax : 03 26 58 87 61
champ.ledru.mn@terre-net.fr

★ シャンパーニュ・ピエール・モンキュイ・ブリュット・グラン・クリュ・ブラン・ド・ブラン・ミレジメ
Champagne Pierre Moncuit - Brut Grand Cru Blanc de Blancs Millésimé

シャンパーニュでは珍しく、例年ノン・ミレジメ物よりもミレジメ物を多く出荷します。ミレジメのスペシャリストと言ってよいでしょう。

Champagne Pierre Moncuit
11, rue Persault-Maheu - 51190 Le Mesnil-sur-Oger
tel : 03 26 57 52 65 fax : 03 26 57 97 89

★ シャンパーニュ・ヴーヴ・クリコ・ポンサルダン・リッチ・レゼルヴ
Champagne Veuve Clicquot Ponsardin - Rich Réserve

この銘柄を試してみたところ、70年代や80年代初頭にヴーヴ・クリコから受けた感動がよみがえってきました。由緒あるシャンパンメーカーが力を出しきった一本を再び味わえるのはありがたいことです。

Veuve Clicquot Ponsardin
12, rue du Temple - 51100 Reims
tel : 03 26 89 54 40 fax : 03 26 40 60 17

LQCG シャンパーニュ・F. バルビエ・ブラン・ド・ブラン・ブリュット・グラン・クリュ・ミレジメ
Champagne F. Barbier - Blanc de Blancs Brut Grand Cru Millésimé

554, Avenue Jean Jaurès - 51190 Avize
tel : 03 26 57 10 18 fax : 03 26 58 31 77

LQCG -100F シャンパーニュ・ジャッキー・シャルパンティエ・ブリュット・ミレジメ
Champagne Jacky Charpentier - Brut Millésimé

このドメーヌはブリュット・ミレジメをコンスタントに生産し、96年物はブレンドされる品種のバランスが比較的取れています（シャルドネ28％、ピノ・ムニエ35％、ピノ・ノワール37％）。発酵も醸造も例年非常に丁寧になされます。（栽培から出荷まで一貫して行う）小規模メーカーのシャンパンを好んでお求めになる方にとっては、嬉しいことに大部分が小売りされています。

Monsieur Jacky Charpentier

88, rue de Reuil - 51700 Villers-sous-Chatillon
tel : 03 26 58 05 78 fax : 03 26 58 36 59

LQCG

シャンパーニュ・ドケ＝ジャンメール・≪クール・ド・テロワール≫・ブリュット・プルミエ・クリュ・ミレジメ・ブラン・ド・ブラン
Champagne Doquet-Jeanmaire - « Cœur de Terroir » - Brut 1er Cru Millésimé Blanc de Blancs

（栽培から出荷まで一貫して行う）小規模メーカーで、コート・デ・ブラン地区に耕作地10haを所有、そのうち80％はメニル＝スュル＝オジェ村、20％はヴェルテュ村にあります。この≪クール・ド・テロワール≫は1986年4月に瓶詰めされ、それからずっと専用棚で瓶熟させられていたものです。2000年前半に試飲しましたが、この上なく良い状態でした。長い間出荷しないで寝かせていた経営者は立派です。このようなヴィンテージシャンパンとしては値段もたいへんお値打ちでしょう。

Monsieur Pascal Doquet
44, chemin du Moulin de la Cense Bizet - 51130 Vertus
tel : 03 26 52 16 50 fax : 03 26 59 36 71
doquet.jeanmaire@wanadoo.fr - www.champagne-doquet-jeanmaire.com

**LQCG
-100F**

シャンパーニュ・ジャン・ヴァランタン＆フィス・プルミエ・クリュ・ブリュット・ミレジメ
Champagne Jean Valentin & Fils - 1er Cru Brut Millésimé

最近試飲した最新ミレジムですが、優れた土地・豊作年という条件下で銘醸シャンパンが熟成の力をいかに発揮するかを雄弁に物語っていました。100フランを切る独特な味のヴィンテージ。

Monsieur Gilles Valentin
9, rue Saint-Rémi - 51500 Sacy
tel : 03 26 49 21 91 fax : 03 26 49 27 68
givalentin@wanadoo.fr

シャンパーニュ・キュヴェ・スペシアル
Champagne Cuvée Spéciale

★★ シャンパーニュ・ド・スーザ＆フィス・キュヴェ・デ・コーダリー
Champagne De Sousa & Fils - Cuvée des Caudalies

エリック・ド・スーザは栽培作業の厳密さと醸造に対する情熱を信条とし、生産手順全てを完璧にマスターしています。畑ではビオディナミー栽培を採用しています。グラン・クリュ畑で収穫される100％シャルドネのブラン・ド・ブラン。ドザージュを必要最小限にすることで味のバランスに極力配慮し、毎年オーク樽の15％を新調して熟成させています。

Monsieur Erick De Sousa
12, place Léon Bourgeois - 51190 Avize
tel : 03 26 57 53 29 fax : 03 26 52 30 64
contact@champagnedesousa.com - www.champagnedesousa.com

★★ シャンパーニュ・ドーツ・キュヴェ・ウィリアム・ドーツ
Champagne Deutz - Cuvée William Deutz

1838年以来の歴史を持つドメーヌ。このシャンパンの名前は設立者の一人ウィリアム・ドーツ氏に由来します。条件の整った年にだけ作られるシャンパンで、1982、85、88、90、95年物があります。自前のグランクリュ畑（シャンパーニュ地方のチャートで平均97％）と酒倉での繊細なブレンドから、ドメーヌ・ドーツ独自のスタイルが生まれます。

16, rue Jeanson - BP9 - 51160 Ay
tel : 03 26 56 94 00 fax : 03 26 56 94 13

★★ シャンパーニュ・アンリオ・キュヴェ・デ・ザンシャントルール
Champagne Henriot - Cuvée des Enchanteleurs

メゾン・アンリオの主力シャンパン（ミレジメおよびノン・ミレジメ）はやや期待外れでしたが、このキュヴェ・スペシャルはアンリオの名にふさわしい立派な出来です。年代

物とは言えませんが、繊細さ、エレガンス、すがすがしさを兼ね備えた88年物のキュヴェ・デ・ザンシャントルール。その品質の良さからあの見事な59年物が思い出され、これに匹敵するほどとは言えないまでも、ある種の感慨を覚えました。

3, place des Droits de l'Homme, BP 457, 51066, Reims
tel : 03 26 89 53 00 fax : 03 26 89 53 10

★★ シャンパーニュ・ルイ・ロデレール・クリスタル・ブリュット・ミレジメ
Champagne Louis Roederer - Cristal Brut Millésimé

ロデレール社はグラン・クリュおよびプルミエ・クリュ認定地からなる180haの畑を所有し、ここでクリスタル用のぶどうを育てています。ロシア皇帝アレクサンドル2世が宮廷で愛飲したことから、このシャンパンの名が広く知られるようになりました。82年物以来、一貫して見事な出来栄え。

Champagne Louis Roederer
21, boulevard Lundy - 51100 Reims
tel : 03 26 40 42 11 fax : 03 26 47 66 51
com@champagne-roederer.com - www.champagne-roederer.com

★★ シャンパーニュ・リュイナール・キュヴェ・ドン・リュイナール・ミレジメ
Champagne Ruinart - Cuvée Dom Ruinart Millésimé

メゾン・リュイナールの歴史はシャンパンの歴史そのものと言ってよいほど古いものです。18世紀初頭、ベネディクト会修道士ドン・ティエリー・リュイナールが≪自然にワインを発泡させる秘訣≫を極めました。おそらく彼は甥のニコラ・リュイナールにそれを伝授したのでしょう、1729年、ニコラがメゾン・リュイナールを設立します。このキュヴェ・ドン・リュイナールはグラン・クリュぶどうのみで作られ、さらにぶどうの出来が良い年にしか仕込まれません。マグナムボトル入りの90年物は見事な品質です。

Ruinart - 51053, Reims CEDEX
tel : 03 26 77 51 51 fax : 03 26 82 88 43
www.ruinart.com

★★ シャンパーニュ・テタンジェ・コント・ド・シャンパーニュ
Champagne Taittinger - Comtes de Champagne

気品あふれるシャンパン。

Champagne Taittinger - 9, place Saint-Nicaise - 51100 Reims
tel : 03 26 85 45 35 fax : 03 26 85 17 46

★ -100F シャンパーニュ・ジャッキー・シャルパンティエ・ブリュット・キュヴェ・プレスティージュ
Champagne Jacky Charpentier - Brut Cuvée Prestige

Monsieur Jacky Charpentier
88, rue de Reuil - 51700 Villers-sous-Chatillon
tel : 03 26 58 05 78 fax : 03 26 58 36 59

★ -100F シャンパーニュ・ルネ・ジョフロア・ブリュット ≪キュヴェ・セレクショネ≫ プルミエ・クリュ
Champagne René Geoffroy - Brut « Cuvée Sélectionnée » 1er Cru

ドメーヌの基本方針は、本当に出来の良い年にしかミレジメ・シャンパンを仕込まないことです。ただ、法律では単一年度のぶどうだけで作らなくても名乗ることのできる≪キュヴェ・セレクショネ≫も、このメゾンでは同一年に収穫されたぶどうのみを使用しています。キュミエール村で収穫されるピノ・ノワールとシャルドネのブレンド。実に真面目で優秀なメゾンで、現在はルネ氏から息子のジャン=バティスト氏に徐々に仕事が引き継がれているところです。

Monsieur Jean-Baptiste Geoffroy
150, rue du Bois des Jots - 51480 Cumières
tel : 03 26 55 32 31 fax : 03 26 54 66 50
info@champagne-geoffroy.com - www.champagne-geoffroy.com

★ シャンパーニュ・ヴノージュ・グラン・ヴァン・デ・プランス
Champagne de Venoge - Grand Vin des Princes

グラン・クリュのシャルドネから作られるこのシャンパンは、19世紀のシャンパーニュ地方の風習にならって、通常のボトルのままではなく濃緑色のカラフに入れ替えて供することになっています。

Aymeric De Clouet
46, avenue de Champagne - BP103 - 51204 Epernay CEDEX
tel : 03 26 53 34 34 fax : 03 26 53 34 35

★ シャンパーニュ・ジャカール・ラ・キュヴェ・ノミネ
Champagne Jacquart - La Cuvée Nominée

5, rue Gosset - 51100 Reims
tel : 03 26 07 88 40 fax : 03 26 07 12 07
jacquart@ebc.net - www.jacquart-champagne.fr

★ ルドリュ・マリー=ノエル・≪キュヴェ・デュ・グルテ≫ブリュット
Ledru Marie-Noëlle - « Cuvée du Goulté » Brut

アンボネー村とブジー村にぶどう園を持つ家族経営ドメーヌのテット・ド・キュヴェです。キュヴェ・スペシャルに分類されていますが、96年産のぶどうのみから作られています。生産量2,000本(ブリュット・ノン・ミレジメとミレジメで別の2銘柄がセレクトされています)。このドメーヌの銘柄全てに言えることですが、アルコール分の高いのが持ち味のピノ・ノワールがブレンドの大半を占めています(85%)。充分に魅力を保つシャンパン。試飲会を参照してください。

Madame Marie-Noëlle Ledru
5, Place de la Croix - 51150 Ambonnay
tel : 03 26 57 09 26 fax : 03 26 58 87 61
champ.ledru.mn@terre-net.fr

★ シャンパーニュ・ロワイエ・ペール&フィス・キュヴェ・プレスティージュ・ブリュット
Champagne Royer Père et Fils - Cuvée Prestige Brut

(栽培から出荷まで一貫して行う)小規模メーカーの ≪テット・ド・キュヴェ≫ で、メーカー所有のぶどう園で育つシャルドネ100%の銘柄です。

Monsieur Jean-Philippe Royer
120, Grande Rue - 10110 Landreville
tel : 03 25 38 52 16 fax : 03 25 38 37 17
champagne.royer@wanadoo.fr

LQCG シャンパーニュ・ロワイエ・ペール&フィス・≪キュヴェ・ド・レゼルヴ≫ ブリュット
Champagne Royer Père et Fils - « Cuvée de Réserve » Brut

コート・デ・バール地区の家族経営ぶどう園が作るこの銘柄は、ピノ・ノワール(75%)とシャルドネ(25%)のブレンド、コストパフォーマンスにも優れています。

Monsieur Jean-Philippe Royer
120, Grande Rue - 10110 Landreville
tel : 03 25 38 52 16 fax : 03 25 38 37 17
champagne.royer@wanadoo.fr

LQCG -100F シャンパーニュ・アルフレッド・トリタン・≪キュヴェ・プレスティージュ≫ グラン・クリュ
Champagne Alfred Tritant - « Cuvée Prestige » Grand Cru

シャンパーニュ地方でグラン・クリュ認定を受けている17の村のひとつ、ブジー村にこのメゾンは3.37haのぶどう園を所有しています。今回試飲を行ったキュヴェ・プレスティージュは95年産の搾汁をベースに93・94年産のものを加えて仕込まれたものです。ピノ・ノワール(2/3)とシャルドネ(1/3)のブレンド。生産量は12,500本でした。100フラン以下で買えるお値打ちなシャンパンです。

Champagne Alfred Tritant - 23, rue de Tours - 51150 Bouzy
tel : 03 26 57 01 16 fax : 03 26 58 49 56
champagne-tritant@wanadoo.fr

文化と味覚

採点について

評価は20点満点です。12.5〜20点を獲得した銘柄を掲載しています。
試飲はブラインドテストで実施しました。フランスおよび各国の有名ワインが対象となります。

カテゴリーは4つに分かれています。世界各国の優れたボルドー品種ブレンド、シラー、シャルドネ、そして甘口ワインです。こうした多くのワインをラベル非表示で試飲することで、優れたフランス産とフランス以外の国の銘醸ワインを比較対照することができます。

12.5〜14点	14.5〜15.5点	16〜17.5点	18点以上
たいへんおいしいワイン	すばらしいワイン	傑出したワイン	極上ワイン
Très bons vins	Excellents vins	Vins remarquables	Cuvées admirables

実施方法について

試飲はボトル詰め製品に統一しました。ワインの味は瓶詰めされる瞬間までさまざまな外的要因に影響される可能性がありますので、最終的な瓶詰め状態においてのみ評価されるべきだと判断したためです。たしかにカーヴでの樽からの試飲には〔ボトルでの試飲にはない〕興味深い側面があるのですが。

試飲はブラインドテストで実施しました。この厳密な方法を採る限り、生産者が知り合いだったり、万一先入観を持っていたりしたとしても、評価は影響を受けません。

ボトルは、生産者によって瓶詰めされ提供された見本品、委員会のメンバーが私費で購入した物、いくつかの試飲クラブがわたしたちのために用意してくれた物などを使用しました。

審査の透明性を守るために、生産者が希望された場合は試飲会に参加していただくことがありました。

当ガイドに掲載されているのは、特に優れた成績をコンスタントに残しているワインだけです。ミレジムの出来不出来はもちろん考慮に入れましたが、テロワール自体の潜在能力、ぶどうの手入れの良さ、醸造の丁寧さなどもそれ以上に重視しています。

エリック・ヴェルディエが作成した採点チェック表〔p.292〕を共通の評価・判断基準としました。

《文化と味覚》協会はワインを売るための機関ではありません。この中立な立場を守るため広告の類は掲載していません。

マルク・ミアネー略歴
現在の活動

- 当試飲委員会広報責任者
- 初心者から専門家までを対象としたワイン鑑定法教育
- 消費者保護サイドに立ったワイン情報誌記者

§マルク・ミアネーの審美眼§
(国立教育機関講師アドリアン・ベスト)

なんらかの社会について、歴史について、あるいは自分のものを含め人生について「知る」ということ、それは心の中で自分なりに解釈し、再構築を行うことと言える。それはつまるところメンタルな行為であるから、「自分は誠実に解釈したか？」という問いからは逃れられない。誠実さは心の中から自然に噴き出る炎のようなものではない。人が誠実であろうと意識するとき、どちらに進めばいいのか決めかねる心の迷宮の中で迷ってしまうものだ。マルク・ミアネーが彼の熱中の対象、つまりワイン醸造学を知れば知るほどこの問題が彼の前に大きく立ちはだかることになる。

マルクは幼年時代をマイエンヌで過ごした。現在の彼にそなわる豊かな教養はこの時期にしっかりと支えられている。この地で、野菜果物や土地の匂いを通して感じられるテロワールへの興味が芽生えることになる。こうしてワイン独学の道を歩み始め（独学といっても、格付けや分類などは知らないけれどワインを実践で学ぶという意味）、独学を通じてやがて大きく開花する自己分析力が醸成されていく。

好奇心旺盛な彼は、事実・現象、人との出会い、そして思想という具合に様々に興味の幅を広げていったが、いつしか、経験的な判断よりも理論的な判断を、人文学的な教養よりも科学的教養を欲するようになった。事実を理解したい、品質を改善させたいという気持ちから彼は製品やサービスの質を扱う専門家を目指すようになる。この思いが彼の進む道を決定づけ、一人の独学者が製品の品質についてのエキスパートとなる。

エリック・ヴェルディエとの出会いによって、彼はワイン鑑定学の現状やその新しい流れについて知ることになる。ある意見や信念というものがどのような理由で、またどのような過程で人の中に生まれるのかを知るにつれて、マルクの中に理解についての一倫理が生まれることになる。こうして彼は一つのポリシーを持つようになる。判断あるいは批判を下すには、まず何より理解が先立っていなければならないとするポリシーだ。

彼のポリシーによれば真の理解のためには、異論を頭から放逐し、除外するのではなく、議論、論駁する必要がある。こうして彼はエリック・ヴェルディエと共に≪文化と味覚≫協会を設立し、フランスの銘醸ワインについての試飲表作りを始めた。毎年2,500銘柄以上をブラインドテストで試飲、つねに重視されたのは①産地（テロワール・品種）、②栽培過程（株の手入れ・耕作地の整備・収穫の条件）、③醸造過程（醸造・熟成・瓶詰め）などのポイントである。

マルク・ミアネーの≪使命≫は、ワインを鑑定する際に生じる複雑な諸問題を決してないがしろにせず、不注意や短絡的思考に陥らないよう気をつけながら言葉として再構築することである。実際、知識のみに頼りがちなワイン鑑定士や自信過剰な醸造学者の多くは、傲慢になったり軽はずみなことをしたりするものなのだ。

このように正しい判断力を発揮するためにもマルク・ミアネーはワイン、そしてドメーヌを実際に自

≪文化と味覚≫プレステージ試飲会

分で確かめることを怠らなかった。フランス各地の醸造家に直接会って話をすることにより、疑問点が解消し、知識もだんだん蓄積されてゆき、それが出版という形で現れるようになる。企業内の委員会やその他さまざまな機関に講師として招かれたが、彼の分かりやすく具体的な教育的アプローチとワインに関する膨大な知識は聞く人を魅了するのに十分だった。

　マルク・ミアネーとエリック・ヴェルディエは人々との出会いと自己の修練を重ね、必要とならば自らの間違いを素直に正していくうちに、雑誌『ク・ショワズィール』のワイン評価の代表的な存在となる。かなりショッキングと言える彼らの記事は、消費者にとってたいへん優れたガイドとなっている。

　経験と知識のみが専門能力を生み出す。ただ、信念と情熱がなければその能力はまだ不完全だ。マルク・ミアネーは自らの言動すべてをもってそのことを証明している。

　ポール・クローデルの唱えるワインの使命を数行引用し、結びとさせていただく。「ワインは味覚の教師であり、精神の解放者であり、知性にひらめきをもたらす者である。簡単に言えば、ワインは社会的コミュニケーションのシンボルであって、同時にコミュニケーションの具体的な方法でもある。食事の際、テーブルはあらゆる会食者に平等の地平を与え、そこを行き交うグラスは我々が隣人を深く知る手助けをしてくれる。ワインはそのための寛容と、理解力と、共感をわれわれに授けてくれるのだ。」この考えはマルク・ミアネーの中にもしっかりとしみ込んでいる。

エリック・ヴェルディエ略歴
現在の活動

- 「(有)エリック・ヴェルディエ販売」代表、1987年より『ワイン鑑定ファイル』を出版。
- ジャン・ルノワール出版『ネ・デュ・ヴァン(香りのサンプル)』シリーズ― *Le Nez du Vin*（ワインの鼻）、*Le Nez du Café*（コーヒーの鼻）、*Le Nez des Défauts du Vin*（欠陥ワインの鼻）の鑑定スタッフ。
- マーヌ市のオリヴィエ株式会社にて、オリーヴオイル鑑定スタッフ。
- フランスの美食ガイド『ボタン・グルマン』における≪美食レストラン≫評価担当。
- 消費者サイドに立った雑誌『ク・ショワズィール』紙における≪ワイン≫評価担当。
- 同じく『ク・ショワズィール』紙における≪食品≫評価担当。
- ≪文化と味覚≫協会名誉会長、ならびに試飲プログラム責任者。
- その他テレビ、ラジオ、出版の各分野で、ワイン鑑定・アドバイザーとして活躍。

§ エリック・ヴェルディエの足跡 §

（「文化と味覚」協会会長マルク・ミアネー）

　14歳の時、エリックのカバンを覗くと、教科書よりもワインについての本が入っていることが多かった。マルセイユ旧港地区にあるソフィテル・ホテル内レストラン「レ・トロワ・フォール」で、次席ソムリエとして働き始めたのはまだ若い時分だった（17歳）。（フランスのソムリエ第一人者、ジャン=リュック・プトーの口添えで）パリのベルナール・フルニエが、当時18歳のヴェルディエを自分のレストランの主席ソムリエに迎える。ほどなく新しい仕事、パリの主要なショッピングセンターで高級食料品店を何軒も展開するホテルグループの専属ワインバイヤーの職を勧められ、それを引き受ける。1986年には、豊富な品揃えを誇るカーヴで有名なとあるパリのレストランで、バイヤー兼ソムリエの職に就く。1987年、自らが代表を務めるエリック・ヴェルディエ販売を設立、この会社は1996年に設立10周年を迎えている。エリック・ヴェルディエの名をここまで世に広めたのは、何といってもグラン・ジュリ鑑定会の創設者、今は亡きジャック・リュクセの功績だろう。1987年、当時まだ21歳だったヴェルディエの才能を見抜いたのは彼だった。リュクセはヴェルディエを世界で最も優れたワイン鑑定士40名の中に選び、パリ商工会議所主催で開かれたシャトー・ペトリュス優良ミレジム1926～76年を鑑定する名誉ある試飲会に参加させたのだった。1988年にヴェルディエは初めてワイン鑑定本を著述、出版する。当人はあまり評判になると思ってなかったらしいが、これによって彼はフランス銘醸ワインのアナリストとしてのキャリアを歩み始めたのだった。着実に積み重ねて来た経験のおかげで、フランスで名の通ったワイン生産者の多くにも高い評価を受けている。J.-P.ガルデール（シャトー・ラトゥールの元栽培責任者）、クロード・リカール（ドメーヌ・ド・シュヴァリエの元経営者）、マルセル・ギガル、アンリ・ジャイエなど…これら著名人がみなヴェルディエの著作に喜んで序文を寄せてくれたのだった。

ボルドーの主要品種(Cépages bordelais) 2000/2001年度

ワイン	所有者・生産地区	得点
試飲会 nº-1		
Château Le Pin 1998	ポムロール	18
Insignia Assemblage Bordelais 1995	Joseph Phelps Vineyards (アメリカ)	18
Stag's Leap Cask 23 Assemblage Bordelais 1995	Stag's Leap Wine Cellars (アメリカ)	18
Vieux-Château-Certan 1996	ポムロール	18
Ridge Monte Bello Cabernet Sauvignon 1994	Ridge Vineyard (アメリカ)	17.5
Château Mouton Rothschilde 1996	メドック 1er GCC	17.5
Insignia Assemblage Bordelais 1997	Joseph Phelps Vineyards (アメリカ)	17
Pahlmeyer Cabernet Sauvignon 1996	Pahlmeyer Winery (アメリカ)	17
Ridge Monte Bello Cabernet Sauvignon 1996	Ridge Vineyard (アメリカ)	16.5
Château Latour 1995	メドック 1er GCC	16.5
Château Le Pin 1997	ポムロール	16
The Signature Cabernet Sauvignon & Shiraz 1996	Yalumba (オーストラリア)	16
Valdivieso Cabalo Loco 4 (*)	Valdivieso (チリ)	16
Phelps Napa Cabernet Sauvignon 1997	Joseph Phelps Vineyards (アメリカ)	16
Château Haut-Brion 1994	ペサック=レオニャン 1er GCC	16
Ridge Santa Cruz Cabernet Sauvignon 1996	Ridge Vineyard (アメリカ)	15.5
Château Léoville Poyferré 1996	メドック 2ème GCC	15
Catena Alta Cabernet Sauvignon 1996	Catena [Bodega Esmeralda] (アルゼンチン)	14
Warwick Trilogy - Assemblage Bordelais 1998	Warwick Estate (南アフリカ)	13
Château Lague 1998	フロンサック	12
試飲会 nº-2		
Château Lafite Rothschild 1993	メドック 1er GCC	17.5
Valdivieso « V » Malbec (*)	Valdivieso (チリ)	16.5
Ridge Monte Bello Cabernet Sauvignon 1996	Ridge Vineyard (アメリカ)	16.5
Château Lafite Rothschild 1994	メドック 1er GCC	16.5
Château Latour 1996	メドック 1er GCC	16.5
Domaine de Chevalier 1998	ペサック=レオニャン・グラーヴ GCC	16
Château Haut-Marbuzet 1998	メドック(格付けなし)	16
Cabernet VGS 1997	Château Potelle (アメリカ)	16
Napa Cabernet Sauvignon 1997	Joseph Phelps Vineyards (アメリカ)	16
Château Lafite Rothschild 1995	メドック 1er GCC	16
Ridge Santa Cruz Cabernet Sauvignon 1997	Ridge Vineyard (アメリカ)	15.5
Vieux-Château-Certan 1997	ポムロール	15.5
Château Phélan-Ségur 1996	メドック(格付けなし)	15.5
Moraga Bel Air Assemblage Bordelais 1995	Moraga Vineyard (アメリカ)	15.5
Château Berliquet 1998	サン=テミリオン GCC	15.5
Château Mouton Rothschild 1993	メドック 1er GCC	15
Château Cheval Blanc 1996	サン=テミリオン 1er CC(A)	14.5
Catena Alta Malbec 1997	Catena [Bodega Esmeralda] (アルゼンチン)	14.5
Château La Dominique 1998	サン=テミリオン GCC	14.5
Niebaum Coppola Family Merlot 1997	Niebaum Coppola Estate Winery (アメリカ)	14
Nambrot Merlot 1998	Tenuta di Ghizzano (イタリア)	14
Château Chantegrive 1997	ペサック=レオニャン・グラーヴ	12.5
« Merlot » 1998	Planeta (イタリア—シチリア島)	12
The Menzies Cabernet Sauvignon 1997	Yalumba (オーストラリア)	12
Warwick Trilogy - Assemblage Bordelais 1997	Warwick Estate (南アフリカ)	12
試飲会 nº-3		
Château Cheval Blanc 1995	サン=テミリオン 1er CC(A)	18.5
Ridge Monte Bello Cabernet Sauvignon 1995	Ridge Vineyard (アメリカ)	18
Château Lafite Rothschild 1996	メドック 1er GCC	18

《文化と味覚》プレステージ試飲会

ボルドーの主要品種（Cépages bordelais）2000/2001年度

ワイン	所有者・生産地区	得点
Ridge Monte Bello Cabernet Sauvignon 1994	Ridge Vineyard（アメリカ）	17
Petrus 1997	ポムロール	17
Château Haut-Brion 1997	ペサック=レオニャン 1er GCC	16.5
Lupicaia Cabernet Sauvignon & Merlot 1998	Castello Del Terriccio（イタリア）	16.5
Valdivieso Cabalo Loco 3 (*)	Valdivieso（チリ）	16
Château Latour 1997	メドック 1er GCC	16
Vieux-Château-Certan 1997	ポムロール	16
Tassinaia Cabernet Sauvignon & Merlot & Sangiovese 1998	Castello Del Terriccio（イタリア）	15.5
Cabernet Sauvignon Northern Sonoma 1995	Ernest & Julio Gallo Winery（アメリカ）	15
Château Léoville Poyferré 1997	メドック 2ème GCC	14.5
Wynns John Riddoch Cabernet Sauvignon 1997	Wynns Vineyard（オーストラリア）	14.5
Merlot-Cabernet Black Label « Hawkes Bay » 1998	Morton Estate	14.5
Valdivieso Single Vineyard Malbec 1998	Valdivieso（チリ）	14
Merlot « Columbia Valley » 1996	Château Sainte Michelle（アメリカ）	14
Château Grand-Puy-Ducasse 1998	メドック 5ème GCC	13.5
« Paul Sauer » 1996	Kanonkop（南アフリカ）	13
Château Laroze 1998	サン=テミリオン GCC	13
Château Grand Bert (SCEA Lavigne) 1998	サン=テミリオン GC	13
Château de France 1997	ペサック=レオニャン・グラーヴ	13
« Broken Stone Merlot » « Hawkes Bay » 1998	Sacred Hill（ニュージーランド）	13

試飲会 n°-4

ワイン	所有者・生産地区	得点
Ridge Monte Bello Cabernet Sauvignon 1995	Ridge Vineyard（アメリカ）	18
Château Lafite Rothschild 1994	メドック 1er GCC	17.5
Shafer Hillside Select Assemblage Bordelais 1995	Shafer Vineyards（アメリカ）	17
Cullen Cabernet Sauvignon - Merlot 1997	Cullen Wines（オーストラリア）	16
Ridge Santa Cruz Cabernet Sauvignon 1997	Ridge Vineyard（アメリカ）	16
Shafer Cabernet Sauvignon 1997	Shafer Vineyards（アメリカ）	16
Château Lafite Rothschild 1995	メドック 1er GCC	16
Cabernet Sauvignon Nothern Sonoma 1994	Ernest & Julio Gallo Winery（アメリカ）	16
Château Léoville Poyferré 1996	メドック 2ème GCC	15.5
« Fratta » Veneto 1998	Maculan（イタリア）	15
Coppermine Road Cabernet Sauvignon 1997	D'Arenberg Wines（オーストラリア）	14.5
Château Mirebeau 1997	ペサック=レオニャン・グラーヴ	14
Château Mirebeau 1998	ペサック=レオニャン・グラーヴ	14
Château La Croix du Casse 1998	ポムロール	14
Ségla 1998	[Château Rauzan-Ségla のセカンドワイン]	14
Merlot Reserve 1998	Morgenhof Wines（南アフリカ）	14
Cabernet Sauvignon Réserve 1996	Moss Wood（オーストラリア）	13.5
Château Balestard-La-Tonnelle 1998	サン=テミリオン GCC	13.5
Château Prieurs de la Commanderie 1998	ポムロール	13.5
Château La Couspaude 1999	サン=テミリオン GCC	13.5
Le Pin de Château de Belcier 1998	コート・ド・カスティヨン	13.5
Cabernet Sauvignon « Reserve » 1997	Valdas - La Patagua Vineyard (Colchagua Valley - チリ)	13
Château Dubois-Grimon 1998	コート・ド・カスティヨン	12.5
Château Grand Tuillac Cuvée Élégance 1998	コート・ド・カスティヨン	12.5
Première Sélection Assemblage 1997	Morgenhof Wines（南アフリカ）	12

試飲会 n°-5

ワイン	所有者・生産地区	得点
Stag's Leap Cask 23 Assemblage Bordelais 1995	Stag's Leap Wine Cellars（アメリカ）	18.5
Stag's Leap Cask 23 Assemblage Bordelais 1997	Stag's Leap Wine Cellars（アメリカ）	18

ボルドーの主要品種（Cépages bordelais）2000/2001年度

ワイン	所有者・生産地区	得点
Vieux-Château-Certan 1998	ポムロール	17.5
Château Le Pin 1995	ポムロール	17
« Villa Gemma » Montepulcino d'Albruzzo 1995	Masciarelli（イタリア）	17
Penfolds Bin 707 Cabernet Sauvignon 1996	Penfolds Wines（オーストラリア）	16.5
Château Le Pin 1996	ポムロール	16.5
Château Léoville Poyferré 1998	メドック 2ème GCC	16
Saint-Domingue de Château La Dominique 1998	サン＝テミリオン GC	15.5
Silver Oak Napa Valley Cabernet Sauvignon 1995	Silver Oak Cellars（アメリカ）	15
Château Carolus 1999	フロンサック	15
Réserve Cabernet Sauvignon 1998	Valdivieso（チリ）	14.5
Valdivieso Single Vineyard Malbec 1998	Valdivieso（チリ）	14.5
Te Motu Cabernet Sauvignon 1996	Te Motu（ニュージーランド）	14.5
Château La Couspaude 1998	サン＝テミリオン GCC	14.5
Château La Rousselle 1999	フロンサック	14
Cabernet Sauvignon « Frei Ranch Vineyard » 1995	E. & J. Gallo Winery（Dry Creek Valley - アメリカ）	13.5
Château Poujeaux 1997	メドック（格付けなし）	13.5
Château Grand Ormeau « Cuvée Madelaine » 1998	ラランド・ド・ポムロール	13.5
Château Haut Lariveau 1998	フロンサック	12.5
Château Vrai Canon-Bouché 1999	カノン＝フロンサック	12.5
Château Macay 1999	コート・ド・ブール	12
Heitz Napa Cabernet Sauvignon Napa 1995	Heitz Wine Cellars（アメリカ）	12

試飲会 n°-6

ワイン	所有者・生産地区	得点
Petrus 1995	ポムロール	18.5
Insignia Assemblage Bordelais 1995	Joseph Phelps Vineyards（アメリカ）	18
Stag's Leap Cask 23 Assemblage Bordelais 1997	Stag's Leap Wine Cellars（アメリカ）	18
Bacchus Vineyard Cabernet Sauvignon 1997	Joseph Phelps Vineyards（アメリカ）	18
Château Cheval Blanc 1995	サン＝テミリオン 1er CC(A)	18
Château Le Pin 1995	ポムロール	17.5
Vieux-Château-Certan 1998	ポムロール	17.5
Insignia Assemblage Bordelais 1997	Joseph Phelps Vineyards（アメリカ）	17
Château Haut-Brion 1996	ペサック＝レオニャン 1er GCC	16.5
Stag's Leap SLV Cabernet Sauvignon 1997	Stag's Leap Wine Cellars（アメリカ）	16
L'Apparita IGT Merlot 1996	Castello di Ama（イタリア）	16
The Signature Cabernet Sauvignon & Shiraz 1996	Yalumba（オーストラリア）	16
Château Léoville Poyferré 1998	メドック 2ème GCC	16
Stag's Leap Fay Cabernet Sauvignon 1995	Stag's Leap Wine Cellars（アメリカ）	16
Tassinaia Cabernet Sauvignon & Merlot & Sangiovese 1998	Castello Del Terriccio（イタリア）	15
Château Palmer 1996	メドック 3ème GCC マルゴー	14.5
Château Poujeaux 1998	メドック（格付けなし）	14.5
Stag's Leap Fay Cabernet Sauvignon 1997	Stag's Leap Wine Cellars（アメリカ）	14
Valdivieso Single Vineyard Merlot 1998	Valdivieso（チリ）	14
Heitz Bella Oaks Cabernet Sauvignon 1995	Heitz Wine Cellars（アメリカ）	14
Château Belles-Graves 1999	シャトー・ベル＝グラーヴ	13.5
Château Macay « Cuvée Original » 1999	コート・ド・ブール	13.5
Château Citran 1998	メドック（格付けなし）	12
Château Clément Pichon 1998	オー＝メドック（Cru Bourgeois）	12
Château d'Agassac 1998	メドック（格付けなし）	12

試飲会 n°-7

ワイン	所有者・生産地区	得点
Petrus 1998	ポムロール	18.5

ボルドーの主要品種（Cépages bordelais）2000/2001年度

ワイン	所有者・生産地区	得点
Vieux-Château-Certan 1998	ポムロール	18
Château Le Pin 1995	ポムロール	17.5
Château Lafite Rothschild 1998	メドック 1er GCC	17.5
Ridge Monte Bello Cabernet Sauvignon 1995	Ridge Vineyard（アメリカ）	17.5
Château Cheval Blanc 1998	サン＝テミリオン 1er CC(A)	17
Pahlmeyer Cabernet Sauvignon 1996	Pahlmeyer Winery（アメリカ）	17
Pahlmeyer Merlot 1997	Pahlmeyer Winery（アメリカ）	17
Château Margaux 1998	メドック 1er GCC	16.5
Darmagi Cabernet Sauvignon 1996	Angélo Gaja（イタリア）	16
Piano di Montevergino 1997	Feudi di San Gregorio（イタリア）	16
Stag's Leap Fay Cabernet Sauvignon 1996	Stag's Leap Wine Cellars（アメリカ）	16
Insignia Assemblage Bordelais 1996	Joseph Phelps Vineyards（アメリカ）	16
Château Léoville Poyferré 1998	メドック 2ème GCC	16
Château Latour 1998	メドック 1er GCC	15.5
Mata Coleraine Cabernet Sauvignon Merlot 1997	Te Mata Estate Winery（ニュージーランド）	15.5
Serpico 1999	Feudi di San Gregorio（イタリア）	15
Château Mouton Rothschild 1998	メドック 1er GCC	14.5
Valdivieso Single Vineyard Cabernet Franc 1998	Valdivieso（チリ）	14.5
Te Mata Awatea Cabernet Merlot 1998	Te Mata Estate Winery（ニュージーランド）	14
Château Chantegrive 1999	ペサック＝レオニャン・グラーヴ	13.5
Château Beychevelle 1998	メドック 4ème GCC	13.5
Château Chantegrive 1998	ペサック＝レオニャン・グラーヴ	12.5
試飲会 n°-8		
Lupicaia Cabernet Sauvignon & Merlot 1997	Castello Del Terricio（イタリア）	17
Château Léoville Poyferré 1998	メドック 2ème GCC	16.5
Château Haut-Marbuzet 1998	メドック（格付けなし）	16
Domaine de Chevalier 1998	ペサック＝レオニャン・グラーヴ	16
Château Léoville Las Cases 1998	メドック 2ème GCC	16
Shafer Merlot 1997	Shafer Vineyards（アメリカ）	16
Château Cantelauze 1998	ポムロール	15.5
Tassinaia Cabernet Sauvignon & Merlot & Sangiovese 1999	Castello Del Terricio（イタリア）	15
Château Pichon Baron 1998	メドック 2ème GCC	15
Nicolas Catena Zapata 1997	Catena Bodega Esmeralda（アルゼンチン）	15
Château Palmer 1996	メドック 3ème GCC マルゴー	14.5
Heitz Bella Oaks Cabernet Sauvignon 1995	Heitz Wine Cellars（アメリカ）	14.5
Château Clinet 1999	ポムロール	14.5
Château Clinet 1998	ポムロール	14.5
Château Gombaude-Guillot 1999	ポムロール	14.5
Cabernet Sauvignon Reserva 1999	Jacques et François Lurton（アルゼンチン）	13.5
Malbec Reserva Bois Agé 1999	Jacques et François Lurton（アルゼンチン）	13.5
Grand Lurton Grande Réserve Cab. Sauvignon 1999	Jacques et François Lurton（アルゼンチン）	14.5
Desiderio Merlot 1998	Avignonesi（トスカーナ地方 - イタリア）	14.5
Château Cos d'Estournel 1998	メドック 2ème GCC	14.5
Château Montrose 1998	メドック 2ème GCC	14
Château Lagrange 1998	メドック 3ème GCC	14
Piedra Negra - Malbec 1999	Jacques et François Lurton（アルゼンチン）	14
I Pini 1999	Fattoria di Basciano（イタリア）	14
Knigh Valley « Cabernet Sauvignon » 1997	Beringer（アメリカ）	14
Cabernet Franc Spitz 1999	Bellingham（南アフリカ）	14
Clos Plince 1999	ポムロール	13.5

《文化と味覚》プレステージ試飲会

ボルドーの主要品種（Cépages bordelais）2000/2001年度

ワイン	所有者・生産地区	得点
Château de Barbe Blanche (Lurton) Cuvée Henri IV 1999	リュサック・サン=テミリオン	13
Grand Araucano Rouge 1998	Jacques et François Lurton（チリ）	13
Château Cap de Mourlin 1998	サン=テミリオン GCC	13
Cabernet Sauvignon Barrica Selection 1993	Viña Santa Carolina（チリ）	13
Château La Louvière 1999	ペサック=レオニャン・グラーヴ GCC	12.5
Cabernet Sauvignon « Reservado » (San Fernando) 1999	Viña Santa Carolina（チリ）	12.5
Domaine de la Citadelle Cabernet Sauvignon 2000	ヴァン・ド・ペイ・デュ・ヴォークリューズ	12.5
Côtes de Bergerac rouge Les Verdots 1999	GAEC・フルトゥ＆フィス	12.5

(*) 複数ミレジムのワイン液をブレンドした銘柄。

シラー：≪ラ・テュルク La Turque (E. Guigal)≫スペシャル

ワイン	所有者・生産地区	得点
コート=ロティ≪ラ・テュルク≫ 1988	Maison Guigal（フランス）	18.5
コート=ロティ≪ラ・テュルク≫ 1990	Maison Guigal（フランス）	18
コート=ロティ≪ラ・テュルク≫ 1995	Maison Guigal（フランス）	18
コート=ロティ≪ラ・テュルク≫ 1994	Maison Guigal（フランス）	17
コート=ロティ≪ラ・テュルク≫ 1992	Maison Guigal（フランス）	16

世界のシラー Syrah 2000/2001年度

ワイン	所有者・生産地区	得点
試飲会 nº-1		
Dead Arm Shiraz 1998	D'Arenberg Wines（オーストラリア）	17.5
The Octavius Shiraz 1996	Yalumba（オーストラリア）	17.5
Côte-Rôtie La Landonne 1997	Maison Guigal（フランス）	17.5
Penfolds Grange Shiraz 1992	Penfolds Wines（オーストラリア）	17
Penfolds Grange Shiraz 1995	Penfolds Wines（オーストラリア）	17
Côte-Rôtie La Mouline 1995	Maison Guigal（フランス）	16.5
Mount Langi Ghiran Shiraz 1998	Mount Langi Ghiran（オーストラリア）	16
Penfolds Grange Shiraz 1991	Penfolds Wines（オーストラリア）	16
McCrae Wood Shiraz 1997	Jim Barry Wines（オーストラリア）	16
Côte de Provence « Syrah » 1999	Domaine Richeaume（フランス）	14
Côte-Rôtie Côte Brune 1998	Domaine Jamet（フランス）	13.5
Côte-Rôtie 1998	Burgaud Bernard（フランス）	13.5
Côte-Rôtie Brune et Blonde 1997	Maison Guigal（フランス）	13
Crozes-Hermitage Cuvée Gaby 1999	Domaine du Colombier（フランス）	13
Côte-Rôtie 1998	Jasmin JP et JL [GAEC]（フランス）	12.5
試飲会 nº-2		
Côte-Rôtie La Mouline 1997	Maison Guigal（フランス）	18.5
The Octavius Shiraz 1996	Yalumba（オーストラリア）	17.5
Dead Arm Shiraz 1998	D'Arenberg Wines（オーストラリア）	17
Henschke Mount Edelstone Shiraz 1995	Henschke（オーストラリア）	17
Côte-Rôtie Les Grandes Places 1998	Gérin Jean-Michel（フランス）	16.5
Mount Langi Ghiran Shiraz 1998	Mount Langi Ghiran（オーストラリア）	16
Ironstone Pressing Grenache & Shiraz 1998	D'Arenberg Wines（オーストラリア）	16
Côte-Rôtie La Rose Pourpre 1999	Domaine Gaillard Pierre（フランス）	15.5
Hermitage 1997	Maison Guigal（フランス）	14
Hardy's E & E Black Pepper Shiraz 1996	BRL Hardy（オーストラリア）	14
Hardy's Leasingham Classic Clare Shiraz 1996	BRL Hardy（オーストラリア）	14
Crozes-Hermitage « Cuvée Louis Belle » 1998	Domaine Belle Albert（フランス）	12.5
試飲会 nº-3		
Côte-Rôtie La Mouline 1997	Maison Guigal（フランス）	18
Run Rig « Shiraz » 1997	Torbreck（オーストラリア）	18
Côte-Rôtie La Turque 1996	Maison Guigal（フランス）	17
Côte-Rôtie La Turque 1997	Maison Guigal（フランス）	17
Côte-Rôtie La Landonne 1995	Maison Guigal（フランス）	17
The Armagh Shiraz 1997	Jim Barry Wines（オーストラリア）	17
Jade Mountain Mount Veeder Syrah 1995	Jade Mountain Winery（アメリカ）	16.5
Côte-Rôtie La Landonne 1996	Maison Guigal（フランス）	16.5
Côte-Rôtie La Mouline 1996	Maison Guigal（フランス）	16.5
Charles Melton Nine Popes Assemblage 1998	Charles Melton Wines（オーストラリア）	16
Hermitage 1999	Domaine du Colombier（フランス）	16
Filsel Vieilles Vignes Shiraz Barossa Valley 1998	Grant Burge（オーストラリア）	15.5
St Hallett Old Block Shiraz 1997	St Hallett（オーストラリア）	15
Wynns Michael Shiraz 1997	Wynns Vineyard（オーストラリア）	15
McCrae Wood Shiraz 1997	Jim Barry Wines（オーストラリア）	15
Qupé Bien Nacido Hillside Estate Syrah Santa Maria Valley 1998	Qupé Wine Cellars（アメリカ）	15
Côte-Rôtie Champin Le Seigneur 1998	Gérin Jean-Michel（フランス）	14.5
Côte-Rôtie Cuvée Classique 1998	Domaine Clusel-Roch（フランス）	14
Torbreck The Steading Grenach/Mourvèdre/Shiraz 1998	Torbreck（オーストラリア）	14

世界のシラー Syrah 2000/2001年度

ワイン	所有者・生産地区	得点
試飲会 n°-4		
Côte-Rôtie Les Grandes Places 1997	Gérin Jean-Michel（フランス）	16.5
Côte-Rôtie La Landonne 1998	Gérin Jean-Michel（フランス）	16.5
Eileen Hardy Shiraz 1997	BRL Hardy（オーストラリア）	16.5
Côte-Rôtie Les Viallières 1999	Domaine Gaillard Pierre（フランス）	16.5
Côte-Rôtie Les Grandes-Places 1997	Domaine Clusel-Roch（フランス）	16
Côte-Rôtie Le Crêt 1999	Domaine Gaillard Pierre（フランス）	16
The Ridge Shiraz Graham Beck Wines 1999	（南アフリカ）	16
Côte-Rôtie 1999	Burgaud Bernard（フランス）	16
Charles Melton Shiraz 1998	Charles Melton Wines（オーストラリア）	15.5
Hermitage 1995	Chave Jean-Louis（フランス）	15.5
Cornas Les Ruchets 1999	Jean-Luc Colombo（フランス）	15
Côte-Rôtie La Landonne 1998	Domaine René Rostaing（フランス）	15
Côte-Rôtie Le Crêt 1999	Domaine Gaillard Pierre（フランス）	15
Cornas Les Méjeans	Jean-Luc Colombo（フランス）	14.5
Côte-Rôtie « Côte Blonde » 1998	Domaine René Rostaing（フランス）	14
Hermitage Les Bessards 1998	Maison Delas Frères（フランス）	14
Hermitage 1998	Domaine Belle Père et Fils（フランス）	13.5
Côte-Rôtie Maison Rouge 1998	Vernay Georges（フランス）	13.5
Torbreck The Steading Grenach/Mourvèdre/Shiraz 1998	Torbreck（オーストラリア）	13.5
Côte-Rôtie 1997	Maison Guigal（フランス）	13.5
Côte-Rôtie Château d'Ampuis 1997	Maison Guigal（フランス）	13.5
Côte-Rôtie 1998	Domaine René Rostaing（フランス）	13
Côte-Rôtie La Landonne 1998	Maison Delas Frères（フランス）	13
Côte-Rôtie 1999	Vernay Georges（フランス）	12.5
Vasse Felix Shiraz 1998	Vasse Felix（オーストラリア）	12.5
Saint-Joseph 1999	Vernay Georges（フランス）	12
Hermitage Marquise de la Tourette 1998	Maison Delas Frères（フランス）	12

《文化と味覚》プレステージ試飲会

世界のシャルドネ Chardonnay 2000/2001年度

ワイン	所有者・生産地区	得点
試飲会 n°-1		
Montrachet (Grand cru) 1992	Domaine Guy Amiot et Fils（フランス）	18
Pahlmeyer Chardonnay 1997	Pahlmeyer Winery（アメリカ）	18
Montrachet (Grand cru) 1996	Domaine Guy Amiot et Fils（フランス）	17.5
Montrachet (Grand cru) 1997	Domaine Guy Amiot et Fils（フランス）	17.5
Rochioli River Block Chardonnay 1998	Rochioli Vineyards（アメリカ）	17
Au Bon Climat Sandford et Benedict 1998	Au Bon Climat Winery（カリフォルニア）	16.5
Rosemount Roxburgh Chardonnay 1995	Rosemount Estate（オーストラリア）	16
Puligny-Montrachet 1er cru La Truffière 1999	Dom. Michel Colin-Deléger et Fils（フランス）	16
Rochioli Russian River Valley Chardonnay 1997	Rochioli Vineyards（アメリカ）	15.5
Rochioli Russian River Valley Chardonnay 1998	Rochioli Vineyards（アメリカ）	15.5
Saintsbury Réserve Chardonnay 1997	Saintsbury（アメリカ）	15
Shafer Red Shoulder Ranch Chardonnay 1998	Shafer Vineyards（アメリカ）	15
Chablis Grand Cru Moutonne 1998	Domaine Long Depaquit（フランス）	14
Chablis Grand Cru Les Clos 1999	Domaine Long Depaquit（フランス）	13.5
Puligny-Montrachet 1er cru Champ-Canet 1999	Domaine Etienne Sauzet（フランス）	13.5
Barrel Fermented Hawkes Bay 1999	Sacred Hill（ニュージーランド）	13.5
Chassagne-Montrachet 1er cru Les Champs Gain 1999	Domaine Guy Amiot et Fils（フランス）	13
Chablis Grand Cru Les Vaudésirs 1999	Domaine Long Depaquit（フランス）	13
Meursault 1er cru Les Perrières « Clos des Perrières » 1999	Domaine Albert Grivault（フランス）	13
Chassagne-Montrachet 1999	Domaine Etienne Sauzet（フランス）	12
試飲会 n°-2		
Montrachet (Grand cru) 1999	Domaine Marc Colin（フランス）	18
Vine Hill 1994	Kistler Vineyards（アメリカ）	18
Montrachet (Grand cru) 1997	Domaine Guy Amiot et Fils（フランス）	17
Puligny-Montrachet 1er cru Les Demoiselles 1999	Dom. Michel Colin-Deléger et Fils（フランス）	16.5
Au Bon Climat Mendocino « Ici/Là-Bas » Philippine 1998	Au Bon Climat Winery（カリフォルニア）	16
Kistler Dutton Ranch Chardonnay 1997	Kistler（アメリカ）	16
Montrachet (Grand cru) 1998	Domaine Marc Colin（フランス）	15.5
Chassagne-Montrachet 1er cru Vide Bourse 1999	Bernard Morey（フランス）	15
Puligny-Montrachet 1er cru La Truffière 1999	Bernard Morey（フランス）	15
Te Mata Elston Chardonnay 1997	Te Mata Estate Winery（ニュージーランド）	14.5
Zierreg Chardonnay (Morillon) 1999	Tement（オーストリア）	14.5
« Terre di Franciacorta » 1997	Ca' Del Bosco（イタリア）	14.5
Te Mata Elston Chardonnay 1998	Te Mata Estate Winery（ニュージーランド）	14
Montrachet (Grand cru) 1998	Domaine Guy Amiot et Fils（フランス）	14
Chassagne-Montrachet 1er cru Les Vergers 1999	Dom. Michel Colin-Deléger et Fils（フランス）	14
Chablis Premier cru Les Lys 1999	Domaine William Fèvre（フランス）	13.5
« Chardonnay Margaret River » 1999	Cullen Wines（オーストラリア）	13.5
« Chardonnay Missionvale » 1999	Bouchard Finlayson Vineyard & Winery（オーストラリア）	13
Chardonnay 1998	Planeta Ufficio Commerciale（イタリア・シチリア島）	12
試飲会 n°-3		
Pahlmeyer Chardonnay 1997	Pahlmeyer Winery（アメリカ）	18
Chablis Grand Cru Valmur 1999	Domaine William Fèvre（フランス）	16.5
« Northern Sonoma » 1997	Ernest et Julio Gallo Winery（アメリカ）	16.5
Au Bon Climat Sandford et Benedict 1998	Au Bon Climat Winery（カリフォルニア）	16.5

世界のシャルドネ Chardonnay 2000/2001年度

ワイン	所有者・生産地区	得点
Ovation Chardonnay 1996	Joseph Phelps Vineyards（アメリカ）	16.5
Ovation Chardonnay 1997	Joseph Phelps Vineyards（アメリカ）	16.5
Au Bon Climat Alban Vineyard 1998	Au Bon Climat Winery（カリフォルニア）	16
Ovation Chardonnay 1998	Joseph Phelps Vineyards（アメリカ）	16
Chablis Grand Cru Les Preuses 1999	Domaine William Fèvre（フランス）	15.5
Chablis Grand Cru Vaudésir 1999	Domaine William Fèvre（フランス）	15.5
Vasse Felix Heytesbury Chardonnay 1999	Vasse Felix（オーストラリア）	15
Chablis Grand Cru Les Blanchots 1999	Domaine William Fèvre（フランス）	15
Chablis Premier cru Les Montmains 1999	Domaine William Fèvre（フランス）	15
Chassagne-Montrachet 1er cru Les Morgeots 1999	Domaine Pillot Fernand et Laurant（フランス）	14.5
Puligny-Montrachet 1er cru Les Combettes 1999	Domaine Etienne Sauzet（フランス）	14.5
Puligny-Montrachet 1er cru Les Folatières 1999	Domaine Etienne Sauzet（フランス）	14
Puligny-Montrachet 1er cru Les Perrières 1999	Domaine Etienne Sauzet（フランス）	14
Chassagne-Montrachet 1er cru Les Vergers 1999	Domaine Pillot Fernand et Laurant（フランス）	13.5
Chassagne-Montrachet 1er cru Les Chaumées 1999	Dom. Michel Colin-Deléger et Fils（フランス）	13.5
Puligny-Montrachet Village 1999	Domaine Etienne Sauzet（フランス）	12.5
Marie Laure Vin de Pays d'Oc Blanc 2000	Château Saint-Martin-des-Champs（フランス）	12.5

試飲会 n°-4

ワイン	所有者・生産地区	得点
Corton-Charlemagne (Grand cru) 1997	Domaine Bouchard Père et Fils（フランス）	17.5
Chevalier-Montrachet (Grand cru) 1999	Dom. Michel Colin-Deléger et Fils（フランス）	17.5
Montrachet (Grand cru) 1999	Domaine Etienne Sauzet（フランス）	17.5
Chablis Grand Cru Les Clos 1999	Domaine William Fèvre（フランス）	17.5
Rosemount Roxburgh Chardonnay 1995	Rosemount Estate（オーストラリア）	16.5
Corton-Charlemagne (Grand cru) 1998	Domaine Bouchard Père et Fils（フランス）	16
Bâtard-Montrachet (Grand cru) 1999	Dom. Michel Colin-Deléger et Fils（フランス）	16
Chardonnay Tatschler 1999	Kollwentz Anton（オーストリア）	15.5
Pouilly-Fuissé Les Monts de Pouilly 1997	Maison Louis Jadot（フランス）	15.5
Chassagne-Montrachet 1er cru Les Caillerets 1999	Bernard Morey（フランス）	15
Bâtard-Montrachet (Grand cru) 1999	Domaine Etienne Sauzet（フランス）	15
« Laguna Ranch - Russian River Valley » 1998	Ernest et Julio Gallo Winery（アメリカ）	14.5
Chablis Premier cru Montée de Tonnerre 1999	Domaine William Fèvre（フランス）	14.5
Montrachet (Grand cru) 1998	Domaine Guy Amiot et Fils（フランス）	14
Puligny-Montrachet 1er cru La Garenne 1999	Domaine Etienne Sauzet（フランス）	14
Montrachet (Grand cru) 1998	Domaine Guy Amiot et Fils（フランス）	14
Montrachet (Grand cru) 1999	Domaine Guy Amiot et Fils（フランス）	14
Riflemans Hawkes Bay 1998	Sacred Hill（ニュージーランド）	14
Mate's Vineyard Chardonnay 1999	Kumeu River（ニュージーランド）	14
Saint-Véran Vieilles Vignes 1999	Domaine des Deux Roches（フランス）	14
Barrel Fermented Hawkes Bay 1999	Sacred Hill（ニュージーランド）	13.5
Chassagne-Montrachet 1er cru Les Chenevottes 1999	Domaine Colin-Deléger（フランス）	13
Chassagne-Montrachet 1er cru En Remilly 1999	Domaine Colin-Deléger（フランス）	13
Saint-Aubin 1er cru En Charmois 1999	Dom. Michel Colin-Deléger et Fils（フランス）	13
Mountadam Chardonnay 1997	Mountadam Vineyard（オーストラリア）	12

試飲会 n°-5

ワイン	所有者・生産地区	得点
Montrachet (Grand cru) 1997	Maison Louis Jadot（フランス）	18
Montrachet (Grand cru) 1997	Domaine Bouchard Père et Fils（フランス）	17.5
Corton-Charlemagne (Grand cru) 1997	Maison Louis Latour（フランス）	17
Montrachet (Grand cru) 1996	Domaine Bouchard Père et Fils（フランス）	16.5
Chablis Grand Cru Les Bougros « Côte de Bouguerots » 1999	Domaine William Fèvre（フランス）	16.5

世界のシャルドネ Chardonnay 2000/2001年度

ワイン	所有者・生産地区	得点
Chassagne-Montrachet 1er cru Grandes Ruchottes 1999	Domaine Pillot Fernand et Laurant（フランス）	16
Catena Alta Chardonnay 1997	Catena Bodega Esmeralda（アルゼンチン）	16
Bienvenue-Bâtard-Montrachet (Grand cru) 1999	Domaine Etienne Sauzet（フランス）	14.5
Montrachet (Grand cru) 1999	Domaine Guy Amiot et Fils（フランス）	14
Riflemans Hawkes Bay 1998	Sacred Hill（ニュージーランド）	14
Chablis Premier cru Les Vaillons 1999	Domaine William Fèvre（フランス）	14
Neudorf Nelson Moutere Chardonnay 1999	Neudorf Vineyards（ニュージーランド）	14
Chablis 1er cru Fourchaume « Vignoble de Vaulorent » 1999	Domaine William Fèvre（フランス）	14
Chassagne-Montrachet 1er cru Morgeot 1999	Bernard Morey（フランス）	14
Puligny-Montrachet 1er cru Les Referts 1999	Domaine Etienne Sauzet（フランス）	14
Chassagne-Montrachet 1er cru Les Baudines 1999	Bernard Morey（フランス）	14
Pouilly-Fuissé Les Monts de Pouilly 1999	Maison Louis Jadot（フランス）	14
The Other Side Chardonnay 1998	D'Arenberg Wines（オーストラリア）	13.5
Chassagne-Montrachet 1er cru Les Embrazées 1999	Bernard Morey（フランス）	13.5
Pouilly-Fuissé Cuvée Vieilles Vignes 1999	Domaine des Vieux Murs et Domaine de Fussiacus	13
Chardonnay 1999	Kumeu River（ニュージランド）	12.5
Chassagne-Montrachet 1er cru Vide Bourse 1999	Domaine Pillot Fernand et Laurant（フランス）	12.5
Meursault 1er cru Les Tillets 1999	Jean Javillier & Fils（フランス）	12.5
Grand Araucano Blanc 1998	Jacques et François Lurton（チリ）	12
Chassagne-Montrachet 1er cru Les Vergers 1999	Domaine Guy Amiot et Fils（フランス）	12

試飲会 n°-6

ワイン	所有者・生産地区	得点
« Durell Vineyard » 1998	Kistler Vineyards（アメリカ）	17.5
Montrachet (Grand cru) 1999	Domaine Bouchard Père et Fils（フランス）	16.5
Corton-Charlemagne (Grand cru) 1999	Maison Verget（フランス）	16.5
Corton-Charlemagne (Grand cru) 1999	Domaine Bouchard Père et Fils（フランス）	16
Chevalier-Montrachet (Grand cru) 1999	Domaine Etienne Sauzet（フランス）	16
Meursault 1er cru Les Perrières 1999	Domaine Bouchard Père et Fils（フランス）	16
Chevalier-Montrachet (Grand cru) « La Cabotte » 1999	Domaine Bouchard Père et Fils（フランス）	15.5
Chardonnay 1995	Willy Bründlmayer（オーストリア）	15
Meursault 1er cru Les Genevrières 1999	Domaine Bouchard Père et Fils（フランス）	15
Pouilly-Fuissé 1999	Maison Verget（フランス）	14
« VGS » 1997	Château Potelle（アメリカ）	14
Pouilly-Fuissé « Vers Cras » 1999	Domaine Cordier（フランス）	13.5
Pouilly-Fuissé « Vignes Blanches » 1999	Domaine Cordier（フランス）	13.5
Marsannay Blanc 1999	Domaine Trapet Père et Fils（フランス）	13
Puligny-Montrachet Village 1999	Boillot Jean-Marc（フランス）	13
Meursault 1er cru Goutte d'Or 1999	Domaine Bouchard Père et Fils（フランス）	13
Meursault 1er cru Poruzot 1999	Domaine Bouchard Père et Fils（フランス）	13
Mâcon-Pierreclos Le Chavigne 1999	Maison Verget（フランス）	13
Beaune 1er cru Blanc Clos Saint Landry 1999	Domaine Bouchard Père et Fils（フランス）	12.5
Pouilly-Fuissé 1999	Domaine Bouchard Père et Fils（フランス）	12

《文化と味覚》プレステージ試飲会

世界のソーヴィニヨン Sauvignon du Monde

ワイン	所有者・生産地区	得点
試飲会 nº-1		
Domaine de Chevalier 1995	ペサック・レオニャンCC〔グラーヴ〕白	18
Domaine de Chevalier 1998	ペサック・レオニャンCC〔グラーヴ〕白	17
Domaine de Chevalier 1996	ペサック・レオニャンCC〔グラーヴ〕白	16
Marlborough Sauvignon Blanc 2000	Wither Hills（ニュージーランド）	16
Tement Zierreg Sauvignon 1999	Tement（オーストリア）	15
Sancerre Blanc Les Romains 1998	Domaine Vacheron Père et Fils（フランス）	15
Marlborough Sauvignon Blanc 2000	Palliser Estate（ニュージーランド）	15
Domaine de Chevalier 1997	ペサック・レオニャンCC〔グラーヴ〕白	14.5
Sancerre Blanc 2000	Domaine Vacheron Père et Fils（フランス）	14.5
Sancerre Blanc La Bourgeoise 2000	Domaine Henri Bourgeois（フランス）	14.5
Sancerre Blanc Cuvée Edmond 1999	Domaine La Moussière（フランス）	14.5
Sancerre Blanc Le Clos du Chêne Marchand 1997		14.5
Domaine de Saint-Pierre 2000	Pierre Prieur & Fils（フランス）	14
Marlborough Sauvignon Blanc 1999	Grove Mill（ニュージーランド）	13.5
Marlborough Sauvignon Blanc 1999	White Label HB Morton Estate（ニュージーランド）	13
Pouilly-Fumé « Domaine du Bouchot » 1999	Kerbiquet Père et Fils（フランス）	13
Château de Cruzeau 1999	ペサック・レオニャンCC〔グラーヴ〕白	12.5
Pouilly-Fumé Clos des Chaudoux 1999	Serge Dagueneau et Filles（フランス）	12
Marlborough Estates 2000	De Redcliffe Wines（ニュージーランド）	12
試飲会 nº-2		
Domaine de Chevalier 1994	ペサック・レオニャンCC〔グラーヴ〕白	17.5
Domaine de Chevalier 1996	ペサック・レオニャンCC〔グラーヴ〕白	17
Domaine de Chevalier 1998	ペサック・レオニャンCC〔グラーヴ〕白	16.5
Sancerre Blanc Génération 1999	Domaine La Moussière（フランス）	15.5
Sauvignon Blanc - Sémillon 1998	Cullen Wines（オーストラリア）	15
Pouilly-Fumé Cuvée Silex 1997	Didier Dagueneau（フランス）	15
Domaine de Chevalier 1997	ペサック・レオニャンCC〔グラーヴ〕白	15
Sauvignon Blanc-Sémillon 1998	Cullen Wines（オーストラリア）	14.5
Château Couhins-Lurton 1999	ペサック・レオニャンCC〔グラーヴ〕白	14.5
Sancerre Blanc La Côte des Monts-Damnés 2000	Domaine Henri Bourgeois（フランス）	14.5
Domaine Lucien Crochet	（フランス）	14.5
Rochioli Russian River Valley Sauvignon 1999	Rochioli Vineyards（アメリカ）	14
Marlborough Sauvignon Blanc 1999	Hunter's（ニュージーランド）	13.5
Sancerre Blanc 2000	Domaine Laporte（フランス）	13
Puilly-Fumé 2000	Serge Dagueneau et Filles（フランス）	13
Le L de La Louvière 1999	ペサック・レオニャン〔グラーヴ〕白	12.5
Château Bonnet 2000	アントル=ドゥー=メール（フランス）	12
Sancerre Blanc La Cresle de Laporte 2000	Domaine Laporte（フランス）	12

《文化と味覚》 プレステージ試飲会

世界の甘口ワイン　1995/1996年度（81銘柄）　Les Grands Liquoreux

　次の表でもここまでと同じように、試飲の結果をわかりやすくするために得点の高い順からワインをリストアップしています。世界最高峰の銘柄に優劣を付けるわけですから、1995年10月から96年4月までの7ヶ月にわたる11回もの試飲セッションが必要でした。わたしたちの主要な目的は個々の優良銘柄よりもむしろ優れた生産地の紹介にあるので、ワインの数自体は厳選されたものになっています。例えばアルザス産ドメーヌとして選んだマダム・ファレのドメーヌ・ワインバックは優れた銘柄がいくつもありますが、ここでは最高に成功したと言えるものだけを取り上げました（特に ≪リースリング・カンテッサンス・ド・グラン・ノーブル1989≫。その見事な出来栄えは貴重なケースとして特筆しておきたいです）。逆にシャトー・ディケムについては、甘口ワインでは世界を代表するシャトーですから、各試飲セッションの評価の基準とするため毎回1本ずつ異なる優良ミレジムを試飲することにしました。このため82、83、86、87、89年物などは2度ずつ試飲を繰り返すことになりましたが、そのおかげで試飲評全体を公正なものにすることができたと思います（シャトー・ディケムは合計22本試飲しました）。わたしたちの評価には残念ながらドイツワインは含まれていません。またオーストラリアの逸品、デ・ボルトリ製造の≪セミヨン・ボトリティス≫を試飲できなかったのも悔やまれます。ご承知のことと思いますが、この試飲評の目的は、例えば21年物のシャトー・クリマンと91年物のルスター・アウスブルッフ・ピノ・キュヴェの良し悪しを直接比較するというようなことではありません。両者ともほぼ同じ得点であるとはいえ、スタイルやミレジムが全く異なるワインを比べるのは意味をなしません。わたしたちの目的はそれぞれのワインの品質を数値化し、全体の中で位置づけることだけなのです。

エリック・ヴェルディエ
試飲委員会委員長

原産地	ワイン	所有者	得点
ソーテルヌ	Château d'Yquem 1945	Lur Saluces	19.5
ソーテルヌ	Château d'Yquem 1947	Lur Saluces	19.5
ソーテルヌ	Château d'Yquem 1983	Lur Saluces	19.5
オーストリア	Chardonnay « Nouvelle Vague » Trockenbeerenauslese 1994	Domaine Kracher	19.5
オーストリア	Ruster Ausbruch 1993	Feiler-Artinger	19.5
オーストリア	Ruster Ausbruch Müller-Thurgau 1991	Feiler-Artinger	19
ソーテルヌ	Château d'Yquem 1955	Lur Saluces	19
ハンガリー	Birsalma's Tokaji « 5 Puttonyos » 1991	The Royal Tokaji Wine Company	19
ソーテルヌ	Château d'Yquem 1982	Lur Saluces	19
ソーテルヌ	Château d'Yquem 1921 (1)	Lur Saluces	18.5
ソーテルヌ	Château d'Yquem 1943	Lur Saluces	18.5
ソーテルヌ	Château d'Yquem 1989	Lur Saluces	18.5
ソーテルヌ	Château d'Yquem 1975	Lur Saluces	18
アルザス	Tokay SGN 1989	A. Scherer	18
オーストリア	Ruster Ausbruch « Pinot Cuvée » 1993	Feiler-Artinger	18
ソーテルヌ	Château Climens - 1er cru Barsac - 1990		18

世界の甘口ワイン　1995/1996年度（81銘柄）　Les Grands Liquoreux

原産地	ワイン	所有者	得点
アルザス	Riesling « Quintessence de Grains Nobles » 1989	Domaine Weinbach - Faller	18
アルザス	Gewurztraminer SGN 1989	Domaine Weinbach - Faller	18
オーストリア	Ruster Ausbruch « Pinot cuvée » 1990	Feiler-Artinger	18
ジュランソン	Domaine Cauhapé « Quintessence du Petit Manseng » 1993	Henri Ramonteu	17.5
アメリカ	Muscat Canelli « Vin de Glacière » 1992	Bonny Doon	17.5
ソーテルヌ	Château d'Yquem 1988	Lur Saluces	17.5
オーストリア	Chardonnay « Nouvelle Vague » Welshriesling Beerenauslese 1994	Domaine Kracher	17
ハンガリー	Tokay Château de Sarospatak « 6 Puttonyos » 1988		17
ソーテルヌ	Château Climens 1921		17
ヴーヴレー	Clos Naudin « 1ère trie » 1989	Foreau Philippe	17
ソーテルヌ	Château d'Yquem 1959 (1)	Lur Saluces	17
オーストリア	Ruster Ausbruch Welshriesling 1994	Feiler-Artinger	17
オーストリア	Ruster Ausbruch « Pinot cuvée » 1991	Feiler-Artinger	17
ヴーヴレー	Domaine des Aubuisières « Cuvée Alexandre » 1990	Bernard Fouquet	17
ソーテルヌ	Château d'Yquem 1986	Lur Saluces	16.5
ソーテルヌ	Château d'Yquem 1980	Lur Saluces	16.5
ヴーヴレー	Cuvée Constance 1989	S.A.Huet	16.5
ヴーヴレー	Clos Naudin « Réserve » 1989	Philippe Foreau	16.5
ソーテルヌ	Château d'Yquem 1985	Lur Saluces	16.5
オーストリア	Ruster Ausbruch Welshriesling 1991	Feiler-Artinger	16.5
ソーテルヌ	Château d'Yquem 1984	Lur Saluces	16.5
ソーテルヌ	Château d'Yquem 1979	Lur Saluces	16
ソーテルヌ	Château d'Yquem 1987	Lur Saluces	16
アルザス	Gewurztraminer SGN 1989	A. Scherer	16
オーストリア	Ruster Ausbruch « Pinot Cuvée » 1988	Feiler-Artinger	16
オーストリア	Ruster Ausbruch Furmint 1993	Robert Wenzel	16
ソーテルヌ	Château Guiraud - 1er cru de Sauternes - 1988		16
ソーテルヌ	Château Raymond Lafon 1990		16
ヴーヴレー	Clos Naudin « Goutte d'Or » 1990	Foreau Philippe	16
ソーテルヌ	Château Lafaurie-Peyraguey - 1er cru Sauternes - 1986		16
コトー・デュ・レイヨン	Château de Bellerive « Quarts de Chaume » 1989	Lalanne Jacques	16
サント=クロワ・デュ・モン	Château La Rame « Réserve » 1990		15.5
ソーテルヌ	Château Caillou « Private cuvée » - 2ème cru Barsac - 1989		15.5
ソーテルヌ	Château Lafaurie-Peyraguey - 1er cru Sauternes - 1988		15
ジュランソン	Clos Thou « Suprême de Thou » 1993	Henri Lapouble-Laplace	15
ジュランソン	Clos Thou « Suprême de Thou » 1994	Henri Lapouble-Laplace	15
ジュランソン	Domaine Cauhapé « Noblesse du Petit Manseng » 1994	Henri Ramonteu	15
コトー・デュ・レイヨン	Saint-Aubin-de-Luigné SGN 1993	Claude Branchereau	15
コトー・デュ・レイヨン	Quarts de Chaume Château de Bellerive 1988	Lalanne Jacques	15
コトー・デュ・レイヨン	Château de la Genaiserie « La Roche » 1990	Soulez Yves	15
コトー・デュ・レイヨン	Chaume Château Pierre Bise « Les Têtuères » 1994	Papin Chevalier	14.5

世界の甘口ワイン　1995/1996年度（81銘柄）　Les Grands Liquoreux

原産地	ワイン	所有者	得点
コトー・デュ・レイヨン	Beaulieu Château Pierre Bise « L'Anclaie » 1994	Papin Chevalier	14.5
ヴーヴレー	Clos Naudin « Réserve » 1990	Foreau Philippe	14
アルザス	Gewurztraminer « Heimbourg » VT 1989	Zind-Humbrecht	14
コトー・デュ・レイヨン	Rochefort Château Pierre Bise « Les Rayelles » 1994	Papin Chevalier	14
コトー・デュ・レイヨン	Saint-Aubin Domaine des Forges « Cuvée Les Onnis » 1994	Claude Branchereau	14
コトー・デュ・レイヨン	Château de la Genaiserie « La Roche » 1992	Soulez Yves	14
ジュランソン	Château Jolys « Cuvée Jean » (Petit Manseng) 1994	Domaine Latrille	14
コトー・デュ・レイヨン	Rablay Domaine des Sablonnettes « Les Erables » SGN 1992	Joël et Christine Ménard	14
コトー・デュ・レイヨン	Rablay Domaine des Sablonnettes « Les Erables » SGN 1993	Joël et Christine Ménard	14
サント=クロワ・デュ・モン	Château Lousteau-Vieil « Cuvée Prestige » 1990		13.5
ハンガリー	Tokay Château de Sarospatak « 5 Puttonyos » 1983		13.5
コトー・デュ・レイヨン	Chaudefonds-sur-Layon Domaine Gaudard « Cuvée Claire » 1995	Pierre Aguilas	13.5
コトー・デュ・レイヨン	Château de la Genaiserie SGN 1993	Soulez Yves	13.5
オーストリア	Weissburgunder Auslese 1993	Feiler-Artinger	13.5
ジュランソン	Cuvée Savin Petit Manseng Fût de chêne 1994	Domaine Pierre Bordenave	13.5
コトー・デュ・レイヨン	Beaulieu Château Pierre Bise « Les Rouannières » 1994	Papin Chevalier	13
コトー・ド・ローバンス	Domaine des Charbotières 1991	Paul-Hervé Vintrou Joël Fillion	13
コトー・デュ・レイヨン	Beaulieu « Vieilles Vignes » 1993	Château du Breuil	12.5
コトー・デュ・レイヨン	Beaulieu « Vieilles Vignes » 1994	Château du Breuil	12.5
コトー・デュ・レイヨン	Faye d'Anjou Château du Fresne « Clos des Cocus » 1994	Robin-Bretault	12.5
コトー・デュ・レイヨン	Coteaux du Layon SGN 1994	Domaine Gaudard	12.5
コトー・ド・ローバンス	Domaine des Charbotières 1994	Paul-Hervé Vintrou Joël Fillion	12.5

(1) 数年前、Château d'Yquem の1921年物と1959年物はより優れた成績を上げていました（19.5/20点）。
VT : Vendange Tardive（遅摘み）
SGN : Sélection de Grains Nobles（貴腐果粒選り）

《文化と味覚》プレステージ試飲会

世界の甘口ワイン　1996/1997年度　Les Grands Liquoreux

原産地	ワイン	所有者	得点
オーストリア	Riesling 1994	Prager	19.5
オーストリア	Ruster Ausbruch « Essenz » 1995	Feiler-Artinger	19.5
ソーテルヌ	Château d'Yquem 1983	Lur Saluces	19
オーストリア	Ruster Ausbruch 1993	Feiler-Artinger	19
アルザス	Riesling SGN 1989	Dom. Weinbach (Colette Faller et filles)	19
オーストリア	Chardonnay 1995	Kollwentz	19
オーストリア	Schilfwein 1994	Nekowitsch	19
ソーテルヌ	Château d'Yquem 1982	Lur Saluces	19
アルザス	Tokay Pinot gris « Clos des Capucins » 1995	Dom. Weinbach (Colette Faller et filles)	19
アルザス	Pinot gris Grand Cru « Muenchberg » SGN 1989	Ostertag	19
アルザス	Tokay Pinot gris « Rosenberg » SGN 1994	Barmès-Buecher	19
オーストリア	Chardonnay SGN 1995	Geselman	18.5
ドイツ	Riesling Scharzofberger Beerenauslese 1983	Egon Muller	18.5
アルザス	Gewurztraminer « Clos des Capucins » 1989	Dom. Weinbach (Colette Faller et filles)	18.5
アルザス	Gewurztraminer SGN 1994	Dom. Weinbach (Colette Faller et filles)	18.5
アルザス	Gewurztraminer « Hugel » SGN 1989	Hugel	18.5
オーストリア	Bouvier 1995	Halenenkamp	18.5
ハンガリー	Tokaji Aszú 5 Puttonyos Birsalmás 1991	The Royal Tokaji Wine Company	18.5
ソーテルヌ	Château d'Yquem 1989	Lur Saluces	18.5
ソーテルヌ	Château d'Yquem 1986	Lur Saluces	18.5
オーストリア	Ruster Ausbruch Pinot cuvée 1995	Feiler-Artinger	18.5
アルザス	Gewurztraminer Grand cru « Altenberg » SGN 1989	J.M.Deiss	18.5
アルザス	Tokay Pinot gris SGN 1989	Hugel	18
アルザス	Gewurztraminer « Quintessence » 1989	J.M.Deiss	18
アルザス	Gewurztraminer Grand Cru « Furstentum » SGN 1994	Dom. Weinbach (Colette Faller et filles)	18
アルザス	Riesling SGN 1990	Dom. Weinbach (Colette Faller et filles)	18
アルザス	Riesling Grand cru « Muenchberg » 1990	Ostertag	18
アルザス	Gewurztraminer Grand Cru « Muenchberg » SGN 1990	Ostertag	18
オーストリア	Ruster Ausbruch Pinot cuvée 1993	Feiler-Artinger	18
オーストリア	Welshriesling 1991	Velich	18
ソーテルヌ	Château Climens - 1er cru Barsac - 1990		18
アルザス	Gewurztraminer Grand Cru « Furstentum » SGN 1994	Albert Mann	17.5
アルザス	Gewurztraminer Grand Cru « Steingrubler » SGN 1994	Barmès-Buecher	17.5
オーストリア	Ruster Ausbruch 1993	Ernst Triebaumer	17.5
オーストリア	Ruster Ausbruch 1995	Feiler-Artinger	17.5
オーストリア	Schilfwein 1995	Nekowitsch	17.5
アルザス	Gewurztraminer Grand Cru Spiegel SGN 1994	Dirler	17.5
アルザス	Riesling « Clos des Capucins » 1991	Dom. Weinbach (Colette Faller et filles)	17.5
アルザス	Riesling SGN 1991	Dom. Weinbach (Colette Faller et filles)	17.5

《文化と味覚》プレステージ試飲会

世界の甘口ワイン　1996/1997年度　Les Grands Liquoreux

原産地	ワイン	所有者	得点
アルザス	Gewurztraminer « Fronholz » SGN 1990	Ostertag	17.5
アルザス	Riesling « Fronholz » SGN 1990	Ostertag	17.5
アルザス	Gewurztraminer SGN 1994	Paul Ginglinger	17.5
アルザス	Clos Saint-Landelin Gewurztraminer GC « Vorbourg » SGN 1994	René Muré	17.5
アルザス	Clos Saint-Landelin Muscat Grand Cru « Vorbourg » SGN 1994	René Muré	17.5
ジュランソン	« Cuvée Sélection DB » 1995	Domaine Bellegarde	17.5
ジュランソン	Domaine Cauhapé « Noblesse du Temps » 1995	Henri Ramonteu	17.5
ジュランソン	Domaine Cauhapé « Quintessence du Petit Manseng » 1994	Henri Ramonteu	17.5
ソーテルヌ	Château d'Yquem 1988	Lur Saluces	17.5
ソーテルヌ	Château d'Yquem 1959 (1)	Lur Saluces	17.5
ヴーヴレー	« Cuvée Constance » 1989	Huet	17.5
アルザス	Gewurztraminer SGN 1994	A. Scherer GAEC	17.5
アルザス	Riesling SGN 1985	Hugel	17
アルザス	Tokay Pinot gris SGN 1989	A. Scherer GAEC	17
アルザス	Riesling Grand Cru « Schoenenbourg » SGN 1989	Deiss	17
アルザス	Gewurztraminer VT 1994	Hugel	17
アルザス	Riesling VT 1989	Hugel	17
アルザス	Tokay Pinot gris Grand Cru « Muenchberg » SGN 1994	Ostertag	17
アルザス	Riesling Heissenberg SGN 1990	Ostertag	17
オーストリア	Ruster Ausbruch Müller-Thurgau 1991	Feiler-Artinger	17
オーストリア	Ruster Ausbruch Pinot cuvée 1990	Feiler-Artinger	17
オーストリア	Ruster Ausbruch Traminer 1995	Feiler-Artinger	17
ヴーヴレー	Domaine des Aubuisières « Cuvée Alexandre » 1990	Bernard Fouquet	17
ハンガリー	Tokaji Aszú 5 Puttonyos 1993	Château Pajzos	17
アメリカ・カリフォルニア	Muscat Canelli « Vin de Glacière » 1995	Bonny Doon	17
アルザス	Tokay Pinot gris VT 1989	Hugel	16.5
オーストリア	Riesling Beerenauslese 1995	Knoll	16.5
ハンガリー	Tokaji Aszú 5 Puttonyos SZT Tamás 1991	The Royal Tokaji Wine Company	16.5
ソーテルヌ	Château Doisy-Védrines 1989		16.5
ソーテルヌ	Château Doisy-Védrines 1988		16.5
ソーテルヌ	Château Climens 1985		16.5
ヴーヴレー	Clos Naudin « Réserve » 1989	Philippe Foreau	16.5
コトー・デュ・レイヨン	Château de la Cour d'Ardenay « Cuvée Maria Juby » 1995	Patrick Baudoin	16.5
オーストリア	Chardonnay Welshriesling SGN 1995	Kracher	16.5
アルザス	Tokay Pinot gris Rosenberg VT 1994	Barmès-Buecher	16
アルザス	Clos Saint-Landelin Muscat Grand Cru Vorbourg VT 1994	René Muré	16
オーストリア	Ruster Ausbruch « Pinot Cuvée » 1991	Feiler-Artinger	16
コトー・デュ・レイヨン	Domaine des Sablonnettes « Les Erables » 1995	Joël Ménard	16
ハンガリー	Tokaji Aszú 5 Puttonyos Nyulaszo 1991	The Royal Tokaji Wine Company	16
コトー・デュ・レイヨン	Clos des Ortinières 1995	Jo Pithon	16
ヴーヴレー	« Goutte d'Or » 1995	François Pinon	15.5

《文化と味覚》プレステージ試飲会

世界の甘口ワイン　1996/1997年度　Les Grands Liquoreux

原産地	ワイン	所有者	得点
アルザス	Gewurztraminer Grand Cru « Pfersigberg » VT 1994	Barmès-Buecher	15.5
アルザス	Riesling Grand Cru « Muenchberg » Vieilles Vignes VT 1995	Ostertag	15.5
ハンガリー	Tokaji Aszú 5 Puttonyos Betsek 1991	The Royal Tokaji Wine Company	15.5
ジュランソン	Cuvée Thibault 1995	Domaine Bellegarde	15.5
ソーテルヌ	Château Simon « Cuvée Spéciale » 1990	Château Simon	15.5
オーストラリア	Noble One Sémillon botrytisé 1993	De Bortoli	15.5
アルザス	Tokay Pinot gris Grand cru « Hengst » SGN 1994	Albert Mann	15
アルザス	Gewurztraminer Grand Cru « Hengst » VT 1994	Barmès-Buecher	15
アルザス	Gewurztraminer Grand Cru « Spiegel » VT 1994	Dirler	15
アルザス	Gewurztraminer Fronholz VT 1994	Ostertag	15
アルザス	Clos Saint-Landelin Gewurztraminer GC « Vorbourg » VT 1994	René Muré	15
コトー・デュ・レイヨン	Chaumes « Cuvée Privilège » 1995	Domaine Banchereau	15
ハンガリー	Tokaji Aszú 5 Puttonyos Bojta 1991	The Royal Tokaji Wine Company	15
ジュランソン	Domaine de Cabarrouy « Cuvée Sainte Catherine » 1995	P.Limousin F.Skoda	15
ソーテルヌ	Château Doisy-Védrines 1995		15
ソーテルヌ	Château Doisy-Védrines 1990		15
ソーテルヌ	Château Sigalas-Rabaud 1995		15
ジュランソン	Clos Castet Cuvée Spéciale 1995 (VT du 02 décembre 95)	GAEC Labourdette et Fils	14.5
ソーテルヌ	Clos Haut-Peyraguey 1995		14.5
ソーテルヌ	Château Rieussec 1981		14.5
アルザス	Tokay Pinot gris Gaensbrunnen 1995	Marcel Humbrecht	14
アルザス	Tokay Pinot gris Gaensbrunnen SGN 1991	Marcel Humbrecht	14
アルザス	Gewurztraminer « Vignoble d'Epfig » VT 1994	Ostertag	14
ボンヌゾー	Moût de Raisin « Cuvée Mathilde » 1995	Mark Angéli	14
ボンヌゾー	Domaine René Renou « Cuvée Anne » 1995	René Renou	14
コトー・デュ・レイヨン	Beaulieu Château du Breuil 1995	Marc Morgat	14
コトー・デュ・レイヨン	Domaine Gaudard « Cuvée Claire » 1995	Pierre Aguilas	14
コトー・デュ・レイヨン	Collection Pierre Aguilas « Cuvée Or » 1995	Pierre Aguilas	14
ジュランソン	Clos Uroulat 1995	Charles Hours	14
ジュランソン	Domaine Bru-Baché La Quintessence 1995	Claude Loustalot	14
ジュランソン	Clos Thou Suprême de Thou 1995	Lapouble-Laplace	14
ジュランソン	Domaine Castera « Cuvée Privilège » 1995	Lihour Christian	14
ジュランソン	Domaine Nigri « Réserve du Domaine » 1995	J.L. Lacoste	14
ソーテルヌ	Clos Haut-Peyraguey 1994		14
コトー・デュ・レイヨン	Tries sélectionnées 1995	Musset-Roullier	14
オーストラリア	Noble One « Sémillon botrytisé » 1992	De Bortoli	13.5
ボンヌゾー	Domaine de la Gabetterie « Cuvée Maxime » 1995	EARL Vincent Reuiller	13.5
ボンヌゾー	Domaine des Petits-Quarts 1995	Godineau Père et Fils	13.5
ジュランソン	Château Jolys « Cuvée Jean » 1995	Domaine Latrille	13.5
ジュランソン	« Cuvée Savin » 1995	Domaine Bordenave Pierre	13.5
ヴーヴレー	Domaine des Aubuisières « Les Girardières » 1995	Bernard Fouquet	13.5

世界の甘口ワイン　1996/1997年度　Les Grands Liquoreux

原産地	ワイン	所有者	得点
ヴーヴレー	« Réserve » 1995	Dom. Lecapitaine Alain et Christophe	13.5
ヴーヴレー	Domaine de la Galinière « Cuvée des Déronnières » 1995	Pascal Delaleu	13.5
ソーテルヌ	Château Piada 1989	GAEC Lalande	13.5
アルザス	Tokay Pinot gris SGN 1990	A.Scherer GAEC	13
アルザス	Riesling Gaensbrunnen VT 1995	Marcel Humbrecht	13
アルザス	Gewurztraminer Grand Cru Goldert SGN 1989	Marcel Humbrecht	13
アルザス	Gewurztraminer VT 1994	Paul Ginglinger	13
アルザス	Clos Saint-Landelin Tokay Pinot gris GC Vorbourg SGN 1992	René Muré	13
アルザス	Tokay Pinot gris « Bildstoeckle » VT 1990	Roger Heyberger et fils	13
ボンヌゾー	Domaine des Grandes Vignes 1995	GAEC Vaillant	13
ジュランソン	Château Jolys Vendanges Tardives 1994	Domaine Latrille	13
ジュランソン	Clos Guirouilh 1995	Guirouilh Jean	13
ジュランソン	Domaine Cauhapé Vendanges du 02 novembre 1995	Henri Ramonteu	13
ジュランソン	Domaine Larredya Dernière trie 1995	Jean-Marc Grussaute	13
ジュランソン	Clos Bellevue Cuvée Spéciale 1995	Jean Muchada	13
ジュランソン	Clos Labree 1995	M. Pissondes	13
ソーテルヌ	Château Climens 1994		13
ヴーヴレー	Domaine des Aubuisières « Le Marigny » 1995	Bernard Fouquet	13
ヴーヴレー	Domaine de la Galinière « Cuvée Soleil » 1995	Pascal Delaleu	13
ソーテルヌ	Château Gilette 1976	Christian Médeville	13
ソーテルヌ	Château Les Justices 1995	Christian Médeville	13
ハンガリー	Tokaji Aszú 5 Puttonyos 1971	Nomimpex	13
アルザス	Tokay Pinot gris Gaenbrunnen SGN 1988	Marcel Humbrecht	12.5
ボンヌゾー	Les Deux Allées 1995	Château de Fesles	12.5
ボンヌゾー	Domaine de la Petite Croix Cuvée Prestige 1995	EARL Denechère	12.5
ボンヌゾー	Domaine Le Mont 1995	EARL L et C Robin	12.5
コトー・ド・ローバンス	Domaine des Charbotières « Clos des Huttières » 1995	P et H Vintrou	12.5
コトー・デュ・レイヨン	Chaumes Cuvée Privilège 1989	Domaine Banchereau	12.5
コトー・ド・ローバンス	Domaine de Montgilet « Les Trois Schistes » 1995	Victor Lebreton	12.5
ジュランソン	Les Hauts de Montesquieu « Cuvée Lison » 1995	Jacques Balent	12.5
ヴーヴレー	Cuvée Passerillée 1989	François Pinon	12.5
コトー・デュ・レイヨン	Domaine Gaudard « Les Varennes » 1996	Pierre Aguilas	12.5
コトー・デュ・レイヨン	Saint-Lambert 1995	Vincent Ogereau	12.5
コトー・デュ・レイヨン	« Prestige » 1992	Pierre Juteau	12.5
ハンガリー	Tokaji Aszú 5 Puttonyos 1975	Sataraljaújhely	12.5

(1) 数年前、Château d'Yquem の1959年物はより優れた成績を上げていました（19.5/20点）。

GC : Grand Cru（グラン・クリュ）
VT : Vendange Tardive（遅摘み）
SGN : Sélection de Grains Nobles（貴腐果粒選り）

世界の甘口ワイン　1997/1998年度（97年9月〜98年6月）　Les Grands Liquoreux

原産地	ワイン	所有者	得点
オーストリア	Ruster Ausbruch « Essenz » 1995	Feiler-Artinger	19.5
オーストリア	Ruster Ausbruch 1993	Feiler-Artinger	19
オーストリア	Ruster Ausbruch « Pinot cuvée » 1995	Feiler-Artinger	18.5
オーストリア	Chardonnay Trockenbeerenauslese 1995	Kollwentz	18.5
アルザス	Tokay Pinot gris « Rosenberg » SGN 1994	Barmès-Buecher	18.5
ジュランソン	Domaine Cauhapé « Quintessence du Petit Manseng » 1995	Henri Ramonteu	18
フランス	Yquem 1986 1er cru exceptionnel de Sauternes	Lur Saluces	18
オーストリア	Scheurebe Trockenbeerenauslese 1995	Umathum	18
オーストリア	Ruster Ausbruch 1995	Feiler-Artinger	18
オーストリア	Schilfwein « Tradition » 1995	Nekowitsch	18
フランス	Château Climens - 1er cru Barsac - 1990		18
オーストリア	Ruster Ausbruch « Essenz Pinot noir » 1995	Feiler-Artinger	18
アルザス	Tokay Pinot gris « Quintessence » SGN 1995	Dom.Weinbach (Faller)	18
アルザス	Tokay Pinot gris SGN 1996	Hugel	18
オーストリア	Ruster Ausbruch « Pinot cuvée » 1993	Feiler-Artinger	17.5
ハンガリー	Tokaji Aszú « 5 Puttonyos » Birsalmás	Royal Tokaji Wine Camp.	17.5
オーストリア	Ruster Ausbruch « Sauvignon » 1995	Ernst Triebaumer	17.5
オーストリア	N° 8 « Nouvelle Vague » Trockenbeerenauslese 1995	Kracher	17.5
オーストリア	N° 6 « Scheurebe » Trockenbeerenauslese 1995	Kracher	17.5
アルザス	Gewurztraminer Grand Cru « Steingrubler » SGN 1994	Barmès-Buecher	17.5
オーストリア	N° 7 « Nouvelle Vague » Trockenbeerenauslese 1995	Kracher	17.5
オーストリア	Ruster Ausbruch 1993	Ernst Triebaumer	17
アルザス	Riesling « Hugel » SGN 1996	Hugel	17
アルザス	Tokay Pinot gris « Rosenberg » VT 1994	Barmès-Buecher	17
アルザス	Gewurztraminer SGN 1994	A. Scherer	17
オーストリア	Ruster Ausbruch « Muller Thurgau » 1991	Feiler-Artinger	16.5
アルザス	Riesling « Hugel » SGN 1995	Hugel	16.5
アルザス	Gewurztraminer Grand cru « Pfersigberg » VT 1994	Barmès-Buecher	16.5
アルザス	Clos St-Landelin Tokay Pinot gris GC « Vorbourg » SGN 1996	René Muré	16.5
オーストリア	Schilfwein « The Red One » (Rouge Passerillé) 1996	Nekowitsch	16.5
オーストリア	Ruster Ausbruch Traminer 1995	Feiler-Artinger	16
アメリカ	Muscat « Vin de Glacière » 1995	Bonny Doon Vineyard	16
フランス	Tokay-Pinot gris SGN 1989	Scherer A.	15.5
アルザス	Tokay-Pinot gris « Altenbourg » SGN 1996	Domaine Albert Mann	15.5
オーストリア	Welschriesling Trockenbeerenauslese 1995	Umathum	15
アルザス	Tokay Pinot gris Rosenberg VT 1996	Barmès-Buecher	14.5
オーストリア	Ruster Ausbruch 1996	Feiler-Artinger	14.5
オーストリア	Ruster Ausbruch 1994	Feiler-Artinger	14
アルザス	Riesling Grand cru « Hengst » VT 1995	Barmès-Buecher	14
オーストリア	Ruster Ausbruch Traminer 1995	Ernst Triebaumer	14
アルザス	Gewurztraminer Grand cru Hengst VT 1996	Barmès-Buecher	13.5
オーストリア	Traminer Beerenauslese 1996	Feiler-Artinger	13
アルザス	Gewurztraminer Grand Cru Steingrubler VT 1996	Barmès-Buecher	13
アメリカ	Johannisberg Riesling 1995	Long Vineyards	13
ソーテルヌ	Château Suduiraut - 1er cru Sauternes - 1995		12.5

世界の甘口ワイン　1998/1999年度　Les Grands Liquoreux

原産地	ワイン	所有者	得点
オーストリア	Ruster Ausbruch Essenz 1995	Feiler-Artinger	19
オーストリア	Schilfwein Tradition 1996	Nekowitsch	19
オーストリア	Riesling Trockenbeerenauslese 1997	Prager	19
オーストリア	Schilfwein Tradition 1997	Nekowitsch	19
オーストリア	Scheuebe N° 1 Trockenbeerenauslese 1995	Kracher	18.5
オーストリア	Ruster Ausbruch Essenz Pinot Noir 1995	Feiler-Artinger	18.5
ソーテルヌ	Château d'Yquem 1983		18.5
アルザス	Tokay-Pinot gris Quint. de G Nobles « Cuvée du Centenaire » 1995	Dom. Weinbach (Faller et Filles)	18
アルザス	Gewurztraminer Quintessence de Grains Nobles 1994	Dom. Weinbach (Faller et Filles)	18
ジュランソン	Domaine Cauhapé « Quintessence de Grains Nobles » 1995	Henri Ramonteu	18
オーストリア	Ruster Trockenbeerenauslese 1995	Gelber Muskateller Wenzel	18
オーストリア	Trockenbeerenauslese 1995	Paul Achs	18
オーストリア	Ruster Ausbruch Essenz Neuburger « Klaus » 1997	Feiler-Artinger	18
オーストリア	Ruster Ausbruch Cuvée 1996	Wenzel	17.5
オーストリア	Welschriesling Trockenbeerenauslese 1995	Weingut Helmut Lang	17.5
オーストリア	Sämling 88 Trockenbeerenauslese 1995	Weingut Helmut Lang	17.5
オーストリア	Grüner Veltliner Trockenbeerenauslese 1995	Weingut Helmut Lang	17.5
オーストリア	Gewurztraminer Trockenbeerenauslese 1995	Weingut Helmut Lang	17.5
オーストリア	Chardonnay Welschriesling Trockenbeerenauslese 1996	Kollwentz	17.5
オーストリア	Ruster Ausbruch Cuvée 1995	Wenzel	17.5
オーストリア	Ruster Ausbruch Pinot Cuvée 1995	Feiler-Artinger	17.5
オーストリア	Ruster Ausbruch Essenz Welshriesling « Sabine » 1997	Feiler-Artinger	17.5
オーストリア	Ruster Ausbruch Süss 1993 (1)	Feiler-Artinger	17.5
サヴェニエール	Sav.-Roche-aux-Moines « Chevalier-Buhard » Moelleux 1997	Château de Chamboureau	17.5
ソーテルヌ	Château d'Yquem 1986		17
オーストリア	Ruster Ausbruch Sauvignon Blanc 1995	Ernst Triebaumer	17
アルザス	Riesling « Quintessence de Grains Nobles » 1989	Dom. Weinbach (Faller et Filles)	17
アルザス	Riesling SGN 1995	Dom. Weinbach (Faller et Filles)	17
アルザス	Tokay-Pinot gris SGN 1995	Dom. Weinbach (Faller et Filles)	17
アルザス	Gewurztraminer GC « Furstentum » SGN 1994	Dom. Weinbach (Faller et Filles)	17
ソーテルヌ	Château d'Yquem 1982		17
ソーテルヌ	Château Climens 1990		17
ジュランソン	Domaine Cauhapé « Quintessence de Grains Nobles » 1994	Henri Ramonteu	17
コトー・デュ・レイヨン	Quarts de Chaume 1997	EARL Branchereau	17
コトー・デュ・レイヨン	Saint-Lambert « Clos des Bonnes Blanches » 1997	Vincent Ogereau	17
オーストリア	Chardonnay Trockenbeerenauslese 1995	Gesellmann	17
オーストリア	Sämling Trockenbeerenauslese 1994	Weingut Helmut Lang	17
オーストリア	Scheurebe I - Trockenbeerenauslese 1996	Josef Pöckl	17
オーストリア	Ruster Ausbruch 1995	Ernst Triebaumer	17

世界の甘口ワイン　1998/1999年度　Les Grands Liquoreux

原産地	ワイン	所有者	得点
オーストリア	Ruster Trockenbeerenauslese 1988	Harald Kraft	17
オーストリア	Chardonnay Trockenbeerenauslese 1995	Weingut Helmut Lang	17
アルザス	Gewurztraminer SGN 1994	Paul Ginglinger	17
アルザス	Gewurztraminer Grand Cru Pfersigberg SGN 1997	A. Scherer	17
アルザス	Gewurztraminer « Hugel » SGN 1989	Maison Hugel	17
アルザス	Tokay Pinot gris Grand cru Altenbourg SGN 1996	Domaine Albert Mann	17
アルザス	Muscat Clos Saint Landelin Grand cru Vorbourg SGN 1994	René Muré	17
アルザス	Tokay-Pinot gris SGN 1994	Barmès-Buecher	17
アルザス	Tokay-Pinot gris « Cuvée Jérémy » SGN 1989	Kuentz-Bas	17
アルザス	Tokay-Pinot gris SGN 1996	Dom. Weinbach (Faller et Filles)	16.5
アルザス	Tokay-Pinot gris SGN 1994	Dom. Weinbach (Faller et Filles)	16.5
アルザス	Tokay-Pinot gris VT 1996	Dom. Weinbach (Faller et Filles)	16.5
ローヌ・コンドリュー	Condrieu Moelleux 1997	Philippe Pichon	16.5
ハンガリー	Royal Tokaji 2ème cru Aszú 5 Puttonyos Birsalmás 1993	Royal Tokaji Wine Company	16.5
コトー・デュ・レイヨン	Rochefort « Acacia »	Serge Grosset	16.5
コトー・デュ・レイヨン	Faye d'Anjou « Les Noëls de Montbenault » 1997	Richard et Sophie Leroy	16.5
オーストリア	Ruster Ausbruch Favorite 1995	Strommer Gabriel	16.5
オーストリア	Rust Traminer Ausbruch Ried Mitterkräftn 1995	Ernst Triebaumer	16.5
オーストリア	Ruster Beerenauslese 1996	Ernst Triebaumer	16.5
オーストリア	Ruster Ausbruch 1993	Ernst Triebaumer	16.5
オーストリア	Ruster Ausbruch Fumé 1995	Heidi Schröck	16.5
オーストリア	Welschriesling Trockenbeerenauslese 1995	Velich	16.5
アルザス	Gewurztraminer SGN 1997	A. Scherer	16.5
アルザス	Tokay-Pinot gris Clos St Landelin Gd cru Vorbourg SGN 1996	René Muré	16.5
アルザス	Gewurztraminer VT 1997	Dom. Weinbach (Faller et Filles)	16
アメリカ・カリフォルニア	Muscat Vin de Glacière 1997	Bonny Doon Vineyard	16
ソーテルヌ	Château Rieussec 1996		16
ソーテルヌ	Château Rayne Vigneau 1996		16
ローヌ・コンドリュー	Condrieu « Ayguets » 1997	Yves Cuilleron	16
ジュランソン	Domaine Cauhapé « Quintessence de Grains Nobles » 1993	Henri Ramonteu	16
コトー・デュ・レイヨン	Saint-Aubin « Grains Nobles » 1997	EARL Branchereau	16
コトー・デュ・レイヨン	Rablay SGN 1997	Domaine Pierre Chauvin	16
ボンヌゾー	Domaine des Grandes Vignes SGN 1997	GAEC Vaillant	16
オーストリア	Welschriesling Trockenbeerenauslese 1994	Weingut Helmut Lang	16
オーストリア	Scheurebe III - Trockenbeerenauslese 1996	Josef Pöckl	16
オーストリア	The Red One Schilfwein 1997	Nekowitsch	16
オーストリア	Sämling 88 Trockenbeerenauslese 1991	Weingut Helmut Lang	16
オーストリア	Scheurebe Eiswein 1995	Gesellmann	16
南アフリカ	Weisser Riesling 1998	Neethlingshof	16
アルザス	Tokay Pinot Gris « Hugel » SGN 1996	Maison Hugel	16

世界の甘口ワイン　1998/1999年度　Les Grands Liquoreux

原産地	ワイン	所有者	得点
モンバジャック	Domaine de l'Ancienne Cure « Cuvée Abbaye » 1997	Christian Roche	16
オーストリア	Ruster Ausbruch Essenz Weissburgunder « Kurt » 1997	Feiler-Artinger	16
オーストリア	Ruster Ausbruch 1993	Tremmel	15.5
ソーテルヌ	Château Rieussec 1995		15.5
ソーテルヌ	Château d'Yquem 1990		15.5
ソーシニャック	Château Richard « Coup de Cœur » 1996	Richard Doughty	15.5
ハンガリー	Royal Tokaji Red Label Aszú 5 Puttonyos 1993	Royal Tokaji Wine Company	15.5
コトー・デュ・レイヨン	Rablay Domaine des Sablonnettes 1997	Christine et Joël Ménard	15.5
アルザス	Gewurztraminer Clos Saint Landelain Gd cru Vorbourg VT 1997	René Muré	15.5
オーストリア	Sämling 88 Welschriesling Eiswein 1990	Weingut Helmut Lang	15.5
オーストリア	Ruster Ausbruch 1995	Heidi Schröck	15.5
アルザス	Gewurztraminer Grand Cru « Pfersigberg » 1997	Paul Ginglinger	15.5
オーストリア	Sämling 88 Ausbruch 1989	Weingut Helmut Lang	15.5
コトー・デュ・レイヨン	Quarts de Chaume 1997	Yves Guégniard	15.5
アルザス	Riesling VT 1995	Dom. Weinbach (Faller et Filles)	15
ソーテルヌ	Haut-Bergeron 1996	Robert Lamothe	15
ソーシニャック	Château Miaudoux « Réserve » 1996	Gérard Cuisset	15
コート・ド・ベルジュラック	Moelleux L'Excellence Château La Tour des Verdots 1996	David Fourtout	15
コトー・デュ・レイヨン	Quarts de Chaume Domaine de la Roche-Moreau 1996	André Davy	15
オーストリア	Ruster Ausbruch Traminer 1995	Feiler-Artinger	15
オーストラリア	Eden Valley Riesling botrytisé 1996	Heggies Vineyards	15
モンバジャック	Domaine de l'Ancienne Cure « Cuvée Abbaye » 1996	Christian Roche	15
オーストリア	Ruster X Sylvaner Trockenbeerenauslese 1991	Harald Kraft	15
オーストリア	Ruster Genesis Furmint Eiswein	Harald Kraft	15
オーストリア	Ruster Ausbruch 1995	Feiler-Artinger	15
オーストリア	Pinot Noir Trockenbeerenauslese 1995	Josef Pöckl	15
アルザス	Tokay-Pinot gris Grand cru Hengst SGN 1990	Dom. Aimé Stentz et Fils	15
サヴェニエール	Clos du Papillon « Cuvée d'Avant » Moelleux 1997	Château de Chamboureau	15
ソーシニャック	Château Richard « Tradition » 1995	Richard Doughty	14.5
ソーシニャック	Château Tourmentine « Chemin neuf » 1995	Jean-Marie Huré	14.5
コトー・デュ・レイヨン	Quarts de Chaume Domaine de la Poterie 1997	Guillaume Mordacq	14.5
コトー・デュ・レイヨン	Rablay « Vieilles Vignes » 1997	Domaine Pierre Chauvin	14.5
アルザス	Tokay Pinot gris SGN 1995	Josmeyer	14.5
オーストリア	Ruster Ausbruch 1995	Friedrich Seiler	14.5
サヴェニエール	Domaine de la Franchaie « Cuvée Ambre et Or » 1997	Chaillou Christophe	14
ソーテルヌ	Château Rayne Vigneau 1995		14
ソーテルヌ	Château Raymond-Lafon 1995		14
ソーテルヌ	Château Haut-Bergeron 1995	Robert Lamothe	14
ソーシニャック	Château Le Chabrier 1996	Pierre Carle	14
ソーシニャック	Château Miaudoux « Réserve » 1995	Gérard Cuisset	14
ローヌ・コンドリュー	Condrieu « Cuvée Le Moelleux » 1997	Cave Richard	14

《文化と味覚》プレステージ試飲会

世界の甘口ワイン　1998/1999年度　Les Grands Liquoreux

原産地	ワイン	所有者	得点
ハンガリー	Royal Tokaji Blue Label Aszú 5 Puttonyos 1993	Royal Tokaji Wine Company	14
コトー・デュ・レイヨン	Saint-Aubin « Cuvée des Forges » 1997	EARL Branchereau	14
コトー・デュ・レイヨン	Faye « Cuvée Clos des Cocus » 1997	Château du Fresne	14
コトー・デュ・レイヨン	Domaine de La Bergerie « Cuvée Fragrance » 1997	Yves Guégniard	14
コトー・デュ・レイヨン	Saint-Lambert « Cuvée Prestige » 1997	Vincent Ogereau	14
コトー・デュ・レイヨン	Chaume 1997	Serge Grosset	14
コトー・ド・ローバンス	Domaines des Charbotières « Clos de la Division » 1997	Paul-Henri Vintrou	14
オーストリア	Pinot noir Trockenbeerenauslese 1995	Weingut Helmut Lang	14
アルザス	Gewurztraminer Grand cru Furstentum SGN 1994	Domaine Albert Mann	14
オーストリア	Weissburgunder Beerenauslese 1996	Kollwentz	14
オーストリア	Ruster Ausbruch Pinot Cuvée 1996	Feiler-Artinger	14
オーストリア	Welschriesling Trockenbeerenauslese 1995	Schönberger	14
オー=モンラヴェル	Château Puy Servain Terrement 1997	SCEA Puy Servain	14
アルザス	Tokay-Pinot gris Grand cru Furstentum SGN 1995	Domaine Paul Blanck	14
サント=クロワ=デュ=モン	Château du Mont « Grande Réserve » 1997	Vignobles Chouvac	14
サント=クロワ=デュ=モン	Château La Rame 1997	Y. Armand & Fils	14
オー=モンラヴェル	Château Puy Servain Terrement 1996	SCEA Puy Servain	13.5
ヴーヴレー	Cuvée « Marie Geoffrey » 1997	Domaine Le Capitaine	13.5
ソーシニャック	Château des Eyssards « Cuvée Flavies » 1996	Léonce Cuisset	13.5
コトー・デュ・レイヨン	Château des Rochettes « Cuvée Folie » SGN 1997	JL Douet	13.5
コトー・デュ・レイヨン	Rochefort « Cuvée Intégrale » SGN 1997	Domaine Jean-Louis Robin-Diot	13.5
コトー・デュ・レイヨン	Quarts de Chaume « Vieilles Vignes » SGN 1997	Château de l'Echarderie	13.5
コトー・デュ・レイヨン	Chaume « Cuvée Les Onnis » 1997	EARL Branchereau	13.5
コトー・デュ・レイヨン	« Chaume » Domaine de la Bergerie 1997	Yves Guégniard	13.5
オーストリア	Welschriesling Ausbruch 1991	Weingut Helmut Lang	13.5
オーストリア	Ruster Ausbruch 1996	Heidi Schröck	13.5
南アフリカ	« Weisser Riesling Noble Late Harvest » 1998	Stellenzicht	13.5
アルザス	Gewurztraminer VT 1996	Domaine Maurice Schoech et Fils	13.5
アルザス	Muscat Clos Saint Landelain Grand cru Vorbourg VT 1997	René Muré	13.5
アルザス	Tokay-Pinot gris SGN 1996	JL et JF Ginglinger	13.5
オー=モンラヴェル	Château Puy Servain Terrement 1995	SCEA Puy Servain	13.5
アルザス	Gewurztraminer Grand cru Kirchberg de Barr SGN 1989	Charles Stoeffler	13.5
アルザス	Riesling Kaefferkopf SGN 1995	Domaine Martin Schaetzel	13.5
アルザス	Gewurztraminer SGN 1994	Dom. Kehren - Denis Meyer	13.5
アルザス	Gewurztraminer Grand cru Hengst SGN 1988	Paul Buecher et Fils	13.5
アルザス	Tokay SGN 1994	Château d'Orschwihr	13.5
ヴーヴレー	Cuvée Botrytis 1997	François Pinon	13
ソーシニャック	Château des Eyssards « Cuvée Flavies » 1995	Léonce Cuisset	13
ソーシニャック	Château Le Chabrier 1995	Pierre Carle	13
コート・デュ・ジュラ	Château d'Arlay « Vin de Paille » 1992	Château d'Arlay	13
コトー・デュ・レイヨン	Faye « Cuvée la Botte des Chevriottes » 1997	Château du Fresne	13
コトー・デュ・レイヨン	Rablay Domaine des Sablonnettes « Les Erables » SGN 1997	Christine et Joël Ménard	13

世界の甘口ワイン　1998/1999年度　Les Grands Liquoreux

原産地	ワイン	所有者	得点
コトー・デュ・レイヨン	Beaulieu « Cuvée Orantium » 1996	Château du Breuil	13
コトー・デュ・レイヨン	Faye d'Anjou SGN 1997	Richard et Sophie Leroy	13
ベルジュラック	Château Payral « Cuvée Marie-Jeanne » 1996	Thierry Daulhiac	13
オーストリア	Ruster Ausbruch Gelber Muskateller Furmint 1995	Herbert Triebaumer	13
オーストラリア	D'Arenberg « The Noble Riesling » 1996	d'Arenberg Wines	13
アルザス	Tokay Pinot Gris « Hugel » VT 1996	Maison Hugel	13
アルザス	Gewurztraminer SGN 1994	Cave de Pfaffenheim	13
アルザス	Gewurztraminer VT 1996	Antoine Stoffel	13
モンバジヤック	Domaine de l'Ancienne Cure « Cuvée Abbaye » 1995	Christian Roche	13
アルザス	Gewurztraminer Grand cru Schoenenbourg SGN 1994	Jean Becker	13
オーストリア	Ruster Ausbruch Welschriesling 1993	Nikolaus Gabriel	13
アルザス	Tokay-Pinot gris Rosenberg VT 1996	Barmès-Buecher	13
アルザス	Gewurztraminer VT 1997	Fernand Stentz	13
アルザス	Gewurztraminer SGN 1989	Domaine Martin Schaetzel	13
オーストリア	Ruster Ausbruch Ruländer « Brigitte » 1997	Feiler-Artinger	13
アルザス	Tokay-Pinot gris « Cuvée Caroline » VT 1996	Kuentz-Bas	13
アルザス	Tokay-Pinot gris SGN 1996	Dom. Kehren - Denis Meyer	13
アルザス	Tokay-Pinot gris SGN 1995	Domaine Martin Schaetzel	13
ソーテルヌ	Château Raymond-Lafon 1994		12.5
ソーテルヌ	Château Lamothe Guignard 1995		12.5
ソーテルヌ	Château Lamothe Guignard 1996		12.5
ソーテルヌ	Château Suduiraut 1996 - 1er cru classé de Sauternes		12.5
コトー・デュ・レイヨン	Château des Rochettes « Cuvée Sophie » 1997	JL Douet	12.5
コトー・デュ・レイヨン	Rochefort « Cuvée Clos du Cochet » 1997	Domaine Jean-Louis Robin-Diot	12.5
コトー・デュ・レイヨン	« Chaume » Château de Plaisance « Les Charmelles » 1997	Rochais Flls	12.5
コトー・デュ・レイヨン	Rochefort « La Motte à Bory » 1997	Serge Grosset	12.5
オーストリア	Ruster Ausbruch 1996	Feiler-Artinger	12.5
アルザス	Tokay Pinot Gris SGN 1990	Eblin-Fuchs	12.5
アルザス	Tokay Pinot gris VT 1996	Domaine Albert Mann	12.5
アルザス	Tokay-Pinot gris Grand cru Hengst VT 1996	Domaine Aimé Stentz et Fils	12.5
アルザス	Muscat VT 1996	Dom. Kehren - Denis Meyer	12.5
アルザス	Gewurztraminer Grand cru Hengst VT 1996	Barmès-Buecher	12.5
アルザス	Gewurztraminer SGN 1994	Domaine Aimé Stentz et Fils	12.5
アルザス	Gewurztraminer SGN 1994	Dopff & Irion	12.5
アルザス	Gewurztraminer SGN 1994	G et C Freyburger	12.5
アルザス	Tokay-Pinot gris VT 1996	Charles Stoeffler	12.5
アルザス	Muscat VT 1996	Dom. Kehren - Denis Meyer	12.5
アルザス	Gewurztraminer SGN 1989	Château d'Orschwihr	12.5
アルザス	Gewurztraminer SGN 1994	Château d'Orschwihr	12.5
アルザス	Tokay-Pinot gris SGN 1990	Pierre Frick	12.5
アルザス	Tokay-Pinot gris SGN 1994	Dom. Kehren - Denis Meyer	12.5
アルザス	Gewurztraminer SGN 1989	Domaine Claude Bléger	12.5
カディヤック	Château de Biac 1997	SCEA du Biac	12.5
カディヤック	Château Jean du Roy 1996	Yvan Régla	12.5
ルーピアック	Château Les Roques « Cuvée Frantz » 1997	A & V Fertal	12.5

(1) この優れた銘柄でさえ、たとえルスター・アウスブルッフがもつ力強い酸味をもってしても時の流れに伴う質の低下には逆らえません。わたしたちの採点評で2年間に2ポイント失っています。

《文化と味覚》プレステージ試飲会

世界の甘口ワイン　1999/2000年度　Liquoreux

今年で5年目の開催になる≪文化と味覚≫試飲会では、世界中からたいへんおいしく稀少な甘口ワインを一同に取り揃えました。約250もの試飲サンプル全てをテストするため、10回にわたる試飲セッションが必要となりました。このガイドに掲載されるための最低基準12.5/20点をクリアしたのは133銘柄だけでした。特にオーストリアの秀作は前年と同じように飛び抜けて良い成績を残しました。アルザスワインも健闘し、3つの優れたドメーヌ、マルセル・ダイス、ワインバック、ズィント＝ユンブレヒトがほぼ上位を独占しています。ロワール産の高級銘柄は今回掲載することが出来ませんでした。最も残念だったのはソーテルヌ産の出来が思わしくなかったことで、97年物に期待していただけになおさらです。この年の収穫については、生産者側はもちろんのこと、追従者とは言わないまでもやや寛大に過ぎるメディアが高く評価していたのですが、納得の行くソーテルヌは3銘柄、クリマン、スュデュイローとグザヴィエ・コッペルの優秀作〔プリモ・パラトゥム〕だけでした。今年のリストを見ると、優れた甘口ワインを新しく発見すること、そしてもちろん生産すること自体がいかに難しいかがわかります。だからこそ生産者の皆さんに感謝の気持ちを伝えたいと思います。自然の恵みに助けられながらも、甘美で心地よいワインを精力的に提供し続けている情熱家の皆さんに。

エリック・ヴェルディエ
試飲委員会委員長

《文化と味覚》プレステージ試飲会

原産地	ワイン	所有者	得点
アルザス	Riesling GC Schoenenbourg SGN 1989	Dom. Marcel Deiss	19
アルザス	Gewurztraminer GC Altenberg de Bergheim SGN 1989	Dom. Marcel Deiss	19
オーストリア	Ruster Ausbruch Chardonnay Essenz 1998	Seiler Friederich	19
オーストリア	Ruster Ausbruch Essenz 1995	Weingut Feiler-Artinger	19
アルザス	Riesling GC Altenberg de Bergheim SGN 1989	Dom. Marcel Deiss	19
ドイツ	Wachtenburg-Lugisland « Wachenheimer Bischofsgarten Ehrenfelser Beerenauslese » 1996		19
アルザス	Riesling GC Clos Saint Urbain Rangen de Thann SGN 1998	Dom. Zind-Humbrecht	18.5
アルザス	Gewurztraminer Quintessence « Altenbourg » 1997	Dom. Weinbach et Filles	18.5
アルザス	Gewurztraminer GC « Furstentum » SGN 1994	Dom. Weinbach et Filles	18.5
アルザス	Tokay Pinot-Gris « Quintessence » Cuvée du Centenaire 1995	Dom. Weinbach et Filles	18.5
オーストリア	Schilfwein Tradition 1997	Weinbau Nekowitsch	18.5
オーストリア	Schilfwein Tradition 1998	Weinbau Nekowitsch	18.5
ソーテルヌ	Château d'Yquem 1983	Château d'Yquem	18.5
ドイツ	Nierstein Oelberg Riesling Eiswein 1996	Gunderloch	18
アルザス	Tokay Pinot gris SGN 1995	Dom. Weinbach et Filles	18
オーストリア	Bouvier Trockenbeerenauslese 1995	Walter Hahnenkamp	18
アルザス	Gewurztraminer GC Altenberg de Bergheim SGN 1994	Dom. Marcel Deiss	18
アルザス	Gewurztraminer Clos des Capucins SGN 1997	Dom. Weinbach et Filles	18

世界の甘口ワイン　1999/2000年度　Liquoreux

原産地	ワイン	所有者	得点
アルザス	Gewurztraminer Quintessence 1994	Dom. Weinbach et Filles	18
アルザス	Gewurztraminer GC Furstentum SGN 1996	Dom. Weinbach et Filles	18
ジュランソン	Dom. Cauhapé « Quintessence du Petit Manseng » 1995	Henri Ramonteu	18
オーストリア	Sämling 88 Trockenbeerenauslese 1995	Weingut Helmut Lang	17.5
オーストリア	Ruster Ausbruch Welshriesling Essenz 1998	Seiler Friederich	17.5
オーストリア	Ruster Ausbruch Furmint 1998	Weinbau Robert Wenzel	17.5
オーストリア	Rheinriesling Trockenbeerenauslese 1998	Weingut Helmut Lang	17.5
オーストリア	Chardonnay Welschriesling Trockenbeerenauslese 1996	Kollwentz Anton	17.5
オーストリア	Chardonnay Trockenbeerenauslese 1995	Weingut Helmut Lang	17.5
オーストリア	Ruster Ausbruch Pinot Cuvée 1995	Weingut Feiler-Artinger	17.5
アルザス	Gewurztraminer GC Steingrubler SGN 1994	Dom. Barmès-Buecher	17.5
アルザス	Tokay Pinot-Gris Clos Jebsal - Turckeim SGN 1998	Dom. Zind-Humbrecht	17.5
ジュランソン	Quintessence du Petit Manseng 1998	Dom. Cauhapé	17.5
アルザス	Gewurztraminer « Quintessence » SGN 1996	Dom. Marcel Deiss	17.5
アルザス	Riesling GC Schoenenbourg SGN 1994	Dom. Marcel Deiss	17.5
アルザス	Tokay Pinot Gris GC Clos St Urbain Rangen de Thann SGN 1998	Dom. Zind-Humbrecht	17.5
ソーテルヌ	Château d'Yquem 1982	Château d'Yquem	17.5
アルザス	Pinot-Gris Clos des Capucins SGN 1996	Dom. Weinbach et Filles	17.5
オーストリア	Welschriesling Trockenbeerenauslese 1997	Weingut Helmut Lang	17.5
アルザス	Riesling Furstentum SGN 1997	Dom. Paul Blanck	17.5
オーストリア	Sämling 88 Trockenbeerenauslese 1998	Weinbau Nekowitsch	17.5
ロワール	Savennières Coulée de Serrant « Moelleux » 1995	Coulée de Serrant	17.5
オーストリア	Ruster Ausbruch Essenz Neuburger « Klaus » 1997	Weingut Feiler-Artinger	17
アルザス	Gewurztraminer SGN 1997	Willy Wurtz et Fils (GAEC)	17
オーストリア	Bouvier Trockenbeerenauslese 1996	Weingut Walter Hahnenkamp	17
オーストリア	Ruster Ausbruch Pinot Noir Essenz 1995	Weingut Feiler-Artinger	17
ジュランソン	Sélection DB 1995	Dom. de Bellegarde	17
ソーテルヌ	Primo Palatum 1997	Xavier Coppel	17
アルザス	Riesling Clos des Capucins SGN 1997	Dom. Weinbach et Filles	17
アルザス	Gewurztraminer GC Altenberg de Bergheim SGN 1995	Dom. Marcel Deiss	17
アルザス	Muscat Clos Saint Landelin GC Vorbourg SGN 1994	Clos Saint Landelin - René Muré	17
アルザス	Riesling GC Furstentum SGN 1995	Dom. Paul Blanck	17
コトー・デュ・レイヨン	Château des Noyers 1997		16.5
コート・ド・ベルジュラック	Excellence du Château « Les Tours des Verdots » 1997	GAEC Fourtout et Fils	16.5
オーストリア	Ruster Ausbruch Weissburgunder « Kurt » Essenz 1997	Weingut Feiler-Artinger	16.5
オーストリア	Scheurebe III - Trockenbeerenauslese 1996	Josef Pöckl	16.5
オーストリア	Scheurebe I - Trockenbeerenauslese 1996	Josef Pöckl	16.5
ソーテルヌ	Château d'Yquem 1989	Château d'Yquem	16.5
アルザス	Tokay Pinot Gris GC Altenberg de Bergheim SGN 1995	Dom. Marcel Deiss	16.5
アルザス	Gewurztraminer GC Spiegel SGN 1994	Dom. Dirler	16.5
アルザス	Tokay Pinot-Gris Clos des Capucins VT 1997	Dom. Weinbach et Filles	16.5

世界の甘口ワイン　1999/2000年度　Liquoreux

原産地	ワイン	所有者	得点
スイス	« Les Grains Nobles » Valais AOC (Cuvée Assemblage de Cépages) 1998	Rouvinez-Sierre	16.5
アルザス	Pinot Gris GC Clos Saint Urbain Rangen de Thann VT 1998	Dom. Zind-Humbrecht	16
アルザス	Gewurztraminer Grand Cru Vorbourg VT 1998	Clos Saint-Landelin	16
オーストリア	Ruster Gelber Muskateller Trockenbeerenauslese 1997	Weinbau Robert Wenzel	16
アルザス	Gewurztraminer SGN 1994	Dom. Paul Ginglinger et Fils	16
アルザス	Riesling GC Schoenenbourg SGN 1998	Dom. Marcel Deiss	16
アルザス	Tokay Pinot-Gris Clos des Capucins SGN 1994	Dom. Weinbach et Filles	16
アルザス	Riesling Clos des Capucins SGN 1995	Dom. Weinbach et Filles	16
アルザス	Gewurztraminer Furstentum SGN 1997	Dom. Paul Blanck	16
アルザス	Riesling Clos Saint Landelin - GC Vorbourg VT 1997	Clos Saint Landelin - R. Muré	16
ソーテルヌ	Château Suduiraut 1997	Château Suduiraut	16
ソーテルヌ	Château Climens 1997	Château Climens	16
モンバジヤック	Cuvée Abbaye 1997	Dom. de l'Ancienne Cure	16
アルザス	Tokay Pinot Gris GC Furstentum SGN 1995	Dom. Paul Blanck	16
アルザス	Riesling GC Zinkoepflé VT 1998	Seppi Landmann	16
アルザス	Riesling GC Zinkoepflé SGN 1998	Seppi Landmann	16
オーストリア	Ruster Ausbruch 1998	Seiler Friederich	15.5
オーストリア	Ruster Ausbruch Welshriesling « Sabine » Essenz 1997	Weingut Feiler-Artinger	15.5
ボンヌゾー	Le Malabé 1998	Dom. des Petits Quarts	15.5
ボンヌゾー	Les Meilleresses 1997	Dom. des Petits Quarts	15.5
アルザス	Tokay-Pinot gris Altenbourg VT 1997	Dom. Paul Blanck	15.5
ソーシニャック	Château La Tourmentine 1998	Jean-Marie Huré	15.5
オーストリア	Ruster Ausbruch Sauvignon Blanc 1998	Ernst Triebaumer	15
アルザス	Riesling Vendanges Tardives « Cuvée Sigillé » 1997	Maurice Schoech et Fils	15
オーストリア	Ruster Ausbruch 1995	Ernst Triebaumer	15
アルザス	Riesling GC Schlossberg VT 1997	Dom. Weinbach	15
コトー・デュ・レイヨン	Château des Noyers 1998		14.5
ムー・パルシエルマン・フェルマンテ[1]	Passidore Vendange du 2 et 21 novembre 1998	Dom. de Belles Pierres	14.5
コトー・デュ・レイヨン	Château de Rochettes Vieilles Vignes 1999	Château des Rochettes	14.5
サント=クロワ=デュ=モン	Grande Réserve 1997	Château du Mont	14.5
ソーテルヌ	Clos Haut-Peyraguey 1997	Clos Haut-Peyraguey	14.5
アルザス	Gewurztraminer SGN 1994	Willy Wurtz et Fils (GAEC)	14.5
ソーテルヌ	Château Doisy-Daëne 1997	Château Doisy-Daëne	14.5
ソーテルヌ	Château Rieussec 1997	Château Rieussec	14.5
ソーテルヌ	Château Guiraud 1997	Château Guiraud	14
アルザス	Muscat Grand cru Vorbourg VT 1998	Clos Saint-Landelin	14
ジュランソン	Noblesse du Temps 1998	Dom. Cauhapé	14
アルザス	Gewurztraminer SGN « Cuvée Anne » 1997	Dom.s Schlumberger	14
ソーテルヌ	Château Nairac 1997	Château Nairac	14
ソーテルヌ	Château Coutet 1997	Château Coutet	14
アルザス	Muscat Clos Saint Landelin - GC Vorbourg VT 1997	Clos Saint Landelin - R. Muré	14
アルザス	Tokay Pinot Gris GC Zinkoepflé SGN 1998	Seppi Landmann	14
オーストリア	« Pinot noir » Trockenbeerenauslese 1996	Josef Pöckl	14
ソーテルヌ	Château Sigalas-Rabaud 1997	Château Sigalas-Rabaud	13.5

1 半発酵液のサンプル。

世界の甘口ワイン　1999/2000年度　Liquoreux

原産地	ワイン	所有者	得点
アルザス	Gewurztraminer Altenbourg VT 1997	Dom. Albert Mann	13.5
アルザス	Gewurztraminer GC Furstentum VT	Dom. Paul Blanck	13.5
ソーシニャック	Château des Vigiers 1998	Château des Vigiers	13.5
パシュランク・デュ・ヴィック=ビール	Confit Dense 1999	Dom. Capmartin	13.5
ソーテルヌ	Château De Malle 1997	Château De Malle	13.5
オー=モンラヴェル	Château Puy-Servain Terrement 1998		13
サント=クロワ=デュ=モン	Réserve du Château 1998	Château du Mont	13
ソーテルヌ	Château Lafaurie-Peyraguey 1997	Château Lafaurie-Peyraguey	13
アルザス	Gewurztraminer « Cuvée Christine » VT 1996	Dom.s Schlumberger	13
ソーテルヌ	Château Lafaurie-Peyraguey 1996	Château Lafaurie-Peyraguey	13
オーストリア	Ruster Ausbruch Fumé 1995	Heidi Schrock	13
アルザス	Gewurztraminer Grand Cru Goldert VT 1998	Dom. Zind-Humbrecht	13
アルザス	Gewurztraminer Altenberg Pinot Gris VT 1998	Dom. Zind-Humbrecht	13
ソーテルヌ	Château d'Arche 1997	Château d'Arche	13
ソーテルヌ	Clos Haut-Peyraguey 1997	Clos Haut-Peyraguey	13
アルザス	Tokay Pinot Gris Clos Saint Landelin GC Vorbourg SGN 1996	Clos Saint Landelin-René Muré	13
ルーピアック	Cru Champion 1998	Yvan Réglat	12.5
アルザス	Gewurztraminer VT 1997	Antoine Stoffel	12.5
ジュランソン	Cuvée Thibault 1997	Dom. de Bellegarde	12.5
アルザス	Tokay Pinot-Gris « Cuvée Clarisse » SGN 1997	Dom.s Schlumberger	12.5
オーストリア	Ruster Ausbruch 1993	Ernst Triebaumer	12.5
サント=クロワ=デュ=モン	Réserve du Château 1990	Château du Mont	12.5
アルザス	Tokay-Pinot gris GC Muenchberg VT 1997	Dom. Ostertag	12.5
アルザス	Riesling GC Muenchberg VT 1997	Dom. Ostertag	12.5
ジュランソン	Jurançon moelleux Cuvée Thibault 1998	Dom. de Bellegarde	12.5
パシュランク・ド・ヴィック=ビール	Cuvée du Couvent 1999	Dom. Capmartin Guy	12.5
モンバジヤック	Automne 1998	Château Ladesvignes	12.5
ソーテルヌ	Château de Rayne Vigneau 1997	Château de Rayne Vigneau	12.5
ソーテルヌ	Château La Tour Blanche 1997	Château La Tour Blanche	12.5
アルザス	Gewurztraminer VT 1998	Dom. Paul Ginglinger et Fils	12.5

世界の甘口ワイン　2000/2001年度　Les Grands Liquoreux

ワイン	所有者・生産地区	得点
Welschriesling N° 15 Trockenbeerenauslese 1995	Domaine Aloïs Kracher（オーストリア）	19
Ruster Ausbruch Essenz 1995	Feiler-Artinger（オーストリア）	19
Château d'Yquem 1983	ソーテルヌ特別1級（フランス）	18.5
Schilfwein Tradition 1996	Weinbau Nekowitsch（オーストリア）	18.5
Tokay Pinot-Gris SGN 1996	Maison Hugel（フランス）	18
Ruster Ausbruch Gerber Muskateller & Chardonnay 1998	Robert Wenzel（オーストリア）	18
Ruster Ausbruch Sauvignon Blanc & Riesling 1998	Robert Wenzel（オーストリア）	18
Tokay Pinot-Gris « Quintessence » de GN Cuvée du Centenaire 1995	Domaine Weinbach（フランス）	18
Gewurztraminer SGN 1997 - Clos des Capucins	Domaine Weinbach（フランス）	18
Gewurztraminer SGN Quintessence de Grains Nobles 1994	Domaine Weinbach（フランス）	18
Gewurztraminer SGN « Quintessence » 1996	Domaine Marcel Deiss（フランス）	17.5
Tokay Pinot-Gris SGN Altenbourg 1998	Clos des Capucins Domaine Weinbach（フランス）	17.5
Gewurztraminer SGN GC Furstentum 1994	Clos des Capucins Domaine Weinbach（フランス）	17.5
Gewurztraminer SGN Quintessence « Altenbourg » 1997	Domaine Weinbach（フランス）	17.5
Tokay Pinot-Gris SGN GC Schlossberg 1998	Clos des Capucins Domaine Weinbach（フランス）	17.5
« Trockenbeerenauslese Riesling » 1998	Willy Bründlmayer（オーストリア）	17.5
Bouvier Beerenauslese 1997	Domaine Aloïs Kracher（オーストリア）	17.5
Vino Santo 1991	Avignonesi（トスカーナ地方/イタリア）	17.5
Ruster Ausbruch Sauvignon Blanc 1998	Ernst Triebaumer（オーストリア）	17.5
Schilfwein Tradition 1998	Weinbau Nekowitsch（オーストリア）	17
Rheinriesling Trockenbeerenauslese 1998	Helmut Lang（オーストリア）	17
Ruster Ausbruch Pinot Noir Essenz 1995	Feiler-Artinger（オーストリア）	17
Gewurztraminer Trockenbeerenauslese 1995	Weingut Helmut Lang（オーストリア）	17
Gewurztraminer SGN GC Furstentum 1998	Clos des Capucins Domaine Weinbach（フランス）	17
Ruster Riesling - Sylvaner 1991	Weingut Harald Kraft（オーストリア）	17
Bouvier Trockenbeerenauslese 1996	Weingut Walter Hahnenkamp（オーストリア）	17
Gewurztraminer SGN GC Furstentum 1996	Clos des Capucins Domaine Weinbach（フランス）	17
« Trockenbeerenauslese Gruner Veltliner » 1998	Willy Bründlmayer（オーストリア）	17
Coteaux du Layon Saint-Aubin SGN « Cuvée Volupté » 1997	Domaine Cady（フランス）	17
Ruster Ausbruch Pinot Cuvée 1993	Feiler-Artinger（オーストリア）	17
Ruster Ausbruch Essenz « Kurt » 1997	Feiler-Artinger（オーストリア）	16.5
Riesling VT GC Schlossberg 1998	Clos des Capucins Domaine Weinbach（フランス）	16.5
Riesling SGN 1997 - Clos des Capucins	Domaine Weinbach（フランス）	16.5
Tokay Pinot-Gris SGN 1996	Clos des Capucins Domaine Weinbach（フランス）	16.5
Gewurztraminer SGN GC Furstentum 1997	Domaine Paul Blanck（フランス）	16.5
Scheurebe I - Trockenbeerenauslese 1996	Josef Pöckl（オーストリア）	16.5
Coteaux du Layon Cuvée Folie SGN 1999	Château des Rochettes（フランス）	16
Tokay Pinot-Gris VT GC Schlossberg 1998	Clos des Capucins Domaine Weinbach（フランス）	16
Gewurztraminer VT GC Furstentum 1997	Clos des Capucins Domaine Weinbach（フランス）	16

世界の甘口ワイン　2000/2001年度　Les Grands Liquoreux

ワイン	所有者・生産地区	得点
Tokay Pinot-Gris SGN GC Furstentum 1995	Domaine Paul Blanck（フランス）	16
Ruster Ausbruch 1998	Seiler Friederich（オーストリア）	16
Gewurztraminer VT 1998	Clos des Capucins Domaine Weinbach（フランス）	16
Quarts de Chaume Clos Paradis 1999	Domaine de l'Écharderie Laffourcade（フランス）	16
Riesling SGN 1998	Clos des Capucins Domaine Weinbach（フランス）	15.5
Riesling VT GC Schlossberg 1998	Clos des Capucins Domaine Weinbach（フランス）	15.5
Gewurztraminer VT 1997	Clos des Capucins Domaine Weinbach（フランス）	15.5
Condrieu moelleux Jeanne-Elise 1999	Domaine Gaillard Pierre（フランス）	15.5
Oremus Tokay Aszú de Vega Sicilia - 5 Puttonyos 1995	（ハンガリー）	15.5
« Beerenauslese Gruner Veltliner » 1998	Willy Bründlmayer（オーストリア）	15.5
Riesling VT GC Wiebelsberg 1997	Domaine Marc Kreydenweiss（フランス）	15.5
Riesling Ausbruch Essenz « Sabine » 1997	Feiler-Artinger（オーストリア）	15.5
Gewurztraminer VT 1995	Maison Hugel（フランス）	15.5
Coteaux du Layon Chaume « Les Onnis » 1999	Domaine des Forges（フランス）	15
Rosalack Auslese Riesling 1999	Schloss Johannisberg（ドイツ）	15
Welshriesling Trockenbeerenauslese 1995	Umathum（オーストリア）	15
Schilfwein Tradition Sämlig 88 (croisement Riesling/Sylvaner) 1998	Nekowitsch（オーストリア）	15
Coteaux du Layon Saint-Lambert « Clos des Bonnes Blanches » 1999	Vincent Ogereau（フランス）	15
Château d'Yquem 1991	ソーテルヌ特別1級（フランス）	15
Château d'Yquem 1994	ソーテルヌ特別1級（フランス）	15
Gewurztraminer SGN 1997	Maison Hugel（フランス）	15
Riesling VT 1998	Maison Hugel（フランス）	15
Ruster Ausbruch Traminer 2000	Feiler-Artinger（オーストリア）	15
Bonnezeaux Le Malabé 1999	Domaine des Petits Quarts（フランス）	15
Château Sigalas-Rabaud 1997	ソーテルヌ 1er CC（フランス）	14.5
Coteaux du Layon Cuvée Fragrance 1998	Domaine de la Bergerie（フランス）	14.5
Bonnezeaux Noble Sélection 1999	Domaine des Grandes Vignes（フランス）	14.5
Sainte-Croix-du-Mont Grande Réserve 1997	Château du Mont（フランス）	14.5
Jurançon moelleux Exquises Sélection de Grains Nobles 1999	Clos Castet（フランス）	14.5
Quarts de Chaume Les Guerches 1998	Château La Varière（フランス）	14.5
Château Caillou « Cuvée Reine » 1999	ソーテルヌ 2ème CC（フランス）	14.5
Saussignac 1998	Château Grinou Catherine et Guy Cuisset（フランス）	14.5
Saussignac Château Richard « Coup de Cœur » 1998	（フランス）	14.5
Saussignac Château Richard « Coup de Cœur » 2000	（フランス）	14.5
Saussignac Clos d'Yvigne 1998	（フランス）	14.5
Château Coutet 1997	ソーテルヌ 1er CC（フランス）	14.5
Saussignac Château Tourmentine 1998	（フランス）	14.5
Ruster Ausbruch Pinot Cuvée 1998	（オーストリア）	14.5
Jurançon moelleux Cuvée Savin 1998	Domaine Pierre Bordenave（フランス）	14
Sainte-Croix-du-Mont Cuvée Pierre 1999	Château du Mont（フランス）	14
Tokay Pinot-Gris VT Altenbourg 1998	Domaine Paul Blanck（フランス）	14
Jurançon moelleux L'Éminence 1999	Domaine de Bru-Baché（フランス）	14
Coteaux du Layon Faye d'Anjou Clos des Cocus 1998	Château du Fresne（フランス）	14

《文化と味覚》プレステージ試飲会

259

世界の甘ロワイン　2000/2001年度　Les Grands Liquoreux

ワイン	所有者・生産地区	得点
Saussignac Cuvée La Maurigne 1997	Château La Maurigne（フランス）	14
Saussignac Cuvée La Maurigne 1998	Château La Maurigne（フランス）	14
Coteaux du Layon Sél. Vieilles Vignes Cuvée Sophie 1999	Château des Rochettes（フランス）	14
Bonnezeaux Noble Sélection 1998	Domaine des Grandes Vignes（フランス）	14
Tokay Pinot-Gris VT 1997	Domaine Paul Ginglinger et Fils（フランス）	14
Condrieu moelleux Fleurs d'Automne 1999	Domaine Gaillard Pierre（フランス）	14
Château Caillou « Cuvée Reine » 1997	ソーテルヌ 2ème CC（フランス）	14
Saussignac Château Les Miaudoux 1998	（フランス）	14
Sainte-Croix-du-Mont Réserve du Château 1998	Château du Mont（フランス）	14
Saussignac 1999	Château Grinou Catherine et Guy Cuisset（フランス）	14
Saussignac Clos d'Yvigne 1999	（フランス）	14
Saussignac Château Tourmentine 1999	（フランス）	14
Tokaji Muskotály Late Harvest 1997	Château Pajzos（ハンガリー）	14
Gewurztraminer VT 1997	Clément Klur（フランス）	13.5
Quarts de Chaume 1999	Domaine des Forges（フランス）	13.5
Saussignac Château Richard « Coup de Cœur » 1999	（フランス）	13.5
Ruster Ausbruch « Muller Thurgau » 1991	Feiler-Artinger（オーストリア）	13.5
Ruster Genesis Furmint Eiswein Non Millésimé	Weingut Harald Kraft（オーストリア）	13.5
Ruster Ausbruch 1995	Feiler-Artinger（オーストリア）	13.5
Tokay Pinot-Gris VT GC Moenchberg (Le Moine) 1997	Domaine Marc Kreydenweiss（フランス）	13.5
Tokay Pinot-Gris VT GC Moenchberg 1999	Domaine Marc Kreydenweiss（フランス）	13.5
Jurançon moelleux Cuvée Thibault 1999	Domaine de Bellegarde（フランス）	13.5
Ruster Ausbruch 1998	Feiler-Artinger（オーストリア）	13.5
Jurançon moelleux Exquises Sélection de Grains Nobles 1995	Clos Castet（フランス）	13.5
Monbazillac 1999	GAEC Fourtout & Fils（フランス）	13.5
Clos Haut-Peyraguey 1997	ソーテルヌ 1er CC（フランス）	13.5
Coteaux du Layon Rochefort « Cuvée Acacia » 1999	Domaine Grosset Serge（フランス）	13.5
Coteaux du Layon Rochefort Motte-Bory 2000	Domaine Grosset Serge（フランス）	13.5
Saussignac Château La Maurigne 1998	Patrick et Chantal Girardin（フランス）	13
Tokay Pinot-Gris VT Clos Rebberg 1997	Domaine Marc Kreydenweiss（フランス）	13
Sämling 88 Trockenbeerenauslese 1994	Weingut Helmut Lang（オーストリア）	13
Riesling SGN 1998	Stellenzicht Vineyards（南アフリカ）	13
Riesling SGN 1995	Clos des Capucins Dom. Weinbach（フランス）	13
Bonnezeaux 1998	Château de Fesles（フランス）	13
Bonnezeaux Les Melleresses 1998	Château La Varière（フランス）	13
Jurançon moelleux Cuvée des Dames 1998	Domaine Pierre Bordenave（フランス）	13
Coteaux du Layon Château de la Guimonière 1998	Vignobles Germain（フランス）	13
Coteaux du Layon Saint-Aubin « Les Paradis » 1999	Domaine des Barres（フランス）	13
Coteaux du Layon Beaulieu « Vieilles Vignes » 1998	Château du Breuil（フランス）	13
Coteaux du Layon Saint-Lambert « Cuvée Prestige » 1998	Domaine Vincent Ogereau（フランス）	13
Saussignac Château Le Chabrier 1998	Pierre Carle（フランス）	13
Haut-Montravel 1999	Château Puy-Servain Terrement（フランス）	13
Saussignac 2000	Clos d'Yvigne（フランス）	13
Coteaux du Layon « Rochefort » 1985	Domaine Grosset Serge（フランス）	13
Sainte-Croix-du-Mont 1997	Château Loubens（フランス）	13
Saussignac 2000	Château Tourmentine（フランス）	13
« Noble One - Sémillon botrytis » De Bortoli Winery 1996	（アメリカ）	13

《文化と味覚》プレステージ試飲会

世界の甘口ワイン　2000/2001年度　Les Grands Liquoreux

ワイン	所有者・生産地区	得点
Château Les Justices 1998	ソーテルヌ〔非格付〕（フランス）	13
Coteaux du Layon St-Lambert « Cuvée Prestige » 1999	Domaine Vincent Ogereau（フランス）	12.5
Gewurztraminer VT « Kritt » 1997	Domaine Marc Kreydenweiss（フランス）	12.5
Coteaux du Layon « Rochefort » 1978	Domaine Grosset Serge（フランス）	12.5
Tokaji Aszú 5 Puttonyos 1993	Château Pajzos（ハンガリー）	12.5
Coteaux du Layon Chaume Les Aunis 1998	Château de la Roulerie（フランス）	12.5
Saussignac « Cuvée Prestige » 1997 (Joël Evandre)	Château de Thenon（フランス）	12.5
Cérons Cuvée Françoise 1995	Château Chantegrive（フランス）	12.5
Saussignac « Cuvée Prestige » 1998 (Joël Evandre)	Château de Thenon（フランス）	12.5
Saussignac « Cuvée Prestige » 1999 (Joël Evandre)	Château de Thenon（フランス）	12.5
Château Jolys « Cuvée Jean » 1998	（フランス）	12.5
Château Jolys « VT » 1998	（フランス）	12
Saussignac Château La Maurigne 1999	Patrick et Chantal Girardin（フランス）	12
Saussignac Château Le Payral « Cuvée Marie-Jeanne »	Isabelle et Thierry Daulhiac（フランス）	12
Saussignac 2000	Château Les Miaudoux（フランス）	12
Château de Rayne Vigneau 1997	ソーテルヌ 1er CC（フランス）	12
Gewurztraminer VT GC Furstentum 1997	Domaine Paul Blanck（フランス）	12
Ruster Ausbruch Pinot Noir 1999	Feiler-Artinger（オーストリア）	12
Gewurztraminer VT 1997	Antoine Stoffel（フランス）	12
Côtes de Bergerac Moelleux Cuvée Bacchus 2000	Château « Les Tours des Verdots »（フランス）	12

注記：AOCソーシニャック2000年物については試飲サンプルを樽から採りました。

マルゴー（Les Grands Margaux）97年産

ワイン	メドックの格付け	得点
Château Brane-Cantenac	（メドック 2ème GCC）	16
Château Palmer	（メドック 3ème GCC）	16
Château Rauzan-Ségla	（メドック 2ème GCC）	15.5
Château Kirwan	（メドック 3ème GCC）	15
Château d'Issan	（メドック 3ème GCC）	14.5
Château Desmirail	（メドック 3ème GCC）	14.5
Château Lascombes	（メドック 2ème GCC）	14
Château Malescot-Saint-Exupéry	（メドック 3ème GCC）	13.5
Château D'Angludet	（クリュ・ブルジョワ）	13
Château Haut Breton Larigaudière	（クリュ・ブルジョワ）	13
Château Siran	（クリュ・ブルジョワ）	12.5
Château La Tour-de-Bessan		12.5
Château Rauzan-Gassies	（メドック 2ème GCC）	12
Château Labégorce	（クリュ・ブルジョワ）	12
Château Labégorce-Zédé	（クリュ・ブルジョワ）	12

マルゴー（Les Grands Margaux）98年産

ワイン	メドックの格付け	得点
Château Palmer	（メドック 3ème GCC）	16.5
Château Rauzan-Ségla	（メドック 2ème GCC）	16
Château Malescot-Saint-Exupéry	（メドック 3ème GCC）	15.5
Château Kirwan	（メドック 3ème GCC）	15.5
Château d'Issan	（メドック 3ème GCC）	15
Château Desmirail	（メドック 3ème GCC）	15
Château Lascombes	（メドック 2ème GCC）	14
Château Brane-Cantenac	（メドック 2ème GCC）	13.5
Château Durfort-Vivens	（メドック 2ème GCC）	13.5
Château Cantenac-Brown	（メドック 3ème GCC）	13.5
Château Labégorce-Zédé	（クリュ・ブルジョワ）	13.5
Château Meyney	（クリュ・ブルジョワ）	13.5
Château Boyd-Cantenac	（メドック 3ème GCC）	13
Château Siran	（クリュ・ブルジョワ）	13
Château La Tour de Mons	（クリュ・ブルジョワ）	13
Château Marquis-d'Alesme-Becker	（メドック 4ème GCC）	12.5
Château D'Angludet	（クリュ・ブルジョワ）	12.5
Château Labégorce	（クリュ・ブルジョワ）	12.5
Château Rauzan-Gassies	（メドック 2ème GCC）	12
Château Pouget	（クリュ・ブルジョワ）	12

ボーヌ・プルミエ・クリュ〔赤〕（Beaune 1er Cru Rouge）98年産

ワイン	生産者	得点
Grèves	Domaine Tollot-Beaut	17.5
Les Grèves	Maison Laurent	16.5
Clos des Mouches	Maison Laurent	15.5
Marconnets	Domaine Bouchard Père et Fils	15.5
Vieilles Vignes	Maison Laurent	15
Les Montrevenots	Boillot Jean-Marc	15
Champs Pimont	Domaine Jacques Prieur	15
Hospices de Beaune Cuvée Brunet	Maison Laurent	15
Les Cras	Domaine Germain Père et Fils	15
Les Cent Vignes	Maison Doudet-Naudin	15
Teurons	Domaine Bouchard Père et Fils	14.5
Clos de la Féguine (Monopole)	Domaine Jacques Prieur	14.5
Grèves	Domaine Jacques Prieur	14.5
Clos des Mouches	Domaine Chanson Père et Fils	14.5
Clos de la Mousse	Domaine Bouchard Père et Fils	14.5
Grèves « Vignes de l'Enfant Jésus »	Domaine Bouchard Père et Fils	14.5
Les Teurons	Domaine Germain Père et Fils	14.5
Les Teurons	Domaine Germain Père et Fils	14.5
Clos des Mouches	Maison Joseph Drouhin	14.5
Les Cent Vignes	Domaine Arnoux Père et Fils	14
Clos du Roi	Maison Doudet-Naudin	14
Champs-Pimont (Domaine de la Salle)	Domaine de la Salle (Bichot)	14
Clos des Marconnets	Domaine Chanson Père et Fils	13.5
Grèves	Maison Louis Jadot	13.5
Les Grèves	Domaine Largeot Daniel	13.5
Clos des Fèves	Domaine Chanson Père et Fils	13.5
Vignes Franches	Domaine Germain Père et Fils	13.5
Vignes Franches	Domaine Germain Père et Fils	13.5
Les Avaux (Albert Bichot)	Maison Bichot	13.5
Coucherias	Domaine Labet-Dechelette	13
Clos des Ursules	Maison Louis-Jadot	13
Teurons	Domaine Rossignol-Trapet	12.5
Les Grèves	Maillard Père et Fils	12.5
Clos des Avaux (Albert Bichot)	Maison Bichot	12.5

コメント：10銘柄が15点以上を獲得（たいへんおいしいワイン）。
19銘柄が13～14.5点を獲得（おいしいワイン）。
≪Grèves≫をはじめとする優れたテロワールが実力を発揮していました。
メゾン・ローランが質の良いぶどう樹を精選し、熟成も見事なものでした。
クリマ≪モントルヴノ≫だけが既成の序列を超えた優れた出来を披露していました。このクリマのおもな所有者はオスピス・ド・ボーヌ、その銘柄には慈善活動家の名前〔Brunet氏〕が付けられています。

シャンパーニュ・ブリュット・ノン・ミレジメ（ノン・ヴィンテージ）（Champagne Brut Sans Année）

シャンパーニュ	生産者	得点
Brut 1er cru « Blanc de Blancs »	Gimonnet Pierre et Fils	14
Grand cru « Blanc de Blancs » Cuvée Réservée	Champagne Launois Père et Fils	14
Brut 1er cru	Pascal Mazet	14
Réserve Brut Blanc de Blancs Grand cru	Champagne Guy Charlemagne	13.5
Brut Classic	Deutz	13.5
Brut Réserve Grand Cru (Blanc de Blancs)	De Sousa Erick	13.5
Brut Tradition Grand cru	Champagne Christian Busin	13.5
Brut Premier	Champagne Louis Roederer	13.5
Brut 1er cru Blanc de Blancs Cuvée Gastronome	Gimonnet Pierre et Fils	13.5
Brut Grand Cru	Ledru Marie-Noëlle	13.5
Saint-Avertin « Blanc de Blancs » Brut	Jean Valentin & Fils	13.5
Brut Comte de Chenizot	Jacky Charpentier	13.5
Grande Réserve Brut	Champagne Gosset	13
« Tradition » 1er cru Brut	Jean Valentin & Fils	13
Brut Sélection 1er cru	Jean Valentin & Fils	13
Tradition Brut 1er cru Blanc de Blancs	Doquet-Jeanmaire	13
Brut Perfection	Champagne Jacquesson et Fils	13
Paul Clouet Brut Grand cru	Champagne Bonnaire	13
Brut Carte Noire	Champagne Charlier et Fils	13
Né d'une terre de Vertus Brut Nature 1er cru	Champagne Larmandier-Bernier	13
Brut Blanc de Blancs 1er cru	Champagne Larmandier-Bernier	13
Brut Carte Jaune	Veuve Clicquot Ponsardin	13
Cuis 1er cru - Chardonnay	Gimonnet Pierre et Fils	13
Brut Réserve Grand cru	Champagne Christian Busin	13
Brut Extra	Champagne Guy Charlemagne	12.5
Brut Blanc de Blancs Grand Cru	Champagne Bonnaire	12

コメント：他にも多くの銘柄を試飲しましたが、この資料に掲載しているのは優れた成績、12/20点以上を獲得した銘柄のみです。

シャンパーニュ・キュヴェ・スペシアル & ミレジメ（ヴィンテージ）
（Champagne Cuvées Spéciales & Millésimés）

シャンパーニュ	生産者	得点
Cuvée Amour de Deutz Millésimé 1995	Deutz « Blanc de Blancs »	16
Grand cru « Blanc de Blancs » Millésimé 1996	Champagne Launois Père et Fils	15.5
GC Blanc de Blancs Millésimé 1996	De Sousa Erick	15.5
« Blanc de Blancs » Millésimé 1995 Grand cru	Jacquesson Avize	15.5
Grand Vin Signature Brut Millésimé 1990	Jacquesson et Fils	15.5
Cuvée An 2000	Ledru Marie-Noëlle	14.5
Brut Millésimé 1994	Louis Roederer	14
Brut Grand Cru Millésimé 1996	Ledru Marie-Noëlle	14
Brut Millésimé 1996	J. Charpentier	14
« Blanc de Blancs » Brut Millésimé 1996	Bonnaire	14
Rich Réserve 1995	Champagne Veuve Clicquot Ponsardin	14
« Cuvée du Goulté » Brut	Ledru Marie-Noëlle	14
« Cœur de Terroir » Brut 1er cru Mill. Blanc de Blancs 1986	Doquet-Jeanmaire	13.5
Grand cru Brut Mill. 1995	Alfred Tritant	13.5

ワイン	所有者・生産地区	得点
1er cru Brut Mill. 1996	Jean Valentin & Fils	13.5
Brut Jane des Rouales 1er cru	Jean Valentin & Fils	13.5
Extra-Brut Grand cru	Ledru Marie-Noëlle	13
Brut Blanc de Blancs Mill. 1995	De Venoge	13
« Cœur de Terroir » Brut 1er cru Mill. Blanc de Blancs 1989	Doquet-Jeanmaire	13
Vintage Réserve 1995	Veuve Clicquot Ponsardin	13
« Blanc de Blancs » 1er cru Brut Mill. 1996	Blondel Thierry	13
1er cru Blanc de Blancs Fleuron 1995	Gimonnet Pierre et Fils Brut	13
« Grand millésime » 1996	Gosset	13
GC Vieilles Vignes Cramant Extra-Brut Bl. de Blancs 1996	Champagne Larmandier-Bernier	13
De Venoge Brut Mill. 1995		12
Mill. Brut 1994	Champagne Déhu Père et Fils	12
Mill. Sérigraphié 1996	Champagne Charlier et Fils	12

シャンパーニュ・ロゼ (Rosé)

シャンパーニュ	生産者	得点
La Grande Dame 1990	Champagne Veuve Clicquot Ponsardin	13
Brut Perfection Rosé 2000	Champagne Jacquesson & Fils	13
Rosé Brut 1er cru 2000	Champagne Doquet-Jeanmaire	13
Cuvée Rosé 2000	Champagne Royer Père et Fils	13
Brut Rosé 2000	Champagne Bonnaire	12.5
Grand Rosé 2000	Champagne Gosset	12.5
Brut Rosé	1er cru NM Jean Valentin & Fils	12
Brut Rosé 1er cru	Jean Valentin & Fils	12
Paul Clouet Brut Rosé 2000	Champagne Bonnaire	11.5
Rosé Prestige Brut 2000	Champagne Déhu Père et Fils	11.5

コルビエール (Corbières)

ワイン	所有者・生産地区	得点
Le 3 de Castelmaure 1999	Cave d'Embres et Castermaure	14.5
Cuvée Romain Pauc 1999	Château La Voulte-Gasparets	14.5
Château Agram Romanis Cuvée Jacqueline Bories 1998	Les Vignerons de la Méditerranée	14.5
Cuvée Spéciale 1999	Embellie de Roque d'Agnel	14.5
La Folie du Château Saint-Auriol 1999	Château Saint-Auriol et Château Salvagnac	14.5
Cuvée Marcel Barsalou 1998	Château de Villenouvette	14
Grande Délicatesse 1998	Domaine de Bellevue	13.5
Fût de Chêne 1998	Château Les Ollieux	13.5
Cuvée Hélène de Troie 1998	Château Hélène	13.5
Montagne d'Alaric 1998	Château La Baronne	13.5
Cuvée Louis Fabre 1998	Vignobles Louis Fabre	13.5
« Fût de Chêne » 1998	Château Les Ollieux	13.5
Cuvée Gaston Bonnes (Élevée en fût de chêne) 1998	Château de Gléon Montanié	13.5
Sélection Combe de Berre 1998	Château de Gléon Montanié	13.5
L'excellence	Château Capendu 1999	13.5
Cuvée Réservée 1999	Château La Voulte-Gasparets	13.5
Rocbère 1998	Château de Mattes	13.5
Roque Sestière Bérail Lagarde 1999		13.5
Château Les Palais 1999		13.5
Château de Belle-Isle 1999		13
Vieilles Vignes 1998	Château Pech-Latt	13
Château de Ribaute Cuvée François le Noir 1998	Les Vignerons de la Méditerranée	13
Élevé en fût de Chêne 1999	Domaine Serres Mazard	13
Grand Millésime 1998	Château La Domèque	13
Cuvée A Capella 1999	Château Meunier Saint-Louis	13
Carte Blanche 1999	Domaine Roque Sestière	13
Signature 1998	Château Prieuré Borde-Rouge	13
Cuvée Alix 1998	Château Pech-Latt	13
Château La Baronne 1999		13
Tradition 1998	Château de Gléon	12.5
Signature 1999	Château Prieuré Borde-Rouge	12.5
La Sélection Élevé en fût de Chéne 1999	Château du Vieux Parc	12.5
Domaine des Chandelles 1998		12.5
Château La Boutignane 1998		12.5
Clos de Cassis - Élevé en fût de chêne 1999	Prieuré Sainte-Marie d'Albas	12.5
Château Fabre Gasparets 1998	Vignobles Louis Fabre	12.5
Château Les Ollieux 1998		12
Château Fabre Cuvée des Jumelles 1998	Vignobles Louis Fabre	12
Cuvée Canto Perdrix 1999	Cellier Rouge d'Agnel	12
Peyres Nobles 2000	Les Vignerons de Camplong	12
Cuvée C. de Camplong 1999	Les Vignerons de Camplong	12
Château Haut Gléon 1998	Domaine de Haut Gléon	12
Château Salvagnac 1999	Château Saint-Auriol	12
Cuvée Château 1999	Château de Belle-Isle	12
Cuvée Andréas 1998	Château de l'Ille	12
La Bellevie 1999	Le Cellier de Ségur	12

ミネルヴォワ（Minervois）

ワイン	所有者・生産地区	得点
A Marie-Claude 1998	Domaine de la Tour-Boisée	15
Grande cuvée	Château Gibalaux-Bonnet	14.5
Cuvée Saint-Fructueux 1999	Domaine Louis Pujol et Fils	14
Les Barons du Château d'Oupia 1997	Famille Iché André	14
A Marie-Claude 1999	Domaine de la Tour-Boisée	14
Cuvée Marbreries Hautes 1998	Château Villerambert-Moureau	14
Les Barons du Château d'Oupia 1999	Famille Iché André	14
Cuvée à Marie-Claude 1998	Domaine de la Tour-Boisée	14
Cuvée Prieuré 1998	Château Gibalaux-Bonnet	14
Château Mirausse 1998	Raymond Julien	14
Cuvée Saint-Fructueux 1998	Domaine Louis Pujol et Fils	13.5
Les Vieilles Vignes de Château Maris 1999	Château Maris	13.5
Cuvée Marielle et Frédérique 1999	Domaine de la Tour-Boisée	13.5
Château Villerambert Julien		13.5
Cuvée Prieuré 1999	Château Gibalaux-Bonnet	13
Prestige 1998	Château Maris	12.5
Cuvée les Evangiles 1998	Château Canet	12.5
Élevé en fûts de Chêne 1997	Château de Sainte Eulalie	12.5
Cuvée Pierre Joseph Cros 1999	Domaine de Gally	12.5
Domaine Cavaillès 1999		12.5
Cuvée Prestige 1999	Château de Sainte Eulalie	12
Cuvée Tradition 1999	Château de Sainte Eulalie	12
Tradition 1999	Domaine de la Tour-Boisée	12
« Elzear » 1998	Château Gazel	12

サン=シニヤン（Saint-Chinian）

ワイン	所有者・生産地区	得点
Les Terrasses Grillées 1998	Domaine G. Moulinier	16
Clos de la Simonette 1998	Mas Champart	15
Clos de la Simonette 1999	Mas Champart	14
Château de Combebelle « Cuvée Prestige » 1999	Domaine des Comtes Méditerranéens	14
Les Crès 1998	Domaine Borie La Vitarèle	14
Les Sigillaires 1998	Domaine G. Moulinier	13.5
Cuvée La Fonsalade Vieilles Vignes 1998	Château Maurel Fonsalade	13.5
Le Castelas 1999	Domaine Carrière Audier	13.5
Cuvée des Fées 1999	Château Cazal-Viel	13.5
Les Crès 1999	Domaine Borie La Vitarèle	13.5
Cuvée Frédéric 1998	Château Maurel Fonsalade	13.5
Élevé en Fût de Chêne 1999	Château Viranel	13.5
Cuvée Prestige 1998	Château Veyran	13.5
Roquebrun Prestige 1998	Cave Les Vins de Roquebrun	13.5
Cuvée Prestige 1999	Château Veyran	13.5
Cuvée Prestige 1998	Château Veyran	13.5
Cuvée des Fées 1998	Château Cazal-Viel	13
Château Etienne des Lauzes Cuvée Ineka 1998	Les Vignerons de la Méditerranée	13
Grande Réserve 1999	Château du Prieuré des Mourgues	13
Grande Réserve 1998	Château du Prieuré des Mourgues	13
Cuvée des Fées 1999	Château Cazal-Viel	13
Cuvée Frédéric 1999	Château Maurel Fonsalade	13
Élevé en Fût de Chûne 1999	Château Viranel	13
Cuvée l'Antenne [旧Prestige Fût] 1998	Château Cazal-Viel	13
Baron d'Aupenac 1998	Cave Les Vins de Roquebrun	13
Cuvée Olivier Elevé en fût de chêne 1999	Domaine Navarre	13
Cuvée Olivier Elevé en fût de chéne 1998	Domaine Navarre	13
Tradition 1999	Château Viranel	13
Château du Prieuré des Mourgues 1999		12.5
Berloup Collection 1998	Cave Les Coteaux du Rieu Berlou	12.5
Domaine des Jougla 1998		12.5
Les Sigillaires 1999	Domaine G. Moulinier	12.5
Élevé en Fût de Chêne 1998	Château Viranel	12.5

《文化と味覚》プレステージ試飲会

ボルドー高級ワイン 90年産（Les Grands Bordeaux）

ワイン	生産地区	最高点	エリック・ヴェルディエによる評価
Château Le Pin	Pomerol	19.5	18.5
Château Cheval Blanc	1er cru classé A de Saint-Émilion	19.5	18.5
Château Pétrus	Pomerol	19.5	19
Château Margaux	1er GGC Médoc (Margaux)	19	18.5
Château Latour	1er GCC Médoc (Pauillac)	18.5	17
Château Pape Clément	GCC Pessac-Léognan (Pessac)	18.5	16
La Conseillante	Pomerol	18.5	16.5
Château Lafite Rothschild	1er GCC Médoc (Pauillac)	18	17
Château Mouton Rothschild	1er GCC Médoc (Pauillac)	18	16
Château Léoville Las Cases	2ème GGC Médoc (Saint-Julien)	18	16
Château Montrose	2ème GGC Médoc (Saint-Estèphe)	18	17
Château Pavie	1er cru classé B de Saint-Émilion	17.5	16
Château Pichon Baron	2ème GGC Médoc (Pauillac)	17.5	16.5
Domaine de Chevalier	GCC Pessac-Léognan (Léognan)	17.5	16
Château Cos d'Estournel	2ème GCC Médoc (Saint-Estèphe)	17.5	17
Château Haut-Brion	1er GCC de Pessac-Léognan (Graves)	17.5	17
Château Magdelaine	1er cru classé B de Saint-Émilion	17.5	16
Château Ausone	1er cru classé A de Saint-Émilion	17.5	15
Château Léoville Poyferré	2ème GGC Médoc (Saint-Julien)	17.5	16
Vieux-Château-Certan	Pomerol	17	16
Château Sociando-Mallet	Cru Bourgeois Médoc (St-Seurin-de-Cadourne)	17	16
Château L'Angélus	1er cru classé B de Saint-Émilion	17	16
La Mission Haut-Brion	GCC Pessac-Léognan (Talence)	17	15
Château Léoville Barton	2ème GGC Médoc (Saint-Julien)	16.5	15.5
Château Palmer	3ème GCC Médoc (Margaux)	16.5	14.5

(*)サン=テミリオン特級あるいは特1級≪A≫・≪B≫の格付けについては1999年の格付けを使っています。そのため変更があったシャトー・ランジェリュスは、90年物の時点では上記の格付けではありませんでした。

ボルドー高級ワイン 91年産（Les Grands Bordeaux）

ワイン	生産地区	最高点	エリック・ヴェルディエによる評価
Château Le Pin	Pomerol	18	16
Château Margaux	1er GGC Médoc (Margaux)	17	16
Château Latour	1er GCC Médoc (Pauillac)	17	15
Château Mouton Rothschild	1er GCC Médoc (Pauillac)	17	16
Château Léoville Las Cases	2ème GGC Médoc (Saint-Julien)	15.5	14
Château Léoville Poyferré	2ème GGC Médoc (Saint-Julien)	15.5	14
Château Montrose	2ème GCC Médoc (Saint-Estèphe)	15	13.5
Château Pichon Baron	2ème GGC Médoc (Pauillac)	15	13.5
Château Haut-Brion	1er GCC de Pessac-Léognan (Graves)	15	15
Château Sociando-Mallet	Cru Bourgeois Médoc (Saint-Seurin)	15	14
Domaine de Chevalier	GCC Pessac-Léognan (Léognan)	15	13.5
La Mission Haut-Brion	GCC Pessac-Léognan (Talence)	14.5	13.5
Château Clinet	Pomerol	14.5	13.5
Château Gruaud-Larose	2ème GGC Médoc (Saint-Julien)	14	13
Château Lynch-Bages	5ème GCC Médoc (Pauillac)	14	13.5

ボルドー高級ワイン 92年産（Les Grands Bordeaux）

ワイン	生産地区	最高点	エリック・ヴェルディエによる評価
Château Haut-Brion	1er GCC de Pessac-Léognan (Graves)	17.5	16.5
Château Cheval Blanc	1er cru classé A de Saint-Émilion	16.5	15.5
Château Pétrus	Pomerol	16	15.5
Château Mouton Rothschild	1er GCC Médoc (Pauillac)	16	14.5
Vieux-Château-Certan	Pomerol	15.5	14.5
Château Léoville Las Cases	2ème GCC Médoc (Saint-Julien)	15	14
Château Le Pin	Pomerol	15	14
Château Margaux	1er GGC Médoc (Margaux)	15	15
Château Latour	1er GCC Médoc (Pauillac)	15	14
Château Lafite Rothschild	1er GCC Médoc (Pauillac)	15	14
Domaine de Chevalier	GCC Pessac-Léognan (Léognan)	14.5	13.5
Château Pichon Baron	2ème GGC Médoc (Pauillac)	14.5	13.5
Château L'Angélus	1er cru classé B de Saint-Émilion	14.5	14
Château Cos d'Estournel	2ème GGC Médoc (Saint-Estèphe)	14.5	14
Château Haut-Marbuzet	Cru Bourgeois Médoc (Saint-Estèphe)	14	13.5
Château La Magdelaine	1er cru classé B de Saint-Émilion	14	14
Château Ausone	1er cru classé A de Saint-Émilion	14	14
Château Pavie	1er cru classé B de Saint-Émilion	14	13
Château Palmer	3ème GCC Médoc (Margaux)	14	13
Château Sociando-Mallet	Cru Bourgeois Médoc (St-Seurin-de-Cadourne)	14	13

エリック・ヴェルディエによるボルドーワイン品質の推移（1990〜98年産）

ボルドー高級ワイン 93年産（Les Grands Bordeaux）

ワイン	生産地区	最高点	エリック・ヴェルディエによる評価
Château Pétrus	Pomerol	19.5	18
Château Lafite Rothschild	1er GCC Médoc (Pauillac)	19.5	18
Château Haut-Brion	1er GCC de Pessac-Léognan (Graves)	19	17
Château Le Pin	Pomerol	19	17
Château Cheval Blanc	1er cru classé A de Saint-Émilion	18.5	17
Vieux-Château-Certan	Pomerol	18.5	16
Château Mouton Rothschild	1er GCC Médoc (Pauillac)	18.5	16
Château Trotanoy	Pomerol	17.5	17
Château Margaux	1er GCC Médoc (Margaux)	17.5	16
Château Léoville Las Cases	2ème GCC Médoc (Saint-Julien)	17.5	16
Château Latour	1er GCC Médoc (Pauillac)	17	15.5
La Conseillante	Pomerol	17	15.5
Château Pape Clément	GCC Pessac-Léognan (Pessac)	17	15
Château Pichon Comtesse de Lalande	2ème GGC Médoc (Pauillac)	17	15
Château Montrose	2ème GCC Médoc (Saint-Estèphe)	17	15
Château Haut-Marbuzet	Cru Bourgeois Médoc (Saint-Estèphe)	17	15
Château Pichon Baron	2ème GGC Médoc (Pauillac)	17	15
Château Rausan-Ségla	2ème GGC Médoc (Margaux)	17	15
Château Cos d'Estournel	2ème GCC Médoc (Saint-Estèphe)	17	16
Château Ausone	1er cru classé A de Saint-Émilion	17	16
Domaine de Chevalier	GCC Pessac-Léognan (Léognan)	16.5	14
Château Lafleur Pétrus	Pomerol	16.5	16
Château L'Angélus (*)	1er cru classé B de Saint-Émilion	16.5	16
La Mission Haut-Brion	GCC Pessac-Léognan (Talence)	16.5	15.5
Château Petit Village	Pomerol	16.5	15
Château Haut-Bailly	GCC Pessac-Léognan (Léognan)	16.5	15.5
Château Pavie	1er cru classé B de Saint-Émilion	16.5	15
Château La Magdelaine	1er cru classé B de Saint-Émilion	16	16
Château Clerc Milon Rothschild	5ème GCC Médoc (Pauillac)	16	15
Château D'Armailhac	5ème GCC Médoc (Margaux-Labarde)	16	14
Château La Croix-Toulifaut	Pomerol	16	15
Château de Fieuzal	GCC Pessac-Léognan (Léognan)	16	14
Château Lynch-Bages	5ème GCC Médoc (Pauillac)	16	14.5
Château Léoville Poyferré	2ème GCC Médoc (Saint-Julien)	15.5	15
Château Palmer	3ème GCC Médoc (Margaux)	15.5	14.5
Château Sociando-Mallet	Cru Bourgeois Médoc (St-Seurin-de-Cadourne)	15.5	14.5
Château de France	Pessac-Léognan et Graves non classé	15.5	14
Château La Louvière	Pessac-Léognan et Graves non classé	15.5	14
Château Durfort-Vivens	2ème GCC Médoc (Margaux)	15	13
Château Chambert-Marbuzet	Cru Bourgeois Médoc (Saint-Estèphe)	15	13
Château Mazeyres	Pomerol	15	13
Château Bel-Air	1er cru classé « B » de Saint-Émilion	15	13.5
Château Beychevelle	4ème GCC Médoc (Saint-Julien)	14.5	13.5
Château Malescot-Saint-Exupéry	3ème GCC Médoc (Margaux)	14.5	13
Château St-Robert Cuvée Poncet-Deville	Pessac-Léognan et Graves non classé	14.5	13
Château Citran	Cru Bourgeois Médoc (Avensan)	14.5	13
Château Cantenac-Brown	3ème GCC Médoc (Pauillac)	14.5	13.5
Clos des Litanies	Pomerol	14.5	14
Château La Croix Saint Georges	Pomerol	14.5	14
Clos Fourtet	1er cru classé B de Saint-Émilion	14.5	13.5
Château Les Ormes de Pez	Cru Bourgeois Médoc (Saint-Estèphe)	14	13
Château Talbot	4ème GCC Médoc (Saint-Julien)	14	13

エリック・ヴェルディエによるボルドーワイン品質の推移（1990〜98年産）

ワイン	生産地区	最高点	エリック・ヴェルディエによる評価
Château Labégorce	Cru Bourgeois Médoc (Margaux)	14	12
Château Poujeaux	Cru Bourgeois Médoc (Moulis)	14	14
Château Chauvin	Saint-Émilion GCC	14	13
Château Monbousquet	Saint-Émilion GC	14	13
Château La Croix	Pomerol	14	13
Château Le Crock	Cru Bourgeois Médoc (Saint-Estèphe)	14	13
Château Dauzac	5ème GCC Médoc (Margaux)	14	13
Château Branaire-Ducru	4ème GCC Médoc (Saint-Julien)	14	14
Château Pavie-Decesse	Saint-Émilion GCC	14	14
Les Forts de Latour	Château Latour (Pauillac) ［セカンドワイン］	14	13.5
Château Lascombes	2ème GCC Médoc (Margaux)	13.5	12.5
Carruades de Lafite	Lafite Rothschild (Pauillac) ［セカンドワイン］	13.5	13.5
Château Meyney	Cru Bourgeois Médoc (Saint-Estèphe)	13.5	13
Château Gombaude-Guillot	Pomerol	13.5	13.5
Château Cap de Mourlin	Saint-Émilion GCC	13.5	13.5
Château Pavie-Macquin	Saint-Émilion GCC	13.5	13.5
Château Balestard-La-Tonnelle	Saint-Émilion GCC	13.5	13.5
Château Haut Sarpe	Saint-Émilion GCC	13	NR
Château La Couspaude	Saint-Émilion GCC	13	13

NR = 再試飲せず (Non Redégusté)

（*）サン=テミリオン特級あるいは特1級≪A≫・≪B≫の格付けについては1999年の格付けを使っています。そのため変更があったシャトー・ランジェリュスは、90年物の時点では上記の格付けではありませんでした。

ボルドー高級ワイン 94年産（Les Grands Bordeaux）

ワイン	生産地区	最高点	エリック・ヴェルディエによる評価
Château Le Pin	Pomerol	19	18.5
Château Lafite Rothschild	1er GCC Médoc (Pauillac)	19	18.5
Château Margaux	1er GCC Médoc (Margaux)	18.5	17
Château Latour	1er GCC Médoc (Pauillac)	18.5	16
Château Pétrus	Pomerol	18	17
Château Mouton Rothschild	1er GCC Médoc (Pauillac)	18	17
Château Cheval Blanc	1er cru classé A de Saint-Émilion	18	18
Vieux-Château-Certan	Pomerol	17.5	17.5
Château Rausan-Ségla	2ème GGC Médoc (Margaux)	17.5	16
Château Léoville Las Cases	2ème GGC Médoc (Saint-Julien)	17.5	16
Château Pichon Baron	2ème GGC Médoc (Pauillac)	17	16
Château La Croix-Toulifaut	Pomerol	17	16.5
Château Léoville Poyferré	2ème GGC Médoc (Saint-Julien)	17	16
Château Gazin	Pomerol	17	15
Château Haut-Brion	1er GCC de Pessac-Léognan (Graves)	17	16.5
Château Batailley	5ème GCC Médoc (Pauillac)	16	14.5
Château Haut-Marbuzet	Cru Bourgeois Médoc (Saint-Estèphe)	16	14.5
Château de Fieuzal	GCC Pessac-Léognan (Léognan)	16	14
Clos des Litanies	Pomerol	16	14.5
Château Pape Clément	GCC Pessac-Léognan (Pessac)	16	15
Clos Fourtet	1er cru classé B de Saint-Émilion	16	14
Château Poujeaux	Cru Bourgeois Médoc (Moulis)	16	15.5
Château La Couspaude	Saint-Émilion GCC	16	15
Château Clerc Milon Rothschild	5ème GCC Médoc (Pauillac)	16	15.5
Château D'Armailhac	5ème GCC Médoc (Margaux-Labarde)	16	15
Château Branaire-Ducru	4ème GCC Médoc (Saint-Julien)	16	15
Château Mazeyres	Pomerol	15.5	14.5
Château Beychevelle	4ème GCC Médoc (Saint-Julien)	15.5	15
Château Chauvin	Saint-Émilion GCC	15.5	15
Château La Croix	Pomerol	15.5	14.5
Château Prieuré-Lichine	4ème GCC Médoc (Margaux)	15.5	14.5
Château Lynch-Bages	5ème GCC Médoc (Pauillac)	15.5	15.5
Les Forts de Latour	Château Latour (1er GCC Médoc) ［セカンドワイン］	15	14
Château Sociando-Mallet	Cru Bourgeois Médoc (St-Seurin-de-Cadourne)	15	14
Château Malescot-Saint-Exupéry	3ème GCC Médoc (Margaux)	15	13.5
Château Saint-Robert Cuvée Poncet-De Lille	Pessac-Léognan et Graves non classé	15	13.5
Château Balestard-La-Tonnelle	Saint-Émilion GCC	15	14
Château Lagrange	3ème GCC Médoc (Saint-Julien)	15	15
Château Haut-Carles « Cuvée Haut de Carles »	Fronsac	15	14
Château Ausone	1er cru classé A de Saint-Émilion	15	15
Château de Valandraud	Saint-Émilion GC	15	14
Château Citran	Cru Bourgeois Médoc (Avensan)	14.5	13
Château Cantenac-Brown	3ème GCC Médoc (Pauillac)	14.5	13
Château Haut Sarpe	Saint-Émilion GCC	14.5	13.5
Château Talbot	4ème GCC Médoc (Saint-Julien)	14	13.5
Château Lascombes	2ème GCC Médoc (Margaux)	14	13.5
Château Monbousquet	Saint-Émilion GC	14	14
Château La Croix Saint-Georges	Pomerol	14	13.5
Château Chambert-Marbuzet	Cru Bourgeois Médoc (Saint-Estèphe)	14	14
Château Grand-Puy-Ducasse	5ème GCC Médoc (Pauillac)	14	14

エリック・ヴェルディエによるボルドーワイン品質の推移（1990〜98年産）

ワイン	生産地区	最高点	エリック・ヴェルディエによる評価
Château Dauzac	5ème GCC Médoc (Margaux)	14	14
Château Gombaude Guillot	Pomerol	14	15
Château Petit-Village	Pomerol	14	14
Château Cap de Mourlin	Saint-Émilion GCC	14	14
Château Les Ormes de Pez	Cru Bourgeois Médoc (Saint-Estèphe)	13.5	12
Château Labégorce	Cru Bourgeois Médoc (Margaux)	13.5	12
Château Meyney	Cru Bourgeois Médoc (Saint-Estèphe)	13.5	13
Château Pavie	1er cru classé B de Saint-Émilion	13.5	13.5
Château Gruaud-Larose	2ème GCC Médoc (Saint-Julien)	13.5	13.5

ボルドー高級ワイン 95年産(Les Grands Bordeaux)

ワイン	生産地区	最高点	エリック・ヴェルディエによる評価
Château Lafite Rothschild	1er GCC Médoc (Pauillac)	18.5	17
Pétrus	Pomerol	18	19
Château Cheval Blanc	1er Cru Classé A de Saint-Émilion	18	18.5
Château Latour	1er GCC Médoc (Pauillac)	18	17
Vieux-Château-Certan	Pomerol	18	17
Château Haut-Brion	1er GCC de Pessac-Léognan (Graves)	17.5	17.5
Château Margaux	1er GCC Médoc (Margaux)	17	17
Château Pape Clément	GCC Pessac-Léognan (Pessac)	17	16
Château Montrose	2ème GCC Médoc (Saint-Estèphe)	17	16
Château de Valandraud	Saint-Émilion GC	17	17
Château Trotanoy	Pomerol	17	17
Château Léoville Las Cases	2ème GCC du Médoc	17	16
Château La Mission Haut-Brion	GCC de Graves Pessac-Léognan	17	16.5
Château Gazin	Pomerol	16.5	16
Château Mouton Rothschild	1er GCC Médoc (Pauillac)	16.5	16
Château Magdelaine	1er cru classé B de Saint-Émilion	16.5	16
Château l'Evangile	Pomerol	16.5	16
Château Rausan-Ségla	2ème GCC Médoc (Margaux)	16	16
Château Sociando-Mallet	Cru Bourgeois Médoc (St-Seurin-de-Cadourne)	16	15.5
Domaine de Chevalier	GCC Pessac-Léognan (Léognan)	16	15
Château Branaire-Ducru	4ème GCC Médoc (Saint-Julien)	16	15
Château Haut-Bailly	GCC de Graves Pessac-Léognan	16	15.5
Château Ducru-Beaucaillou	2ème GCC du Médoc	16	15.5
Château Pichon-Longueville Comtesse de Lalande	2ème GCC du Médoc	16	15.5
Château La Tour Haut-Brion	GCC de Graves Pessac-Léognan	16	15
Château Léoville Barton	2ème GCC du Médoc	16	16
Château Pichon-Baron	2ème GCC Médoc (Pauillac)	15.5	16
Château Léoville Poyferré	2ème GCC Médoc (Saint-Julien)	15	16
Château Figeac	1er cru classé B de Saint-Émilion	15	14
Château de Chambrun	Lalande de Pomerol	14.5	15
Château Haut-Marbuzet	Cru Bourgeois Médoc (Saint-Estèphe)	14	15
Château Lynch-Bages	5ème GCC Médoc (Pauillac)	14	14.5

ワイン	生産地区	最高点	エリック・ヴェルディエ による評価
Château Gruand-Larose	2ème GCC du Médoc	14	13.5
Château Haut Sarpe	Saint-Émilion GCC	13.5	13
Château Cantenac-Brown	3ème GCC Médoc (Pauillac)	13.5	13.5
Château Les Ormes de Pez	Cru Bourgeois Médoc (Saint-Estèphe)	13.5	12.5
Château Talbot	4ème GCC du Médoc	13.5	13
Château La Croix-Toulifaut	Pomerol	13	13.5
Château Meyney	Grands crus non classés du Médoc	13	12.5

ボルドー高級ワイン 96年産（Les Grands Bordeaux）

ワイン	生産地区	最高点	エリック・ヴェルディエ による評価
Château Lafite Rothschild	1er GCC Médoc (Pauillac)	18.5	18.5
Vieux-Château-Certan	Pomerol	18.5	18.5
Château Pétrus	Pomerol	17.5	17
Château Margaux	1er GCC Médoc (Margaux)	17.5	17
Château Haut-Brion	1er GCC de Pessac-Léognan (Graves)	17	17
Château Latour	1er GCC Médoc (Pauillac)	17	17
Château Le Pin	Pomerol	17	17
Château Mouton Rothschild	1er GCC Médoc (Pauillac)	17	17.5
Château Sociando-Mallet	Cru Bourgeois Médoc (St-Seurin-de-Cadourne)	16.5	16
Château La Dominique	Saint-Émilion GCC	16.5	15.5
Château Kirwan	3ème GCC du Médoc	16	15.5
Château Cantelauze	Pomerol	16	16
Château Léoville Poyferré	2ème GGC Médoc (Saint-Julien)	16	16
Château Pichon Baron	2ème GCC Médoc (Pauillac)	16	16
Château Pichon Comtesse de Lalande	2ème GCC Médoc (Pauillac)	16	16
Château de Valandraud	Saint-Émilion GC	16	14
Château Phélan-Ségur	Cru Bourgeois Saint-Estèphe	16	15.5
Château Haut-Marbuzet	Cru Bourgeois Médoc (Saint-Estèphe)	15.5	15
Château Rauzan-Ségla	2ème GGC Médoc (Margaux)	15.5	15.5
Château Poujeaux	Cru Bourgeois Moulis-en-Médoc	15.5	15.5
Château Cheval Blanc	1er cru classé A de Saint-Émilion	15	15
Château Batailley	5ème GCC Médoc (Pauillac)	15	14.5
Château Clerc Milon Rothschild	5ème GCC Médoc (Pauillac)	14.5	14.5
Château de Chambrun	Lalande de Pomerol	14.5	14.5
Château Cantenac-Brown	3ème GCC Médoc (Margaux)	14	14
Château D'Armailhac	5ème GCC Médoc (Margaux-Labarde)	14	14
Château Les Ormes de Pez	Cru Bourgeois Saint-Estèphe	14	13
Château La Croix-Toulifaut	Pomerol	13.5	13.5
Château Pibran	Cru Bourgeois Pauillac	13.5	13.5
Château Corbin-Michotte	Saint-Émilion GCC	13.5	13.5
Château Clarke	Cru Bourgeois Listrac-Médoc	13	13

ボルドー高級ワイン 97年産（Les Grands Bordeaux）

ワイン	生産地区	最高点	エリック・ヴェルディエによる評価
Château Pétrus	Pomerol	17.5	17
Château Haut-Brion	1er GCC de Pessac-Léognan (Graves)	17	16.5
Château La Mission Haut-Brion	GCC de Graves Pessac-Léognan	17	16
Vieux-Château-Certan	Pomerol	17	16
Château Ausone	1er cru classé A de Saint-Émilion	17	16.5
Château Cantelauze	Pomerol	17	15.5
Château Lafite Rothschild	1er GCC Médoc (Pauillac)	16.5	16
Château Mouton Rothschild	1er GCC Médoc (Pauillac)	16.5	16
Château Trotanoy	Pomerol	16.5	16
Château Latour	1er GCC Médoc (Pauillac)	16	16
Château Margaux	1er GCC Médoc (Margaux)	16	16
Château La Fleur-Pétrus	Pomerol	16	16
Château Magdelaine	1er cru classé B de Saint-Émilion	16	16
Domaine de Chevalier	GCC de Graves Pessac-Léognan	16	15
Château Rauzan-Ségla	2ème GCC du Médoc	16	15.5
Château Moulin Haut-Laroque	Fronsac	15	14
Château Beychevelle	4ème GCC du Médoc	15	14
Château Smith Haut Lafitte	GCC de Graves Pessac-Léognan	14.5	14
Château Corbin-Michotte	Saint-Émilion GCC	14.5	14
Château de France	GCC de Pessac-Léognan et Graves	14.5	14
Château Fontenil	Fronsac	14.5	14
Château Prieuré-Lichine	4ème GCC du Médoc	14.5	14
Château La Rousselle	Fronsac	14	14
Château La Croix-Toulifaut	Pomerol	14	14
Château Renard Mondésir	Fronsac	13.5	NR
Château Barrabaque « Prestige »	Canon-Fronsac	13.5	NR
Château Dalem	Fronsac	13.5	NR
Château Villars	Fronsac	13.5	13.5
Château Robin	Côtes de Castillon	13	13
Château Cantelys	Grands vins de Pessac-Léognan et Graves	13	NR
Château Belles-Graves	Lalande de Pomerol	13	13

NR = 再試飲せず (Non Redégusté)

エリック・ヴェルディエによるボルドーワイン品質の推移（1990～98年産）

ボルドー高級ワイン 98年産（Les Grands Bordeaux）

ワイン	生産地区	最高点	エリック・ヴェルディエによる評価
Château Le Pin	Pomerol	18.5	
Château Pétrus	Pomerol	18.5	
Vieux-Château-Certan	Pomerol	18	
Château Ausone	1er cru classé A de Saint-Émilion	18	
Château Haut-Brion	1er GCC de Pessac-Léognan (Graves)	18	
Château Lafite Rothschild	1er GCC Médoc (Pauillac)	17.5	
Château Cheval Blanc	1er cru classé A de Saint-Émilion	17.5	
Château Rauzan-Ségla	2ème GGC Médoc (Margaux)	16.5	
Château Léoville Poyferré	2ème GGC Médoc (Saint-Julien)	16.5	
Château Margaux	1er GCC Médoc (Margaux)	16.5	
Château La Croix-Toulifaut	Pomerol	16	
Château Léoville Las Cases 1998	2ème GCC du Médoc	16	
Clos Fourtet	1er cru classé B de Saint-Émilion	15.5	
Château Cantelauze 1998	Pomerol	15.5	
Saint-Dominique de Château La Dominique	Saint-Émilion GC	15.5	
Château Gombaude-Guillot	Pomerol	15.5	
Château Latour	1er GCC Médoc (Pauillac)	15.5	
Château Prieuré-Lichine	4ème GCC du Médoc	15	
Château Dauzac	5ème GCC du Médoc	15	
Château Mazeyres	Pomerol	15	
Château Fougas Cuvée Maldoror	Côtes de Bourg	15	
Château Poujeaux	Grands crus non classés du Médoc	14.5	
Château La Couspaude	Saint-Émilion GCC	14.5	
Château Pichon Baron 1998	2ème GCC Médoc (Pauillac)	14.5	
Château Cos d'Estournel 1998	2ème GCC Médoc (Saint-Estèphe)	14.5	
Château Montrose 1998	2ème GCC Médoc (Saint-Estèphe)	14	
Château Lagrange 1998	3ème GCC Médoc (Saint-Julien)	14	
Château d'Agassac	Grands crus non classés du Médoc	14	
Château Mouton Rothscihld	1er GCC Médoc (Pauillac)	14	
Château Clinet	Pomerol	14	
Château La Louvière	GCC de Graves Pessac-Léognan	14	
Château Mirebeau	Grands vins de Pessac-Léognan et Graves	14	
Château La Croix du Casse	Pomerol	14	
Château Balestard-La-Tonnelle	Saint-Émilion GCC	13.5	
Château Prieurs de la Commanderie	Pomerol	13.5	
Château Belle-Graves	Lalande de Pomerol	13.5	
Château Macay « Cuvée Original »	Côtes de Bourg	13.5	
Château Grand Ormeau « Cuvée Madeleine »	Lalande de Pomerol	13.5	
Château de Rochemorin	GCC de Graves Pessac-Léognan	13.5	
Château Beychevelle 1998	4ème GCC Médoc (Saint-Julien)	13.5	
Le Pin de Château de Belcier	Côtes de Castillon	13.5	
Château Belles-Graves	Lalande de Pomerol	13	
Château Poncet-Deville	Grands vins de Pessac-Léognan et Graves	13	
Château Laroze	Saint-Émilion GCC	13	
Château Grand Bert	Saint-Émilion GC	13	
Château Chantegrive 1998	Grands vins de Pessac-Léognan et Graves	12.5	
Château Haut Lariveau	Fronsac	12.5	
Château Dubois-Grimon	Côtes de Castillon	12.5	
Château Grand Tuillac Cuvée Élégance	Côtes de Castillon	12.5	

エリック・ヴェルディエによるボルドーワイン品質の推移（1990〜98年産）

ワイン	生産地区	最高点	エリック・ヴェルディエによる評価
Château Citran	Grands crus non classés du Médoc	12	
Château Clément Pichon	Cru Bourgeois Haut-Médoc	12	
Château Lague 1998	Fronsac	12	

エリック・ヴェルディエ試飲資料

エリック・ヴェルディエ試飲歴

ボトルでの試飲
― 2001年1月1日までの試飲歴 ―

　ここでフランスの特に優れた銘醸ワインに関する私自身の試飲歴を、具体的な数字で示しておきたいと思います。この数字を見ていただければ、特級ワインについての私の経験をきっと評価していただけることでしょう。

シャトー・マルゴー (Château Margaux)	37ミレジム 107ボトル：メドック1級―マルゴー
シャトー・ラフィット・ロートシルト (Château Lafite Rothschild)	41ミレジム 140ボトル：メドック1級―ポーイヤック
シャトー・ラトゥール (Château Latour)	48ミレジム 75ボトル：メドック1級―ポーイヤック
シャトー・ムートン・ロートシルト (Château Mouton Rothschild)	39ミレジム 125ボトル：メドック1級―ポーイヤック
シャトー・ピション=ロングヴィル・バロン (Château Pichon-Longueville Baron)	20ミレジム 60ボトル：メドック2級―ポーイヤック
シャトー・ランシュ=バージュ (Château Lynch-Bages)	26ミレジム 89ボトル：メドック5級―ポーイヤック
シャトー・コス・デストゥールネル (Château Cos d'Estournel)	26ミレジム 74ボトル：メドック2級―サン=テステーフ
シャトー・モンローズ (Château Montrose)	26ミレジム 50ボトル：メドック2級―サン=テステーフ
シャトー・レオヴィル・ラス・カーズ (Château Léoville Las Cases)	28ミレジム 101ボトル：メドック2級―サン=ジュリアン
シャトー・レオヴィル・ポワフェレ (Château Léoville-Poyferré)	26ミレジム 173ボトル：メドック2級―サン=ジュリアン
シャトー・オー=ブリオン (Château Haut-Brion)	34ミレジム 98ボトル：メドック1級―ペサック=レオニャン
ドメーヌ・ド・シュヴァリエ〔赤〕 (Domaine de Chevalier rouge)	47ミレジム 240ボトル：ペサック=レオニャン
シャトー・パープ・クレマン (Château Pape Clément)	29ミレジム 99ボトル：ペサック=レオニャン
シャトー・オーゾンヌ (Château Ausone)	26ミレジム 66ボトル：サン=テミリオン1級A
シャトー・シュヴァル〔白〕 (Château Cheval Blanc)	31ミレジム 86ボトル：サン=テミリオン1級A
シャトー・ペトリュス (Château Petrus)	45ミレジム 106ボトル：ポムロール
シャトー・ル・パン (Château Le Pin)	17ミレジム 95ボトル：ポムロール
ヴュー=シャトー=セルタン (Vieux-Château-Certan)	26ミレジム 148ボトル：ポムロール
シャトー・ディケム (Château d'Yquem)	44ミレジム 150ボトル：ソーテルヌ特別1級―ソーテルヌ

シャトー・クリマン (Château Climens)	31 ミレジム 79 ボトル：ソーテルヌ1級－バルサック
ドメーヌ・ド・シュヴァリエ・ブラン (Domaine de Chevalier Blanc)	35 ミレジム 217 ボトル：ペサック＝レオニャン
モンラッシェ (Montrachet)	348 ボトル：ブルゴーニューグラン・クリュ
エシュゾー（アンリ・ジャイエ） (Domaine H. Jayer - Échezeaux)	15 ミレジム 52 ボトル：特級
ヴォーヌ＝ロマネ≪クロ・パラントゥー≫（H.ジャイエ） (Domaine H. Jayer - Vosne-Romanée « Cros Parantoux »)	14 ミレジム 52 ボトル：1級
リシュブール（H.ジャイエ） (Domaine H. Jayer - Richebourg)	6 ミレジム 11 ボトル：特級
ラ・テュルク（ギガル） (Maison E. Guigal - La Turque)	12 ミレジム 57 ボトル
ラ・ムーリーヌ（ギガル） (Maison E. Guigal - La Mouline)	21 ミレジム 86 ボトル
ラ・ランドンヌ（ギガル） (Maison E. Guigal - La Landonne)	19 ミレジム 56 ボトル

2001年1月、ボトルでの試飲

エリック・ヴェルディエ試飲資料

ヴェルディエ・ノート
──試飲データから導き出された3つの研究　エリック・ヴェルディエ──

1 ● 優れたワインをつくるために

　この17年間、フランス全国のぶどう園を巡るうちに多くの栽培家と交流を結ぶことができました。わたしの建設的な批判を前向きに受け止める栽培家がほとんどでしたが、どんなアドバイスをしても鼻であしらうような態度を取る者や、自分以外に真実がわかる人間などいないと信じている救いようのない者もいました。

　現状を総括するなら、栽培家たちは多くの場合、以前からの顧客の要求に答えるだけで満足し、型にはまった生産を繰り返しています。しかし幸い、自分たちの土地やワインそのものを心から愛する人たちもいます。彼らに共通しているのは、たいへん配慮が行き届いたワイン作りや、並外れた観察眼をもっていることなどです。また、ワインをさらに向上させるための近代的な道具を十分に使いこなす一方で、農民としての良識も堅持していました。

　これから皆さんにお見せする〔ワイン製造に関する〕覚え書きは、銘醸ワインづくりにたいへん役立つ方法の概説であり、ワイン醸造における全過程を扱っています。わたし自身がしかるべきやり方で確かめ、ワインにとって有益だと判断できた実践方法のみを載せています。

　以下の優れた栽培家たちに心から感謝します（アンリ・ジャイエ、マルセル・ギガル、ジャン=ポール・ガルデール、ピエール・モレ、クロード・リカール、オリヴィエ・ベルナール、アラン・アンボワーズ、レジス・フォレ、ニコラ・ジョリー[1]）。

◆　土壌の手入れ　◆

　まず土地を生き物とみなすことが重要です。テロワール〔耕作適地〕は複雑で独特な地質構成のたまものなのです。植物相・動物相・水分の状態・ミクロクリマなどのすべてが、グラン・クリュを産み出す土地を構成しているパラメータです。微生物を保護するのは大事なことで、ぶどうの根は微生物のおかげで岩石などに含まれているミネラル分を吸収できるのです。

　一流の栽培家ならば、テロワールの真正さやその自然な状態を守ることの重要性を知っています。

　肥料の使用を避けること。ただ土壌が痩せてしまった場合、有機物質の素として土壌改良用の肥料を使う必要性がでてきます。その時にはなるべく有機肥料や、有機農業でも認められている有機-無機肥料を使ってください。こうした肥料の良い点は地面の中でゆっくりと時間をかけて変化してゆくことで、微生物がかたちづくっている植物相の繁殖を助けるだけではなく、環境に害を与えることも全くありません。

　有機肥料を使えば、土壌内の自然な動植物相が保たれます。

　良質の堆肥〔コンポスト〕ならばほんの少量でも微生物をたくさん含んでいます。また、土壌のバランスが崩れることもありません。

　動物（羊・馬・牛）からとれる堆肥を推奨します。特に牛からとれる堆肥にはたいへん多くの有機物が含まれています。

　ただし、良質の堆肥を得るには、抗生物質入り飼料が原因で体調不良をおこした動物のものは決して使わないことです。抗生物質は堆肥の中に必ず残ります。

　カリ肥料の施肥も禁ずることです。

〈訳注〉

1　Henri Jayer, Marcel Guigal, Jean-Paul Gardère, Pierre Morey, Claude Ricard, Olivier Bernard, Alain Amboise, Régis Forey, Nicolas Joly

◆ ぶどう畑の保全 ◆

機械的・化学的に均一化した手入れをしないこと。

なるべく自然にやさしい製品を使うこと。

殺虫剤・ダニ駆除剤の最大使用量をよく計算し、守ること。

殺虫剤は毒性の少ない製品を使うこと。

アカグモなどの害虫に対しては〔ぶどう樹に影響を与えない〕天敵[1]が棲みつきやすいようにすること。防ダニ剤を使わずにすみます。

殺虫剤をあまり使わなくてもすむように、害虫の異種間繁殖の促進[2]による生物防除を配置すること。

伝染病の予測情報をできるだけ早く得ること。天候が原因で生じる病気もあります。

隠花植物の植物病に対する薬を使わないことと、できるだけ毒性の低い抗真菌薬〔殺菌剤〕を使うこと。

◆ ぶどう畑の養生 ◆

つらい肉体労働（土寄せ[3]や盛り土のすき返し[4]）をいとわないこと。

近代的なトラクターは土地を過度に掘り返してしまう傾向があるので注意が必要。

除草剤を使わないこと。

春が来たらぶどう株の周りのすき残しの土を耕すこと。

しっかり土仕事をして自然に下草が生えるようにすれば、ぶどうの根は可能な限り土中深くまで伸びてゆきます。

生産高をコントロールすること。40hl/haあたりが適切な生産高の目安です。

施肥を抑えることによって生産高を自然に制限することができます。

衰えが来ない程度に樹齢が高いぶどうを残しておくこと。もちろん樹齢は高いけれども病気のぶどう株よりは、健康な若い株の方が良いでしょう。

繁殖力がそれほど強くない接ぎ木の台木を選ぶこと。例を挙げれば品種番号161-49やアメリカ産リパリア種[5]。

ぶどう畑を栄養不足に近い状態で維持すること。そうすることによってぶどう果実の濃縮度が増大します。

ぶどう品種とテロワールの相性を考慮すること。先達の経験はとても役に立ちます。

厳密なやり方で剪定すること（特にギヨ・ダブル型かコルドン型[6]）。剪定後に残された芽数は1株につき7つを越えないようにしましょう。このように厳密な剪定を行っておけば、あとは自然条件が生産量をコントロールしてくれます。

豊作の年には、7月に生育の悪い芽を間引きする必要があります。

樹齢の高い最良のぶどう株を良好な状態で保つことが基本です。樹齢の高いものだけが≪ピヴォ Pivots（軸）≫と呼ばれる根をもっています。この根は地中深くまで伸びて天然の無機塩や微量元素[7]をぶどう株に供給するので、滋養に富んだぶどうの発育を大いに助けます。

エリック・ヴェルディエ試飲資料

〈訳注〉
1 テントウムシなど。アカグモはダニの一種で、ぶどうやリンゴなどの害虫。
2 これにより誕生した幼虫の生存力が弱まり、特定の害虫の増加を防ぐことができる。
3 木の根元に土を盛る土寄せ。
4 雑草の除去や肥料のすき込みのために、ぶどうの根元の盛り土をすき返すこと。
5 アメリカ産のぶどう属の一種。寒冷や害虫に強い。
6 ぶどうの仕立て方の一種。
7 生体の無機的な構成元素のうち、比較的要求量の少ないもの。

◆ ヴァンダンジュ（ぶどうの収穫） ◆

　収穫日の決定が最も重要です。
　ぶどうは、十分に成熟した状態で摘み取らなければなりません。
　摘み取りはすばやく行う必要があります。
　摘み取ったぶどうは透明、または光のさしこむ小さなケースに分けて運ばなければなりません。
　摘み取ってから醸造所に運ぶ間、ぶどうを傷めないように気をつけること。
　醸造槽に入れる前に、選別テーブルの上で悪いぶどうを選り分ける必要があります。選別テーブルは極上ワインの醸造に不可欠な設備です。少しでも傷んだぶどうからは極上ワインは作れません。
　ぶどうの葉や傷んだ実は徹底的に除去する必要があります。腐った実は論外です。
　収穫したぶどうは完全に除梗[1]しなければなりません（速度が遅い水平除梗機が効果的です）。

◆ ワイン醸造 ◆

　最重要ポイント：テロワールの自然な持ち味を醸造家の手で左右したり、弱めたりするのは厳禁です。
　ぶどうの圧搾には、≪シャンパーニュ≫型の圧力が弱い垂直圧搾機や、極薄の金属板を備えた水平圧搾機が効果的です。
　アルコール発酵作業では、収穫したぶどうの出来を見極めて臨機応変に対応する必要があります（例えば発酵期間）。
　メンテナンスに手間のかからないステンレス製の醸造タンクを使うのが望ましいでしょう。もちろんどのようなタイプの醸造槽であれ十分にメンテナンスをする必要があります。
　発酵温度が32℃に達すると、自然に温度が下がります。
　発酵途中で搾汁を抜くことは避けてください。搾りかすと果汁のバランスを調整する必要がある場合は、汁抜きをしてよいときもあります。ただ、畑で収穫高をうまくコントロールしていれば、タンクの中のぶどう液[2]はちょうどよい具合に濃縮されます。
　マセラシオン[3]は平均21日間続きます。繰り返しになりますが、アルコール発酵作業はミレジムごとの出来の違いに合わせて臨機応変に調整しなければなりません。
　酵母が増えるのを手助けする必要があります。
　ぶどう液の温度をしっかりコントロールすること。
　補糖[4]がどうしても必要な場合は、特に〔天然のさとうきびから採れる〕蔗糖を使うのが好ましいでしょう。
　ルモンタージュ[5]は発酵期間の初期に行ってください。
　外国産酵母による酵母添加[6]は避けてください。
　収穫されたぶどうに付着した酵母、醸造室に根づいている酵母を使った伝統的な製法は、たいへん効果的な場合もあります。

〈訳注〉
1　除梗：醸造行程でぶどうの花梗を取り除くこと。
2　moût：ぶどう液、醪（もろみ）ぶどう果汁。
3　la macération：果汁と果皮とを液内で接触させておき、色や風味を抽出すること。浸漬（しんし）。
4　la chaptalisation：加糖、補糖。アルコール分の供給などのため、発酵前のぶどう液に糖分を添加する作業。法律で厳しく制限されている。
5　les remontages：ポンプを使ったぶどう液循環。赤ワイン醸造で、色の抽出やエアレーションを目的とする。
6　le levurage：アルコール発酵を促すための酵母添加、酒母添加。

醸造中は、液内に残る種子を傷めないように。押し潰したりするのももちろんいけません。

アルコール発酵後、ワインを丁寧に容器に移すこと。

マロラクティック発酵には樽を使うこともできます。

マロラクティック発酵は、（貯蔵室を温め直す、あるいは他の化学的な方法によって）短期間で終わらせようとしてはいけません。

私の経験からすると、最良のワインはじっくりとマロラクティック発酵を受けています。

白ワインでのぶどう液の発酵は、上質のオリを残したまま行ってください。

◆ 熟　成 ◆

熟成はどちらかと言えば新しいバリック（大樽）を使ったほうがよいでしょう。新しいバリックは少なくとも清潔であるというメリットがあります。バリックの使用はワイン作りの基本です。ワインのいかなる美点も損なわずに、好ましくない微粒子を取り去ることができるのはバリックだけです。

新しいバリックには木地に無数の細かい孔があるので、ワインと外気の交換作用が容易になり、ワインに必要なだけの酸素が供給されます。

極上ワインのためには、バリック（できれば新しいもの）で約18ヶ月間の熟成が必要となります。ただし注意してください。デリケートな独特のアロマをもついくつかの白ワイン用品種、シュナン・ブラン、リースリング、ゲヴュルツトラミネールなどにはバリックを使ってはいけません。

ワインのオリ抜き、その定期的な実施には細心の注意が必要です。上手にオリを抜き、清澄剤を付加[1]すれば、濾過をしないで済むようになります。極上ワインづくりにとって濾過は必ずしも有効な過程ではありません。

清澄剤は生の卵白を使ってください。

オーク樽、できれば新しい樽を使って熟成させるべきなのは確実ですが、これにもワインを飲む際に受ける印象を質的に変えないで補強すること以上の効果を期待してはいけません。

上質ワインに混ぜられる圧搾ワイン〔ヴァン・ド・プレス〕[2]の上限はせいぜい10％まででしょう。

熟成の最後、瓶詰め時点でのワインのpHは、ブルゴーニュのピノ・ノワール種についてはpH 3.40～3.50、ボルドー諸品種についてはpH 3.50～3.80が適性値と言えます。酸味が弱すぎるとpHは高くなり、ワインがバクテリアの攻撃に対して弱くなってしまいます。熟し過ぎたぶどうを使うとpHは高くなります。

新しいオーク材のエラグ酸やタンニン酸により、熟成期間中のワインにちょうどよい酸化作用が起こります[3]。新しいバリックを使うと、酸素が一定したスピードで徐々に広がります。また、タンニンの濃縮にも効果的で、タンニンとアントシアン[4]の化学反応が促され、色素が安定し、清澄化もうまくいきます。新しいバリックのエラグ酸・タンニン酸には、酸化物の還元現象を防ぐ、少なくともそれを抑える作用があります。

◆ 瓶詰め ◆

瓶詰めをする時期の選択は、ワインの濃縮度やその色合いによって決まります。

瓶詰めを行う施設もおろそかにできない重要なポイントです。施設内の温度・臭い・湿度・通気の良し悪し・振動などをチェックしましょう。

ワインが寝かされている場所の大気中に、さまざまな形で存在しうる汚染物質に用心すること。例えば、五塩化フェノール処理された屋根の支え木は、湿った大気中で化学変化を起こして

〈訳注〉
1　le collage：清澄剤を入れてワインを澄ませること。
2　le vin de presse：自然流出したワインのあとに残ったもろみを機械で絞り出した液。
3　植物中の樹皮などに含まれるタンニン（ポリフェノール）が加水分解されると、エラグ酸やタンニン酸が生成します。
4　花青素。植物の花、果実、葉などに含まれる水溶性色素。

塩化アニゾルを発生させます。塩化アニゾルはワインに、コルクの臭いと悪味（ブショネ）、カビ臭や土臭さといった悪影響を及ぼすことがあります（現在では、それら有害物質による木材処理は禁止されています）。

コルク栓の選択にも細心の注意が必要です。

2 ● オーク材の新樽を使った極上ワインの熟成

極上ワインの醸造に新しいバリックは必ずしも必要ないとする、ソムリエ、栽培家、醸造家、ジャーナリストたちの馬鹿げた主張がよく聞かれます。皆さんのために、はっきりさせておく必要があると思いました。

ぶどう液がどのようなものであれ、新樽で熟成させない限り、極上ワインは作れないでしょう。

1. 木の種類：特にオーク(コナラ)材

フランスにおけるオーク材の名産地は、アリエ地方（トロンセの森 Tronçais）、ニエーヴル地方（ベルトランジュの森 Bertranges）、ブルゴーニュ地方（シトーの森 Cîteaux）、ヴォージュ地方（ダルネーの森 Darney）、リモージュ地方などです。土壌の状態と気候条件は木材の性質に大きな影響を及ぼすのでたいへん重要です。例えば、リモージュ地方のオークは花崗岩質の地面に生えているので、高さはそれほどでもありませんが、幹が太いという特徴があります。痩せた土地に生えるトロンセのオークはリモージュ地方のものより背が高く、幹が細くなっています。私の好みから言えばケルキュス・ペトレア種 Quercus Petraea〔という新種〕なども良いでしょう。

注目すべきこと ➡ 今日では、アメリカのオハイオ渓谷・ミズーリ渓谷・ペンシルバニア州・ウェストバージニア州・ウィスコンシン州などを産地とする ホワイトオーク材も手に入ります。

知っておくべきこと ➡ どこで取れた木材かということも大事ですが、木地の質（きめ）も同じくらい大切です。木材一本一本の生物学的・化学的構造は異なります。

2. 木材の準備

原木を丸太に切り分けてからそれを割るのですが、うまく割る唯一の方法は《メラン・ファンデュ merrains[1] fendus》と呼ばれる方法です。一般に樽職人が求めるものは、樹齢100〜200年の幹がまっすぐなもので、木部繊維がらせん状に曲がりくねっていたり節目その他の変形があるものはいけません。樽の側板（がわいた）の厚さはおよそ22〜27mmで、3年間自然乾燥させたものが必要でしょう。組み立て時の曲げ加工には、火を使いましょう。

樽職人の技量：
　コナラ（オーク）の産地についての知識がある。
　原木を伐採する森を厳選できる。
　老齢高林[2]を重視する。
　樽板の選び方をマスターしている。
　側板をきちんと並べる技術を体得している。
　樽木への加熱をコントロールできる（例：炎の高さ）。
　加熱〔木材の殺菌と焦がしによりワインにコクを与える〕
　一般に、4段階の加熱方法があると考えられています。

　弱火　　　　中火　　　　中火（強）　　　　強火

これらの加熱法はワインのタイプ、特に味の構成要素によって変える必要があります（樽底の加熱する部分は、樽の表面積の30%です）。

〈訳注〉
1　le merrain：(カシの)樽材、樽板。
2　la haute futaie：老齢高林。la futaieは種子や苗木から生育する森林で一般に伐期齢が高く、喬木に生育する。

3. オーク材の化学的構造：多糖[1]・リグニンから成るセルロース系材料

　樽を焼くと木に含まれるリグニンが燃焼し、ワイン愛好家にはお馴染みの（感覚的に）バニラを思わせる香りが生まれます。注意していただきたいのは、これが新樽必要論の直接の論拠ではないということです。ただ実際に、新樽には数々のメリットがあるのです。新木を使えば、ワインの酸化のバランスが良くなり、タンニンの重合[2]が促されるのでその濃縮度が増します。また、収斂性が減少し、色が鮮やかになります。加えて新木は、マロラクティック発酵にも効果的なだけではなく、タンニンを十分に供給するので瓶内でのワインの保存性を向上させるのです。

4. オーク材の新樽による熟成が生み出す香り：

　木材の種類・加熱法、また当然のことながらワインの構造などに応じて多彩な香りが生み出されます。よく見かける香りの表現としては、バニラ、ココナッツ、アーモンド、スパイス、コーヒー、クローヴ、こんがり焼けたトーストなどが挙げられます。

オーク樽の形状について：
大樽＝バリック Barrique（ボルドー）：

－スタンダード（あるいは運搬用）	＝＞〔容量〕225リットル＝＞〔樽重〕47kg
－トラディション	＝＞225リットル＝＞46kg
側板の長さ	＝＞95cm
樽の胴の直径	＝＞68.5cm/67.5cm〔スタンダード〕
	＝＞69.5cm〔トラディション〕
樽の頭部の直径	＝＞56.5cm
側板の厚さ	＝＞25/27mm〔スタンダード〕
	＝＞20/22mm〔トラディション〕
亜鉛めっきを施した6つのたが〔スタンダード〕	
亜鉛めっきを施した6つのたが＋4つの輪（栗の木の皮製）〔トラディション〕	
注ぎ口（直径）	＝＞50mm.

大樽＝ピエス Pièce（ブルゴーニュ）：

－スタンダード	＝＞228リットル＝＞48kg
－トラディション	＝＞228リットル＝＞48kg
側板の長さ	＝＞88cm
樽の胴の直径	＝＞72.2cm
樽の頭部の直径	＝＞60cm
側板の厚さ	＝＞25/27mm
亜鉛めっきを施した8つのたが〔スタンダード〕	
亜鉛めっきを施した6つのたが＋8つの輪（栗の木の皮製）〔トラディション〕	
注ぎ口（直径）	＝＞50mm.

さまざまな容量の大樽の目安：

	側板の厚さ	樽重
300リットル	25/27mm	58kg
400リットル	25/27mm	71kg
500リットル	25/27mm	82kg
600リットル（半ミュイ[3]）	48/50mm	155kg

　これを機会に多くの栽培家が新樽を使うメリットに気づいてほしいと思います。喬木林で天

〈訳注〉

1　le polysaccharide：多糖（類）：単糖類が脱水結合してできる高分子の炭水化物の総称。
2　la polymérisation：重合：単位化合物の分子が多数結合して高分子を生成する反応、現象。
3　le muid：ミュイは旧容積単位で、地方・物により数値が違う。パリではワインについては268リットル、穀物などについては1872リットル。

高く伸びるオークの木々。ベーシックなワインであっても、その高さに見合ったレベルに仕上げてほしいものです。

3 ● ワインの鑑定

◆ 品質の分析・鑑定 ◆

まず、醸造専門家が保証するいわゆる≪技術的≫試飲または≪規格化≫のための試飲と、ある銘柄の品質レベルを鑑定・点数化する言うならば≪至福感を測る≫ための試飲は全く別の物だと考えてください。後者の方が、感覚的な比較分析を専門とするワイン鑑定家の領域です。特定の分野で評価されているフリーの鑑定家というケースが多いです。

ワイン鑑定家の能力は、額に刻み込まれた皺の数〔年齢〕や真っ赤な鼻〔大酒呑み〕によって決まるわけではありません。

香水製造業における≪鼻≫と同じように、ワイン鑑定の経験もそれまでに飲んだ銘醸ワインの数に比例します。およそ10ミレジムにわたる30本のペトリュス（Petrus）しか飲んだことのない人は、約100年をカバーする50本ものペトリュスを試飲した人の経験にはかなわないでしょう。もちろんこの経験の差はグラン・クリュ全般について当てはまることで、鑑定人の経験には幅広さも必要となります。1本の極上ボルドーを正確に試飲するためには、ブルゴーニュのピノ・ノワール種からつくられる全グラン・クリュ銘柄の試飲をもマスターする必要があります。

鑑定家はワイン以外の飲み物にも精通していなければなりません。さまざまな種類のミネラル・ウォーター、コーヒー、ココアなどの試飲を行ない、オリーヴオイルなど油脂類の鑑定をマスターし、紅茶の収斂性や独特の苦味さえも勉強する必要があります。また、高度な調理技術について十分な知識をもち、グランシェフの料理を定期的に試食する必要があるでしょう。

上記のいずれもが、微妙なポイントを分析・把握できる感度をマスターするのに役立ちます。これはワインだけを飲んでいたのでは決して身につかないでしょう。鑑定家であれば、陸上選手並みの健全な肉体と精神を維持する義務があります。お腹の具合や肥満などの問題があると味の感受性が失われてしまいます。定期的に自分の耳鼻咽喉領域を健全に維持し、食事に気をつけ、十分な休息をとる必要があります。悩みを抱えず規則正しい安定した生活を送ることによって、集中力が高まり、知的なパフォーマンスつまり記憶力が高まるのです。ある製品の身元を同定できる、しかも繰り返し認知できる能力を向上させるために、味や香りの微妙な境界を探知する感覚を磨いていく努力が必要とされます。

ワイングラスの形、あるいは試飲のために特別に用意された場所が鑑定家のパフォーマンスに有利に働くような場合でも、それによってわずかでも評価が左右されるようではいけません。たとえどのようなごまかしがあったとしても、ある銘柄の品質を正確に識別・評価するのが鑑定家本来の能力といえます。この能力は幅広く比較検討を続けてきた経験によってのみ身につくものです。優れた鑑定家はワインの主な欠点を指摘し、それが将来どのくらいの影響を与えるか予測する義務があるでしょう（P.292の≪採点チェック表≫参照）。わたし自身が枠組みを作成した試飲評についてですが、たしかにある一時点の価値でしかない100点中何点という数字はある意味でナンセンスです（この数字は様々な要素を含む客観的な品質評価とは無関係です）。つまり94点と96点の2銘柄の差は本当に妥当性をもつのか、この2点という点数の開きはいったい何なのか、という疑問が当然出てくるでしょう。

ブルゴーニュやボルドーではワインを分類する明確な等級が昔から使われてきました。中でもメドック地方の分類は、価値の水準を本当に正確に測ろうとする意志の模範例と言えます。1級～5級格付け、クリュ・ブルジョワ・エクセプショネル、単なるクリュ・ブルジョワ、単なるメドックという分類です（クリュ・アルティザン〔職人の〕やクリュ・ペイザン〔農民の〕などは省略しましたが、これらは伝統的なメドックAOCの序列を増やすために新設された格付けです）。この8つより少ない分類ではだめなのです。今日、昔の仲買人や当時の鑑定人たちの確かな経験のたまものであるこの分類の妥当性に異を唱える者はいません。そこから次のことが推論できます。すでに先人は20点満点、1点単位の評価をベースに、1級格付け18/20点(*)、2級17/20点、3級16/20点、そして11/20点のAOCメドックに至る厳密な価値の序列を考案していたのです。たしかに今日、単なるAOCメドック区画の栽培家が11/20点しか獲得できずに、その採点に憤慨し侮辱的に感じることがあるかもしれません。しかしこのような反応は的外れです。実際その点数はわたしの個人的な試飲の結果に合致するだけでなく、優れた審査員たちの結果にも一致するケースが多いのです。11/20点はたいへん立派な数字です。これは例えば15/20点しか取れなかった1級格付け区画のワインよりもはるかにすばらしいことなのです。

　優れたワイン鑑定家ならば、自分が試飲したものを完璧に類別することができるでしょう。例としてシャトー・ラフィット・ロートシルトの1992年から1996年までの5ミレジムの評価について見てみましょう。

　経験の浅い鑑定家にとって、5ミレジムのどれもが甲乙つけがたいすばらしい出来と感じるでしょうし、そのすばらしさに異論の余地はありません。しかし、92年物と96年物を客観的な尺度で見て同じ扱いにするような専門家は誰一人としていないでしょう。そこで5ミレジムの品質レベルを見極めるために、評価チェック表を使って確かめてみましょう。

試飲成績　　エリック・ヴェルディエ
ミレジム　　　　1992　　　　14/20
　　　　　　　　1993　　　　18
　　　　　　　　1994　　　　18
　　　　　　　　1995　　　　17
　　　　　　　　1996　　　　19

　92年物が点数を引かれ14/20点になっているのはしかたのないことです。これは92年物が他の4本に比べて明らかに質の点で劣っているからです。93年物と94年物は同点ですばらしい成績をマークしています。けれども、これら2本は味わう時の感覚的印象の点では大きな違いがあります。93年物はその卓越した繊細さと優雅さのおかげで点数を稼ぎました。他方、94年物はと言えば、その力強さ・タンニンの質・濃密さなどの点で秀でていたのです。

　これら2本は両者とも20点から2点だけ引かれています。93年物のケースで点数が引かれたのは、厚みと濃縮度がわずかに足りなかったからです。94年物に関しては、繊細さが足りなかったために2点失いました。

　優れたワイン鑑定家ならば同じワインに対して毎回ほぼ同じ評価を出せなくてはなりません。ワイン5銘柄をブラインドテストで試飲し、20点満点で採点するケースで考えてみると、その2時間後、条件は同じでも異なる順番でワインが並べられた時に、1回目に出した採点から±0.5点の許容範囲でほぼ同じ結果を出せなくてはなりません。

　ここではっきり言っておきたいのは、その名に値する鑑定家とは自分の中に明確な規準をもち、きわめて多くの味と香りのトーンを記憶しているものだということです。だから、駆け出しの鑑定家に正確な評価を求めるのは無理です。私自身、1982年にワイン鑑定を始めた時、77年物の

シャトー・ディケムを最初は18/20点と評価しました。その後、この神秘的なソーテルヌの別ミレジムをいくつか試していくうちに、18/20点という点数が少々甘すぎたこと、あのワインの点数は16/20点が妥当であることに気づきました。このように自分の1回目の採点を少しずつ補正できたのは、17/20点の79年物や18/20点の82年物、それから19/20点という崇高な83年物との比較を通してなのです。

ワイン鑑定家は自分の好みを抜きにした評価、そして謙虚さを培う必要があります。試飲に主観的な側面が大きいことは明らかです。例えば試飲会場の影響・その場の状況・試飲時刻・出されたワインの温度・その日の機嫌・個人的な出来事・幼年時代などで、これらは鑑定人の判断にぶれを生じさせる要因になります。だからこそ明確な方法、有効性をもち異論の余地のない結果をもたらす手段を確立しなければなりません。次のページの一覧表は、ワイン鑑定における論理的で誠実なやり方を探している人へのとりあえずの回答です。

エリック・ヴェルディエ
Eric VERDIER

(*) 完璧なワインを指す20/20点はわたしの考えでは存在しません。また19/20点という点数も、稀に見られる例外的に成功したワインのために残しておくべきでしょう。

ワインの採点チェック表

欠点➡引かれるポイント(20点満点)	−0.5	−1	−2	−3	−4	−8 (*)
※① **青臭い香りの存在** (青臭い香り：口から後鼻腔経由で感じる香り) 原因：ぶどうの成熟が不十分、花梗の過度の圧搾 ● 酸化 ● 酸敗 ● 酢酸エチル（人工果実香料）の存在 ● 石鹸臭 **還元によって受ける影響** **≪硫黄化合物≫** ● 目立ち過ぎる二酸化硫黄 ● 二酸化硫黄 ● 玉ねぎ臭（エタンチオール） ● 腐敗臭（メタンチオール） ● ゴムの臭い（ベンゾチアゾール、エタンジチオール） ● カリフラワー臭（ジメチルチオエーテル） **その他の欠点** ● かび臭、土かび臭 ● 馬臭さ（4-エチル・フェノール） ● 外部要因によるワインの汚染 　（コルク栓、塗料、スチレン、TCA、Te CA等々）						
※② ● 重い〔アルコール・タンニンは強いが酸が足りない〕 ● やせている〔アルコール・酸が足りない〕 ● 収斂性⇒渋い〔タンニンが強すぎる〕 ● 干上がった ● (味が)きつい ● (刺すような)酸っぱさがある ● アルコール度が高い ● 水っぽい						

長所➡プラスされるポイント(20点満点)		+1		+2		+3
※③ ● 全体的な強さ ● 香りの複雑さ ● 熟成香（ブーケ）の質						
※④ ● 複数の味のバランス ● 豊かさ（豊穣さ） ● しなやかさ（粘性、口当たりの良さ） ● 厚み⇒まろやかな ● 旨味（味の強さ） ● 食欲〔をそそらせる〕 ● 後味が長く残る						

* ごく稀に：致命的な欠点に対して。

※① 嗅覚（直接の嗅覚）と味覚（香り-後鼻腔経由）
※② 味覚のみ
※③ 嗅覚
※④ 味覚〔風味・香り・舌ざわり（舌の触覚）〕

エリック・ヴェルディエ試飲資料

エリック・ヴェルディエによるテロワール分類表（フランス）
Classification des Grands Terroirs de France par Éric Verdier

　フランスではそれぞれの地域により固有のテロワール（耕作適地）評価法が採られています。そのため、テロワールの全貌を見極めるのは消費者はもちろん、経験豊かな愛好家にとっても容易なことではありません。例えばメルキュレーの1級耕作地をヴォーヌ＝ロマネの1級と同列に見るとしたら、それは明らかに馬鹿げていて、戸惑ってしまう方もきっといらっしゃるでしょう。ここで私の分類表の意義を皆さんに理解していただく必要があります。試しに具体的なケース、シャサーニュ＝モンラッシェ村の生産者についてみてみましょう。この地の生産者は多くの場合、AC「シャサーニュ＝モンラッシェ・プルミエ・クリュ（1級）」で様々な区画を経営しています。このなかの≪レ・カイユレ≫の畑は公式には≪レ・ヴェルジェ≫や≪レ・マシュレル≫と同じ1級に格付けされていますが、≪レ・カイユレ≫が後者2つより優れていることに異論を唱える人はだれもいないのです。

　モルロ博士やジュール・ラヴァル博士[1]にならって、またカミーユ・ロディエ Camille Rodier の優れた著作『ブルゴーニュのワイン』にならって、わたしはフランスのテロワールについて独自の分類表を作成しようと決意しました。

　分類表が十分に有効性をもつためには、産地の違いを越えたある統一的な価値序列が必要でした。フランスにおける多彩なテロワールそれぞれの質を見定めるために、わたしが分類の基礎としたのはおもに自分の試飲データ、そして数多くの栽培家の意見やアドバイスです。彼らにはいくら感謝しても感謝しきれません。それほどまでに彼らの経験は私にとって貴重なものとなりました。

　原産地呼称統制〔AOC〕は厳密なやり方で設定されています。そこでこのAOCをベースとして使いました。以下の資料では、AOCが公式に認定している区画だけが分類されています。

　AOCの中でも地域が広大なもの、例えばシャトーヌフ＝デュ＝パープ、ヴァケラス、ジゴンダス、コート・ド・プロヴァンス、コルビエール、マディラン、コート・ド・ブールなどについては、相異なる生産者が獲得した成績の総合点によって、それぞれのAOCを分類しています。そのため、例えば(A)ぶどう園は30メートル下流の(B)ぶどう園よりも優れている、などと短絡的に判断されないように。もちろん、有名な地域はそれなりに正しく評価する必要があります。そこで、アペラシオンの標準よりも間違いなく優れている畑は別扱いにしました。例えばエルミタージュにある≪レ・ベサール≫と呼ばれる区画がこのケースです。

テロワール格付け順位

特級	Grand cru exceptionnel
1級A	Cru de 1ère classe A
1級B	Cru de 1ère classe B
2級A	Cru de 2ème classe A
2級B	Cru de 2ème classe B
優良テロワールA	Excellent terroir A
優良テロワールB	Excellent terroir B

〈訳注〉

1　ジュール・ラヴァル Jules Lavalle：1855年にブルゴーニュのクリマの格付けをする。

注 記

○現在、フランスのAOC全域において才能豊かな栽培家の多くが、優れた区画の一部をさらに切り離して特別に分類する動きが始まっています。こういった特別なケースは今回の分類表には反映されていませんが、新生区画を個人的にチェックして毎年少しずつ組み入れていきたいと思います。

○分類表中で ≪diverses parcelles（さまざまな区画）≫ という表現を使っていますが、この分類はそれ以前に引用している優良区画(畑)を除いた、当該アペラシオンの栽培地域全体を指します。つまり、それ以前に引用している区画はアペラシオンの標準よりも上級の畑とみなされます。

例：

Nuits-Saint-Georges 1er cru « Les Saint-Georges »　1級A
Nuits-Saint-Georges 1er cru « Aux Chaignots »　2級A
Nuits-Saint-Georges 1er cru « Diverses parcelles »　2級B〔←アペラシオンの標準〕

赤ワイン：特級

■ボルドー

Chteau Lafite Rothschild (1er cru classé) Pauillac
Château Latour (1er cru classé) Pauillac
Château Margaux (1er cru classé) Margaux
Château Haut-Brion (1er cru classé) Pessac-Léognan
Château Cheval Blanc (1er cru classé A Saint-Émilion)
Château Ausone (1er cru classé A Saint-Émilion)
Château Pétrus (Pomerol)
Château Vieux-Château-Certan (Pomerol)

■ブルゴーニュ

Romanée-Conti Grand cru
Romanée Grand cru
Grands-Échezeaux Grand cru
Richebourg Grand cru
Richebourg Lieu-dit « Les Verroilles » Grand cru
Musigny Lieu-dit « Grand Musigny » Grand cru
Musigny Lieu-dit « Petit Musigny » Grand cru

■ローヌ

Côte Rôtie Lieu-dit « La Turque »
Côte Rôtie Lieu-dit « La Mouline » (*)

(*) 歴史的にみてラ・ムーリーヌはひとつの区画というよりもむしろ商標です。それでもなお、コート・ブロンド地域のアペラシオン・コート・ロティにあるぶどう畑の一名称であることに変わりはありません。

赤ワイン：1級A

■ボルドー

Château Mouton Rothschild (1er cru classé) Pauillac
Château Léoville Poyferré (2ème cru classé) Saint-Julien
Château Léoville Las Cases (2ème cru classé) Saint-Julien
Château Cos d'Estournel (2ème cru classé) Saint-Estèphe
Château Gruaud-Larose (2ème cru classé) Saint-Julien
Château Haut-Bailly (Grand cru classé Pessac-Léognan)
Château La Mission-Haut-Brion (GCC Pessac-Léognan)
Château L'Evangile (Pomerol)
Château Trotanoy (Pomerol)
Château La Conseillante (Pomerol)
Château Le Pin (Pomerol)
Château Lafleur (Pomerol)

■ブルゴーニュ

Romanée-Saint-Vivant Grand cru
La Grande Rue Grand cru
La Tâche Grand cru
Nuits-Saint-Georges 1er cru « Les Saint-Georges »
Échezeaux Lieu-dit « Les Échezeaux du Dessus »
Échezeaux Lieu-dit « Les Cruots ou Vignes blanches »
Vosne-Romanée 1er cru « Les Brûlées »
Vosne-Romanée 1er cru « Les Suchots » (*)
Vosne-Romanée 1er cru « Cros Parantoux »
Clos de Vougeot Lieu-dit « Musigni »
Clos de Vougeot Lieu-dit « Chioures »
Clos de Vougeot Lieu-dit « Plante l'Abbé »
Clos de Vougeot Lieu-dit « Garenne »
Clos de Vougeot Lieu-dit « Plante Chamel »
Clos de Vougeot Lieu-dit « Quartiers de Maret Haut »
Musigny Lieu-dit « La Combe d'Orveau » Grand cru
Bonnes Mares Grand cru sur la commune de Chambolle-Musigny

Bonnes Mares « sur la commune de Morey-Saint-Denis » Grand cru

Clos de Tart Grand cru
Chambertin Clos de Bèze Grand cru
Chambertin Grand cru
Corton Lieu-dit « Corton »
Corton Lieu-dit « Clos du Roi »
Corton Lieu-dit « Bressandes »

■ ローヌ

Côte Rôtie Lieu-dit « La Landonne »
Hermitage Lieu-dit « La Chapelle »
Hermitage Lieu-dit « L'Hermite »
Hermitage Lieu-dit « Les Bessards »

(*) レ・スュショ・デュ・オ(Les Suchots du haut)：ヴォーヌ＝ロマネ村のレ・スュショの畑の農道をはさんで海抜の高い側の区画。エシュゾーの≪レ・クリュオ Les Cruots≫の畑に隣接。

赤ワイン：1級B

■ ボルドー

Château Rausan-Ségla (2ème cru classé) Margaux
Château Rauzan-Gassies (2ème cru classé) Margaux
Château Léoville Barton (2ème cru classé) Saint-Julien
Château Brane-Cantenac (2ème cru classé) Margaux
Château Ducru-Beaucaillou (2ème cru classé) Saint-Julien
Château Lascombes (2ème cru classé) Margaux
Château Montrose (2ème cru classé) Saint-Estèphe
Pichon-Longueville (2ème cru classé) Pauillac
Comtesse de Lalande (2ème cru classé) Pauillac
Château Durfort-Vivens (2ème cru classé) Margaux
Château Palmer (3ème cru classé) Cantenac-Margaux
Château Clerc Milon (5ème cru classé) Pauillac
Château Pape Clément (Grand cru classé Pessac-Léognan)
Domaine de Chevalier (Grand cru classé Pessac-Léognan)
Château Figeac (Saint-Émilion 1er cru classé B)
Château Beauséjour-Duffau-Lagarosse (Saint-Émilion 1er cru classé B)
Château Beauséjour-Bécot (Saint-Émilion 1er cru classé B)
Château Angélus (Saint-Émilion 1er cru classé B)
Château Bel-Air (Saint-Émilion 1er cru classé B)
Château Canon (Saint-Émilion 1er cru classé B)
Château Clos Fourtet (Saint-Émilion 1er cru classé B)
Château La Gaffelière (Saint-Émilion 1er cru classé B)
Château Magdelaine (Saint-Émilion 1er cru classé B)
Château Pavie (Saint-Émilion 1er cru classé B)
Château Trottevieille (Saint-Émilion 1er cru classé B)
Château La Fleur-Pétrus (Pomerol)
Château Gazin (Pomerol)
Château Clinet (Pomerol)
Château La Croix-Toulifaut (Pomerol)
Château La Fleur de Gay (Pomerol)
Château Petit-Village (Pomerol)
Château Cantelauze (Pomerol)
Château Clos des Litanies (Pomerol)

■ ブルゴーニュ

Nuits-Saint-Georges 1er cru « Les Didiers »
Nuits-Saint-Georges 1er cru « Les Cailles »
Vosne-Romanée 1er cru « Les Malconsorts »
Vosne-Romanée 1er cru « Les Gaudichots »
Vosne-Romanée 1er cru « Les Beaumonts »
Vosne-Romanée 1er cru « Les Petits Monts »
Vosne-Romanée 1er cru « Aux Reignots »
Vosne-Romanée 1er cru « Les Suchots du Bas » (*)
Échezeaux Lieu-dit « En Orveaux »
Échezeaux Lieu-dit « Les Champs Traversins »
Échezeaux Lieu-dit « Les Poulaillières »
Échezeaux Lieu-dit « Les Rouges du Bas »
Échezeaux Lieu-dit « Les Loachausses »
Échezeaux Lieu-dit « Les Treux »
Échezeaux Lieu-dit « Beaux-Monts Bas »
Clos de Vougeot Lieu-dit « Grand Maupertui »
Clos de Vougeot Lieu-dit « Montiottes Hautes »
Chambolle-Musigny 1er cru « Les Amoureuses »
Chambolle-Musigny 1er cru « La Combe d'Orveau »
Chambolle-Musigny 1er cru « Les Cras »
Chambolle-Musigny 1er cru « Les Fuées »
Clos de la Roche Grand cru (**)
Clos Saint-Denis Grand cru (***)
Clos des Lambrays Grand cru
Latricières-Chambertin Grand cru
Ruchottes-Chambertin Grand cru
Mazis-Chambertin « du Haut » Grand cru
Griotte-Chambertin Grand cru
Charmes-Chambertin « du Haut » Grand cru
Gevrey-Chambertin 1er cru « Clos Saint-Jacques »
Chambertin 1er cru « Cazetiers »
Corton Lieu-dit « Rognet »
Corton Lieu-dit « Les Vergennes »
Corton Lieu-dit « Le Clos des Maréchaudes »
Corton Lieu-dit « Les Languettes »
Corton Lieu-dit « Les Perrières »
Corton Lieu-dit « Les Grèves »
Corton Lieu-dit « Les Meix »
Corton Lieu-dit « Le Meix Lallemand »
Corton Lieu-dit « Les Chaumes de la Voirosse »
Corton Lieu-dit « Les Chaumes »
Corton Lieu-dit « La Vigne au Saint »
Corton Lieu-dit « Les Fiètres »
Corton Lieu-dit « Les Pougets »
Corton Lieu-dit « Clos des Cortons Faiveley »
Corton Lieu-dit « Les Renardes »
Aloxe-Corton 1er cru « Clos des Cortons Maréchaudes »
Beaune 1er cru « Les Grèves »
Beaune 1er cru « Grèves Vigne de l'Enfant Jésus »
Beaune 1er cru « Les Cras »
Pommard 1er cru « Les Grands Epenots »

Pommard 1er cru « Les Rugiens-Bas »
Volnay 1er cru « Les Caillerets »

Hermitage Lieu-dit « Les Murets »
Bandol Lieu-dit « La Cabassaou »

■ローヌ
Côte-Rôtie Lieu-dit « Les Grandes Places»
Hermitage Lieu-dit « Le Méal »

■ラングドック=ルーシヨン
Coteaux du Languedoc « Pic Saint Loup »

(*) Clos de la Roche は Monts Luisants du Bas, Les Mochamps, Les Fremières, Les Chabiots, Les Froichots, Clos de la Roche の畑から構成されています。
(**) Clos Saint-Denis は Clos Saint-Denis, Les Chaffots du Bas, Maison Brûlées, Calouère 畑から構成されています。
(***)レ・スュショ・デュ・バ：レ・スュショの農道をはさんで海抜の低い側。北はエシュゾー ≪クロ・サン=ドニ≫の畑、南はロマネ=サン=ヴィヴァンに隣接。

赤ワイン：2級A

■ボルドー
Château Boyd-Cantenac (3ème cru classé) Cantenac-Margaux

Château Calon-Ségur (3ème cru classé) Saint-Estèphe
Château Desmirail (3ème cru classé) Margaux
Château Ferrière (3ème cru classé) Margaux
Château Giscours (3ème cru classé) Labarde-Margaux
Château d'Issan (3ème cru classé) Cantenac-Margaux
Château Kirwan (3ème cru classé) Cantenac-Margaux
Château Lagrange (3ème cru classé) Saint-Julien
Château La Lagune (3ème cru classé) Ludon
Château Langoa Barton (3ème cru classé) Saint-Julien
Château Malescot-Saint-Exupéry (3ème cru classé) Margaux
Château Marquis-d'Alesme-Becker (3ème cru classé) Margaux

Château Beychevelle (4ème cru classé) Saint-Julien
Château Branaire-Ducru (4ème cru classé) Saint-Julien
Château Duhart-Milon Rothschild (4ème cru classé) Pauillac
Château Lafon-Rochet (4ème cru classé) Saint-Estèphe
Château Marquis de Terme (4ème cru classé) Margaux
Château Pouget (4ème cru classé) Cantenac-Margaux
Château Prieuré-Lichine (4ème cru classé) Cantenac-Margaux
Château Saint-Pierre (4ème cru classé) Saint-Julien
Château Talbot (4ème cru classé) Saint-Julien
Château La Tour Carnet (4ème cru classé) Saint-Laurent
Château Batailley (5ème cru classé) Pauillac
Château Haut-Batailley (5ème cru classé) Pauillac
Château Belgrave (5ème cru classé) Saint-Laurent
Château de Camensac (5ème cru classé) Saint-Laurent
Château Cantemerle (5ème cru classé) Macau
Château Cos-Labory (5ème cru classé) Saint-Estèphe
Château Croizet-Bages (5ème cru classé) Pauillac
Château Dauzac (5ème cru classé) Labarde-Margaux
Château Grand-Puy-Ducasse (5ème cru classé) Pauillac
Château Grand-Puy-Lacoste (5ème cru classé) Pauillac
Château Haut-Bages-Libéral (5ème cru classé) Pauillac
Château Lynch-Moussas (5ème cru classé) Pauillac
Château D'Armailhac (5ème cru classé) Pauillac
Château Pédesclaux (5ème cru classé) Pauillac
Château Pontet-Canet (5ème cru classé) Pauillac

Château du Tertre (5ème cru classé) Arsac
Château Lynch-Bages (5ème cru classé) Pauillac
Château Sociando-Mallet (Cru bourgeois - Saint-Seurin)
Château Lanessan (Cru bourgeois - Cussac-Fort-Médoc)
Château Haut-Marbuzet (Cru bourgeois - Saint-Estèphe)
Château Meyney (Cru bourgeois - Saint-Estèphe)
Château Bouscaut (Grand cru classé Pessac-Léognan)
Château Carbonnieux (Grand cru classé Pessac-Léognan)
Château de Fieuzal (Grand cru classé Pessac-Léognan)
Château Malartic-Lagravière (Grand cru classé Pessac-Léognan)
Château Olivier (Grand cru classé Pessac-Léognan)
Château Smith-Haut-Lafitte (Grand cru classé Pessac-Léognan)
Château La Tour Haut Brion (Grand cru classé Pessac-Léognan)
Château La Tour Martillac (Grand cru classé Pessac-Léognan)

AOC Saint-Émilion « Grands crus classés » (Divers crus)
Château l'Eglise Clinet (Pomerol)
Château Certan de May (Pomerol)
Château Beauregard (Pomerol)
Château La Grave (Pomerol)
Château La Croix-de-Gay (Pomerol)
Château Lacroix (Pomerol)
Château La Croix Saint-Georges (Pomerol)
Château Gombaude-Guillot (Pomerol)
Château La Croix du Casse (Pomerol)

■ブルゴーニュ
Nuits-Saint-Georges 1er cru « Les Boudots »
Nuits-Saint-Georges 1er cru « Aux Cras »
Nuits-Saint-Georges 1er cru « La Richemone »
Nuits-Saint-Georges 1er cru « Aux Murgers »
Nuits-Saint-Georges 1er cru « Aux Chaignots »
Nuits-Saint-Georges 1er cru « Les Pruliers »
Nuits-Saint-Georges 1er cru « Les Porrets »
Nuits-Saint-Georges 1er cru « Les Vaucrains »
Nuits-Saint-Georges 1er cru « Le Clos des Forêts »
Nuits-Saint-Georges 1er cru « Les Corvées »
Nuits-Saint-Georges 1er cru « Les Corvées-Pagets »
Nuits-Saint-Georges 1er cru « Clos des Argilières »
Vosne-Romanée 1er cru « Clos des Réas »

Vosne-Romanée 1er cru « La Croix Rameau »
Vosne-Romanée 1er cru « Les Chaumes »
Échezeaux Lieu-dit « Clos Saint-Denis »
Échezeaux Lieu-dit « Les Quartiers de Nuits »
Clos de Vougeot (diverses parcelles)
Vougeot 1er cru « Les Petits Vougeots »
Vougeot 1er cru « Les Cras »
Chambolle-Musigny 1er cru « Les Charmes »
Morey-Saint-Denis 1er cru « La Bussière »
Morey-Saint-Denis 1er cru « Monts Luisants »
Morey-Saint-Denis 1er cru « Clos de la Bussière »
Chapelle-Chambertin Grand cru
Mazis-Chambertin « du Bas » Grand cru
Charmes-Chambertin « du Bas » Grand cru
Mazoyères-Chambertin Grand cru
Gevrey-Chambertin 1er cru « Les Combottes »
Fixin 1er cru « Clos de la Perrière »
Beaune 1er cru « Les Fèves »
Beaune 1er cru « Les Champimonts »
Beaune 1er cru « Les Marconnets »
Beaune 1er cru « Les Bressandes »
Beaune 1er cru « Le Clos de la Mousse »
Beaune 1er cru « Le Clos des Mouches »
Beaune 1er cru « Les Cents Vignes »
Beaune 1er cru « Les Teurons »
Beaune 1er cru « Aux Coucherias »
Beaune 1er cru « Clos du Roi »
Beaune 1er cru « Les Vignes Franches »
Beaune 1er cru « Les Avaux »

Beaune 1er cru « Montée Rouge »
Beaune 1er cru « A l'Ecu »
Beaune 1er cru « Les Boucherottes »
Pommard 1er cru « Les Rugiens-Hauts »
Pommard 1er cru « Les Jarollières »
Pommard 1er cru « Clos Blanc »
Pommard 1er cru « Les Petits-Epenots »
Volnay 1er cru « Les Champans »
Volnay 1er cru « Les Fremiets »
Volnay 1er cru « Les Fremiets-Clos-de-la-Rougeotte »
Volnay 1er cru « Les Angles »
Volnay 1er cru « Clos des Chênes »
Volnay 1er cru « Clos des Ducs »
Volnay 1er cru « Bousse d'Or »
Volnay 1er cru « Cave du Clos des Ducs »
Monthélie 1er cru « Les Champs-Fulliot »

■ ローヌ
Côte-Rôtie (Diverses parcelles)
Hermitage Lieu-dit « Les Greffieux »
Hermitage (Diverses parcelles)
Côte-Rôtie Lieu-dit « La Chatillonne »

■ ラングドック＝ルーシヨン
Minervois « La Livinière »
Corbières « Boutenac »
Faugères
Saint-Chinian

赤ワイン：2級B

■ ボルドー
Château Pibran (Cru bourgeois - Pauillac)
Château Citran (Cru bourgeois - Avensan en Médoc)
Château Phélan Ségur (Cru bourgeois - Saint-Estèphe)
Château Le Crock (Cru bourgeois - Saint-Estèphe)
Château Chasse-Spleen (Cru bourgeois - Moulis-en-Médoc)
Château Poujeaux (Cru bourgeois - Moulis-en-Médoc)
Château Labégorce (Cru bourgeois - Margaux)
Château Labégorce-Zédé (Cru bourgeois - Margaux)
Château La Violette (Pomerol)
Château Nenin (Pomerol)
Château Clos L'Eglise (Pomerol)
Château La Pointe (Pomerol)
Château Lagrange (Pomerol)
Château Clos René (Pomerol)
Château Moulinet (Pomerol)
Château Certan-Giraud (Pomerol)
Château Rouget (Pomerol)
Château De Sales (Pomerol)
Château La Cabanne (Pomerol)
Château Feytit-Clinet (Pomerol)
Château Clos du Clocher (Pomerol)
Château Taillefer (Pomerol)
Château du Tailhas (Pomerol)

Château Plince (Pomerol)
Château Lafleur-Gazin (Pomerol)
Château Mazeyres (Pomerol)

■ ブルゴーニュ
Nuits-Saint-Georges 1er cru « Aux Thorey »
Nuits-Saint-Georges 1er cru « Les Procès »
Nuits-Saint-Georges 1er cru « Clos de la Maréchale »
Nuits-Saint-Georges 1er cru (Diverses parcelles)
Vosne-Romanée (diverses parcelles)
Chambolle-Musigny 1er cru (Diverses parcelles)
Morey-Saint-Denis 1er cru (Diverses parcelles)
Gevrey-Chambertin 1er cru « Combe-au-Moine »
Gevrey-Chambertin 1er cru « Lavaut »
Gevrey-Chambertin 1er cru (Diverses parcelles)
Fixin 1er cru «Les Arvelets »
Fixin 1er cru « Les Hervelets »
Fixin 1er cru « Clos du Chapitre »
Pernand-Vergelesses 1er cru « Ile de Vergelesses »
Aloxe-Corton 1er cru (diverses parcelles)
Savigny-lès-Beaune 1er cru « Les Vergelesses »
Savigny-lès-Beaune 1er cru « Les Marconnets »
Savigny-lès-Beaune 1er cru « Les Jarrons »
Savigny-lès-Beaune 1er cru « Les Narbantons »
Savigny-lès-Beaune 1er cru « Aux Serpentières »

エリック・ヴェルディエ試飲資料

Savigny-lès-Beaune 1er cru « Les Lavières »
Savigny-lès-Beaune 1er cru « La Dominode »
Savigny-lès-Beaune 1er cru « Aux Gravains »
Savigny-lès-Beaune 1er cru « Aux Guettes »
Beaune 1er cru (diverses parcelles)
Pommard 1er cru (diverses parcelles)
Volnay 1er cru « Brouillards »
Volnay 1er cru « Taille-Pieds » ou « Taillepieds »
Volnay 1er cru (diverses parcelles)
Auxey-Duresses 1er cru « Les Duresses »
Chassagne-Montrachet 1er cru « Clos Saint-Jean »
Chassagne-Montrachet 1er cru « La Boudriotte »
Chassagne-Montrachet 1er cru « Morgeot »
Santenay 1er cru « Les Gravières »
Santenay 1er cru « La Comme »

■ローヌ
Châteauneuf-du-Pape
Cornas

■プロヴァンス
Bandol

■ラングドック=ルーシヨン
Coteaux du Languedoc Grès de Montpellier « Saint-Georges d'Orques »
Coteaux du Languedoc Grès de Montpellier
Coteaux du Languedoc Grès de Montpellier « La Méjanelle »
Côtes du Roussillon
Minervois

■ロワール
Bougueil Lieu-dit « Grandmonts »
Chinon Lieu-dit « Clos de L'Olive »
Chinon Lieu-dit « Clos de l'Echo »

赤ワイン：優良テロワール A

■ボルドー
AOC Pauillac (diverses parcelles) « Cru Bourgeois »
AOC Saint-Julien (diverses parcelles) « Cru Bourgeois »
AOC Margaux (diverses parcelles) « Cru Bourgeois »
AOC-Haut-Médoc (diverses parcelles) « Cru Bourgeois »
AOC Saint-Estèphe (diverses parcelles) « Cru Bourgeois »
AOC Listrac-Médoc (diverses parcelles) « Cru Bourgeois »
AOC Moulis-en-Médoc (diverses parcelles) « Cru Bourgeois »
AOC Pessac-Léognan (diverses parcelles) « Non classé »
AOC Saint-Émilion « Grand cru » (diverses parcelles)
AOC Pomerol (diverses parcelles)
AOC Lalande de Pomerol (diverses parcelles)
AOC Fronsac (diverses parcelles)
AOC Canon-Fronsac (diverses parcelles)

■ブルゴーニュ
Nuits-Saint-Georges (diverses parcelles)
Chambolle-Musigny (diverses parcelles)
Morey-Saint-Denis (diverses parcelles)
Gevrey-Chambertin (diverses parcelles)
Fixin 1er cru (diverses parcelles)
Pernand-Vergelesses 1er cru (diverses parcelles)
Ladoix 1er cru (diverses parcelles)
Aloxe-Corton (diverses parcelles)
Savigny-lès-Beaune 1er cru (diverses parcelles)
Beaune (diverses parcelles)
Pommard (diverses parcelles)
Volnay (diverses parcelles)
Monthélie 1er cru (diverses parcelles)
Auxey-Duresses 1er cru (diverses parcelles)
Chassagne-Montrachet 1er cru (diverses parcelles)
Santenay 1er cru (diverses parcelles)
Rully 1er cru (diverses parcelles)
Mercurey 1er cru (diverses parcelles)

Givry 1er cru (diverses parcelles)

■ボージョレ
Chénas
Fleurie
Juliénas
Moulin à Vent
Saint-Amour

■ローヌ
Gigondas
Crosez-Hermitage
Saint-Joseph

■プロヴァンス
Coteaux d'Aix en Provence
Côtes de Provence « Crus Classés »

■ラングドック=ルーシヨン
Minervois (diverses parcelles)
Corbières Terroir de Lézignan
Corbières Terroir de Quéribus
Corbières Terroir de Sigean
Corbières Terroir de Durban
Corbières Terroir de Saint Victor
Corbières Terroir de Lagrasse
Corbières Terroir Montagne d'Alaric
Corbières Terroir de Fontfroide
Coteaux du Languedoc Grès de Montpellier St Christol
Coteaux du Languedoc Quatourze
Coteaux du Languedoc La Clape
Coteaux du Languedoc Pézenas
Coteaux du Languedoc Cabrières
Coteaux du Languedoc Terrasses de Béziers
Coteaux du Languedoc Terres de Sommières

■南西部
Madiran
Cahors
Bergerac
Côtes de Bergerac

■ロワール
Bourgueil
Chinon (diverses parcelles)
Vin de Pays de la Vienne (Cépage Cabernet Sauvignon)

赤ワイン：優良テロワールB

■ボルドー
AOC -Médoc (diverses parcelles) « Cru Bourgeois »
AOC Graves et Graves Sup. (divers crus) « Non classé »
AOC Les Graves de Vayres (divers crus) « Non classé »
AOC Saint-Émilion (Divers crus)
AOC Lussac Saint-Émilion (Divers crus)
AOC Montagne Saint-Émilion (divers crus)
AOC Saint-Georges Saint-Émilion (divers crus)
AOC Puisseguin-Saint-Émilion (divers crus)
AOC 1ère Côtes de Bordeaux (divers crus) « Non classé »
AOC Côtes de Bourg (divers crus)
AOC Côtes de Castillon (divers crus)
AOC Côtes de Francs (divers crus)
AOC 1ère Côtes de Blaye (divers crus)

■ブルゴーニュ
Fixin (diverses parcelles)
Ladoix (diverses parcelles)
Pernand-Vergelesses (diverses parcelles)
Savigny-lès-Beaune (diverses parcelles)
Chorey-lès-Beaune (diverses parcelles)
Monthélie (diverses parcelles)
Auxey-Duresses (diverses parcelles)
Chassagne-Montrachet (diverses parcelles)
Santenay (diverses parcelles)
Rully (diverses parcelles)
Mercurey (diverses parcelles)
Givry (diverses parcelles)
Marsannay (diverses parcelles)

■ボージョレ
Morgon
Morgon « Côte du Py »
Régnié
Chiroubles
Brouilly
Côte de Brouilly

■中央山塊（マシフ・サントラル）
Côtes Roannaises

■ローヌ
Vacqueyras
Côtes-du-Rhône Village Rasteau
Côtes-du-Rhône Village Cairanne
Côte du Rhône (diverses provenances)
Lirac
Coteaux du Tricastin
Coteaux du Ventoux
Côtes du Lubéron

■プロヴァンス
Bellet
Palette
Coteaux Varois
Côtes de Provence
Les Baux de Provence

■ラングドック=ルーシヨン
Collioure
Costières de Nîmes
Côtes du Roussillon
Fitou
Cabardès
Coteaux du Languedoc Terrasses du Larzac
Coteaux du Languedoc
Terrasses du Larzac Montpeyroux
Côtes de Malepère

■南西部
Gaillac et Gaillac 1ères Côtes
Buzet
Côtes de Duras
Côtes du Frontonnais
Pécharmant
Marcillac

■ロワール
Saint-Nicolas de Bourgueil
Saumur-Champigny
Touraine

白ワイン：特級

■ブルゴーニュ
Montrachet Grand cru (Commune de Chassagne-Montrachet)
Montrachet Grand cru (Commune de Chassagne-Montrachet, lieu-dit « Les Dents de Chien »)
Montrachet Grand cru (Commune de Puligny-Montrachet)

白ワイン：1級A

■ボルドー
Domaine de Chevalier (GCC de Pessac-Léognan)
Château Haut-Brion (Pessac-Léognan)

■ブルゴーニュ
Chevalier-Montrachet Grand cru
Bâtard-Montrachet Grand cru (Commune de Chassagne-Montrachet)
Bâtard-Montrachet Grand cru (Commune de Puligny-Montrachet)
Criots-Bâtard-Montrachet Grand cru
Meursault 1er cru « Clos des Perrières »
Meursault 1er cru « Les Perrières »
Corton Charlemagne Lieu-dit « En Charlemagne »

■アルザス
Riesling Grand cru Brand
Riesling Grand cru Schoenenbourg

白ワイン：1級B

■ボルドー
Château Couhins (GCC de Pessac-Léognan)
Château Couhins-Lurton (GCC de Pessac-Léognan)
Château Laville Haut-Brion (GCC de Pessac-Léognan)

■ブルゴーニュ
Chablis Grand cru « Vaudésir »
Chablis Grand cru « Les Clos »
Chablis Grand cru « La Moutonne »
Chablis Grand cru « Les Preuses »
Chablis Grand cru « Valmur »
Chevalier-Montrachet GC Lieu-dit « Les Demoiselles »
Bienvenue-Bâtard-Montrachet Grand cru
Puligny-Montrachet 1er cru « Le Cailleret »
Puligny-Montrachet 1er cru « Les Demoiselles »
Puligny-Montrachet 1er cru « Les Combettes »
Puligny-Montrachet 1er cru « Les Referts »
Puligny-Montrachet 1er cru « Clos de la Garenne »
Puligny-Montrachet 1er cru « La Truffière »
Chassagne-Montrachet 1er cru « Les Caillerets »
Chassagne-Montrachet 1er cru « Ruchottes » ou « Grandes Ruchottes »
Chassagne-Montrachet 1er cru « Vide Bourse »
Chassagne-Montrachet 1er cru « Morgeot »
Meursault 1er cru « Les Genevrières »
Meursault 1er cru « Les Charmes-Dessus »
Meursault 1er cru « Clos des Porusots »
Corton Charlemagne (diverses parcelles)

■アルザス
Riesling Clos Saint-Hune (Non classé)
Riesling Grand cru Schlossberg
Riesling Grand cru Geisberg
Riesling Grand cru Kastelberg
Riesling Grand cru Kessler
Riesling Grand cru Vorbourg
Riesling Grand cru Altenberg de Bergheim
Riesling Grand cru Rangen
Gewurztraminer Grand cru Altenberg de Bergheim
Gewurztraminer Grand cru Eichberg
Gewurztraminer Grand cru Furstentum
Gewurztraminer Grand cru Hengst
Gewurztraminer Grand cru Brand
Gewurztraminer Grand cru Sporen
Gewurztraminer Grand cru Steingrubler
Gewurztraminer Altenbourg
Gewurztraminer Heimbourg
Gewurztraminer Grand cru Rangen
Tokay-Pinot Gris Grand cru Hengst

■ロワール
Savennières-Coulée-de-Serrant
Savennières-Roche-aux-Moines
Sancerre Chavignol « Les Monts Damnés »

■ジュラ
Château-Chalon

白ワイン：2級A

■ボルドー
Château Bouscaut (GCC de Pessac-Léognan)
Château Carbonnieux (GCC de Pessac-Léognan)
Château Olivier (GCC de Pessac-Léognan)
Château La Tour Martillac (GCC de Pessac-Léognan)
Château Pape Clément (Pessac-Léognan)
Château de Fieuzal (Pessac-Léognan)
Château Smith-Haut-Lafitte (Pessac-Léognan)

■ブルゴーニュ
Chablis Grand cru « Grenouilles »
Chablis Grand cru « Bougros »
Chablis Grand cru « Blanchot »
Chablis 1er cru « Mont de Milieu »
Chablis 1er cru « Montée de Tonnerre »
Chablis 1er cru « Montmain »
Puligny-Montrachet 1er cru « Les Pucelles »
Puligny-Montrachet 1er cru « Les Perrières »
Puligny-Montrachet 1er cru « Clavoillon »
Puligny-Montrachet 1er cru « Les Folatières »
Puligny-Montrachet 1er cru « Les Chalumeaux »
Puligny-Montrachet 1er cru « Champs-Canet »

Chassagne-Montrachet 1er cru « Les Chenevottes »
Chassagne-Montrachet 1er cru « Les Vergers »
Chassagne-Montrachet 1er cru « Les Macherelles »
Chassagne-Montrachet 1er cru « Les Chaumées »
Chassagne-Montrachet 1er cru « Clos Saint-Jean »
Chassagne-Montrachet 1er cru « La Maltroie »
Chassagne-Montrachet 1er cru « Les Champs Gain »
Chassagne-Montrachet 1er cru « La Boudriotte »
Chassagne-Montrachet 1er cru « Les Embrazées »
Chassagne-Montrachet 1er cru « Les Baudines »
Meursault 1er cru « Les Charmes-Dessous »
Meursault 1er cru « La Goutte d'Or »
Meursault 1er cru « Le Porusot »
Meursault 1er cru « Blagny »
Beaune 1er cru « Clos des Mouches »
Beaune 1er cru « Les Grèves »

■アルザス
Riesling Grand cru Kirchberg (de Barr)
Riesling Grand cru Kirchberg (de Ribeauvillé)
Riesling Grand cru Moenchberg
Riesling Grand cru Muenchberg
Riesling Grand cru Ollwiller
Riesling Grand cru Pfersigberg
Riesling Grand cru Rosacker
Riesling Grand cru Saering
Riesling Grand cru Wiebelsberg
Riesling Grand cru Winzenberg
Riesling Grand cru Mandelberg
Riesling Grand cru Altenberg (de Bergbieten)
Riesling Grand cru Altenberg
Riesling Clos du Windsbuhl
Riesling Herrenweg
Riesling Clos Hauserer
Riesling Grand cru Kanzlerberg
Gewurztraminer Grand cru Goldert
Gewurztraminer Grand cru Gloeckelberg
Gewurztraminer Grand cru Kirchberg (de Barr)
Gewurztraminer Grand cru Kitterlé
Gewurztraminer Grand cru Pfersigberg
Gewurztraminer Grand cru Saering
Gewurztraminer Grand cru Spiegel
Gewurztraminer Grand cru Steinert
Gewurztraminer Grand cru Hatschbourg

Gewurztraminer Grand cru Zinnkoepflé
Gewurztraminer Grand cru Froehn
Gewurztraminer Grand cru Mambourg
Gewurztraminer Grand cru Vorbourg
Tokay-Pinot Gris Grand cru Hengst
Tokay-Pinot Gris Grand cru Moenchberg
Tokay-Pinot Gris Grand cru Gloeckelberg
Tokay-Pinot Gris Grand cru Muenchberg
Tokay-Pinot Gris Grand cru Rangen
Tokay-Pinot Gris Grand cru Sommerberg
Tokay-Pinot Gris Grand cru Sonnenglanz
Tokay-Pinot Gris Grand cru Steinert
Tokay-Pinot Gris Altenbourg
Tokay-Pinot Gris Heimbourg
Tokay-Pinot Gris Clos Saint Ulrich
Tokay-Pinot Gris Grand cru Moenchberg
Tokay-Pinot Gris Clos Jebsal
Muscat Grand cru Goldert
Muscat Grand cru Vorbourg
Riesling Grand cru Geisberg
Riesling Grand cru Kessler
Riesling Grand cru Vorbourg
Riesling Grand cru Kanzlerberg

■アルプス・コート・ダジュール
Bellet

■ローヌ
Château-Grillet
Condrieu Lieu-dit « La Doriane »
Condrieu Lieu-dit « Coteau de Vernon »
Condrieu Lieu-dit « Clos Boucher »
Hermitage Lieu-dit « Chante Alouette »
Hermitage Lieu-dit « Les Rocoules »

■ロワール
Sancerre « Bué »
Pouilly-Fumé
Savennières « Clos du Papillon »

■ジュラ
Arbois
Arbois Pupillin

白ワイン：2級B

■ボルドー
Château Larrivet-Haut-Brion (Pessac-Léognan)

■ブルゴーニュ
Chablis 1er cru « Fourchaume »
Chablis 1er cru « Vaucoupin »
Chablis 1er cru « Beauroy »
Chablis 1er cru « Beugnon »
Chablis 1er cru « Butteaux »
Chablis 1er cru « Forest »
Chablis 1er cru « Séchet »
Chablis 1er cru « Vaillon »
Chablis 1er cru « Vosgros »
Chablis 1er cru « Les Lys »
Puligny-Montrachet 1er cru (diverses parcelles)
Chassagne-Montrachet 1er cru (diverses parcelles)
Meursault 1er cru (diverses parcelles)
Meursault Lieu-dit « Clos de la Barre »
Meursault Lieu-dit « Les Rougeots »
Meursault Lieu-dit « Clos du Cromin »

Meursault Lieu-dit « Les Narvaux »
Meursault Lieu-dit « Les Luchets »
Meursault Lieu-dit « Les Chevalières »
Meursault Lieu-dit « Les Meix Chavaux »
Meursault Lieu-dit « Les Tessons »
Ladoix-Serrigny 1er cru Lieu-dit « Les Gréchons »
Saint-Aubin 1er cru « Les Pucelles »
Saint-Aubin 1er cru « Murgers des Dents de Chien »
Saint-Aubin 1er cru « La Châtenière »
Beaune 1er cru « Clos Saint-Landry »

■アルザス
Riesling Grand cru Hengst
Riesling Leimenthal
Riesling Hardt
Riesling Muhlforst
Riesling Bergheim-Grasberg
Riesling Bergheim-Burg
Riesling Heissenberg
Gewurztraminer Grand cru Kanzlerberg

Gewurztraminer Grand cru Altenberg (de Bergbieten)
Gewurztraminer Leimenthal
Gewurztraminer Wintzenheim
Gewurztraminer Muhlforst
Gewurztraminer Fronholz
Tokay Pinot Gris Grand cru Kitterlé
Tokay Pinot Gris Grand cru Steingrubler
Tokay Pinot Gris Grand cru Vorbourg
Tokay Pinot Gris Rosenberg
Tokay Pinot Gris Grand cru Kitterlé
Muscat Grand cru Altenberg (de Bergbieten)

■ローヌ
Condrieu (Diverses parcelles)
Hermitage (Diverses parcelles)

■ロワール
Sancerre « Chavignol »
Savennières

白ワイン：優良テロワールA

■ボルドー
Pessac-Léognan (divers Châteaux non classés)

■ブルゴーニュ
Chablis 1er cru (diverses parcelles)
Puligny-Montrachet (diverses parcelles)
Chassagne-Montrachet (diverses parcelles)
Meursault (diverses parcelles)
Beaune
Savigny-lès-Beaune 1er cru (diverses parcelles)
Pouilly-Fuissé (*)
Musigny
Saint-Aubin 1er cru « Les Frionnes »
Saint-Aubin 1er cru « En Remilly »
Saint-Aubin 1er cru « Les Charmois »
Saint-Aubin 1er cru (diverses parcelles)
Ladoix-Serrigny 1er cru (diverses parcelles)
Rully 1er cru (diverses parcelles)
Montagny 1er cru (diverses parcelles)
Pernand-Vergelesses (diverses parcelles)

■ローヌ
Châteauneuf-du-Pape
Saint-Joseph
Saint-Péray

■プロヴァンス
Bandol
Cassis
Palette

■アルザス
Riesling Gueberschwihr
Riesling Bergheim-Grasberg
Riesling Bergheim-Burg
Riesling (diverses parcelles)
Tokay Pinot Gris Gaensbrunnen
Tokay Pinot Gris Bildstoecklé
Tokay Pinot Gris (diverses parcelles)
Gewurztraminer (diverses parcelles)
Muscat Grand cru Spiegel

■ロワール
Muscadet « Sèvre-et-Maine »
Sancerre

■ジュラ
Côtes du Jura
L'Etoile

■ラングドック
Limoux

(*) AOCの権利を持つ4つの村（Fuissé, Solutré, Pouilly Vergisson, Chaintré）にまたがってあります。

白ワイン：優良テロワールB

■ボルドー
Graves (divers crus)
Entre-Deux-Mers (divers crus)

■ブルゴーニュ
Chablis (diverses parcelles)
Ladoix-Serrigny (diverses parcelles)
Rully (diverses parcelles)
Mercurey (diverses parcelles)
Givry (diverses parcelles)
Montagny (diverses parcelles)
Saint-Véran (diverses parcelles)
Saint-Aubin (diverses parcelles)
Savigny-lès-Beaune (diverses parcelles)
Mâcon-Villages (diverses parcelles)
Saint-Romain (diverses parcelles)
Pouilly Loché (特に Loché にある区画)
Pouilly Vinzelles (特に Vinzelles と Loché にある区画)
Marsannay (diverses parcelles)

■プロヴァンス
Côtes de Provence (さまざまな生産区域)
Côtes de Provence « L'île de Porquerolles »

■アルザス
Muscat (diverses parcelles)
Pinot blanc (diverses parcelles)
Sylvaner (diverses parcelles)

■サヴォワ
Vin de Savoie Abymes
Vin de Savoie Apremont
Vin de Savoie Arbin
Vin de Savoie Ayze
Vin de Savoie Charpignat
Vin de Savoie Chautagne
Vin de Savoie Chignin
Vin de Savoie Chignin Bergeron
Vin de Savoie Cruet
Vin de Savoie Jongieux
Vin de Savoie Marignan
Vin de Savoie Marin
Vin de Savoie Montmélian
Vin de Savoie Ripaille
Vin de Savoie Saint-Jean de la Porte
Vin de Savoie Saint-Jeoire-Prieuré
Vin de Savoie Sainte-Marie-d'Alloix

■ロワール
Blanc Fumé de Pouilly
Cheverny
Jasnières
Muscadet
Muscadet « Côtes de Grandlieu »
Muscadet « Coteaux de la Loire »
Pouilly-sur-Loire
Quincy
Reuilly
Touraine « Diverses communes »
Menetou-Salon
Montlouis
Vouvray
Vin de Pays de la Vienne

■ラングドック
Picpoul de Pinet

甘口ワイン：特級

■ボルドー
Château d'Yquem (1er cru supérieur classé en 1855)
Sauternes

■アルザス
Riesling Schoenenbourg Grand cru
Riesling Schlossberg Grand cru
Riesling Rangen de Thann Grand cru
Gewurztraminer Furstentum Grand cru
Tokay Pinot gris Rangen Grand cru

甘口ワイン：1級A

■ボルドー
Château Climens (1er cru classé Barsac)

■アルザス
Riesling Altenberg de Bergheim Grand cru
Riesling Brand Grand cru
Gewurztraminer Altenberg de Bergheim Grand cru
Gewurztraminer Hengst Grand cru
Gewurztraminer Sporen Grand cru
Tokay Pinot gris Muenchberg Grand cru
Tokay Pinot gris Lieu-dit « Rosenberg »

■ロワール
Quarts de Chaume
Savennières - Coulée de Serrant

甘口ワイン：1級B

■ボルドー
Château Suduiraut (1er cru classé Preignac)
Château Guiraud (1er cru classé Sauternes)
Château Rieussec (1er cru classé Fargues)
Château Rayne Vigneau (1er cru classé Bommes)
Château d'Arche (2ème cru classé Sauternes)
Château La Tour Blanche (1er cru classé Bommes)
Château Lafaurie-Peyraguey (1er cru classé Bommes)
Château Clos Haut-Peyraguey (1er cru classé Bommes)
Château Rabaud-Promis (1er cru classé Bommes)
Château Sigalas-Rabaud (1er cru classé Bommes)
Château Coutet (1er cru classé Barsac)

■アルザス
Riesling Geisberg Grand cru
Riesling Kastelberg Grand cru
Riesling Muenchberg Grand cru
Riesling Lieu-dit « Clos Windsbuhl »
Gewurztraminer Eichberg Grand cru
Gewurztraminer Goldert Grand cru
Gewurztraminer Pfersigberg Grand cru
Gewurztraminer Rangen Grand cru
Gewurztraminer Steingrubler Grand cru
Gewurztraminer Vorbourg Grand cru
Gewurztraminer Zinnkoepflé Grand cru
Gewurztraminer Lieu-dit « Fronholz »
Gewurztraminer Lieu-dit « Heimbourg »
Gewurztraminer Spiegel Grand cru
Tokay Pinot gris Vorbourg Grand cru
Tokay Pinot gris Zinnkoepflé Grand cru
Tokay Pinot gris Hengst Grand cru
Tokay Pinot gris Lieu-dit « Clos Saint Ulrich »
Tokay Pinot gris Rotenberg
Tokay Pinot gris lieu-dit « Clos Jebsal »
Muscat Vorbourg Grand cru

■南西部
Jurançon

■ロワール
Coteaux du Layon « Saint-Aubin-de-Luigné »
Coteaux du Layon « Chaume »
Bonnezeaux

甘口ワイン：2級A

■ボルドー
Château Filhot (2ème cru classé Sauternes)
Château Lamothe (2ème cru classé Sauternes)
Château Lamothe Guignard (2ème cru classé Sauternes)
Château Raymond-Lafon (Sauternes)
Château Romer (cru classé Fargues)
Château Romer du Hayot (cru classé Fargues)
Château de Fargues
Château de Malle (2ème cru classé Preignac)
Cru d'Arche-Pugneau
Château Myrat (2ème cru classé Barsac)
Château Doisy-Védrines (2ème cru classé Barsac)
Château Doisy-Daëne (2ème cru classé Barsac)
Château Doisy-Dubroca (2ème cru classé Barsac)
Château Broustet (2ème cru classé Barsac)
Château Caillou (2ème cru classé Barsac)

■アルザス
Riesling Lieu-dit « Fronholz »
Riesling Lieu-dit « Heissenberg »
Tokay Pinot gris Vorbourg Grand cru
Tokay Pinot gris Zinnkoepflé Grand cru

■南西部
Monbazillac
Saussignac

■ロワール
Coteaux du Layon « Faye d'Anjou »
Coteaux du Layon « Rablay-sur-Layon »
Coteaux du Layon « Rochefort-sur-Layon »
Coteaux du Layon « Saint-Lambert-du-Lattay »
Coteaux du Layon « Beaulieu-sur-Layon »
Vouvray

甘口ワイン：2級B

■ボルドー
AOC Sauternes (diverses parcelles ou châteaux)
AOC Fargues (diverses parcelles ou châteaux)
AOC Bommes (diverses parcelles ou châteaux)
AOC Preignac (diverses parcelles ou châteaux)
AOC Barsac (diverses parcelles ou châteaux)

■アルザス
Gewurztraminer Spiegel Grand cru
Tokay Pinot gris Lieu-dit « Gaensbrunnen »
Gewurztraminer Lieu-dit « Wintzenheim »
Riesling Lieu-dit « Leimenthal »

■ロワール
Coteaux de l'Aubance

甘口ワイン：優良テロワールA

■ボルドー
Sainte-Croix-du-Mont
Loupiac
Cadillac
Cérons

■ロワール
Coteaux de la Loire
Montlouis

■南西部
Côte de Bergerac

甘口ワイン：優良テロワールB

■南西部
Gaillac doux
Pacherenc du Vic Bihl

■ロワール
Coteaux du Layon (diverses provenances)

◇特別試飲会≪世界の高級シャルドネワイン≫
Les plus grandes cuvées de cépage chardonnay du monde

(2000年9月1日から11月末まで)

　ワイン鑑定人としてのこれまでのキャリアの中で、幸せなことですが高級ワインの試飲会の数々に参加することができました。私自身、いろいろな産地の極上ワインの比較試飲会を幾度か主催し、それらはみな印象深いものでした。一番すばらしかったのはやはり銘醸モンラッシェの試飲会でした。それから数年間ずっと、世界の高級シャルドネワインを一堂に会し、それらを比較評価してみたいものだと考えていましたがなかなか機会がありませんでした。しかし友人のクロード・ジロワのおかげでようやくこの夢が叶うこととなりました。彼は卓越した試飲家にして世界各国の有名ワインにたいへん通じた人物なのです。同時にまた、おいしい外国産ワインをフランスに輸入している『ヴァン・デュ・モンド』社(*)の社長でもあります。もし彼がいなかったら、世界の極上シャルドネワインを勢揃いさせ、比較するというこの初めての試みはなしえなかったでしょう。また彼には財政面においても感謝しきれないほどの貢献を受けました。しかしそのおかげで、手前味噌というわけではありませんが、銘醸シャルドネをお好きなみなさんが本当に知りたがっている情報を提示することができたのです。この一大イベントでどのワインを試飲するか、それを決めるためだけにも選別のための試飲セッションが何度も必要でした。その結果もまたみなさんにお知らせしています。

　最終試飲結果は意外なものでした。いくつかのワイン、それも特にフランスの銘醸ワインで、以前試飲したときに得られた評価と今回とでは大きな隔たりが見られたのです。もっとも、こういうことが今までになかったわけではありません。

　今回の試飲会を経て、銘醸ワインの味を分析するというのは実に難しい仕事だと再認識しました。もしモンラッシェを先に試飲していなかったら、あるいはもし試飲の大まかな結果（最終試飲会で選ばれた上位20種のみの評価）だけしかお見せしなかったら、フランスワインがカリフォルニアの銘醸ワインに劣っているということになっていたかもしれません。しかし、もちろんそんなことはないのです。私は外国産銘醸ワインが浴びている高い評価にあえてここで疑義をはさんだりはしませんが、しかしその前に知っておいていただきたいことがあります。カリフォルニアの銘醸シャルドネのように厚みがあり、重く力強いワインを飲んだあとにモンラッシェの微妙なニュアンスを理解するのは、味蕾の感覚を考えると生理的に不可能なのです。

　例えば94年物のベルナール・モレーのモンラッシェは今まで何度も試飲を行いましたが、つねに17〜18/20点をマークしていました。しかし今回の大規模な試飲会では、この銘柄は25番目に試飲されることになってしまい、その結果15.5点というたいへん厳しい評価が下されました。今回の試飲会では力強く量感のあるワインにとって採点が有利に働き、逆に由緒正しい産地のワインが低い点しかもらえないということがかなり頻繁に起こりました。そのような採点結果が得られた場合の多くは以上のような理由で評定を無効と考えています。残念ながら、この長丁場にわたる試飲セッションは繊細な味を持つワインにとって不利なのです。世の中にはいろいろな試飲グループがあります。本当に正しい評価を世に伝えるより〔カリフォルニアワインの方がおいしいというような〕センセーショナルな記事を書くことを念頭に置いているグループ、また試飲を繰り返して自分たちの評価の信頼性を確かめることをしないグループなどもあります。こういう人々の言うことには注意が必要です。

　試飲ファイルを作るようになってからずっと、採点結果はすぐには発表せず熟考したうえで出版に回すようにしてきました。採点の際には複雑な多くのパラメータを考慮せねばならず、それは最上級ワインを試飲した数々の経験があって初めてできることなのです。

1. 試飲セッション（2000年10月23日の本試飲会に向けての選考会）

（Spécial chardonnay du monde Session -1）

　　　　A 　−1セッションは8銘柄以内で行う。
　　　　B 　−生産国別に行う。
　　　　C 　−ブラインドテイスティングで行う。
　　　　　　　アメリカ産ワインのグループ
　　　　　　　フランス産ワインのグループ
　　　　　　　その他の国のグループ

2.（フランスおよび外国産）「プレステージ」シャルドネワイン30本のテイスティング。
　（Spécial chardonnay du monde : N°2 Grande Session）
　　2000年10月29日18時よりパリで実施。

3. テイストチェックのための特別セッション
　（Spécial chardonnay du monde Session -3）
　　2000年10月23日の本試飲会で試飲された物のみが対象。

　　　　○　1セッションは4銘柄以内で行う。
　　　　○　ブラインドテイスティングではなく、ラベル表示で行う。

　　　　　　　　　　　　　　（*）Vins du Monde - 54 Berreau - 44160 Pontchâteau
　　　　　　　　　　　　　　　Tel : 02 40 01 64 01 fax : 02 40 45 60 96

Spécial chardonnay du monde Session -1

Nom de la cuvée	Note
Montrachet (Grand cru) 1997 - Domaine Guy Amiot et Fils（フランス）	17.5
Montrachet (Grand cru) 1998 - Domaine Bouchard Père et Fils（フランス）	17.5
Montrachet (Grand cru) 1994 - Domaine Bernard Morey（フランス）	17.5
Montrachet (Grand cru) 1996 - Domaine Guy Amiot et Fils（フランス）	17.5
Montrachet (Grand cru) 1999 - Domaine Marc Colin（フランス）	17.5
Rochioli River Block Chardonnay 1998 - Rochioli Vineyards（アメリカ）	17
Ridge « Santa Cruz » 1997 - Ridge Vineyard（アメリカ）	17
Montrachet (Grand cru) 1996 - Domaine Bouchard Père et Fils（フランス）	17
Beckstoffer Chardonnay 1996 - Stag's Leap Wine Cellars（アメリカ）	16.5
Montrachet (Grand cru) 1998 - Domaine Marc Colin（フランス）	16.5
Montrachet (Grand cru) 1998 - Domaine Guy Amiot et Fils（フランス）	16.5
Chassagne-Montrachet 1er cru Vide Bourse 1999 - Domaine Marc Colin（フランス）	16
Chassagne-Montrachet 1er cru Les Caillerets 1998 - Domaine Marc Colin（フランス）	16
Montrachet (Grand cru) 1999 - Domaine Guy Amiot et Fils（フランス）	16
Rochioli Russian River Valley Chardonnay 1998 - Rochioli Vineyards（アメリカ）	16
Chassagne-Montrachet 1er cru Les Champs Gain 1999 - Domaine Marc Colin（フランス）	15.5
Bâtard-Montrachet (Grand cru) 1999 - Domaine Marc Colin（フランス）	15.5
Catena Alta 1997 - Catena (Bodega Esmeralda)（アルゼンチン）	15.5
Elston Chardonnay 1998 - Te Mata Estate Winery（ニュージーランド）	15.5
Beckstoffer Chardonnay 1997 - Stag's Leap Wine Cellars（アメリカ）	15
Chassagne-Montrachet 1er cru Les Caillerets 1998 - Domaine Marc Colin（フランス）	14.5
Saint-Aubin 1er cru En Remilly 1999 - Domaine Marc Colin（フランス）	14.5
Puligny-Montrachet 1er cru La Garenne 1999 - Domaine Marc Colin（フランス）	14.5
Chassagne-Montrachet 1er cru Clos Saint-Jean 1999 - Domaine Guy Amiot et Fils（フランス）	14.5
Chassagne-Montrachet 1er cru Les Vergers 1999 - Domaine Guy Amiot et Fils（フランス）	14.5
Vasse Felix Heytesbury Chardonnay 1999 - Vasse Felix（オーストラリア）	14.5
Chassagne-Montrachet 1er cru Les Champs Gain 1999 - Domaine Guy Amiot et Fils（フランス）	14
Chassagne-Montrachet 1er cru Les Caillerets 1999 - Domaine Guy Amiot et Fils（フランス）	14
Puligny-Montrachet 1er cru Les Demoiselles 1999 - Domaine Guy Amiot et Fils（フランス）	14
Planeta 1997 - Planeta Ufficio Commerciale（イタリア/シチリア島）	14

Spécial chardonnay du monde : N° 2 Grande Session

Nom de la cuvée	Note
Montrachet (Grand cru) 1997 - Domaine Guy Amiot et Fils（フランス）	18
Pahlmeyer Chardonnay 1997 - Pahlmeyer Winery（アメリカ）	18
Vine Hill 1994 - Kistler Vineyards（アメリカ）	17.5
Rochioli River Block Chardonnay 1998 - Rochioli Vineyards（アメリカ）	17.5
Ridge « Santa Cruz » 1997 - Ridge Vineyard（アメリカ）	17
Allen Vineyard 1994 - Williams-Selyem Winery（アメリカ）	17
Estate Grown 1997 - Long Vineyards Estate（アメリカ）	16.5
Au Bon Climat Sandford et Benedict 1998 - Au Bon Climat Winery（カリフォルニア）	16.5
Lorenzo Vineyard Sonoma Coast 1993 - Domaine Marcassin（アメリカ）	16.5
Rosemount Roxburgh Chardonnay 1996 - Rosemount Estate（オーストラリア）	16.5
Kistler Dutton Ranch Chardonnay 1997 - Kistler（アメリカ）	16.5
Ovation Chardonnay 1996 - Joseph Phelps Vineyards（アメリカ）	16
Beckstoffer Chardonnay 1996 - Stag's Leap Wine Cellars（アメリカ）	16
Margaret River 1996 - Leeuwin Estate（オーストラリア）	16
Yattarna 1996 - Penfolds Wines（オーストラリア）	16

Nom de la cuvée	Note
Montrachet (Grand cru) 1996 - Domaine Bouchard Père et Fils（フランス）	15.5
Montrachet (Grand cru) 1998 - Domaine Bouchard Père et Fils（フランス）	15.5
Montrachet (Grand cru) 1994 - Domaine Bernard Morey（フランス）	15.5
Montrachet (Grand cru) 1996 - Domaine Guy Amiot et Fils（フランス）	15
Montrachet (Grand cru) 1998 - Domaine Marc Colin（フランス）	15
Bâtard-Montrachet (Grand cru) 1996 - Albert Morey（フランス）	14
Chassagne-Montrachet 1er cru Les Champs Gain 1999 - Domaine Guy Amiot et Fils（フランス）	14
Montrachet (Grand cru) 1997 - Domaine Jacques Prieur（フランス）	13.5
Chassagne-Montrachet 1er cru Les Caillerets 1998 - Jean-Noël Gagnard（フランス）	13
Talley Reserve 1995 - Au Bon Climat Winery（アメリカ）	13
Cuvée Indienne 1997 - Peter Michael（アメリカ）	13
« Sbradgia » 1994 - Beringer（アメリカ）	10
Chassagne-Montrachet 1er cru Les Caillerets 1998 - Domaine Marc Colin（フランス）	ED
Montrachet (Grand cru) 1998 - Domaine Guy Amiot et Fils（フランス）	ED

Spécial chardonnay du monde Session -3

Nom de la cuvée	Note
Montrachet (Grand cru) 1997 - Domaine Guy Amiot et Fils（フランス）	17
Ridge « Santa Cruz » 1997 - Ridge Vineyard（アメリカ）	17
Montrachet (Grand cru) 1997 - Domaine Jacques Prieur（フランス）	17
Montrachet (Grand cru) 1998 - Domaine Marc Colin（フランス）	16
Montrachet (Grand cru) 1998 - Domaine Guy Amiot et Fils（フランス）	15
Chassagne-Montrachet 1er cru Les Caillerets 1998 - Domaine Marc Colin（フランス）	14.5
Chassagne-Montrachet 1er cru Les Champs Gain 1999 - Domaine Guy Amiot et Fils（フランス）	14

このガイドに掲載されている100フラン（15.24€）以下のワインリスト

Nom du vin

Fronsac
Château La Rousselle

Lalande de Pomerol
Château Belles-Graves

Côtes de Bourg
Château Macay « Cuvée Original »

Saviny-lès-Beaune 1er cru
Domaine Pavelot Jean-Marc Aux Gravains

Santenay 1er cru
Domaine Michel Colin-Deléger et Fils 1er cru Les Gravières

Crozes-Hermitage Rouge
Domaine Alain Graillot Cuvée La Guiraude

Saint-Joseph Rouge
Domaine du Chêne Cuvée Anaïs
Domaine Courbis Les Royes
Domaine Bernard Gripa Le Berceau
Domaine Coursodon Cuvée l'Olivaie
Domaine Gaillard Pierre Les Pierres

Cornas
Domaine Juge Marcel

Châteauneuf-du-Pape
Domaine Bois de Boursan Cuvée Tradition
Domaine Diffonty Félicien et Fils Cuvée du Vatican

Gigondas
Château Raspail
Domaine Raspail-Ay

Vacqueyras
Domaine des Amouriers Cuvée Les Genestes

Cairanne
Domaine Delubac Les Bruneau
Domaine de l'Oratoire Saint-Martin Cuvée Haut-Coustias
Domaine Richaud Cuvée L'Ébrescade
Domaine Rocher - Cuvée de Monsieur Paul

Coteaux du Tricastin
Domaine de Grangeneuve - Cuvée de la Truffière
Domaine de Grangeneuve - Grande Cuvée Elevée en fût de chêne

Côtes de Provence Rouge
Château du Galoupet « Cru Classé »

Nom du vin

Bandol
Château Jean-Pierre Gaussen Longue Garde
Domaine Lafran-Veyrolles Longue Garde

Côtes du Lubéron Rouge
Domaine de la Citadelle Cuvée du Gourverneur
Domaine de Mayol

Corbières Rouge
Château La Voulte-Gasparets Cuvée Romain Pauc
Domaine Baillat - Cuvée Emilien Baillat
Domaine de Fontsainte
Château Grand Moulin « Grand Millésime »
Château Hélène (SARL) Cuvée Hélène de Troie
Château Les Ollieux « Fût de Chêne »
Roque Sestière - Carte Blanche « Elevé en fût de chêne »
Domaine Saint-Auriol - La Folie du Château Saint-Auriol

Minervois Rouge
Domaine Pujol Cuvée Saint-Fructueux
Château Mirausse
Château Gibalaux-Bonnet Grande Cuvée
Domaine de la Tour-Boisée À Marie-Claude
Château Gibalaux-Bonnet Cuvée Prieuré
Château d'Oupia Les Barons du Château d'Oupia
Tour Saint-Martin Peyriac Château de Peyriac
Château Villerambert-Moureau Cuvée Marbreries Hautes

Minervois La Livinière
Domaine Piccinini - Cuvée Line et Laetitia

Saint-Chinian
Domaine Canet Valette Cuvée Maghani
Domaine Carrière-Audier - Le Castelas
Mas Champart Causse du Bousquet
Mas Champart - Clos de la Simonette
Domaine G. Moulinier Les Sigillaires
Domaine Rimbert Le Mas au Schiste
Domaine Borie La Vitarèle - Les Crés
Château Gabelas Cuvée Juliette
Château Maurel Fonsalade La Fonsalade Vieilles Vignes
Château du Prieuré des Mourgues
Château du Prieuré des Mourgues Grande Réserve
Château Maurel Fonsalade Cuvée Frédéric
Cave Les Vins de Roquebrun Roquebrun Prestige
Château Veyran - Cuvée Prestige
Château Viranel Élevé en Fût de Chêne

Faugères
Domaine Léon Barral Cuvée Jadis
Domaine Alquier Jean-Michel « Réserve Les Bastides »
H. et F. Bouchard & Fils - Abbaye Sylva-Plana « Le Songe de l'Abbé »

Nom du vin

H. et F. Bouchard & Fils - Abbaye Sylva-Plana « La Closeraie »
Domaine Ollier-Taillefer - Cuvée Castel Fossibus

Vin de Pays Catalan
Domaine Ferrer-Ribière Carignan Vigne de 120 ans

Coteaux du Languedoc
Domaine de Mortiès Cuvée Jamais Content
Château de Jonquières La Baronnie
Château de Lancyre Grande Cuvée
Château La Rogue Cupa Numismae
Château de Lascaux Les Nobles Pierres
Château Mire L'Etang Cuvée des Ducs de Fleury

Vin de Pays d'Oc Rouge
Primo Palatum Cuvée Mythologia

Madiran
Château Barrejat Cuvée des Vieux Ceps
Domaine Berthoumieu Cuvée Charles de Batz
Domaine Capmartin - Cuvée du Couvent
Chapelle Lenclos
Château de Viella « Fût de chêne »

Bergerac Rouge
Clos de Joncal - Mirage du Joncal
Château Puy-Servain Terrement Vieilles Vignes

Côtes de Bergerac Rouge
Château Le Raz - Cuvée Grand Chêne

Cahors
Primo Palatum Cuvée Classica

Côtes du Frontonnais
Domaine de Saint-Guilhem Cuvée Amadéus

Chinon
Domaine Bernard Baudry Les Grézeaux
Domaine Charles Pain - Cuvée Prestige
Richard Philippe
Château de Saint-Louand Réserve de Trompegueux

Saumur-Champigny
Château de Villeneuve « Le Grand Clos »

Cru Classé de Graves Blancs Pessac-Léognan
Clos Floridène

Pouilly-Fuissé
Domaine Jacques et Nathalie Saumaize Vieilles Vignes
Auvigne André Cuvée Hors Classe

Saint-Joseph Blanc
Domaine Coursodon Cuvée Le Paradis Saint-Pierre

Nom du vin

Bellet Blanc
R. Sicardi - J. Sergi

Minervois Blanc
Domaine de la Tour-Boisée Cuvée à Marie-Claude

Bergerac (Blanc sec)
GAEC Fourtout & Fils Clos des Verdots
Domaine de l'Ancienne Cure Cuvée Abbaye

Montravel (Blanc sec)
Château Moulin Caresse Cuvée Élevage fût
Château Puy-Servain Terrement Cuvée Marjolaine

Sancerre Blanc
François Cotat Les Monts Damnés
Domaine Lucien Crochet Le Clos du Chêne Marchand
Domaine Laporte Le Grand Rochoy
Domaine de Saint-Pierre Cuvée Maréchal Prieur
Domaine Henri Bourgeois La Côte des Monts-Damnés
Domaine Crochet Bernard et Jean-Marc Cellier de la Thibaude
Serge Laloue Cuvée Réservée
Paul Prieur et Fils

Puilly-Fumé
Bardin Cédrick Cuvée des Bernardats
Deschamps Marc Cuvée Vieilles Vignes
Jean-Claude Dagueneau Domaine des Berthiers

Gewurztraminer
Domaine Albert Mann GC Furstentum Vieilles Vignes

Riesling
Domaine Baumann GC Schoenenbourg
Domaine Paul Blanck GC Schlossberg

Tokay-Pinot Gris
Domaine Schaetzel Martin GC Mackrain
Domaine Albert Mann GC Hengst

Vins Jaunes
Domaine Boilley-Fremiot Côtes du Jura

Jurançon Moelleux
Domaine Bordenave Cuvée Savin

Bonnezeaux
Domaine des Petits Quarts Les Melleresses
Domaine des Petits Quarts « Le Malabé »

Coteaux du Layon
Domaine Banchereau Chaume
Domaine Banchereau Saint-Aubin Vieilles Vignes
Domaine Cady Chaume

Nom du vin
Domaine Grosset Serge Chaume
Domaine Grosset Serge Rochefort Motte-Bory
Domaine Pierre Chauvin « Rablay » SGN
Château des Noyers Réserve Vieilles Vignes

Champagne Brut Sans Année

Guy Larmandier Cramant Brut Grand cru Blanc de Blancs
Pascal Mazet Brut 1er cru
Jean Valentin & Fils Saint-Avertin « Blanc de Blancs » Brut
Ledru Marie-Noëlle Brut Grand Cru

Nom du vin
Launois Père & Fils - Grand cru Blanc de Blancs Cuvée Réservée

Champagne Cuvée Spéciale

J. Charpentier Brut Cuvée Prestige
René Geoffroy Brut « Cuvée Sélectionnée » 1er cru
Alfred Tritant « Cuvée Prestige » Grand cru

Champagne Millésimé

J. Charpentier Brut Millésimé
Jean Valentin & Fils 1er cru Brut Millésimé

訳者あとがき

　本書は昨年末にフランスで出版された *Le Bottin Gourmand Les 1000 meilleurs vins de France et du monde* (Éition 2001/2002) の全訳である。本書の構成は、優良ワイン約1000本についてウェブサイトを含む生産者データ、セレクションを支えている詳細な試飲データ、エリック・ヴェルディエの研究資料となっている。ボタン・グルマンの活動については本書内で紹介されているのでここでは触れないが、ボタン・グルマンがワインだけでなくレストラン、ホテル、猟場などについても評価ガイドを出版していることを付け加えておきたい。
　このセレクションは当初《フランスの優良ワイン》という形でスタートしたが、3冊目にあたる本書から《世界の優良ワイン》も新たに加わりガイドとしての幅がさらに広がった。この模様替えの背景にはいわゆる《新世界産ワイン》の急成長があり、これはフランスのワイン産業全体が感じている危機感の裏返しとも見れる。この点について大まかではあるが触れておきたい。

　まずフランスのワイン市場を概括すると、90年代に続いた消費量の低下傾向には歯止めがかかってきた。具体的な数字を見てみると、消費量の減少は99年に3％、2000年1.6％、2001年に約1％となっている。
　消費量の減少とは逆に販売価格は上昇し（10年間で27.7％、2000年は平均4.2％の上昇）、2001年6月にボルドーで開催されたワイン見本市 Vinexpo でも販売価格の高騰が目立っていた。一方で価格の上昇が輸出に悪影響を与え、輸出量が4.4％減少している（2000年）。
　この輸出量の落ち込みは、やはり《新世界産ワイン》（オーストラリア、アルゼンチン、チリ、南アフリカ、ニュージーランド等のワイン）との競争を抜きにしては説明できないだろう。たしかにフランス内部における外国産ワインの消費量はいまだに2％を越えていない。しかし、例えば隣国イギリスでは外国産の消費量がボルドーを初めとするフランス産をすでに上回っている。

　ところで、品質向上も著しい新世界産ワインには際立った特徴がいくつかある。具体的には、
　①フランスでは国立の研究所INAOが、AOC基準、つまりある特定の銘柄（地方名・格付けなど）を名乗るためにクリアしなければならない条件（アルコール度数・使用品種など）を厳しく管理している。他方、南半球のワイン生産国ではフランスに比べれば自由度が大きい。
　②フランスでは生産コストのうち平均1.6％しか充てられていないマーケティング費用だが、《新世界産ワイン》では約20〜30％を占めている。
　③フランス産は《特定の原産地》で、新世界産はむしろ《ぶどう品種》で分類されるケースが多い。品種で分類されている方がシンプルなので世界の消費者には分かりやすい。
　《新世界産ワイン》が品質・価格において無視できない強力なライバルとみなされているのは、上記の特色がフランス製品との差別化を図る販売戦略として意識的・効果的に活用されているからであろう。
　もっともボタン・グルマンはフランスの生産者にとってのライバルに特に肩入れしているわけではない。ボタン・グルマンが重視しているのは、まず第一に品質と価格のバランスがとれた優良ワインを広く世に知らせること、次に外国産ワインも含めた各種銘柄にボタン・グルマン独自の評価を与えることにより、消費者に具体的な目安を提供することである。

　最後に、フランスでの出版に先駆けて原書を送っていただいたボタン・グルマン編集部、本書が扱っている多種多様なデータを巧みにまとめていただいた駿河台出版社の編集部、企画の段階から数々の貴重なアドバイスをいただいた石田和男先生、皆さんに深い感謝の気持ちを表します。

2002年4月22日
訳者を代表して
小幡谷　友二

ボタン・グルマン
フランスと世界の優良ワイン1000本
定価（本体3800円＋税）

●———— 2002年7月1日　初版第1刷発行
訳　者——小幡谷友二／早川文敏／北尾信弘
発行者——井田洋二
発行所——株式会社　駿河台出版社
　　　　〒101-0062　東京都千代田区神田駿河台3丁目7番地
　　　　電話(03)3291-1676(代)　FAX(03)3291-1675
　　　　振替東京 00190-3-56669
　　　　http://www.surugadai-shuppansha.co.jp
製版所——株式会社フォレスト
印刷所——三友印刷株式会社

ISBN4-411-00390-2 C0078 ¥3800E

AOCから始める
フランス・チーズの旅

フロマージュ鑑評騎士 **磯川まどか**

A5判 美装 予価(本体1800円+税)

AOC(原産地呼称統制)に認められているチーズは二〇〇一年現在38種類あります。本書は美味し国フランスが自信を持って世界の人々にその品質と味を保障するAOCチーズ入門ガイダンスです。

フランス国内には六百種を越えるチーズがあります。それらの品質を差別化するために生まれたのがAOCです。フランス政府がそれを保護するのはヨーロッパ統一後自国の農産品を確かに後世に伝えていくことを自覚しているからです。それぞれの人々が持つ郷土の文化への深い愛着と自負があるから、農産物の品質をより確かに伝えていくことができるのです。AOCによって統一ヨーロッパの食品表示制度の確立へむけてフランスがイニシアティブを持つことが意志として示される。そ

れがフランスの農業者保護と生産物販売促進に役立つのです。

本書はAOCチーズ38種類の特徴と食べ方について簡単にアプローチできるように導いてくれます。日常生活に驚きと、ワクワク感を与えてくれる本です。

フェリス女学院大学卒。広告代理店勤務の後、テレビ、ラジオの構成作家、ディレクターを経て渡仏。ル・コルドンブルー・パリで学び、グランディプロムを取得。チーズ料理専門レストラン・アンドルウエ、ホテル・ル・ブリストルで修行する。生乳チーズの普及に務めている。パリ在住。
「フロマージュ」(柴田書店)著者。

駿河台出版社
〒101-0062 千代田区神田駿河台3-7　TEL 03 (3291) 1676　FAX 03 (3291) 1675
http://www.surugadai-shuppansha.co.jp